Les bâtisseurs de pyramides

ROBERT M. SCHOCH

Avec la collaboration de Robert Aquinas McNally

LES BÂTISSEURS DE PYRAMIDES

De l'Égypte ancienne à l'Amérique précolombienne

Traduit de l'anglais par Liliane Roth

ÉDITIONS DU ROCHER
Jean-Paul Bertrand

Titre original : *Voyages of the Pyramid Builders.*
The True Origins of the Pyramids from Lost Egypt to Ancient America.
Première édition : Penguin Putnam Inc, 2003.

ISBN 2 268 03296 5

Robert Schoch dédie ce livre à ses parents,
Milton et Alicia Schoch,
et à ses beaux-parents,
Robert et Anne Pettit.

Robert Aquinas McNally dédie ce livre à Gayle Eleanor,
« Doch immer mein Ewig-Weibliches ».

INTRODUCTION

Du point de vue de l'histoire officielle, les momies d'Urumtsi, comme on les appelle, ne sont pas du tout à leur place. Ces momies furent découvertes dans le désert de Taklamakân, au nord-ouest de la Chine, une des régions d'Asie centrale les plus sèches et les plus salines ; elles sont entreposées aujourd'hui au musée provincial d'Urumtsi. En excellent état de conservation, elles ont été préservées par un processus tout à fait naturel dans cette partie du monde, et nous donnent une idée de ce à quoi ressemblaient les hommes entre 1000 et 2000 ans avant J.-C. Ces momies sont le résultat fortuit d'enterrements qui eurent lieu durant l'hiver, dans une terre saline qui déshydrata les corps et les préserva ainsi du processus habituel de décomposition ; elles sont mieux conservées que celles qui furent embaumées en Égypte à la même époque. Bizarrement, les momies d'Urumtsi portent des étoffes de couleurs vives et de fabrication soignée, qui ne ressemblent en rien aux étoffes asiatiques. Leurs caractéristiques physiques sont encore plus surprenantes : les corps sont grands, les têtes ont des yeux ronds, de larges nez, les cheveux sont blonds ou roux. Les étoffes, tout comme les vestiges humains, font penser à une tribu voisine des Celtes d'Europe. Mais comment se fait-il que l'on ait trouvé, dans ce coin reculé d'Asie, des gens apparentés aux ancêtres des Irlandais, des Écossais et des Gallois d'aujourd'hui ?

Ces témoins du passé d'Urumtsi sont saisissants dans la mesure où ils ne répondent pas à notre conception courante des cultures européenne et asiatique. Voici un peuple d'origine européenne qui a vécu dans une région qui est nettement de culture asiatique. Toutefois, il nous est possible de l'expliquer, tout simplement parce que la liaison entre Urumtsi et le cœur celtique du Caucase peut se faire par voie de terre. Il est généralement admis que les Celtes proviennent des montagnes du Caucase, qu'ils ont émigré vers l'ouest dans les Balkans et l'Europe centrale, puis vers la France, l'Espagne du Nord et l'Angleterre. Les momies d'Urumtsi prouvent que certains d'entre eux sont partis vers l'est, et se sont installés dans ce qui est aujourd'hui la Chine. Quelque part, il nous est facile d'imaginer – au risque de paraître anticonformiste – ces bergers de jadis conduisant leurs troupeaux à travers le désert et les montagnes, à la recherche de nouveaux pâturages plus verdoyants.

Mais voilà que deux anciennes régions séparées par un océan – l'une dans l'Ancien Monde de l'Europe, d'Asie et d'Afrique et l'autre dans le Nouveau Monde de l'Amérique du Nord et du Sud – avaient des cultures singulièrement ressemblantes. De prime abord, nous pourrions penser que cette similitude est pure coïncidence. Après tout, ces deux mondes ne vivaient-ils pas chacun de leur côté dans un isolement total ? Avant que Christophe Colomb ne traverse l'Atlantique avec ses trois caravelles, les Européens étaient dans l'ignorance totale de l'existence des indigènes d'Amérique, et vice versa. Selon la conception historique classique, les peuples de part et d'autre de l'Atlantique, avant l'épopée de Christophe Colomb, n'auraient jamais eu l'idée de tenter un voyage transocéanique et auraient été incapables d'y survivre.

Ce point de vue, qui a longtemps prédominé dans notre conception du passé, se heurte aujourd'hui à tout un ensemble de preuves, de plus en plus nombreuses, démontrant que les peuples de jadis ont bien traversé les mers entre l'Ancien et le Nouveau Monde, des centaines d'années avant Christophe Colomb. Ils transportèrent avec eux les idées, les outils et les éléments qui allaient évoluer et constituer ce que nous appelons une civilisation. Ce type de voyage intercontinental de cultures métisses remonte à très loin, à l'aube de la préhistoire. Et il permet d'expliquer une des énigmes les plus mystérieuses du monde de l'Antiquité, celle de la présence de pyramides en Afrique, en Asie et en Amérique du Nord comme du Sud.

Bien qu'elles symbolisent le mystère et la magie de l'Égypte, les pyramides ne sont pas uniquement égyptiennes – et en cela réside une des énigmes les plus mystérieuses du monde antique. On trouve des pyramides dans l'ancien royaume africain de Kouch, le long du

Nil entre les troisième et quatrième cataractes ; elles ont la forme de ziggourats dans l'ancienne Mésopotamie et à Sumer (là où fut vraisemblablement érigée ce que la Bible appelle la Tour de Babel) ; elles ont les formes de Silbury Hill et Newgrange, en Angleterre et en Irlande ; en Inde et à travers le Sud-Est asiatique, leur style est très particulier : ce sont les stûpas bouddhiques d'Angkor Vat au Cambodge médiéval et de Borobudur en Indonésie ; les pyramides sont encore présentes dans la Chine des dynasties Chin, Han et Tang dès le début du IIIe siècle avant notre ère, à Teotihuacán, Tenayuca, Tenochtitlán et autres sites dans la vallée du Mexique, chez les anciens Olmèques et les Mayas au Mexique du Sud, au Guatemala, au Honduras, à Belize et au Salvador, le long du Mississippi à Cahokia et autres centres cérémoniels, et dans la région côtière péruvienne, chez les peuplades ancestrales de l'Empire inca, et dans les Andes du nord de ce pays, où jadis battait le cœur de la civilisation inca.

Comment est-il possible qu'une construction aussi particulière et imposante que la pyramide ait été élevée à des endroits aussi dispersés ? Il est impensable de croire que toutes ces pyramides à travers le monde seraient le fruit de coïncidences ou de convergences. Se pourrait-il qu'elles aient un ancêtre commun, oublié depuis longtemps dans l'Histoire, une civilisation primordiale constructrice de pyramides, qui, un jour, navigua sur les océans pour transmettre sa culture autour du globe ? Sont-elles, comme les Irlandais d'aujourd'hui, aux antipodes des étonnantes momies d'Urumtsi, les preuves d'une migration depuis un lieu unique et archaïque, tombé dans l'oubli ?

J'ai été à la recherche de preuves montrant que des civilisations relativement évoluées existaient avant la date officielle, depuis le début de mes études sur le Grand Sphinx à Gizeh – un projet de recherches décrit dans mon premier livre *Voices of the Rocks*, et remis à jour dans l'annexe de celui-ci. Certaines de ces civilisations primordiales possédaient des connaissances astronomiques et des talents maritimes de très haut niveau, leur permettant de naviguer en haute mer. Cela signifie que l'histoire de la civilisation n'est pas celle d'un primitivisme évoluant lentement, graduellement et progressivement vers plus de complexité, mais serait plutôt une suite de périodes d'évolution s'arrêtant chaque fois brutalement, passant de la grandeur à la décadence. Des siècles d'équilibre, de développements, de progressions sont souvent interrompus subitement par des catastrophes naturelles. Ces cataclysmes peuvent se présenter sous plusieurs formes : éruptions volcaniques, tremblements de terre, grandes inondations, profonds changements climatiques, nouvelles épidémies, etc. Toutefois, les catastrophes les plus dévastatrices et de très grande envergure sont venues des cieux et non de la Terre elle-même, à la suite de collisions cosmiques avec des comètes. Ces événements sont mémorisés dans la mythologie religieuse, où des dieux en colère, pour se venger, ont frappé la Terre avec les feux du ciel.

Aucun des édifices qui ont résisté au temps depuis l'Antiquité ne représente mieux que les pyramides la réalité fascinante de la grandeur d'une civilisation, de sa décadence et de sa dispersion consécutive aux fléaux célestes. Elles sont la marque frappante d'une protocivilisation, disparue depuis longtemps, les restes matériels des plus profondes racines de l'héritage culturel, social et technologique, desquelles notre société d'aujourd'hui puise son énergie.

Nous allons tenter de démontrer que les racines les plus anciennes et les plus profondes de la civilisation se trouvent dans le pays de la Sonde (Sunda), ce sous-continent aujourd'hui englouti par la mer, en Asie du Sud-Est, qui était jadis relié au continent et dont les vestiges sont les nombreuses îles actuelles de l'Indonésie. Les collisions répétées de notre planète avec des restes de comètes modifièrent le climat, firent monter le niveau de la mer qui inonda totalement le pays de la Sonde il y a 6 000 ou 8 000 ans et marquèrent le début des émigrations de cette protocivilisation. Cet exode et la transmission de son legs culturel au fil des millénaires représentent la meilleure explication à la dissémination des pyramides sur le globe.

Les Bâtisseurs de pyramides étudient ces questions mystérieuses et bouleversent certaines de nos plus précieuses hypothèses sur la préhistoire et, parallèlement, sur l'origine des civilisations.

Le chapitre 1, « La datation de Gizeh remise en question », apporte la preuve que l'époque de la construction des pyramides égyptiennes à Gizeh et de certaines constructions similaires, ou du moins certaines de leurs parties, remonte à des temps plus reculés que ne l'affirme la thèse dominante.

Le chapitre 2, « Les nombreuses pyramides dans le monde », décrit les différentes cultures du temps des pyramides en Afrique, en Asie et aux Amériques, et étudie l'importance de leurs similitudes impressionnantes, malgré leur dispersion à travers la planète.

Le chapitre 3, « Coïncidence ou connexion ? Les fondements mythologiques », examine les rituels, les croyances et les histoires sous-jacents aux pyramides.

Il nous faut comprendre comment les peuples de l'Antiquité ont émigré de l'Ancien Monde dans le Nouveau, avant de pouvoir étudier les connexions entre les cultures du temps des pyramides. Ce sujet est traité au chapitre 4, « Le peuplement des Amériques ».

Les similitudes frappantes entre les pyramides de l'Ancien Monde et celles du Nouveau Monde et la possibilité d'une connexion de l'autre côté de l'Atlantique font l'objet du chapitre 5, « À la conquête du Nouveau Monde par l'Atlantique ».

Le chapitre 6, « Par-delà le Pacifique, vers le Nouveau Monde », apporte des exemples saisissants montrant que les constructeurs de pyramides ont aussi accosté le Nouveau Monde par l'ouest, et ont influencé les civilisations naissantes de l'Amérique centrale et du Sud.

Bien entendu, les constructeurs des pyramides n'ont pas pu traverser les océans sans une certaine maîtrise de la navigation maritime. C'est le sujet du chapitre 7, « Les bâtisseurs de pyramides : des marins chevronnés ».

Ensuite, nous verrons pourquoi les peuplades de l'Antiquité ont été obligées de partir très loin, en étudiant la théorie implacable qui veut que leurs émigrations aient fait suite à l'impact catastrophique de comètes ; c'est le sujet du chapitre 8, « Sauve qui peut, les cieux sont en colère ! »

Le chapitre 9, « À la recherche des origines », envisage la possibilité d'une civilisation perdue de constructeurs de pyramides, qui aurait vécu antérieurement à 3000 av. J.-C., l'époque généralement acceptée comme celle de la construction des premières pyramides.

En guise de conclusion, le chapitre 10, « Les débuts de la civilisation et la fin de l'isolement », résume ce que nous savons aujourd'hui, signale ce qu'il nous reste à découvrir et montre combien il est important de comprendre que les hautes civilisations de notre planète ont été reliées entre elles depuis bien plus longtemps que nous ne l'avons imaginé. En découvrant que toutes les civilisations ont une origine commune, très loin dans le passé, nous comprendrons que la civilisation est un don précieux, et que nous devons tout faire pour entretenir ce legs irremplaçable.

En science, il ne s'agit pas tellement d'accumuler des connaissances, mais plutôt de faire preuve d'ouverture d'esprit et d'avoir la volonté de lever le voile sacré pour voir ce qu'il nous cache. C'est le but des *Bâtisseurs de pyramides*. Il est le fruit d'une nouvelle approche, et vous invite à une découverte exaltante de l'insolite.

Chapitre 1

LA DATATION DE GIZEH REMISE EN QUESTION

Un proverbe arabe, parlant des trois célèbres pyramides de Gizeh situées le long du Nil en Égypte, dit : « Tout le monde redoute le Temps, mais le Temps redoute les pyramides. » En effet, ces édifices de pierres, enveloppés d'un silence apparemment éternel, recèlent une grande partie des mystères des origines de l'humanité. Néanmoins, les pierres ont un langage. Elles parlent à celui qui sait poser les bonnes questions et qui sait écouter pour entendre leurs réponses.

La grande prospérité de l'ancienne Égypte

Selon la conception traditionnelle du progrès, la civilisation est, pour l'humanité, l'étape la plus récente dans sa longue ascension qui la rapproche indéfiniment d'un terme idéal.

L'homme apparut il y a des centaines, voire des milliers de millénaires ; il transforma les pierres en outils, se mit à la recherche de gibier, de racines, de graines et de fruits, avant même que ne fût écrit le premier mot de son histoire. Les hommes étaient nomades par nécessité. L'épuisement des vivres dans une région donnée força nos ancêtres à errer vers une autre, selon un rythme souvent imposé par les variations saisonnières dans l'abondance d'animaux et de plantes. L'existence de l'homme était ponctuée par la chasse, les récoltes, et les déplacements permanents, jusque vers de 8000 avant notre ère, lorsque les nomades abandonnèrent leurs pérégrinations pour s'établir dans des villages du Croissant fertile du Moyen-Orient. Ce changement de style de vie est appelé la révolution néolithique. Les villageois avaient appris à cultiver et à récolter les céréales, à élever des animaux, surtout du bétail, des moutons et des chèvres, qui leur fournissaient la viande, le lait, la laine et leurs peaux ; moyennant quoi, leurs vivres étaient garantis. Cet enracinement entraîna une évolution culturelle, économique et politique qui s'est complexifiée, à mesure que les villages s'étendaient pour devenir des villes de plus en plus grandes.

Fondées 3 500 ans avant notre ère par le peuple des Sumériens installé le long de l'Euphrate dans l'actuel Irak, les villes donnèrent à l'humanité un avant-goût de civilisation. L'histoire légendaire du déluge remonte à l'époque sumérienne ; elle fut ensuite associée à Noé dans les écritures hébraïques, et la légende babylonienne subséquente raconte que les Sumériens sont venus dans leur royaume de Mésopotamie après un voyage en mer, depuis une lointaine patrie tombée dans l'oubli. Les Sumériens étaient un peuple accompli. Ils ont irrigué et cultivé le désert et ont été des commerçants actifs et omniprésents ; ils ont exprimé leurs talents artistiques dans le travail des métaux et la sculpture des pierres, et ont construit de vastes temples et palais. En outre, les Sumériens maîtrisaient l'écriture cunéiforme ; ils pressaient les caractères dans de l'argile humide avec un style de bois, en forme de coin.

Finalement, Sumer s'effondra sous l'attaque d'étrangers encore plus belliqueux que ne l'était son peuple ; mais bien avant sa chute, ses idées, ses technologies et son art étaient déjà connus d'autres pays, grâce à leurs échanges commerciaux. Donc, il s'avère que les Sumériens avaient planté les graines d'une civilisation qui allait pleinement s'épanouir en Égypte.

Au IVe millénaire avant notre ère, le peuple égyptien établi le long du Nil était organisé en petites communautés appelées nomes ; chaque nome rendait hommage à ses propres dieux et obéissait aux règles d'un seul chef. Des rivalités et des guerres conduisirent les nomes à conclure des alliances qui, finalement, furent regroupées en deux royaumes. La Basse-Égypte se situait dans la partie nord de la vallée du Nil jusqu'à son embouchure, et comptait surtout des peuples immigrés du Moyen-Orient. Les peuples de la Haute-Égypte, qui couvrait la partie sud du Nil jusqu'à sa source dans les montagnes de l'Afrique centrale orientale, avaient leurs origines en Éthiopie, au Soudan et au Sahara oriental. C'est un roi du Sud, le semi-légendaire Ménès (parfois identifié au premier souverain Narmer, ou Scorpion), qui a unifié les deux royaumes, constitué un seul régime politique, et fondé la première dynastie de pharaons aux alentours de 3000 avant notre ère.

La brillante civilisation de l'Égypte ancienne continue, aujourd'hui encore, des milliers d'années plus tard, à éveiller le respect et l'admiration, car les réalisations artistiques des Égyptiens de l'Antiquité sont éblouissantes, et quiconque les approche est saisi d'étonnement. Beaucoup de ce que nous considérons comme admis dans notre monde civilisé est né en Égypte et a été transmis à l'Occident d'abord par les Grecs, puis par les Romains, par le truchement du commerce et des guerres. Lorsque nous nous tournons vers l'Égypte ancienne, c'est nous-mêmes que nous voyons, nettement réfléchis dans un miroir lointain.

Parce qu'ils étaient obsédés par la religion et préoccupés d'atteindre l'immortalité des rois-dieux, les pharaons égyptiens ont fait construire d'immenses complexes religieux, constitués de temples, de sanctuaires et de sépultures, afin que puissent être préservés leurs restes embaumés. Comme nous le verrons de manière plus détaillée au chapitre 2, les premières tombes étaient faites de briques de terre, et la première génération de pyramides de pierres avait une architechtonique peu concluante. C'est sous la IVe dynastie, qui régna sur le royaume réunifié d'Égypte de 2575 à 2465 av. J.-C. [1], que démarra la construction des pyramides de Gizeh.

Le plateau de Gizeh, situé sur la rive gauche du Nil, à la limite du Sahara et en dehors de l'emplacement du Caire contemporain, est le site où s'élèvent trois monuments célèbres dans le monde entier et qui font autorité en matière d'identification d'une pyramide. La plus grande, communément appelée la Grande Pyramide à cause de sa taille, est associée au pharaon Kheops qui régna de 2551 à 2528 av. J.-C. Le règne de Djédefré fut très bref (2528-2520 av. J.-C.). Khephren, qui occupa le trône entre 2520 et 2494 av. J.-C., fit construire la deuxième pyramide, légèrement plus petite. La troisième, et de loin la plus petite des pyramides de Gizeh, est l'œuvre

1. La datation de l'ancienne Égypte reste un sujet fort controversé parmi les experts. Nous nous servons de la chronologie établie par John Baines et Jaromír Málek dans leur livre, qui fait autorité : *Atlas of Ancient Egypt* (New York, Facts on File, 1990). Certains égyptologues, par exemple, situent la IVe dynastie de 2613 à 2498 av. J.-C.

de Mykérinos, qui régna en pharaon de 2490 à 2472 av. J.-C. (voir photo 1).

Affirmer que les pyramides sont des monuments funéraires élaborés, comme le font les égyptologues académiques et la croyance populaire, est un lieu commun. Une chose est sûre : l'âme de l'ancien Égyptien était obsédée par la mort. Seul un peuple obnubilé par la vie après la mort avait pu se consacrer à la dissection macabre et à l'embaumement des corps, pour obtenir ses momies royales. Pourtant, il est curieux et sans doute très significatif que, jusqu'à ce jour, on n'ait retrouvé aucun corps de l'Ancien Empire à l'intérieur des pyramides de Gizeh. Une momie a bien été découverte dans la pyramide de Mykérinos, mais la datation des ossements par radiocarbone a montré qu'il s'agissait d'un corps de l'ère chrétienne, enfermé dans un sarcophage de la XXVIe dynastie. Manifestement, il avait été placé à l'intérieur de la pyramide plus de deux mille ans après sa construction. La pyramide de Kheops n'a toujours pas livré de momie, et un sarcophage dans la pyramide de Khephren contenait les ossements d'un taureau. Ce fut une des nombreuses découvertes dans les pyramides qui a conduit l'archéologue académique bien connu, Mark Lehner, à écrire dans *The Complete Pyramids* : « Ces faits mystérieux [...] attestent que l'histoire des pyramides n'est pas toujours aussi simple que le pensent les égyptologues. » Un point pour lui. Comme nous le verrons au chapitre 8, les ossements du taureau nous indiquent une piste très intéressante et visiblement complexe.

Malgré toute l'attention portée aux pyramides de Gizeh, nous ne devrions pas oublier que le site comporte beaucoup d'autres édifices, comme des temples, des chaussées et des sépultures. Et puis, il y a le Grand Sphinx.

Un vieux, très vieux sphinx

Le Grand Sphinx de Gizeh est énorme : son corps fait près de 20 m de haut et 72 m de long ; il est surmonté d'une tête humaine dont la face mesure près de 4 m de large ; il est entièrement sculpté dans la dure roche calcaire. Il est aussi précieux qu'irremplaçable. À l'ombre de la Grande Pyramide de Kheops, la dernière des sept merveilles de l'Ancien Monde qui soit encore visible, le Grand Sphinx fait figure de messager vivant de temps immémoriaux (voir photo 2).

Les égyptologues ont longtemps pensé que les principaux édifices de Gizeh avaient été construits sous la IVe dynastie, et ils ont attribué de nombreux monuments à des legs de pharaons bien précis. Autour de 1950, ils ont convenu que le Grand Sphinx avait été sculpté sous le règne de Khephren.

Mais cette affirmation est à remettre en question, car elle ne tient pas compte des signes de vieillissement qu'il présente ; ce problème exige une analyse du climat et de la dégradation de la roche.

Les édifices de Gizeh montrent deux types de dégradation. La première est causée par le sable, balayé par les vents violents du désert, qui décape le calcaire comme un sableur en laissant des marques horizontales, ressemblant parfois à des marches, à mesure que les couches de roche plus friables sont arrachées et qu'apparaissent les couches plus dures. Ce type d'érosion est caractéristique de tous les édifices de Gizeh. Mais il y a un autre type de dégradation, très différent, et qu'on trouve principalement sur le Sphinx et sur son enceinte. Ce type d'érosion crée une surface ondulée, ou sinusoïdale, aux fissures verticales profondes qui font penser à des rigoles, souvent plus larges au sommet qu'à la base. Cela est imputable à l'eau, et non au vent.

Et c'est là que le bât blesse. À l'époque où l'on prétend que le Sphinx fut construit, le climat de l'Égypte était à peu près semblable à celui d'aujourd'hui : chaud, sec et venteux. En fait, les constructions qui datent effectivement de la période située entre 2600 et 2300 av. J.-C. et qui seraient donc pratiquement contemporaines du Sphinx, montrent une érosion éolienne et non due à l'eau. Les marques de l'érosion causée par l'eau, sur le Sphinx, n'ont de sens que si la construction a été érigée à une époque où le climat en Égypte était beaucoup plus humide qu'il ne l'est aujourd'hui, comme ce fut le cas à la fin de la dernière ère glaciaire, il y a environ douze mille ans jusqu'à une certaine période entre 3000 et 2350 ans avant notre ère (avec des alternances de temps humides et plus secs entre ces dates). À partir de cette date, le climat devint aride, plus ou moins comme celui d'aujourd'hui, et les dégradations ne furent plus alors causées par l'eau, mais par le vent.

Les recherches dans le sous-sol des roches endommagées autour du Sphinx, que j'ai menées conjointement avec le sismologue Thomas L. Dobecki, m'ont conduit à la conclusion que le Sphinx a été originellement sculpté à une date située entre 7000 et 5000 ans avant notre ère, donc des milliers d'années avant Khephren [1]. La tête du Sphinx a certainement été resculptée à l'effigie d'un pharaon – probablement durant l'Ancien Empire. Mais déjà à l'époque de ce ravalement de façade, le Sphinx était un vieux, très vieux monument.

Le temps des pyramides

Si la construction du Sphinx remonte à une date antérieure à celle présumée par l'égyptologie conventionnelle, qu'en est-il des pyramides ? Qui nous dit qu'elles ont réellement été construites sur ordre de Kheops, Khephren ou Mykérinos ?

La Grande Pyramide a été attribuée à la IVe dynastie par l'histoire classique, pour deux raisons. La première est le témoignage de l'historien grec, Hérodote, qui rapporta, après sa visite en Égypte en 443 av. J.-C., que Kheops mit vingt ans et eut recours à cent mille hommes pour construire la Grande Pyramide. La deuxième est un certain nombre d'inscriptions, trouvées dans les profondeurs de la Grande Pyramide, parmi lesquelles figure le nom de Kheops. Ces inscriptions furent découvertes en 1837 par Richard Howard-Vyse, un explorateur de pyramides de la première génération.

L'exactitude du témoignage d'Hérodote est toujours sujette à caution. Voyageur par vocation, il aimait rapporter des histoires aux sujets sensibles ou des légendes héroïques ; mais Hérodote n'était pas toujours dans le vrai, du moins selon notre conception actuelle du terme. Il n'est qu'une source d'information parmi tant d'autres, et pratiquement toutes les autres soutiennent que la Grande Pyramide existait avant Kheops.

Une de ces sources est la stèle de l'Inventaire, qui date du VIe ou VIIe siècle av. J.-C. et qui porte une inscription avançant une date

1. Voir l'annexe en fin d'ouvrage, p. 293 *sqq.* qui énonce les arguments scientifiques justifiant d'une nouvelle datation du Sphinx et dénonce les théories bancales, voire stériles.

plus ancienne pour le Sphinx [1]. Selon cette stèle, Kheops découvrit et reconstruisit un temple existant consacré à Isis, la grande déesse d'Égypte, qui se situait « à côté de l'emplacement du Sphinx, au nord-ouest de l'emplacement d'Osiris [le grand dieu d'Égypte, époux d'Isis] ». L'inscription dit aussi qu'il y avait déjà une pyramide sur le site où Kheops construisit sa propre pyramide et une autre pour la princesse Henutsen, sa femme. Mais à quelle pyramide la stèle réfère-t-elle ? À la Grande Pyramide ou à l'une des plus petites alentour ? L'une d'entre elles fut effectivement destinée à la princesse Henutsen. Si cette inscription est juste, le Sphinx, tout comme la Grande Pyramide, sont certainement plus anciens que Kheops.

La plupart des égyptologues rejettent la stèle de l'Inventaire en disant que c'est un faux. La même accusation a été lancée par Howard-Vyse contre les inscriptions découvertes dans la Grande Pyramide.

Howard-Vyse était un égyptologue de la vieille école, du genre à aller à l'assaut de l'histoire ancienne comme s'il s'agissait d'une forteresse ennemie, et à se frayer un chemin à l'intérieur des monuments au moyen d'explosifs. Sa découverte des inscriptions de Kheops arriva à point nommé dans sa carrière d'archéologue, parce qu'il n'avait alors pratiquement plus un sou et que le permis délivré par les autorités égyptiennes arrivait à terme. Il avait besoin d'une belle trouvaille qui lui garantirait une nouvelle arrivée de fonds de ses mécènes et une prorogation du permis des Égyptiens. Howard-Vyse entretenait aussi un ego meurtri. Son rival numéro un, le capitaine Giovanni Battista Caviglia, un égyptologue italien, avait fait sensation parmi les mordus de l'histoire ancienne en découvrant des empreintes de carrier et des inscriptions dans des sépultures près de la Grande Pyramide. Ces hiéroglyphes barbouillés de peinture ocre rouge, dont se servent toujours les gens du pays, disaient aux ouvriers sur le chantier des pyramides où placer chaque bloc de pierre. Il tardait à Howard-Vyse de faire une découverte tout aussi tonitruante que celle de Caviglia, et les inscriptions sur Kheops allaient faire l'affaire.

Certains auteurs ont prétendu que Howard-Vyse avait lui-même gravé ces inscriptions par pur carriérisme. Cette idée permit de concocter une histoire croustillante, un conte mystérieux digne

1. Ce point est abordé de manière plus détaillée dans l'annexe.

d'Agatha Christie, qui disait que Howard-Vyse était incontestablement un imposteur, un magouilleur et un mégalomaniaque. Toutefois, cette accusation émane d'un auteur pour le moins médiocre. Elle vient de Zechariah Sitchin, qui a la profonde et durable conviction que l'Égypte ancienne et, de fait, la race humaine, doivent leurs origines aux extraterrestres. Sitchin dénature l'histoire de Howard-Vyse parce que cela l'arrange, et avance un raisonnement qui, finalement, ne tient pas debout. Bien que le personnage de Howard-Vyse fût invraisemblable et qu'il se donnât trop d'importance, les inscriptions qu'il a découvertes sont presque certainement authentiques.

Mais au fait, que nous disent ces inscriptions et ces empreintes de carrier authentiques sur les pierres dans les profondeurs de la Grande Pyramide ? Le cartouche autour des hiéroglyphes du nom de Kheops était un fétiche puissant, qui a été retrouvé dans de nombreux sépultures et monuments à travers toute l'Égypte, dont beaucoup datent avec certitude de bien après la IVe dynastie. Le cartouche représentait un symbole sacré, au même titre que le fut plus tard la croix, gravée ou dessinée un peu partout par les chrétiens quelques siècles après. Ces inscriptions ne sont pas nécessairement une preuve que Kheops a construit la Grande Pyramide ; elles pourraient vouloir dire que Kheops a été nommé d'après la Grande Pyramide, qui existait peut-être avant lui.

La stèle de l'Inventaire avance l'idée que Kheops aurait procédé à des réfections et des agrandissements d'un édifice qui était déjà en place lorsqu'il arriva sur le trône. À ce sujet, il existe une preuve matérielle très intéressante : le Centre de recherches américain en Égypte a fait une analyse au carbone 14, au milieu des années 1980, sous la houlette du préhistorien Robert J. Wenke de l'Université de Washington. La datation par le carbone 14 ne fonctionne qu'avec des matières organiques, et ne peut donc pas être utilisée pour des pierres. Les parties centrales, à l'intérieur des pyramides, qu'on ne voit pas et qui sont moins bien empilées que les blocs de pierre externes, sont maintenues ensemble par de grandes quantités de mortier qui contient souvent du charbon, du bois et des roseaux. Tout comme les pierres, ce mortier en tant que tel ne peut pas être daté, mais les matières organiques qui le composent si. L'équipe de Wenke récolta des échantillons de mortier sur l'extérieur des trois pyramides de Gizeh et du temple du Sphinx, afin de les tester à l'Université méthodiste du Sud à Dallas, au Texas, et à l'Université technique de Suisse à Zurich.

Les résultats furent curieux. Le raffinage fut précis, tout comme l'étalonnage, et malgré tout, l'analyse révéla que les échantillons avaient, en moyenne, 374 ans de plus que les pyramides auxquelles ils référaient – en considérant les dates communément admises. Ce qui fut encore plus bizarre, ce sont les découvertes disparates à l'intérieur d'un même édifice. Deux échantillons de charbon, extraits de la couche supérieure dans la pyramide de Kheops, semblaient dater de 3809 av. J.-C., avec une marge d'erreur de 160 ans. Ce qui revient à dire que les échantillons pourraient dater de 3969 av. J.-C. Toutefois, un échantillon de bois, prélevé dans le même monument, affichait 3101 av. J.-C. (marge d'erreur de 414 ans). Treize autres échantillons, dont onze contenaient du charbon, prélevés dans la partie inférieure de la pyramide de Kheops, embrassaient une période allant de 3090 à 2853 av. J.-C., avec une marge d'erreur de un à quatre siècles. Sept échantillons de la pyramide de Khephren ont été situés entre 3196 et 2723 av. J.-C. ; six échantillons de la pyramide de Mykérinos, entre 3076 et 2067 av. J.-C., et deux échantillons du temple du Sphinx entre 2746 et 2085 av. J.-C.

Certaines de ces curieuses découvertes pourraient s'expliquer par des difficultés techniques de la datation par le carbone 14. La concentration de carbone 14 dans l'atmosphère n'est pas constante, et les échantillons pourraient avoir été contaminés par du carbone dans l'environnement, qui pouvait être plus jeune ou plus ancien qu'eux-mêmes. Il se pourrait aussi que les matières organiques ne datent pas de la même période que les objets inorganiques qui ont été analysés. Par exemple, les poutres en bois qui furent utilisées sur les pistes et sur lesquelles on traînait les pierres lors de la construction des pyramides à Lisht dataient bien d'avant la XIIe dynastie, à laquelle on attribue ces mêmes pyramides. Apparemment, les constructeurs des pyramides avaient utilisé le bois d'arbres tombés il y a très longtemps, en tirant probablement avantage des mêmes poutres à chaque construction. Cette réutilisation des poutres est bien compréhensible dans un pays au patrimoine forestier très limité. Il est possible que l'on ait adopté la même démarche à Gizeh, et que du charbon, issu de bois déjà plusieurs fois centenaires, ait été mélangé au mortier. Néanmoins, les chercheurs ayant travaillé à ce projet ont fait remarquer que certains matériaux analysés pour leur datation comprenaient des roseaux et autres « matériaux éphémères », qui ne pouvaient pas donner les mêmes résultats que du bois très ancien.

Une deuxième étude par radiocarbone du plateau de Gizeh fut menée en 1995 : ses résultats détaillés n'ont toujours pas été tous publiés. Toutefois, bien que les différences ne soient pas aussi importantes que dans l'étude de 1980, les rapports préliminaires disent que l'analyse du radiocarbone des pyramides de l'Ancien Empire leur donne en général un ou deux siècles de plus que les dates officielles. Les chercheurs impliqués dans cette dernière étude en ont conclu que les Égyptiens de l'Ancien Empire, contraints d'utiliser d'énormes quantités de bois, avaient pris tout ce qui leur tombait sous la main, comme ce bois qui avait déjà des centaines d'années. C'est pourquoi ils auraient trouvé des dates exceptionnellement reculées.

Mais il existe d'autres explications plausibles à ces découvertes bizarres révélées par le carbone 14. L'étude de 1980 a montré qu'un grand nombre d'échantillons de Gizeh sont beaucoup plus vieux que les pharaons qui auraient fait construire ces monuments. Si nous prenons les résultats de la datation par le radiocarbone pour argent comptant, le mortier souillé de carbone dans la couche supérieure dans la Grande Pyramide aurait été mis en place plus de mille quatre cents ans – à l'extrême de la marge d'erreur – avant que Kheops ne fût pharaon. Pour ce qui est de Khephren, l'écart est de près de sept siècles. En outre, il existe de grandes variations de datation à l'intérieur d'un même monument, qui peuvent aller jusqu'à mille ans pour les pyramides de Mykérinos et de Kheops. Et il y a cette découverte singulière d'échantillons prélevés vers le sommet de la Grande Pyramide, qui sont plus anciens que ceux prélevés à sa base. Si nous partons du principe que la Grande Pyramide a été construite en une seule fois, ces découvertes signifieraient que la construction s'est faite à partir du sommet.

Toutefois, il est tout à fait possible que les échantillons du sommet soient plus anciens, si nous admettons que la Grande Pyramide a été construite, reconstruite, et encore reconstruite, toujours par étapes. Il ne fait aucun doute que le plateau de Gizeh fut un lieu sacré, qui avait déjà été mis en valeur à une époque antérieure à la IVe dynastie, voire antérieure à l'époque où le Grand Sphinx a été sculpté. Ensuite, les pharaons de la IVe dynastie se le sont appropriés, y construisirent leurs tombeaux et temples, et érigèrent de nouvelles pyramides au-dessus de vieilles structures ou réparèrent des monuments de pierres, tel Khephren qui remit à neuf le Sphinx.

Même la langue de l'Égypte ancienne soutient cette hypothèse. Selon les égyptologues John Baines et Jaromír Málek, dans l'Antiquité, la pyramide de Khephren était nommée « la Grande Pyramide », alors que celle de Kheops était connue comme « la pyramide où le soleil se lève et se couche ». Cette ancienne appellation de Grande Pyramide pour la pyramide de Khephren pourrait-elle signifier que le site, si ce n'est la pyramide elle-même, fut d'une importance suprême et qu'elle est antérieure à beaucoup d'autres aménagements et édifices sur le plateau de Gizeh ?

En effet, mes propres recherches révèlent que la base de la deuxième pyramide (Khephren) au moins pourrait dater d'avant l'Ancien Empire. En y regardant de plus près, on voit que les couches de pierres proches de la base de la pyramide sont nettement différentes des rangées supérieures. En outre, la couche la plus basse de la deuxième pyramide était revêtue de granit rouge, qui date apparemment de l'époque de la IVe dynastie. Toutefois, le reste de la pyramide était recouvert de calcaire blanc très fin : cela signifie qu'au temps de Khephren une bande rouge horizontale faisait le tour de la base de la deuxième pyramide, pour le reste toute blanche. Pourquoi une telle différence de couleur et de matériau ? La réponse pourrait-elle être que les anciens Égyptiens préféraient utiliser du granit dans leurs travaux de rénovation ou de reconstitution des vieux édifices ? Sans doute les Égyptiens de la IVe dynastie ont-ils reconstruit une structure préexistante beaucoup plus vieille et ajouté du granit rouge afin de délimiter cette vieille forme rénovée sous la pyramide plus récente, construite par-dessus et revêtue de calcaire blanc. La troisième pyramide (Mykérinos) présente aussi un revêtement externe de granit sur ses rangées inférieures, qui a survécu au temps. A-t-elle aussi été rénovée, soit par les générations succédant à la IVe dynastie (pendant la XXVIe dynastie, environ 600 ans av. J.-C., selon une hypothèse), soit par les Égyptiens de la IVe dynastie qui auraient alors travaillé sur un site et un édifice antérieurs à leur propre époque ? Par ailleurs, après avoir étudié la tombe de la reine Khentkaus à Gizeh (datée de la fin de la IVe dynastie), je pense que cette tombe incorpore un édifice plus ancien qui date du temps des premières dynasties ou de l'époque prédynastique. Et enfin, comme cela est précisé dans l'annexe, le Grand Sphinx, tout comme le temple du Sphinx, le temple de la Vallée de Khephren, la Chaussée de Khephren et une partie du Temple mortuaire de Khephren pourraient bien tous dater d'une époque antérieure à celle qui leur fut attribuée par l'Histoire.

Nous savons maintenant que Kheops, Khephren et Mykérinos ont eu des rôles clés dans le développement de Gizeh. Mais au moment où ils ont entamé leurs travaux, le site était déjà extrêmement vieux.

En remontant le temps

Le scénario bien construit d'une civilisation qui a débuté à Sumer en 3500 av. J.-C. et qui s'est épanouie sous l'Ancien Empire de la IVe dynastie s'écroule à Gizeh. Le Grand Sphinx a surgi des roches calcaires bien avant que Ménès n'unifiât les deux Égyptes en un seul royaume pharaonique. Et les pyramides elles-mêmes sont, pour le moins, des témoins de cette époque archaïque et inconnue et une source d'inspiration.

Les esprits scolastiques, qui s'opposent avec véhémence à l'hypothèse que les constructions de Gizeh seraient plus anciennes, affirment qu'aucune tribu de l'époque située entre 7000 et 5000 avant notre ère n'avait les compétences et les capacités de s'organiser pour sculpter le Sphinx, et encore moins pour construire ne serait-ce qu'une ébauche de l'une des trois pyramides. Vu sous cet angle-là, ils ont raison. On ne connaît que deux grands villages néolithiques dans la Basse-Égypte, Fayoum et Merimde, datant du Ve millénaire avant notre ère. C'étaient des endroits difficiles, les campements de gens qui risquaient chaque jour de mourir de faim ; il est évident qu'ils étaient plus portés à trouver de la nourriture qu'à songer à leur développement culturel. Mais il est dangereusement prétentieux de présumer que ces deux sites sont les seuls vestiges de l'Égypte prédynastique.

Gizeh est un site archéologique bien situé, parce qu'il se trouve au-dessus de la zone inondable par le Nil et qu'il a échappé aux crues annuelles qui, avant la construction du barrage d'Assouan, déposaient un millimètre de sédiments chaque année. Pendant les dix mille ans qui séparent le début du néolithique d'aujourd'hui, il s'est accumulé plus de huit mètres d'alluvions qui ont enterré tous les anciens sites qu'on aurait pu trouver là. Le Nil lui-même a souvent changé de parcours durant cette même période et la côte méditerranéenne s'est aussi déplacée. Les fortes pluies de l'ère postglaciaire ont inondé Gizeh et attaqué le Sphinx, fait monter le niveau de la mer de plusieurs dizaines de mètres, engloutissant toutes les villes, tous les villages ou lieux sacrés sur ce qui était alors le littoral. Il est fort possible que toutes les installations du peuple qui a sculpté le Sphinx et consacré le site de la pyramide de Khephren soient détruites et reposent, cachées, sous le limon ou la mer.

Les récentes fouilles archéologiques à Nabta Playa, situé à quelque 105 km à l'ouest d'Abou Simbel, à l'extrême sud du désert occidental d'Égypte, montrent que l'histoire de l'Égypte prédynastique dépasse largement tout ce que nous aurions pu imaginer. La Playa est un bassin qui se remplit d'eau lors des fortes pluies. À partir de 9000 avant notre ère, les bergers conduisirent leurs troupeaux à La Playa durant la saison humide, pour les faire paître jusqu'à ce qu'il n'y ait plus d'eau et que l'herbe ait desséché. Vers 7000 av. J.-C., les nomades s'installèrent dans cette zone et creusèrent des puits profonds afin de pouvoir survivre toute l'année dans le désert ; ils construisirent des villages bien ordonnés, faits de petites huttes disposées en lignes droites. À la suite d'une sécheresse très sévère, les villageois partirent. Vers 5500 av. J.-C., un peuple au système social plus complexe, sans précédent en Égypte, les remplaça. Sa religion voulait qu'il sacrifie de jeunes vaches puis les enterre dans des cavités, et qu'il les recouvre en élevant des tumulus funéraires. Au Ve millénaire avant notre ère, ils alignèrent de grosses pierres pour construire une table astronomique afin de repérer le solstice d'été – le premier instrument de mesure astronomique connu en Égypte – et érigèrent plus de trente édifices complexes. Nabta devint peu à peu un lieu de pèlerinage, qui attirait la population de tout le désert occidental ; elle venait participer à des rituels qui, probablement, confirmaient leur union sociale et religieuse.

Pour construire ces alignements, ces cercles et ces édifices à Nabta, il fallait une autorité politique ou religieuse capable de surveiller un grand nombre d'hommes sur une longue période de temps. Allusion est ici faite à cette structure sociale qui devait sculpter le Grand

Sphinx et construire les pyramides. Et comme le bétail tenait une place importante dans la religion à Nabta – ce qui rappelle les symboles religieux de l'Ancien Empire, mais pas ceux de la Mésopotamie –, cette région peut avoir apporté des éléments importants au mélange culturel qui entretenait l'Égypte archaïque.

La culture sophistiquée de Nabta n'était pas un cas unique en ces temps prédynastiques. Des recherches plus récentes dans le désert oriental de la Haute-Égypte – une région aujourd'hui ingrate située entre le Nil et la mer Rouge – ont permis de trouver toute une série de peintures rupestres très élaborées. Datées à peu près du IVe millénaire avant notre ère, ces peintures furent appelées « la chapelle Sixtine de l'Égypte prédynastique » par Toby Wilkinson, un archéologue de l'Université de Cambridge, à qui revient cette découverte. Les peintures montrent un pays plus humide et plus fertile ; on y trouve des symboles comme le bateau pour le voyage dans l'au-delà et des personnages avec des plumes dans les cheveux, qui réapparaissent plus tard, sous l'Égypte dynastique.

Nabta, le Grand Sphinx, le désert oriental et les trois pyramides témoignent de la présence d'un peuple d'une grande complexité religieuse et sociale, possédant un haut degré de technologie et, surtout, un savoir-faire élaboré, bien avant 3500 avant notre ère. Ces lieux cachent un profond mystère : ils suggèrent l'existence d'une civilisation antérieure à toute civilisation connue. Sachant que des pyramides se trouvent dans beaucoup d'endroits sur cette planète, ailleurs qu'en Égypte, ce mystère devient encore plus troublant.

Chapitre 2

LES NOMBREUSES PYRAMIDES DANS LE MONDE

L'Égypte, le Moyen-Orient et l'Ancien Monde ne sont certainement pas les seuls endroits où se trouvent des monuments du type des pyramides de Gizeh. En fait, on trouve des pyramides dans de nombreuses régions sur chaque continent, excepté en Australie et dans l'Antarctique. Certaines sont ressemblantes du fait des acculturations dans l'Antiquité et d'autres sont singulièrement très dissemblables. Les questions clés sont les suivantes : comment ont-elles été construites, par qui et quand ? Les réponses invitent à réexaminer l'histoire de la civilisation et les moyens technologiques des cultures archaïques.

Que faut-il entendre par pyramide ?

Quand on leur dit *pyramide*, la plupart des Américains du Nord et des Européens vont immédiatement penser aux édifices majestueux de Gizeh, dont la géométrie est très caractéristique et qu'on dit avoir servi de sépultures aux pharaons constructeurs. Cependant, comme nous allons le voir, les pyramides de Gizeh sont un cas particulier ; ce sont des variations locales d'un thème universel. Gizeh n'est qu'un exemple d'un ancien modèle architectural, mais n'est pas à son origine.

La spiritualité est inhérente aux pyramides. Chaque pyramide est l'expression métaphorique d'une compréhension bien particulière de la relation entre l'humanité, le monde plus vaste de la Nature et le cosmos, infiniment plus grand. Ces compréhensions diffèrent d'une culture à une autre. Les Aztèques du temps de Cortés, ou les bouddhistes de l'Inde, sous le règne du roi Açoka, trois siècles avant notre ère, avaient une perception du monde teintée d'une influence religieuse très différente de celle qu'avaient Kheops, Khephren ou Mykérinos, dans l'Ancien Empire égyptien. Cependant, chaque pyramide réfère à une compréhension particulière de la cosmogonie sacrée, qui fut exprimée à travers des rituels religieux ; c'est un facteur essentiel si l'on veut comprendre la signification et la raison d'être des pyramides.

Bien sûr, la cosmogonie sacrée est sous-jacente à toute autre architecture à caractère religieux, comme la cathédrale de Chartres en France, le Taj Mahal en Inde, le Parthénon en Grèce ou le Potala au Tibet. Comme le fait remarquer le grand philosophe des religions Mircea Eliade, les lieux saints séparent le sacré du profane dans l'univers. Ils représentent un centre de conviction sacré, un axe autour duquel le monde va évoluer. Les pyramides atteignent cet objectif d'une manière très spécifique. Ce qui les différencie des temples, cathédrales et autres lieux saints, c'est leur architecture de masse. Le caractère religieux de Chartres ou du Taj Mahal se ressent à l'extérieur comme à l'intérieur ; tous deux offrent un espace intérieur exaltant qui exprime leur cosmologie au même titre que leur architecture extérieure. Une pyramide, par contraste, a peu ou pas d'espace intérieur. Ce qui caractérise une pyramide, c'est sa masse, cet empilement de pierres, de terre ou de briques, qui constitue une forme énorme et imposante, une montagne construite par la main de l'homme.

Cette forme peut évoluer à partir d'un cercle, d'un carré ou d'un rectangle. Les pyramides de Gizeh, par exemple, furent construites en plans inclinés à partir d'un carré ; chaque rangée de pierres était posée légèrement en retrait sur la rangée inférieure, pour finalement obtenir des faces lisses. Certaines pyramides ont des murs plus ou moins verticaux, et se terminent au sommet par un échafaudage d'étages toujours plus petits. En Asie du Sud, les cercles, carrés et rectangles sont superposés, constituant des structures aux formes variées qui font partie d'un plan d'ensemble.

Les pyramides de Gizeh ne sont pas des modèles standard pour les nombreuses pyramides dans ce monde. Gizeh n'est pas non plus le premier exemple d'un art pleinement développé par les constructeurs de pyramides.

Une forme ancienne dans le « Nouveau » Monde

Singulièrement, selon la chronologie classique, les pyramides incontestablement les plus vieilles se trouvent sur la côte péruvienne, à Aspero [1]. La côte péruvienne est une étroite bande de plages, de vallées et de dunes, en bordure de l'escarpement des Andes. La région est extrêmement sèche ; les ondées sont rares et éparses. C'est dans les rivières, qui descendent des Andes vers le Pacifique pendant la saison pluvieuse de l'hiver, que la population vient chercher son eau douce. Au IVe millénaire avant notre ère, les gens à Aspero ne connaissaient pas encore la céramique qui est une des caractéristiques de la révolution agricole néolithique, mais ils s'étaient établis dans des villages, cultivaient et récoltaient des courges, des calebasses et du coton, cueillaient les plantes comestibles dans le désert et les vallées fluviales et pêchaient le long de la côte et probablement aussi en haute mer, dans les courants côtiers poissonneux du Pacifique. Malgré leurs conditions de vie sans doute primitives, ce peuple travailla très dur et sut se donner les moyens de construire des pyramides probablement dès 3500 ans av. J.-C. et jusqu'à environ 3100 ou 2700 av. J.-C. Au total, le peuple d'Aspero a construit sept tumulus à plate-forme et six pyramides.

Les deux édifices les plus grands portent aujourd'hui des noms espagnols très parlants, Huaca de los Idolos (« Lieu sacré des Idoles ») et Huaca de los Sacrificios (« Lieu sacré des Sacrifices »). Tous les deux sont des pyramides tronquées, des monuments au

---

1. Ces tumulus d'Aspero sont classés comme tels, en partie parce qu'ils répondent au concept conventionnel de pyramide. On a découvert récemment dans le nord de la Chine une plate-forme de pierre à trois étages, susceptible d'être classée comme pyramide, et qui pourrait être plus ancienne qu'Aspero. Cependant, les fouilles archéologiques n'en sont qu'au stade préliminaire et n'ont pas encore permis de dater le site avec certitude. En outre, la datation exacte de ces pyramides et d'autres, qui figurent parmi les plus anciennes à travers le monde, fait l'objet de débats fort controversés. Elle va très certainement être affinée au fil du temps et la recherche devrait permettre de définir les paramètres qui vont prouver si oui ou non une pyramide d'Aspero peut remporter le titre de « pyramide la plus ancienne ». Car, comme nous l'avons vu au chapitre 1, la datation des pyramides égyptiennes classiques nécessite d'être corrigée. Cette révision est susceptible de faire remonter leur origine à une date bien antérieure à celle d'Aspero.

sommet plat sur lequel sont érigées de petites constructions aux multiples pièces. La méthode de construction était particulière. Les ouvriers tissaient des filets avec les grosses tiges ligneuses des roseaux, qui pouvaient contenir jusqu'à un demi-boisseau de pierraille. Ils entassaient ensuite les filets remplis pour construire le corps de la pyramide, alors que les Égyptiens utilisaient des blocs de pierre et la civilisation mésopotamienne des briques de terre. La technique du remplissage des filets était réservée à la construction des pyramides. Les autres édifices à Aspero étaient construits d'adobes revêtus de stuc ou de plâtre, selon une technique de construction typique des régions au climat désertique.

Un autre centre cérémoniel plus grand fut construit à El Paraíso, entre 3200 et 2500 avant notre ère. Neuf pyramides disposées en forme de U encadraient une place de près de 7 hectares, faisant face aux hauts sommets des Andes. Un tertre rectangulaire d'une taille surprenante – de plus de 120 m sur près de 150 m de côté et d'environ 12 m de haut – fut érigé à Huaca Prieta, entre 3000 et 2600 avant notre ère.

Des fouilles récentes sur un autre site, dans une vallée isolée du Pérou, ont permis de découvrir un ensemble de pyramides encore plus extraordinaires, entouré de la plus vieille ville connue dans le Nouveau Monde, datée de 2627 av. J.-C. Ce site de 68 hectares, appelé Caral et situé dans la Supe Valley à près de 22 km de la côte, entoure une immense place circulaire, sise en contrebas, de plus de 530 m de diamètre, et est constitué de grandes pyramides à degrés. La plus grande des pyramides mesure près de 20 m de haut et couvre une surface plus grande qu'un terrain de foot. Les maisons en pierres dans la zone résidentielle de Caral, qui avaient de grandes pièces et des murs plâtrés, furent construites près des pyramides, alors que les maisons des gens des classes inférieures, construites de canne et de terre, se situaient plus loin, aux abords de la ville. Tout comme les pyramides d'Aspero et d'El Paraíso, celles de Caral étaient constituées de rebuts et de pierres, transportés dans des filets en roseau tressé qui étaient empilés derrière des murs de soutènement.

Nous ne savons pratiquement rien sur cet ancien peuple, sinon qu'il a construit les premières pyramides monumentales. Mais nous ignorons pourquoi il construisit ces édifices étranges et envoûtants.

Il n'y a aucune réponse à cette question qui pourrait cependant s'avérer cruciale.

Le pays entre les fleuves

Quittons les tertres d'Aspero et passons du Nouveau Monde dans l'Ancien, où nous trouvons la deuxième génération de constructions de pyramides chez les Sumériens de Mésopotamie. C'est sur le site de la ville contemporaine de Warka, en Irak – connue sous le nom d'Uruk dans l'Antiquité et d'Erech dans les écritures hébraïques de l'Ancien Testament – que les Sumériens ont construit leur ville la plus impressionnante. Uruk a compté jusqu'à 50 000 habitants, couvrait 440 hectares à l'intérieur de ses fortifications ; elle fut le premier centre urbain connu dans le monde. C'était un site religieux tout comme une capitale politique et administrative, comprenant des temples et des sanctuaires. Une des constructions sacrées d'Uruk fut construite sur un monticule tronqué, ou piédestal, aux murs inclinés qui atteignaient approximativement 12 m de hauteur. Comme il était recouvert de chaux, il fut appelé le Temple blanc. Du fait qu'il était plus grand que les autres temples de la même époque (3000 ans av. J.-C.), les archéologues pensent qu'il fut probablement consacré à An, le dieu du ciel – An étant l'équivalent sumérien du dieu grec, Zeus.

Le Temple blanc était fait de briques de terre comme toutes les constructions en Mésopotamie, étant donné que les palmiers dans les vallées du Tigre et de l'Euphrate fournissaient peu de bois de construction et que les larges vallées alluviales étaient pauvres en pierres utilisables en maçonnerie. Les Sumériens mélangeaient de l'argile avec de la paille, façonnaient des briques, les séchaient au soleil ou les faisaient cuire dans des fours. Puis ils les mettaient en place avec du mortier au bitume qu'ils importaient de ce qui est devenu l'Iran occidental.

Au fil des siècles, le temple, qui n'était qu'une plate-forme, évolua en ziggourat ou tour à étages. Le mot « ziggourat » dérive d'un terme babylonien, *zagaru*, qui veut dire « être grand » ou « élevé ». En fait, une ziggourat était une pyramide constituée d'un empilement de plates-formes toujours plus petites. La cité d'Ur comptait de nombreux édifices de ce type sous le règne du roi Ur-Nammu, le premier roi de la IIIe dynastie d'Ur (2112-2016 av. J.-C.). Ur-Nammu fit reconstruire et agrandir une structure originelle qui était probablement contemporaine du Temple blanc et qui devint une ziggourat énorme. Sir Charles Leonard Woolley acheva la reconstruction de la ziggourat d'Ur entre 1929 et 1939 : elle comptait trois terrasses reliées entre elles par des escaliers majestueux. La troisième et dernière terrasse était surplombée d'un temple ou sanctuaire, consacré au dieu de la lune, Nanna. Malheureusement, il ne reste aujourd'hui que les deux premières terrasses, mais leurs masse et architecture sont toujours très impressionnantes. Si les contours de la ziggourat avaient été droits, on aurait eu une impression de fragilité ; c'est pourquoi ils furent construits légèrement courbes. Cette technique fut utilisée par les Grecs à Athènes sous Périclès, lorsqu'ils construisirent le Parthénon quelque seize cents ans plus tard ; cela prouve que ce peuple très ancien possédait une architectonique sophistiquée.

Une deuxième génération de ziggourats tout aussi majestueuses apparut durant le règne du roi babylonien Nabuchodonosor II (605-562 av. J.-C.). Un empire babylonien antérieur avait été détruit en 689 av. J.-C. par les Assyriens, et le père de Nabuchodonosor II, Nabopolassar, fonda une nouvelle dynastie et reconstruisit la ville en ruine. Selon l'histoire rapportée par les inscriptions babyloniennes, Nabopolassar aurait lui-même participé à la construction de la grande ziggourat, transportant de l'argile et des briques comme tous les autres ouvriers, en signe de reconnaissance au dieu Mardouk qui avait permis de restaurer la ville. Il incomba à Nabuchodonosor II d'achever cette tâche monumentale. Cette ziggourat grandiose fut appelée E-ur-imin-an-ki ; elle s'élevait en sept étages sur quelque 90 m ; beaucoup de scientifiques pensent que cette ziggourat dans la ville de Babylone fut l'archétype de la Tour de Babel, dont l'histoire est rapportée dans le livre de la Genèse, dans l'Ancien Testament. Nabuchodonosor II construisit une autre ziggourat à Birs Nimrud qui mesurait 80 m de côté à sa base.

Aujourd'hui, il ne reste que les pourtours d'E-ur-imin-an-ki et les ruines de la ziggourat de Birs Nimrud. Le temps n'a pas été tendre avec les ziggourats. Vingt-cinq ans après la mort de Nabuchodonosor II, la Perse envahit Babylone et en fit une province impériale. À mesure que les anciennes routes se délabraient, le peuple démantelait les ziggourats pour récupérer les briques. Bien qu'il pleuve rarement dans le désert de la Mésopotamie, les précipitations arrivèrent à faire fondre les briques de terre comme neige au soleil. Et comme plus personne ne pensait à les entretenir, les ziggourats tombèrent en ruine.

La ziggourat la plus grande qui ait survécu au temps ne se trouve pas en Mésopotamie, mais plus à l'est, à Tchoga Zanbil, dans l'ancien royaume d'Élam, situé dans l'actuel Iran occidental. Située à quelque 28 km de sa capitale, Suse, la ziggourat fut construite autour de 1250 av. J.-C. par Untash-Napirisha, dont le nom royal fut imprimé dans les briques de terre servant à la construction. La ziggourat avait cinq étages et s'élevait sur plus de 50 m ; elle était surplombée par un sanctuaire dédié au dieu élamite, Inshushinak. Élam était politiquement indépendant de la Mésopotamie, mais dans leurs activités commerciales les deux régions échangeaient apparemment leurs idées et leurs pratiques religieuses au même titre que leurs denrées et autres marchandises.

La montagne solennelle du double pays d'Égypte

Esthétiquement, les ziggourats de Mésopotamie et d'Élam sont très différentes de la pyramide égyptienne. Évidemment, les Égyptiens n'ont pas importé les idées des Mésopotamiens pour les imiter ou vice versa. Toujours est-il que la construction des pyramides était commandée par la religion et la vie sociale et politique dans les deux régions, et elle date à peu près de la même époque, du moins selon la chronologie classique. Si elles sont différentes dans leur apparence, les pyramides d'Égypte et celles de la Mésopotamie sont pratiquement contemporaines et symbolisent la dynamique de deux cultures différentes aux IIe et IIIe millénaires avant notre ère.

Selon les explications classiques, la construction des pyramides en Égypte commença sur les tombes de la période prédynastique, où les personnages importants étaient enterrés dans des fosses surélevées d'un simple amas de sable et de gravier. Juste avant l'arrivée de Ménès (environ 3000 ans av. J.-C.), le fondateur de la dynastie qui unifia la Haute et la Basse-Égypte en un seul empire, les fosses funéraires furent remplacées par des conteneurs bien pensés faits de briques de terre et comptant plusieurs locaux ou pièces, enfouis dans la terre. Cette structure devint plus complexe au cours des deux premières dynasties pharaoniques. Le coffre funéraire cloisonné fut construit dans le désert, non loin des à-pics d'Abydos ; comme repères, on avait érigé de grandes stèles, un tertre et une imitation de palais royal, ou *mastaba*, une structure en briques de terre rectangulaire, au toit plat, qui servait de demeure à l'esprit qui venait de quitter le souverain enterré. Bien que certains de ces complexes soient grands, ils ne sont pas monumentaux et semblent plutôt accueillants, sachant qu'ils répétaient la disposition des locaux de la maison du défunt. En fait, le terme *mastaba* vient d'une racine arabe signifiant « banc », et fait référence à un siège fixé au mur d'une maison tout à fait ordinaire.

Durant la IIIe dynastie (2649-2575 av. J.-C.), les mastabas, qui avaient jusque-là un caractère simple et quelque peu intime, devinrent peu à peu, à force d'élargissements et d'agrandissements, des structures de plus en plus monumentales. Selon les anciens Égyptiens, Imhotep, l'architecte du pharaon Djéser (2630-2611 av. J.-C.), travaillait sur les plans d'un mastaba destiné au pharaon ; après quelques balbutiements, il finit par élaborer le schéma de la première pyramide égyptienne à degrés, un exploit qui lui valut le statut d'immortel parmi les dieux. Le complexe de Djéser à Saqqarah comprend une pyramide originelle à quatre assises, encastrée dans une pyramide à six assises et entourée d'une série de cours fortifiées, de palais et de temples, dont plusieurs sont munis de fausses portes, ce qui donne à l'endroit une apparence de labyrinthe ou dédale. La pyramide de Djéser construite en calcaire blanc luisant est considérée comme l'un des plus vieux édifices de pierres sur cette planète (voir photo 3).

Ce nouveau concept architectural fut repris par le successeur de Djéser, Sekhemkhet (2611-2603 av. J.-C.), qui fit construire une autre pyramide à degrés à Saqqarah. Il faut noter que les deux derniers pharaons de la IIIe dynastie, Khaba (2603-2599 av. J.-C.) et Huni (2599-2575 av. J.-C.), ne construisirent apparemment pas de pyramides. Ainsi se terminait la première période dynastique de l'ancienne Égypte.

L'Ancien Empire (2575-2134 av. J.-C.) débuta avec la IVe dynastie et la construction des pyramides devint une activité déterminante de la vie politique, sociale et religieuse, le long du Nil. Snéfrou (2575-2551 av. J.-C.) fut le premier pharaon de la IVe dynastie, un souverain qui avait la folie des grandeurs. C'est au cours des vingt-quatre années de son règne que furent érigées trois grandes pyramides, chacune représentant un nouveau degré de perfection d'un art qui allait atteindre son apogée avec les pyramides de Gizeh.

La première pyramide de Snéfrou (certains scientifiques disent que sa construction fut commencée par Huni) se situait à Meidoum, à quelque 50 km au sud de Saqqarah, et fut un échec cuisant (voir photo 4). Lors de la construction de l'édifice à Meidoum, les Égyptiens tentèrent pour la première fois de transformer une pyramide à degrés pour lui donner une forme géométrique pyramidale pure (répondant au concept de pyramide que nous connaissons aujourd'hui). Ils bâtirent huit assises, puis ajoutèrent des blocs de pierre pour remplir les intervalles entre les marches et obtenir des plans extérieurs lisses. C'est alors, semble-t-il, que les choses se sont gâtées. L'angle d'élévation de la pyramide était trop raide pour supporter les blocs de remplissage, et toute la structure extérieure s'effondra, probablement d'une seule pièce ; ce fut une grande catastrophe, très meurtrière. La force de gravité entraîna une avalanche mégalithique inouïe qui a écrasé, rasé et enterré une grande partie des ouvriers qui travaillaient à sa construction.

La catastrophe de Meidoum explique la forme particulière de la pyramide arquée, ou « rhomboïdale », de Dahshour, au sud de Saqqarah, la deuxième réalisation de Snéfrou (voir photo 5). La pyramide arquée a la forme d'un trapèze surmonté d'un triangle. Sa partie inférieure s'élève à un angle de 54,5 degrés qui, brusquement, vire de manière disgracieuse à 43,5 degrés. Ces travaux étaient apparemment déjà bien avancés lorsque la pyramide de Meidoum s'effondra. Les constructeurs réalisèrent alors qu'ils étaient en passe de déclencher une nouvelle avalanche mégalithique, et de ce fait, ils modifièrent l'angle d'élévation trop raide en angle plus modéré, et ont ainsi pu sauver l'édifice. (C'est une hypothèse qui se défend pour expliquer la forme de la pyramide arquée, mais elle ne vaut rien si la pyramide de Meidoum n'a jamais été terminée ou si elle s'est effondrée longtemps après le règne de Snéfrou, à la suite d'un tremblement de terre, comme le pensent certains chercheurs.)

La troisième construction de Snéfrou, la pyramide du Nord ou Pyramide rouge, située également à Dahshour, fut élevée en respectant le même angle de sécurité. La pyramide atteint 105 m de haut et fut, à l'époque, la plus haute d'Égypte ; mais son faible angle d'élévation lui donne un profil trapu (voir photo 6).

À l'époque où le fils de Snéfrou, Kheops, monta sur le trône du pays unifié pour régner de 2551 à 2528 av. J.-C., les constructeurs égyptiens avaient calculé que l'angle d'élévation d'une pyramide ne devait pas dépasser les 52 degrés. Ils respectèrent cet angle de sécurité dans la construction de la grande pyramide de Kheops à Gizeh qui était, comme nous l'avons vu au chapitre 1, un site sacré depuis des milliers d'années, bien avant l'époque des pharaons. Peut-être Kheops fut-il inspiré par l'ancienneté sacrée de ce site, car l'édifice qui lui fut attribué est la plus colossale des pyramides jamais construites le long du Nil. La pyramide de Kheops est légèrement plus large à sa base que la pyramide du Nord de Snéfrou (230 m contre 220 m). Mais comme sa déclivité est plus forte, elle paraît de moitié plus haute et plus massive. C'est de loin la plus grande pyramide construite dans l'Ancien Monde : elle mesure 146 m de haut pour un volume de 2,75 millions mètres cubes. Qu'un monument aussi majestueux ait pu être construit en l'espace de seulement vingt-quatre ans – la durée du règne de Kheops – relève du merveilleux.

À la fin de sa construction, la pyramide de Kheops offrait un spectacle grandiose dont il ne reste rien. Comme finition, les Égyptiens avaient appliqué une belle couche de calcaire blanc poli qui brillait comme des milliers de pleines lunes. Bien après la fin de l'Ancien Empire, le peuple, qui avait perdu toute notion de sa gloire passée, a arraché le calcaire et l'a emporté pour construire Le Caire.

Djédefré (2528-2520 av. J.-C.), le successeur de Kheops, construisit une pyramide bien plus petite à Abou Roash. Khephren (2520-2494 av. J.-C.), le successeur de Djédefré, fut aussi attiré par Gizeh. Il fit construire sa pyramide – qui serait érigée autour d'un édifice beaucoup plus ancien – sur un lieu faisant partie de l'ensemble architectural déterminé par les temples du Sphinx et de la Vallée, la voie très large appelée aujourd'hui la Chaussée de Khephren, la plus ancienne partie de l'édifice connu sous le nom de Temple mortuaire de Khephren et le Grand Sphinx. Sa pyramide a une déclivité légèrement plus forte que celle de Kheops, son angle dépassant les 53 degrés. Ses côtés font environ 15 m de moins à la base et sa hauteur compte 3 m de moins.

Le règne de Nabka, le successeur de Khephren, dura seulement quatre ans (2494-2490 av. J.-C.) ; il n'eut pas le temps de terminer la grande pyramide qu'il avait commencé à construire à Zawyet el-Aryan, au sud de Gizeh et au nord de Saqqarah. Mykérinos, qui lui succéda (2490-2472 av. J.-C.), construisit la dernière et la plus petite des trois pyramides les plus importantes sur le plateau de Gizeh. Ses côtés à la base sont moitié moins longs que ceux de Kheops et de Khephren, et son sommet atteint tout juste 65 m.

Les deux pharaons suivants se contentèrent d'édifices funéraires rappelant plutôt les mastabas de l'époque thinite. Les rois de la Ve dynastie (2465-2323 av. J.-C.), de la VIe dynastie (2323-2150 av. J.-C.) et des VIIe et VIIIe dynasties (2150-2134 av. J.-C.) construisirent tous des pyramides, mais une seule dépassa celle de Mykérinos en taille. Leur exécution est généralement jugée moins parfaite que celle des édifices grandioses de Saqqarah, Dahshour et Gizeh. C'est alors que l'Égypte s'effondra à la suite d'une agitation politique, un fait dont nous examinerons les causes plus en détail au chapitre 8. La construction de pyramides reprit seulement avec les XIIe (1991-1783 av. J.-C.) et XIIIe dynasties (1783-1640 av. J.-C.). Les dix édifices restants de cette période sont tous à peu près de la même taille que la pyramide de Mykérinos ou plus petits. Les parties centrales de ces pyramides du Moyen Empire étaient constituées de pierrailles retenues par des murs de soutènement et, plus tard, de briques de terre et non de durs blocs de pierre comme sous l'Ancien Empire. L'âge d'or était révolu depuis longtemps.

Elles renaissent au sud

La construction des pyramides en Égypte porta sur tout un millénaire et, en comptant les constructions satellites plus petites avec les monuments plus grands et mieux connus, on arrive à un total de plus de quatre-vingt-dix pyramides. Mais, singulièrement, au cours du millénaire suivant, il en fut construit deux fois plus en Nubie, très en amont du Nil – dans ce qui est aujourd'hui le nord du

Soudan –, où les travaux commencèrent huit cents ans après que la dernière pyramide royale fut érigée en Égypte.

Les souverains de Koush – c'est ainsi que les Égyptiens nommaient ce pays – constituaient une menace pour les pharaons de la XIIe dynastie, qui décidèrent de construire un poste frontière afin d'empêcher les Koushites d'envahir leur royaume. Le Nouvel Empire (1550-1070 av. J.-C.) annexa Koush à la province nubienne d'Égypte, mais cette mainmise aboutit à l'écartèlement de l'empire égyptien en un certain nombre de principautés rivales qui se disputaient et faisaient la guerre entre elles.

Autour de 770 av. J.-C., un puissant royaume nubien étendit sa souveraineté vers le nord du pays, jusqu'au cœur même de l'Égypte. Après avoir envahi la ville de Thèbes au sud, les Nubiens avancèrent vers le nord et prirent le contrôle des deux anciens pays. Le roi Piyé (750-712 av. J.-C.) unifia l'Égypte pour la seconde fois, et fonda la XXVe dynastie, ou dynastie nubienne, qui resta au pouvoir pendant près d'un siècle.

Avant le règne de Piyé, les rois koushites étaient enterrés sans momification sous de grands tumulus arrondis qui recouvraient des fosses souterraines cloisonnées. Piyé renoua avec les anciennes traditions du pays qu'il venait de conquérir. Il fut le premier roi égyptien à être enterré dans une pyramide depuis huit cents ans ; il avait choisi d'ériger son propre mémorial sur le site d'El-Kourrou, le lieu de sépulture de son père. C'était un édifice relativement petit, ne mesurant que 8 m à sa base, mais son angle d'élévation atteignait 68 degrés, ce qui est très pentu. Bien que le corps de Piyé ne fût pas retrouvé lors des fouilles dans la pyramide en 1918 et 1919, la découverte des vases canopes dans le caveau funéraire indique cependant qu'il avait été momifié.

Piyé fut donc à l'origine de la renaissance des pyramides ; il avait rétabli les anciennes coutumes égyptiennes ou du moins les coutumes qu'il pensait avoir existé. Trois de ses successeurs furent enterrés à El-Kourrou, ainsi que quatorze reines, chacune dans sa propre pyramide. Les fouilles révélèrent que deux douzaines de chevaux et deux chiens avaient été inhumés dans ce lieu. Taharqa (690-664 av. J.-C.), l'avant-dernier pharaon nubien, choisit un endroit sur la rive opposée du Nil, appelé Nouri, pour y faire construire sa pyramide.

Les Assyriens renversèrent la dynastie nubienne qui se replia hors d'Égypte, en Nubie, et montèrent sur le trône du double pays d'Égypte. Toutefois, les rois nubiens continuèrent leurs pratiques funéraires : ils se faisaient momifier et enterrer dans une pyramide, créant ainsi une nouvelle Égypte en dehors d'Égypte. La momie du roi nubien Aspelta, qui mourut au milieu de VIe siècle av. J.-C., fut placée dans un énorme sarcophage de granit dont le couvercle qui pesait quatre tonnes était décoré avec des citations des Textes des Pyramides (gravées sur les murs de plusieurs chambres et antichambres funéraires dans certaines pyramides, à partir de la fin de la Ve dynastie), du *Livre des Morts* égyptien, et de représentations de diverses divinités égyptiennes. La construction de pyramides à Nouri perdura jusqu'à la fin du IVe siècle av. J.-C. Après quoi, c'est Méroé, situé plus en amont, entre les cinquième et sixième cataractes du Nil, qui devint le centre funéraire royal ; il devait le rester jusqu'autour de l'an 350 de notre ère.

Les pyramides nubiennes se distinguent par un certain nombre de caractéristiques très importantes. D'abord, elles sont relativement petites et d'une remarquable uniformité, avec peu de variations entre elles. Ensuite, les pyramides nubiennes n'étaient pas réservées au seul roi et à sa reine, mais aussi à d'autres membres de la famille royale. Nombre de ces personnages notables emportèrent beaucoup de bagages dans l'autre monde : des bijoux et autres parures, des armes, leurs chiens et chats, tout comme leurs suivants et leurs serviteurs dont la vie, apparemment, fut sacrifiée pour accompagner le défunt dans son voyage dans l'au-delà.

Si les Nubiens ont copié les Égyptiens, les Romains se laissèrent influencer et adoptèrent de nombreux modèles égyptiens, à la fin de la République et de l'impérialisme. Une pyramide de style koushite fut construite à Rome pour le prétorien Gaius Cestius qui décéda en l'an 12 av. J.-C., sous le règne d'Auguste. Il y avait une autre pyramide, plus grande, dans la nécropole sur la colline du Vatican, mais elle fut presque entièrement détruite au XVIe siècle de notre ère. Il est fort probable qu'il y eut d'autres pyramides parmi les tombeaux qui s'alignaient le long des routes desservant Rome.

Le Royaume du Lotus

À l'est du centre traditionnel des cultures bâtisseuses de pyramides de l'Afrique du Nord-Est, il existe d'autres contrées où furent construites des pyramides qui sont peu connues, et qui s'étirent à travers l'Asie du Sud, du Pakistan moderne jusqu'en Indochine en passant par l'Inde.

On centre l'univers

Les premières structures pyramidales apparurent entre 4000 et 1800 avant notre ère, dans le sous-continent indien avec la civilisation Harappa qui s'étendait le long de la large vallée fertile de l'Indus. Cette civilisation atteignit son apogée au milieu du IIIe millénaire avant J.-C. ; sa puissance rivalisait alors avec celle de l'Ancien Empire égyptien. En outre, elle entretenait d'importantes activités commerciales avec la Mésopotamie. Plus de 70 villes sortirent de terre, dont certaines pouvaient accueillir jusqu'à 40 000 personnes, telles Mohenjo-daro sur une rive de l'Indus, et Harappa, sur la rive du Ravi, un affluent de l'Indus. Les édifices publics des villes s'élevaient au-dessus de tertres à plate-forme de briques de terre. Deux de ces tertres à Mohenjo-daro, appelés la Citadelle et la Ville basse, étaient énormes ; ils avaient demandé le même type d'investissement en temps et en travail que les monuments similaires érigés en Mésopotamie et en Égypte vers la même époque.

La deuxième structure de type pyramidal en Inde n'a pas l'apparence d'une pyramide, du moins à première vue. Elle est moins anguleuse que les pyramides d'Égypte, les ziggourats de Mésopotamie ou les plates-formes de briques de terre de Harappa ; de ce fait, les stûpas de l'Inde ancienne ont l'air de parents lointains, comme des cousins qui n'auraient cessé d'émigrer et dont la famille a même oublié leur place sur l'arbre généalogique. Mais en y regardant de plus près, on s'aperçoit d'une forte relation entre eux, qu'il était difficile d'imaginer de prime abord. L'architecture des stûpas est massive ; ils ont plus ou moins l'aspect d'un oignon ou d'une cloche renflée à la base ou encore d'un chapeau involuté, posé sur un socle. Et tout comme les ziggourats et les pyramides égyptiennes, les stûpas sont décrits comme des montagnes extraordinaires, des sommets qui séparent le sacré du profane et qui sont le point originel de l'espace et du temps.

En ce qui concerne la signification des monuments égyptiens et babyloniens, nous en sommes réduits aux hypothèses. Mais pour ce qui est des stûpas indiens, nous avons la chance d'en savoir beaucoup plus, grâce à la tradition vivante des religions bouddhiste et hindouïste. Nul besoin de deviner la signification d'un stûpa ; il suffit de chercher à le comprendre.

Les anciens Indiens enterraient leurs morts comme les Égyptiens aux temps prédynastiques, c'est-à-dire sous des tumulus ressemblant à des huttes ordinaires. La voûte arrondie, circulaire du stûpa a transformé cette forme originelle, jusqu'à la faire ressembler au mont Meru, ce sommet mythologique que l'on dit être le centre de la cosmogonie hindoue. Meru (appelé Sumeru par les bouddhistes) a été identifié avec le mont Kailas au Tibet qui culmine sous la neige à plus de 5 790 m, et qui est aujourd'hui un lieu de pèlerinage pour toute l'Asie centrale et du Sud.

Cette comparaison du stûpa avec le mont Meru remonte à très loin, au temps préhistorique du sous-continent indien. La première expression toujours vivante de ce concept date du milieu du IIIe siècle av. J.-C., lorsque le bouddhisme devint religion d'État sous l'empereur Açoka (env. 274-237 av. J.-C.). C'est à peu près à cette époque – peut-être durant le règne même d'Açoka – que fut érigé le stûpa 1 à Sanchi pour abriter les reliques du Bouddha. Il a été régulièrement reconstruit et agrandi depuis, mais la construction et les plans originels existent toujours. C'est, en fait un grand dôme érigé sur un soubassement circulaire ; sa partie centrale, faite de pierraille compactée, est revêtue de briques, de plaques de pierre et de stuc. Une galerie entoure la base et s'ouvre sur quatre portails qui permettent aux pèlerins de marcher autour du dôme dans le sens inverse des aiguilles d'une montre ; au pied du mont Kailas, la marche se fait dans ce même sens. Métaphoriquement, le dôme en forme de montagne représente la voûte céleste. Le mât qui s'élève sur le dôme symbolise l'axe autour duquel tourne l'univers, et aussi le lien indispensable, le moyen de communication essentiel entre la Terre et le Royaume des cieux.

Un trait commun à tous les stûpas est leur plan horizontal qui suit les contours d'un mandala, un enchevêtrement symétrique de carrés et de ronds. L'édifice qui représente au mieux ce concept artistique est aussi celui qui est le plus grand et le mieux conservé de tous les anciens stûpas : c'est Borobudur, construit sur une plaine au centre de l'île de Java, à une cinquantaine de kilomètres de la ville contemporaine de Djokjakarta (voir photo 8). Érigé au milieu du VIIIe siècle après J.-C., Borobudur fut d'abord une structure hindoue. Sa construction fut interrompue et reprise plus tard dans le siècle par une dynastie bouddhiste, qui transforma cette grande masse de pierre en mémorial religieux. Plusieurs bouleversements politiques ont conduit Borobudur à sa dégradation ; il fut complètement abandonné au cours des Xe et XIe siècles. Le site était alors recouvert de cendres volcaniques et avait été envahi par la jungle. Au début du XIXe siècle, des colonisateurs européens commencèrent à le nettoyer. Ce n'est que dans les années 1970 que le site fut totalement restauré, pour un coût de plus de 20 millions de dollars.

Le stûpa de Borobudur est une construction symétrique énorme, dont chaque côté s'étend sur plus de 200 m ; elle ressemble à une colline entièrement sculptée, constituée d'une succession de neuf terrasses. Tout comme le stûpa 1 de Sanchi, c'est une réplique de l'univers centré autour du mont Meru. Les terrasses inférieures sont ornées de tableaux illustrant les doctrines bouddhiques et des scènes de la vie de tous les jours à Java, aux VIIIe et IXe siècles. Sur les trois terrasses supérieures s'élèvent soixante-douze petits stûpas abritant chacun une statue du Bouddha. La plupart de ces statues n'ont plus de tête, ayant été décapitées par des amateurs d'antiquités ou des collectionneurs de musées. Un grand stûpa central couronne tout l'édifice. Comme il symbolise le nirvana, l'état d'illumination bouddhique, il n'est pas surprenant qu'il soit vide.

Les villes-temples des Khmers

À l'époque où la construction de Borobudur avait commencé, le peuple khmer, vivant dans l'actuel Cambodge, commença à ériger des temples rappelant la forme architecturale hindoue de la tour, ou *sikhara*, qui témoigne de l'impact profond de l'architectonique et des concepts religieux de l'Inde en Asie. En mariant le *sikhara* avec le stûpa, ils obtinrent une forme trahissant l'influence indienne, mais qui pourtant était nettement et uniquement khmère.

Les premiers temples du Cambodge, comme celui de Baksei Chamkrong, construit au Xe siècle après J.-C., étaient constitués de cinq gradins, ou terrasses, de taille décroissante, empilés les uns sur les autres, portant un seul temple au sommet. Quatre escaliers – un sur chaque côté de l'édifice carré – permettaient de monter au temple. Le temple affiche une ressemblance frappante avec à la fois la ziggourat mésopotamienne et les pyramides des Mayas dans le Nouveau Monde, que nous allons étudier plus loin.

Le « temple-montagne » khmer, en forme de tour, est l'unité de base de toutes les villes-temples que les Khmers allaient construire au fil des siècles. L'exemple le plus frappant et le plus connu est Angkor Vat qui fut érigé sous le règne de Suryavarman II (1112-1152 ap. J.-C.) (voir photos 9 et 10). Construit dans ce qui est aujourd'hui une forêt humide très dense, Angkor Vat n'est qu'un des complexes de cet énorme centre qui compte d'autres compositions similaires, reliées entre elles par des douves et des bassins artificiels. La partie centrale d'Angkor Vat comprend cinq « temples-montagnes » disposés en quinconce et s'élevant au-dessus d'une plate-forme à degrés carrée ; en fait, ce sont des pyramides que supporte une pyramide. La plus grande des tours s'élève au milieu du carré et son sommet culmine à plus de 60 m. Les quatre autres tours, qui ressemblent à des copies légèrement plus petites de la pyramide centrale, sont situées aux angles du carré. Des galeries contournent tout l'ensemble qui est construit avec une technique de pierres sèches, sans mortier, ce qui indique que les Khmers possédaient une maîtrise de la construction de haut niveau.

Les temples dans les autres villes cérémonielles qui entourent Angkor Vat sont tous orientés vers l'est, mais Angkor Vat est le seul à faire face à l'ouest. De nombreux scientifiques prétendent qu'Angkor Vat a servi de mausolée à son fondateur Suryavarman II, puisque la porte qui s'ouvre sur l'Au-delà était censée être à l'ouest.

Des montagnes pour les rois

Les rois de la dynastie chinoise Chin (ou Qin) commencèrent à marquer leurs lieux de sépulture de tumulus pyramidaux dès la fin du IIIe siècle avant notre ère, à peu près à l'époque où le stûpa 1 originel fut érigé à Sanchi. La coutume se perpétua durant les dynasties successives des Han, jusqu'à la fin de celles des Tang, non seulement chez les rois, mais aussi parmi les seigneurs suffisamment riches pour s'offrir de tels monuments.

Mais les pyramides Chin ne sont pas sorties du néant, elles ont des antécédents. Un de leurs prédécesseurs est candidat au titre de plus vieille pyramide du monde ; c'est un édifice qui est daté d'environ 3000 avant notre ère – il pourrait même être plus ancien – et qui fut découvert récemment près de Sijiazi, près de 370 km au nord-est de Pékin, dans la région autonome de la Mongolie-Intérieure, au nord de la Chine. Situé sur la crête d'une montagne, il est attribué à la civilisation Hongshan (qui remonte, selon les auteurs, à une date entre 4000 et 2000 av. J.-C.). Cet édifice peut être décrit comme une plate-forme constituée de différentes rangées de pierres, en forme de pyramide à trois étages, dont la base mesure près de 30 m sur 15 m. Le sommet de l'édifice contient sept tombeaux et les ruines d'un autel. Des fragments de poteries qui portent les anciens caractères chinois signifiant « riz » furent trouvés autour de l'autel, ainsi que des statues de pierre de déesses dans certains tombeaux ; un phallus symbolique *(lingam* ou *linga)* était sculpté sur le mur d'un tombeau : tout cela porte à croire que des rituels furent pratiqués sur ce site. Les archéologues chinois qui participèrent aux fouilles avancèrent l'hypothèse que ce monument aurait été important d'un point de vue astrologique, et partant, astronomique.

Par ailleurs, il existe des signes suggérant que de nombreux tumulus substantiels datent de la dynastie Xia, de la fin du IIIe et du début du IIe millénaire av. J.-C. Durant le règne des dynasties Shang et Zhou, qui dura d'environ 1600 av. J.-C. jusqu'à la fin du IIIe siècle av. J.-C., juste avant l'arrivée de la dynastie Chin, les souverains étaient ensevelis dans des fosses, construites pour préserver leur corps et toute une panoplie de biens et d'œuvres d'art enterrés avec eux. Tout comme dans les sépulcres en Nubie, les suivants et les serviteurs étaient sacrifiés lors des rites funéraires. Pendant les derniers siècles de la dynastie Shang (environ 1300 à 1100 av. J.-C.), les rois étaient enterrés sous de grands tumulus, ou pyramides de terre, sur un site proche du village actuel de Hsiao-t'un dans la province du Ho-nan (He-nan). On découvrit sous l'une de ces pyramides Shang les restes non seulement du roi, mais aussi de plus de 160 victimes sacrifiées. Certaines des nombreuses pyramides en terre tassée trouvées en Chine – qui n'ont toujours pas été explorées, ni datées – pourraient appartenir à la dynastie Shang. Durant la dynastie Zhou de l'est, un tumulus surmonté d'un temple ou salle de cérémonie, fut construit au-dessus de la tombe. Le mausolée de Zhong-shan, construit à cette époque dans la province du Hebei, répond à un plan architectural où des carrés et des ronds s'emboîtent les uns dans les autres ; il partage beaucoup des caractéristiques solennelles d'Angkor Vat, comme la pyramide à cinq étages qui s'élève au-dessus d'une seule plate-forme surélevée. La pyramide centrale indique probablement l'endroit de sépulture du roi, tandis que les pyramides dans les angles, plus petites, représentent les sites où reposent ses épouses sacrifiées.

Shih Huang-ti (connu aussi sous le nom de Chin Shih Huang-ti), le premier empereur des Chin, qui est réputé pour avoir construit la Grande Muraille de Chine durant son règne (220-210 av. J.-C.), fit bâtir une immense nécropole à Lishan, à l'est de la ville actuelle de Hsi-an dans la province du Chen-si (Shen-hsi). Moyennant un plan rectangulaire à double paroi, rappelant le mausolée de Zhong-shan, le complexe fut installé sur un tumulus de terre tassée, dont le centre est vraisemblablement une colline naturelle. Le tumulus pyramidal est immense, mesurant plus de 300 m de côté et s'élevant sur quelque 40 m. Il a sûrement été beaucoup plus élevé à l'origine, car depuis sa construction voilà plus de deux mille ans, l'érosion ne l'aura pas épargné. Aujourd'hui, le tumulus n'a encore fait l'objet d'aucune fouille, donc nous ne savons pas ce qui repose dessous ou à l'intérieur. Selon des archives historiques de l'époque, mais difficilement vérifiables, on aurait construit un tombeau sous la pyramide, conformément à l'architectonique d'un palais royal, puis on l'aurait rempli de trésors. Des arbalètes dressées, bandées et reliées à des fils tendus formaient un piège destiné à empaler tout voleur qui s'aventurerait dans ce lieu.

C'est dans les trois grandes fosses à l'extérieur du mur est de la nécropole à Lishan que fut faite la découverte la plus extraordinaire à ce jour. Les archéologues mirent au jour toute une armée de statues en céramique grandeur nature : des cavaliers, des fantassins et des archers, avec leurs chevaux et leurs chars. Contrairement aux soldats de plomb tous sortis du même moule, les soldats de Lishan sont uniques ; ils évoquent des personnages bien définis, chacun ayant des caractéristiques personnelles. Apparemment, ces statues servaient de doublures lors des massacres rituels sanglants qui étaient pratiqués lors des inhumations Shang et Zhou.

Il est possible qu'il y ait des structures pyramidales en forme de montagnes au Japon, mais avec le temps et l'érosion, il n'est plus possible de les identifier comme des pyramides aujourd'hui. Certains auteurs ont écrit que quelques collines au Japon avaient une forme bien curieuse, et qu'elles étaient, en fait, des pyramides « perdues ». On ne le saura que le jour où de sérieux travaux de recherche seront entrepris.

Le grand bond vers la Méso-Amérique [1]

Conditionnés comme nous le sommes par l'incontournable prééminence des pyramides de Gizeh, nous pensons que leur forme est typique de l'Ancien Monde ; il y a donc de quoi être surpris d'apprendre que les Amériques comptent plus de ces structures monumentales que tous les autres pays du monde réunis. May Veber, un savant travailleur, pense qu'il ne reste pas moins de 100 000 pyramides à découvrir au seul Mexique – dont certaines, il l'admet, sont plutôt petites. Si on ajoute à ce nombre la quantité qui devrait se trouver dans les autres pays de la Méso-Amérique – la région qui s'étend du Mexique au Honduras, en passant par le Guatemala, Belize et le nord du Salvador –, on obtient un total époustouflant. Les civilisations méso-américaines construisirent des pyramides depuis le début du Ier millénaire avant notre ère jusqu'à la conquête espagnole au début du XVIe siècle, c'est-à-dire pendant deux mille cinq cents ans, une durée qui équivaut à celle de la construction de pyramides en Égypte, Nubie et Mésopotamie.

1. La Méso-Amérique est la région de l'Amérique comprise entre l'isthme de Panamá et le nord de la Vallée du Mexique, où se développèrent des civilisations précolombiennes (Olmèques, Toltèques, Zapotèques, Aztèques, Mayas) ayant de nombreux points communs : panthéon, calendrier, pratique agricole, écriture hiéroglyphique, etc.

Les premiers furent les Olmèques

La Venta, située dans le golfe du Mexique, dans l'actuel État mexicain de Veracruz, semble ne pas correspondre à l'endroit idéal pour marquer le début de l'ère des pyramides en Méso-Amérique. C'est une île où s'enchevêtrent des marécages, des prairies et des forêts très denses. Cette région de basse altitude est balayée par de fortes pluies et des vents puissants la majeure partie de l'année. Pourtant, c'est ici que débarqua, pour la première fois en 1100 av. J.-C. ce peuple que nous appelons les Olmèques.

Les nouveaux arrivants – dont on ignore les origines – défrichèrent la contrée et construisirent un centre cérémoniel le long d'une crête au milieu de l'île. La partie la plus importante de ce complexe est une grande pyramide faite d'argile tassée qui mesure aujourd'hui quelque 30 m de haut. Assise sur une large plate-forme basse, la pyramide ressemble à quelque chose comme un petit four renversé : elle a un cône tronqué, un sommet aplati et des côtés ravinés, à dix cannelures très profondes. Les cannelures faisaient déjà partie de la construction originelle et étaient voulues par ses constructeurs, mais les millénaires passant, l'érosion les a creusées. Pour expliquer la forme curieuse de La Venta, d'aucuns disent que c'est la copie d'un volcan. Elle ressemble effectivement aux cônes volcaniques qui font partie du paysage dans les montagnes de Tuxtla, à 100 km de la côte. On ne sait pas d'où sont venus les Olmèques, mais il est possible que ce peuple soit descendu des montagnes et ait voulu construire quelque chose qui lui rappellerait son ancien cadre de vie.

Mais ce n'est pas seulement par nostalgie d'un passé abandonné que les Olmèques décidèrent d'ériger cette pyramide à La Venta. Elle est située au milieu de deux énormes complexes de bâtisses, de places, de sculptures monumentales, de lieux d'offrande et de tombeaux, qui furent bâtis par étapes de 1000 av. J.-C. jusqu'à 400 av. J.-C., date à laquelle les Olmèques quittèrent les lieux. Beaucoup des matériaux utilisés venaient de très loin, comme ces argiles colorées importées de régions éloignées, ce basalte originaire des montagnes de Tuxtla, ces tonnes de jade et de serpentine qu'ils ont été chercher on ne sait où. Bien que nous ne connaissions pas leurs vraies motivations, les Olmèques déployèrent sans compter tout leur luxe dans l'édification de leur centre religieux.

Teotihuacán : La cité des anciens dieux

Même les Aztèques, qui construisirent la ville de Tenochtitlán, aujourd'hui Mexico, n'avaient aucune idée des vrais fondateurs de Teotihuacán – qui signifie « Cité des dieux » –, un centre urbain en ruine et abandonné, situé au nord-est de Tenochtitlán. C'est durant les deux derniers siècles avant notre ère que le peuple, à Teotihuacán, entreprit la construction d'une ville éblouissante, qui devait rester la ville la plus importante de tout le Mexique jusqu'au VIIIe siècle de notre ère. À l'apogée de son rayonnement, Teotihuacán couvrait plus de 12 km^2 et comptait entre 100 000 et 200 000 habitants. Construite le long d'un axe nord-sud rigoureusement tracé, selon un plan directeur bien réfléchi, la ville affichait une architecture grandiose. À côté d'elle, Rome, alors centre du monde occidental, faisait figure de cité désorganisée où règne la confusion.

C'est au début du Ier siècle de notre ère chrétienne que la civilisation de Teotihuacán a commencé à édifier ce que les Aztèques allaient nommer, quelques siècles plus tard, la pyramide de la Lune (voir photo 13). Cette pyramide fut réparée et agrandie cinq fois durant les deux siècles qui ont suivi – chose courante pour les pyramides méso-américaines – et, lors de la quatrième phase de sa réfection, d'importants travaux d'embellissement ont été effectués.

Alors qu'il venait d'achever la première phase de construction de la pyramide de la Lune, ce peuple de Teotihuacán entreprit celle de la pyramide du Soleil, qui fut achevée vers l'an 250 de notre ère ; ce fut leur œuvre la plus grandiose (voir photo 14). Plantée sur un soubassement de 222 m de côté, la pyramide s'élève avec ses cinq degrés de terrasses sur quelque 60 m. Il se pourrait que son sommet plat ait supporté un temple, aujourd'hui disparu. Un immense escalier remonte la pyramide sur sa face ouest.

Comme la plupart de pyramides méso-américaines, la pyramide du Soleil fut construite autour d'une partie centrale constituée de pierrailles maintenues en place par des murs de soutènement. Les murs étaient ensuite recouverts d'adobes, eux-mêmes recouverts de petites pierres liées avec du mortier. Originellement, la pyramide avait comme finition externe une deuxième couche de cailloux et un revêtement de stuc. Les charges explosives utilisées afin de dégager l'édifice entre 1905 et 1910, pour le préparer à la célébration du centenaire de l'indépendance du Mexique, ont détruit une grande partie des deux couches extérieures. Des tirs mal ajustés ont arraché jusqu'à plus de 6 m de matériau par endroits.

Un grand boulevard très large, appelé l'Avenue des Morts, reliait la pyramide du Soleil à la pyramide de la Lune, et était jalonné d'édifices religieux et civils très importants. Teotihuacán jouissait d'une forte puissance économique et était un centre de distribution d'obsidienne pour la fabrication d'ustensiles et d'armes, dans toute la Méso-Amérique. La ville cosmopolite attirait des immigrés et des pèlerins jusque dans le Yucatán et le Guatemala, qui venaient faire leur commerce non seulement près des deux grandes pyramides, mais aussi entre les nombreuses autres pyramides plus petites et les temples qui étaient aussi leurs lieux de dévotions.

Les fouilles pratiquées sur un des sites plus petits, appelé pyramide du Serpent à plumes, ont montré que cette civilisation de Teotihuacán pratiquait les sacrifices humains. Les 130 squelettes découverts sont, sans aucun doute, ceux de soldats, voire de prisonniers de guerre. D'autres sacrifices d'animaux et d'hommes, ainsi que du matériel de guerre, ont été découverts dans la pyramide de la Lune, lors de fouilles récentes menées conjointement par l'université d'État de l'Arizona et l'Institut national d'anthropologie et d'histoire de Mexico. Par ailleurs, Leopoldi Batres, responsable des fouilles destructrices de la pyramide du Soleil, a découvert les corps d'enfants immolés et enterrés aux quatre coins de tous les cinq étages de la pyramide.

Aux alentours de l'an 700, le nombre d'habitants de Teotihuacán chuta de manière vertigineuse, et après avoir mis le feu à la ville, les derniers hommes émigrèrent vers l'est. Livrée aux éléments, Teotihuacán se couvrit bientôt de poussière et fut envahie par la végétation. L'ironie veut que ce coup du sort la sauva de sa destruction par les Espagnols qui, poussés par la cruauté féroce de l'Inquisition envers les non-chrétiens, détruisirent beaucoup de l'ancien héritage mexicain. Ignorant totalement ce qui se trouvait sous ces trois collines d'apparence ridicule, parsemées d'arbres, dans le nord-est de la Vallée du Mexique, les Espagnols épargnèrent Teotihuacán.

La somptueuse civilisation maya

Certains des immigrés et pèlerins qui se rendirent aux pyramides et aux temples de Teotihuacán étaient des Mayas venus de la Méso-Amérique du Sud, principalement de la péninsule du Yucatán et des régions voisines. Inspirés par ce qu'ils avaient vu dans la grande métropole, et peut-être aussi influencés par la civilisation de Teotihuacán, les Mayas commencèrent à ériger leurs propres pyramides. C'est entre le IIe et le XIIIe siècle, et surtout durant la période classique, entre environ 450 et 950, que les Mayas ont construit toute une série de complexes religieux, dont les structures les plus remarquables étaient des pyramides à degrés. On peut encore voir ces édifices aujourd'hui, comme par exemple à Palenque, Uxmal et Xpuhil au Mexique, Tikal, Kaminaljuyú et Seibal au Guatemala, Copán au Honduras, Tazumal à El Salvador et Altun Ha et Caracol à Belize.

Les Mayas bâtirent des pyramides à degrés dont le sommet supportait un temple, à l'image des constructions des Mésopotamiens et des bouddhistes qui avaient érigé le magnifique stûpa de Borobudur. Et tout comme le peuple de Teotihuacán, les Mayas construisirent et restaurèrent toujours et encore les mêmes édifices. Le nom *Uxmal*, par exemple, veut dire en langue maya « construit trois fois ». En fait, la fameuse pyramide du Magicien ou du Sorcier, sur le site d'Uxmal (voir photo 15), a connu cinq phases de construction (autour des IXe et Xe siècles de notre ère). Apparemment, ces réfections devaient renouveler la relation des rois mayas successifs avec le royaume des dieux.

Les pyramides mayas servaient des buts variés et exceptionnels. La légende dit que la pyramide du Magicien fut construite par le dieu de la magie, Itzamná, pour servir de centre de formation de guérisseurs, d'astronomes, de mathématiciens, de chamans et de prêtres. Le temple maya-toltèque de Kukulcan (appelé aussi le Serpent à plumes, honorant la même divinité qu'à Teotihuacán), qui fut construit entre les XIe et XIIIe siècles à Chichén Itzá dans le Yucatán, est une véritable mine d'informations sur le calendrier maya, très précis et sophistiqué (voir photo 16). Chacun des quatre escaliers de la pyramide comporte 91 marches et, en comptant aussi la dernière marche constituée par la plate-forme supérieure qui leur est commune, on obtient un total de 365, un chiffre correspondant au nombre de jours dans l'année. L'escalier central divise les neuf étages de la pyramide en dix-huit segments, chiffre qui correspond au nombre des mois dans l'année maya. Le temple des Inscriptions à Palenque, dont la construction a commencé vers le milieu du VIIe siècle pour s'achever au début du VIIIe, recèle la sépulture dissimulée de son constructeur royal, Pacal (615-683) (voir photos 17 et 18). C'est une pyramide à neuf degrés ; on arrive au tombeau en passant par une porte cachée, puis en descendant sous treize voûtes qui conduisent à la chambre funéraire. Les voûtes furent comblées de pierraille pour décourager les envahisseurs ; ce subterfuge fonctionna pendant mille ans contre les pilleurs de tombes potentiels. Les archéologues qui découvrirent et dégagèrent le tombeau au début des années 1950 ont trouvé le corps de Pacal recouvert de jade, reposant dans un sarcophage sculpté portant de nombreuses décorations, tel qu'il était il y a treize siècles, lors de son enterrement. Ce caveau n'a pas été ajouté après la construction de la pyramide. La chambre funéraire est située presque à ras de terre et juste sous le centre de la masse de la pyramide. Cette chambre, tout comme les voûtes menant à elle, devaient avoir fait partie du plan originel de la pyramide, conçu avant la pose de la première pierre. La pyramide I à Tikal, une des six pyramides de ce site immense, a aussi servi d'édifice funéraire pour un roi que les archéologues appellent le souverain A (voir photo 21).

Vers l'an 1000 de notre ère, la civilisation maya, centrée au Guatemala, à Belize et au sud du Yucatán, s'effondra. Il semblerait que ce déclin soit dû à de graves problèmes écologiques, provoqués par l'épuisement des sols à la suite de cultures trop intensives. La population était devenue trop importante pour pouvoir se nourrir de ses terres. C'est alors que les Toltèques, féroces guerriers, envahirent le pays. Leur capitale, Tula lay, se trouvait dans ce qui est aujourd'hui l'État mexicain de Hidalgo, à quelque 80 km au nord de Mexico. Les Toltèques, obsédés par la guerre, recouvrirent les temples de leurs pyramides de scènes guerrières. Leur empire s'étendait à travers tout le Mexique, du Pacifique à l'Atlantique, jusque dans le Yucatán. Chichén Itzá, aujourd'hui une ruine célèbre, fut construite ou transformée par les Toltèques. Et lorsque leur empire s'effondra face à la puissance non moins guerrière des Aztèques qui arrivèrent à la fin du XIIe siècle, les derniers Mayas se réfugièrent à Chichén Itzá, qui avait été abandonnée, entreprenant de reconstruire et de restaurer leur héritage de monuments grandioses, comme le temple de Kukulcan.

L'emprise des Aztèques

Tout comme les Mayas, les Aztèques construisaient et restauraient leurs pyramides. Une des plus grandes pyramides aztèques, Tenayuca, fut restaurée au moins huit fois ; au cours de ces réfections, elle fut agrandie et embellie à six reprises. Bâtie originellement par les Chichimèques en 1304, une tribu que les Aztèques avaient battue et soumise, la pyramide fut transformée en sanctuaire aztèque. À la fin de sa construction, Tenayuca avait quatre plates-formes à degrés, au profil pentu ; un double escalier grandiose menait au sommet, où s'élevaient deux temples, entourés par un immense serpent sculpté. Ils utilisèrent le même type de plan pour construire l'imposant Templo Mayor, situé au milieu du centre cérémoniel dans la capitale aztèque Tenochtitlán, aujourd'hui Mexico. Le Templo Mayor fut transformé huit fois à partir du début du XIVe siècle ; il avait deux temples à son sommet, dont l'un était dédié au dieu de la guerre Huitzilopochtli, que les Aztèques considéraient comme leur divinité ancestrale, et l'autre à Tláloc, une divinité de la fertilité souvent associée à l'eau. Parmi les offrandes enterrées au Templo Mayor, il y avait des ossements et des crânes d'enfants. Cette découverte atteste que des êtres humains furent sacrifiés dans les rituels pratiqués lors des constructions de pyramides, tout comme à Teotihuacán.

En effet, les sacrifices humains étaient essentiels pour la fonction des pyramides aztèques. C'est surtout aux cours des derniers siècles de leur suprématie que les Mayas assassinèrent religieusement leurs prisonniers de guerre. Les Aztèques ont développé cette pratique jusqu'à en faire une obsession qui réclamait des centaines, voire des milliers de victimes pour un seul rituel. Les victimes étaient conduites au sommet de la pyramide, où elles étaient couchées sur le dos sur un autel de pierre, bras et jambes liés par des prêtres. Un autre prêtre brandissait un couteau en silex, puis ouvrait la poitrine de la victime pour en extraire le cœur battant qui était offert aux dieux dans le ciel. On suppose qu'ensuite ils faisaient rouler les corps jusqu'au bas de l'immense escalier, où ils étaient découpés et consommés.

Ces spectacles de massacres et de cannibalisme scandalisèrent les Espagnols qui envahirent le pays sous Hernán Cortés, un conquistador qui a lui-même tué un grand nombre de personnes, avec une perfidie sans nom et une cruauté infinie. C'est dans leur ville sainte de Cholula – où les Aztèques avaient restauré une immense pyramide de terre qui avait été construite par les Toltèques –, que Cortés leur fit la leçon, en la transformant en un édifice consacré à Quetzalcóatl (le Serpent à plumes, que les Mayas appelaient Kukulcan). Soupçonnant une insurrection latente, Cortés ordonna l'assassinat de 5 000 à 10 000 personnes. Ensuite, il prononça le serment de construire un lieu de culte pour chaque sanctuaire aztèque qu'il détruisit à Cholula. L'un d'entre eux se dresse aujourd'hui au sommet de la pyramide : ce fut la dernière reconstruction de cet immense édifice, orchestrée par un chrétien prouvant qu'il était capable de respecter ses engagements sur un site indigène, sacré depuis des siècles.

Un écho en Amérique du Nord

Bien que l'influence politique des bâtisseurs de pyramides méso-américains ne se propageât pas jusque dans ce qui est aujourd'hui les États-Unis, leurs idées culturelles se disséminèrent apparemment très loin vers le nord. Entre 600 et 1400 de notre ère, une civilisation dite du Mississippi exerça d'une part sa domination le long de la longue et fertile vallée fluviale, entre les villes actuelles de Saint Louis et de La Nouvelle-Orléans, et d'autre part son influence au centre, à l'est et au sud de l'Amérique du Nord. La civilisation du Mississippi, avec son architecture flamboyante et sophistiquée, dépassait de loin toutes les cultures antérieures dans ces régions. Alors que ses ancêtres n'avaient bâti que des tumulus primitifs, la civilisation du Mississippi construisit d'immenses centres cérémoniels avec des places et des pyramides tronquées, où des escaliers conduisaient aux temples érigés sur leurs sommets. Le tumulus au milieu de Cahokia, dans l'Illinois, un des lieux de culte les plus importants, couvrait 6,4 ha, et le temple à son sommet atteignait plus de 30 m (voir photo 24). Sur d'autres tumulus entourant le temple central s'élevaient des entrepôts, des bâtiments administratifs et les maisons de l'élite gouvernante. Le symbolisme religieux de Cahokia, qui reflète une fascination pour les sacrifices humains et le soleil, et l'architecture des pyramides et des places sont d'apparence tout à fait mexicaine, malgré la grande distance qui les sépare des pyramides de la Méso-Amérique.

La boucle se referme au Pérou

La tradition de la construction de pyramides se perpétua plus au sud, au Pérou, où des hommes commencèrent à ériger des pyramides à Aspero ; elle fut remaniée et transformée à mesure qu'une culture la transmettait à la suivante.

Aux alentours de 1900 avant notre ère, les peuples sur la côte du Pérou construisirent un ensemble de centres cérémoniels qui ressemblaient fidèlement au site plus ancien d'El Paraíso – des tumulus pyramidaux tronqués, disposés en forme de U et faisant face aux montagnes des Andes. Une centaine de ces sites sortirent de terre entre les fleuves Huaura et Santa, le plus grand étant édifié à Sechin en 1400 av. J.-C. Son tumulus mesurait quelque 305 m sur 245 m et dépassait les 40 m de hauteur.

On retrouve la même disposition en U face aux montagnes sur les hauts plateaux du nord des Andes à Chavín de Huántar, qui est le site d'une des premières civilisations sud-américaines connues. La construction du Complexe de temples prit plusieurs siècles, au dernier millénaire avant notre ère ; il fut bâti avec d'énormes blocs de pierre et comprend deux monuments principaux, le Vieux Temple et le Nouveau Temple, reliés entre eux par un labyrinthe de ruelles et des douves. Une stèle de plus de 4 m de haut, appelée table de Lanzon, fut dressée dans une sorte de grotte à l'endroit où l'axe vertical et l'axe horizontal du site se recoupent. La table représente en bas-relief une divinité en partie humaine, en partie serpent et en partie caïman.

À peu près à l'époque où les travaux avaient commencé sur le site du Complexe de temples à Chavín de Huántar, d'autres constructions de pyramides furent entreprises plus au sud, sur les rives du lac Titicaca. Un très grand tumulus à plate-forme fut bâti à Chiripa vers 1000 av. J.-C. La ville de Tiwanaku (connue aussi sous le nom de Tiahuanaco et située dans l'actuelle Bolivie) fut fondée autour de 400 av. J.-C. ; elle couvrait environ 4 km^2 et ne comptait pas moins de 40 000 habitants. Ses rues étaient tracées suivant un plan nord-sud quadrillé, et en son centre se trouvait une place de 20 ha, sur laquelle se dressaient des tumulus surmontés de temples pyramidaux. Le tumulus Akpana fut construit avec des pierres venant d'une carrière située de l'autre côté du lac, à quelque 100 km ; il mesurait plus de 200 m de côté et s'élevait à 15 m. La culture de Tiwanaku devint la plus illustre des cultures régionales des Andes avant l'arrivée des Incas, et la ville resta un centre majeur pendant mille quatre cents ans, une période très longue pour n'importe quel continent.

Pendant ce temps, sur la côte nord du Pérou, la culture naissante des Mochicas inaugura une nouvelle phase dans la construction des pyramides, au Ier siècle de notre ère. Cette civilisation érigea un complexe cérémoniel avec, au centre, deux imposantes structures en adobes. La plus grande des deux (en fait la plus grande construction faite d'adobes dans le Nouveau Monde) est nommée Huaca del Sol, ou Cité sacrée du Soleil. Bien que les chasseurs de trésors, durant la période coloniale espagnole, eussent dévié le fleuve Moche qui emporta près des deux tiers du monument, les archéologues ont réussi à le reconstruire à sa taille originelle. La plate-forme mesurait approximativement 240 m sur 160 m et atteignait une hauteur de 30 m. Selon les calculs de scientifiques, plus de 140 millions de briques de terre tassée, disposées pour la plupart en colonnes serrées, ont été utilisées pour cette construction.

Face à l'Huaca del Sol s'élève un autre monument solennel, quoique plus petit, appelé Huaca de la Luna, ou Cité sacrée de la Lune. L'Huaca de la Luna comprend trois grandes plates-formes, au sommet desquelles se trouve une vaste place. Si les pyramides de la Méso-Amérique ne cessèrent d'être remodelées, il en fut de même pour l'Huaca de la Luna, qui subit au moins six phases de ravalement pendant les six cents ans qui suivirent sa construction. Et tout comme en Méso-Amérique, des sacrifices humains faisaient partie des rituels sur les pyramides ; ils sont représentés sur les peintures murales et les céramiques de la civilisation mochica. Toutefois, des éléments de preuve indiquent que les sacrifices humains de cette civilisation furent bien moins fréquents que chez les Aztèques. Comme les victimes sacrifiées ont été retrouvées sous d'épaisses couches de sédiments, les archéologues modernes pensent que ces massacres rituels n'eurent lieu que durant les inondations, dues aux pluies torrentielles qui accompagnaient le courant d'El Niño. Au cours des siècles, ces mêmes pluies ont transformé d'autres sites de cette civilisation mochica en buttes sérieusement érodées, qui ressemblent à des boules de crème glacée fondant au soleil ; c'est le cas de Túcume dans la vallée de Lambayeque. Toutes ces ruines n'ont toujours pas été répertoriées, ni explorées, ni excavées.

Les Incas, dernière grande civilisation péruvienne indigène, s'employaient toujours à élever des pyramides lorsque les Européens débarquèrent en Amérique du Sud. Environ quatre-vingts ans avant l'invasion des Andes par Francisco Pizarro et ses conquistadors, le puissant souverain inca Pachacuti Yupanqui (1438-1471 ap. J.-C.) inaugura la construction de la forteresse de Sacsahuamán à l'extrême nord-est de la capitale inca, Cuzco (voir photo 23). Selon le chroniqueur espagnol du XVIe siècle, Pedro de Cieza de León, 20 000 hommes y auraient travaillé pendant les cinquante ans de sa construction. C'est le fils de Pachacuti Yupanqui, Topac Yupanqui, qui termina les travaux. Malheureusement, une grande partie de la superbe maçonnerie de Sacsahuamán fut démolie par les Espagnols pour construire leur ville coloniale, Cuzco ; il n'empêche que les vestiges actuels de ce monument sont admirables. Sacsahuamán fut bâtie avec des pierres énormes assemblées avec une précision parfaite, sans mortier ; elle était composée d'une suite de terrasses en degrés, édifiées sur les pourtours naturels d'une colline. Les maçons incas taillèrent leurs pierres de façon à obtenir une protubérance au milieu, ce qui leur donnait un aspect attrayant d'oreillers moelleux. Tout comme le complexe des temples de Chavín de Huántar, Sacsahuamán comportait beaucoup de douves et de bassins, et fut le site de rituels utilisant l'eau. Ces rituels eurent vraisemblablement lieu sur un édifice arrondi et proéminent, toujours visible parmi les ruines. Garcilasso de la Vega, un autre chroniqueur du XVIe siècle, raconte que cette structure arrondie s'enfonçait autant dans le sol qu'elle s'élevait dans les airs. Bien que cette remarque relève plus de l'apocryphe que de l'archéologie, elle rappelle néanmoins le concept d'axe du monde, incarné dans les stûpas bouddhiques.

Machu Picchu, ville inca très célèbre (1500 ap. J.-C.), qui est perchée très haut dans les Andes et dont le nom signifie « vieux pic » en quechua, n'est pas une pyramide au sens littéral, mais son nom fait partie du lexique des pyramides (voir photo 22). Construite sur le sommet d'une montagne à plus de 600 m au-dessus du fleuve Urubamba, Machu Picchu est composée de temples, de palais, de bassins, de lieux de stockage, et compte environ 150 maisons construites en granit gris extrait de la montagne même. Des blocs de 50 tonnes ou plus sont assemblés avec la même précision parfaite que ceux à Sacsahuamán. D'une certaine façon, Machu Picchu ressemble aux pyramides de la Méso-Amérique : la montagne tient lieu de pyramide et la ville au-dessus joue le rôle de temple au sommet.

S'agit-il ou non de pyramides ?

Si le Mexique à lui tout seul devait compter 100 000 pyramides, dont beaucoup n'ont pas encore été découvertes et qui reposent sous de nouvelles couches géologiques et une végétation de jungle depuis des siècles, il se pourrait fort bien que l'on puisse trouver des pyramides là où personne ne pense à les chercher. En quelque sorte, l'existence des pyramides dépend du regard de celui qui les cherche.

Prenons comme exemple le tumulus funéraire irlandais Newgrange, une des quatre structures découvertes à Brugh na Bóinne (« Auberge sur le Boyne »), un site dans le nord-est de l'Irlande, daté d'environ 3000 ans avant notre ère (voir photo 25). Avec son diamètre de plus de 80 m et une hauteur de près de 12 m, Newgrange est aussi énorme qu'une pyramide. Il est aussi équipé d'un passage secret dont l'entrée étroite se situe dans le tumulus, et qui descend à l'intérieur – il fait penser à la voûte souterraine de Pacal, à Palenque. En fait, à l'époque où l'on ouvrit le tumulus, la pièce au bout du passage contenait des cuvettes de pierre remplies des cendres de corps humains incinérés. Originellement, Newgrange était recouvert de tonnes de pierres blanches et luisantes, apportées des monts Wicklow, situés à plusieurs kilomètres au sud, et qui ont, vraisemblablement, été transportées par bateau le long de la côte. Cette blancheur rappelle le calcaire brillant de la pyramide à degrés de Djéser et de la Grande Pyramide de Kheops, tout comme la pureté luisante du Temple blanc d'Uruk.

La blancheur est une caractéristique principale d'une autre candidate au titre de pyramide : Silbury Hill, située juste au sud du village d'Avebury dans le Wiltshire anglais (voir photo 26). La colline de Silbury est une énorme butte artificielle de près de 40 m de haut, et dont la base, qui a une circonférence de 500 m, couvre plus de 2 hectares. Elle contient plus de 3,6 millions de mètres cubes de terre et de craie qui lui a donné sa couleur blanche originelle. Cette structure fut construite en trois étapes, la première ayant débuté en 2660 avant notre ère. Toutes sortes de légendes et d'histoires tournent autour de la colline de Silbury, mais on ignore la fonction de ce monument.

Une autre pyramide hypothétique, quoique se rapprochant déjà plus de leur forme traditionnelle, se trouve à Tenerife, une des îles Canaries au large des côtes de l'Afrique occidentale (voir photo 27). Les prétendues terrasses destinées à l'agriculture pourraient bien être les vestiges d'une pyramide à degrés, construite par les premiers habitants de Tenerife, un peuple nord-africain appelé les Guanches, qui serait arrivé vers 200 av. J.-C. Du moins, c'est ce que pense l'éminent aventurier et explorateur Thor Heyerdahl, qui rejette l'idée que les terrasses fussent construites par les premiers envahisseurs espagnols. Mais d'autres recherches et une étude minutieuse du lieu seront nécessaires pour déterminer la nature archéologique exacte de ce site.

Quelques auteurs ont même prétendu qu'il y aurait, en Nouvelle-Zélande, des monuments de pierre très anciens et très abîmés, comparables à d'autres trouvés en Irlande, en Angleterre et dans le bassin méditerranéen. Si cela est vrai, il y aura un autre mystère à éclaircir, mais pour le moment, ce n'est que pure spéculation.

Un autre site très intéressant, que j'ai exploré et étudié personnellement, repose dans la mer de Chine orientale, au bout du chapelet des îles japonaises Ryukyu. Au milieu des années 1980, Kihachiro Aratake explorait des sites sous-marins au large de l'île de Yonaguni, lorsqu'il découvrit un complexe de terrasses géométriques, séparées par des contremarches en pierre (voir photo 29). Surnommé le monument de Yonaguni, le complexe était manifestement artificiel. Masaaki Kimura, sismologue marin de l'Université des îles Ryukyu à Okinawa, étudia sérieusement l'édifice et en conclut qu'il avait été construit par la main de l'homme. Et comme il est impensable qu'il ait été bâti sous l'eau, sa construction remonte probablement à l'époque où le niveau de la mer de Chine orientale était beaucoup plus bas, c'est-à-dire entre 8000 et 6000 avant notre ère. (Cependant, il ne faut pas rejeter l'hypothèse selon laquelle l'édifice aurait pu sombrer au cours d'une catastrophe écologique, comme un tremblement de terre ou un effondrement de terrain; mais jusqu'ici, je n'ai trouvé aucun élément de preuve étayant cette possibilité.)

L'idée qu'à Yonaguni pourraient se trouver les vestiges d'une protocivilisation me décida à aller sur les lieux en 1997, puis en 1998, lorsque je rédigeai *Voices of the Rocks*, et de nouveau en 2000. Après de nombreuses plongées sur ce site, j'en ai toutefois conclu qu'il s'agit d'un complexe naturel et non construit par l'homme. Si les terrasses ont l'air d'être lisses, ce n'est pas à cause d'une finition soignée des pierres, mais parce qu'elles sont recouvertes d'une couche épaisse d'éponges, de coraux, d'algues et autres organismes similaires. Même lorsque j'eus gratté cette épaisse couche vivante, je ne pus trouver aucune marque d'outils ou empreinte de carrier. Par ailleurs, le monument ne me semblait pas constitué de blocs de pierre séparés. Il s'agit plutôt d'un seul gros morceau de roche dont les angles sont nettement moins précis qu'ils n'en ont l'air de prime abord.

D'autres explorations en plongée sur Yonaguni m'ont montré que cette forme singulière devait être le résultat d'un type inhabituel de dégradation pour ces sortes spécifiques de grès très fin et d'argile qui constituent le monument. Les couches sont signalées par de nombreuses strates rocheuses qui s'entrecroisent à angles droits aux jointures et le long des failles; elles se divisent en gros blocs carrés et rectangulaires, qui s'affaissent à mesure que la roche se dégrade avec le temps. Cet effet donne l'impression de marches, de plateaux et de plates-formes.

L'hypothèse que le monument de Yonaguni soit une forme naturelle légèrement transformée par l'homme n'est pas à écarter. Dans le fond, ce pourrait être une version beaucoup plus ancienne de la superbe synthèse entre art et nature, trouvée dans des monuments pyramidaux comme Borobudur, Sacsahuamán et Machu Picchu. D'anciennes sépultures de pierre à Yonaguni, dont l'âge est inconnu, ressemblent beaucoup au monument, comme si les indigènes avaient cherché à imiter les formes que la nature avait créées. En outre, on a trouvé sur l'île d'anciens outils lithiques et des récipients en pierre gravée et quelque chose qui pourrait être une tablette de pierre primitive, portant à sa surface un X et un V, a été repêchée près du monument. Le professeur Kimura pense aussi avoir identifié des empreintes de carriers à certains endroits le long de la côte rocheuse, voire sur le monument immergé lui-même. Donc, il se pourrait que le monument ait été travaillé par l'homme ou ait servi de carrière. Bien que Yonaguni ne soit pas qualifiée actuellement pour être inscrite sur la longue liste des pyramides dans ce monde, l'idée que des constructeurs d'un temps préhistorique pensèrent déjà à ériger des structures monumentales et qu'ils travaillèrent dans ce sens avec beaucoup plus de talent qu'on ne leur en accorde généralement est une hypothèse fascinante.

Les scientifiques qui ont exploré la mer au large de la côte ouest de Cuba ont trouvé une autre structure immergée. Des chercheurs équipés de sonars ont découvert un grand plateau sous-marin arborant des formes qui ressemblent fort à des pyramides, des routes, et des constructions vues du ciel. Il est difficile d'avancer l'hypothèse que ce plateau soit une œuvre de l'homme, car il est situé à quelque 670 m de profondeur. Au cours des dix mille dernières années, le niveau de la mer n'a jamais été beaucoup plus bas qu'il ne l'est aujourd'hui. Les formes observées pourraient être l'œuvre de l'homme seulement si cette partie du pays s'est tragiquement affaissée à un moment donné. D'autres recherches sont nécessaires, mais en se fondant sur les connaissances actuelles, il semble que la découverte faite à Cuba, tout comme celle à Yonaguni, soit un phénomène naturel inhabituel, plutôt que l'œuvre d'une civilisation inconnue de constructeurs de pyramides.

Il existe encore un autre site en Inde, au large du port oriental de Mahäbalipuram, à une profondeur de 4,5 à 6,5 m. Ce site immergé est composé de grandes structures, dont certains disent qu'elles furent construites par la main de l'homme. Il est possible que Mahäbalipuram soit une ville de constructeurs de pyramides engloutie, mais il est aussi possible que, tout comme Yonaguni, ce ne soit qu'une formation géologique mal comprise. De sérieux travaux de recherche scientifique sont nécessaires pour définir la nature exacte de ce site.

La grande question

Même en admettant que les monuments de Yonaguni et de Mahäbalipuram soient des formations naturelles, que Newgrange ne soit autre chose qu'un simple tumulus préceltique et que les terrasses de Tenerife ne soient finalement que des champs de pommes de terre étagés et non des pyramides, il reste un fait impressionnant : les hommes ont construit des pyramides depuis la fin du IVe millénaire avant notre ère jusqu'à l'époque des invasions espagnoles au Pérou et au Mexique, au XVIe siècle. Durant ces quatre mille cinq cents ans, de multiples civilisations à la surface de ce globe ont consacré beaucoup d'énergie et de dévotion à la construction d'immenses monuments, qui restent les messagers de leurs rites et de leurs profonds sentiments religieux. Est-ce pure coïncidence que cela ait eu lieu à des époques tellement différentes et en des lieux si éloignés les uns des autres ? Ou se cacherait-il dans cette chronologie une histoire dont nous avons à peine commencé à tracer les grandes lignes ?

Chapitre 3

COÏNCIDENCE OU CONNEXION ? LES FONDEMENTS MYTHOLOGIQUES

Lorsque Moïse voulut rencontrer son Dieu, il gravit le mont Sinaï, où il reçut alors les tables de pierre comportant les Dix Commandements. Dans l'*Odyssée* d'Homère, le sommet de l'Olympe s'ouvre sur un royaume de félicité lumineuse, aussi pur et parfait que le ciel lui-même. Et à la fin de la vision qui le renseigna sur sa vie, le saint sioux Black Elk (Élan noir) fut transporté à Harney Peak dans les Black Hills («collines noires») du Dakota du Sud. Les traditions religieuses et mythologiques, bien enracinées dans l'Ancien comme dans le Nouveau Monde, baignent les montagnes d'une lumière sacrée.

Afin de comprendre l'importance mythologique des pyramides, nous devons d'abord suivre les traces de Mohamed et donc gravir la montagne jusqu'à son sommet.

La montagne, centre du monde

Celui qui est déjà monté au sommet d'une haute montagne et qui a embrassé le panorama alentour sait combien il est impressionnant de se sentir tout d'un coup au centre du monde visible. Le pays s'étale dans toutes les directions pour se fondre dans l'horizon lointain qui semble infiniment distant. Pourtant, le ciel paraît se rapprocher ; il est presque à portée de main, il semble que l'on puisse saisir le bleu du ciel avec ses doigts ou attraper les étoiles dans la nuit.

L'idée de la montagne comme centre est un des nombreux thèmes entourant les lieux élevés dans la mythologie classique. Pour les Sioux, qui passaient une grande partie de leur vie de nomades dans les vastes étendues des Prairies, Harney Peak était le centre de l'univers. Les anciens Grecs avaient placé le nombril du monde, la pierre sainte qu'ils appelaient l'Omphale, dans un sanctuaire à Delphes, sur les versants sacrés du mont Parnasse. Mais ce sont les bouddhistes qui ont, de loin, la plus somptueuse conception de la montagne comme centre de l'univers. Ils considéraient le mont Sumeru (Kailas au Tibet contemporain) comme un énorme axe cosmique, s'élevant sur plus de 128 000 km de l'enfer jusqu'au ciel, les continents tournant autour de lui dans un océan ceint d'un anneau de feu.

D'autres descriptions moins extravagantes font des montagnes le lieu de résidence des esprits, des dieux, des démons et d'immenses puissances. Au même titre que les anciens Hébreux faisaient du mont Sinaï la résidence de leur dieu, Yahvé, les Grecs ont peuplé l'Olympe de tous leurs dieux et déesses. Les montagnards sherpas de la vallée de Khumbu, au Népal, avaient placé leurs dieux sur Khumbila, un pic qui s'élève près du centre de leur pays, mais qui est bien modeste comparé aux sommets altiers de l'Himalaya. L'Oiseau du Tonnerre a son nid sur Harney Peak ; il bat des ailes et cligne des yeux pour faire gronder le tonnerre et lancer des éclairs.

Les montagnes qui s'élèvent depuis la plaine symbolisent la moelle épinière de la terre s'enfonçant dans le ciel : elles sont la porte d'accès aux puissances qui séjournent dans le royaume supérieur. L'ensemble montagneux du Ruwenzori, dans la région des Grands Lacs en Afrique centrale, est aussi appelé monts de la Lune, un nom qui suggère son association avec le ciel. Les anciens Chinois appelèrent leurs sommets sacrés les T'ien Shan, ce qui signifie Montagnes célestes. Le peuple Kikuyu du Kenya avait nommé le mont Kenia Kere-Nyaga, « Montagne lumineuse », pour rappeler l'éclat solaire du dieu du ciel qui disait avoir élu domicile sur le sommet aux neiges éternelles. Et on dit que Shiva, le dieu hindou, est assis en éternelle méditation sur le sommet, en forme de dôme, du mont Kailas.

Parfois, la résidence divine au sommet se transforme en temple. Selon la mythologie hindoue, la déesse Nanda Devi se trouve dans une pagode en or sur une montagne de l'Himalaya qui porte son nom. Les Hopis d'Amérique du Sud-Ouest considèrent les pics de San Francisco (un chapelet de montagnes, conséquence de l'explosion fracassante d'un volcan dans le nord de l'Arizona) comme une énorme demeure sainte, ou *kiva*, qui contient les esprits du monde et les âmes des ancêtres.

Les montagnes peuvent être un lieu de contact direct entre les puissances divines et les hommes, comme ce fut le cas pour Moïse qui reçut les Dix Commandements sur le mont Sinaï. La Transfiguration de Jésus, telle qu'elle est racontée dans les Évangiles du Nouveau Testament, eut lieu sur une montagne ; et c'est sur le mont Hira en Arabie que Mohamed fonda l'islam, après qu'il eut entendu les premières phrases du Coran. Les ermites hindouistes et bouddhistes se sont retirés dans l'Himalaya pendant des millénaires, afin de méditer sur le chemin qui leur permettrait d'atteindre à la sainteté. Et dans le but de se faire pardonner leurs péchés et de se rapprocher de Dieu, les croyants montent toujours, les pieds nus, le sentier rocailleux qui mène au sommet de Croagh Patrick, la montagne sur la côte ouest de l'Irlande, où saint Patrick aurait chassé les serpents de l'île.

Comme elles permettent d'accéder facilement aux demeures des dieux dans le ciel, les montagnes sont les lieux idéaux, d'une part pour les offrandes qui font plaisir aux dieux et déesses et qui les apaisent, d'autre part pour transmettre les prières émises dans le pays en contrebas aux volontés divines célestes. En guise de remerciements pour la prospérité de leurs dynasties, les empereurs chinois firent des offrandes aux dieux sur les sommets de T'ien Shan. Lorsque Yahvé ordonna à Abraham de sacrifier son fils unique, Isaac, il l'envoya sur le mont Moriah. Les Aztèques et les Incas pratiquèrent également leurs sacrifices humains sur les sommets des montagnes et des collines. L'Arche vint accoster sur les monts Ararat lorsque la mer se retira et Noé fit immédiatement une offrande pour remercier Dieu de l'avoir sauvé avec sa famille et toute sa cargaison d'animaux.

L'histoire de Noé, racontée dans le livre de la Genèse de l'Ancien Testament, montre que les montagnes ont un rôle à jouer dans le maintien de l'équilibre dans le monde. Un texte sumérien en écriture cunéiforme, datant de 2000 avant notre ère, dit que la Terre est née comme montagne émergeant de l'océan primordial. Et c'est une image semblable que l'on retrouve au commencement de la Genèse, qui raconte la création du monde : « [...] les ténèbres couvraient l'abîme, l'esprit de Dieu planait sur les eaux [...] Dieu dit : "Que les eaux qui sont sous le ciel s'amassent en une seule masse, et qu'apparaisse le continent." » Cette séparation originelle de la terre et de l'eau prit fin lorsque Dieu choisit d'inonder la terre pour la laver de ses nombreuses perversions. Yahvé, selon les Écritures, « fit jaillir toutes les sources du grand abîme et s'ouvrir les écluses du ciel », afin que toute la terre soit submergée, même les montagnes les plus élevées. Lorsque Dieu permit aux eaux de se retirer, les pics émergèrent en premier. C'est alors que Noé trouva son premier point d'ancrage dans le nouveau monde d'après le déluge et il fit une offrande à Yahvé, son sauveteur, pour le remercier. Yahvé promit de ne plus jamais toucher à l'équilibre dynamique entre les eaux et la terre, sous prétexte que l'humanité aurait péché.

Une ancienne appréhension cosmologique de cette séparation de la terre et du ciel est sous-jacente à la promesse de Yahvé. Dans la mythologie sumérienne, la première montagne du monde qui émergea de la mer était à la fois masculine et féminine, et on l'appelait Ciel-et-Terre. La fusion de ces deux éléments engendra le dieu de l'air, Enlil, qui sépara la partie féminine et terrestre de la montagne (Ki) de son aspect supérieur, masculin et céleste (An). On retrouve pratiquement le même mythe en Grèce, quand le dieu Cronos sépara sa mère Gaia, la déesse de la terre, de son père céleste Ouranos, dont la septième planète du système solaire porte le nom (Uranus). Les Égyptiens ont une légende semblable, sauf que, chez eux, le ciel était féminin (déesse Nout) et la terre masculine (dieu Geb). Lorsqu'un prêtre escaladait une montagne pour faire une offrande, tel Noé sur les versants du mont Ararat, il refermait la blessure de cette ancienne division et permettait au cosmos de retrouver son unité originelle.

On reconstruit la montagne originelle

Il n'y a pas d'équivoque dans la manière dont les anciens Sumériens voulaient incorporer la montagne originelle dans leurs temples-montagnes et leurs ziggourats. Leurs astronomes voyaient le monde comme un pic émergeant progressivement des eaux et s'efforçant de monter jusqu'au ciel. Les étapes dans cette montée étaient marquées par les orbites des corps célestes : la Lune, Mercure, Vénus, le Soleil, Mars, Jupiter et Saturne. La ziggourat est une réplique de cette cosmologie sacrée. Sa masse majestueuse et très élevée représentait la montagne originelle et les étages successivement plus petits étaient les corps tournoyants, qui symbolisaient la longue montée du pic depuis la terre jusqu'au ciel. C'est pourquoi la ziggourat de Birs Nimrud, construite à Borsippa par Nabuchodonosor II aux VIIe et VIe siècles avant notre ère, porte le nom de E-ur-imim-an-ki, ce qui signifie « Maison des sept gradations entre le ciel et la terre ».

Les Sumériens célébraient la puissance de la montagne originelle, afin de réunir le ciel et la terre, à travers des rites qui unissaient les aspects masculin et féminin dans un mariage sacré. Dans le temple au sommet de la ziggourat, il y avait un lit, dans lequel un prêtre et une prêtresse s'unissaient dans un acte rituel et physique, qui rétablissait la communication entre les éléments séparés lors de la création du monde et restaurait l'équilibre universel, comme le fit Noé avec son offrande sur le mont Ararat. Cette relation entre sexe et juste équilibre survécut pendant des siècles après les Sumériens. Un Chinois qui visita le Cambodge au XIIIe siècle de notre ère, soit près d'un siècle après la construction d'Angkor Vat, rapporta que le roi avait fait l'amour à une princesse dans un temple-montagne, un acte qui se voulait de sexualité rituelle et qui garantissait le maintien de la prospérité du royaume.

Les traditions autour des pyramides dans le monde, comme celles des Sumériens, considèrent chacun de ces édifices monumentaux comme la montagne originelle qui représente le cosmos. L'idée centrale qui imprègne une pyramide est toujours la même : ce lieu sacré est le témoin de tout ce qui a été, est et sera. C'est un microcosme construit par la main de l'homme, qui incarne la construction et l'ordre de l'univers.

Les traditions des pyramides sont très différentes de l'une à l'autre. Mais, singulièrement, ces particularités rendent leurs similitudes encore plus frappantes.

Les pyramides égyptiennes et nubiennes étaient d'abord des monuments qui devaient être admirés de loin. Elles n'avaient aucun impact sur la vie du peuple ; les seuls moments où la population avait un rôle actif étaient lors des rites autour de la mort et de l'inhumation d'un pharaon, d'un roi ou d'un souverain du pays. Égyptiens et Nubiens construisirent leurs pyramides en dehors des villes, comme à Gizeh, Saqqarah ou El-Kourrou, et créèrent de ce fait des sanctuaires dont le seul but était d'offrir un mémorial au défunt. Il est possible aussi que les pyramides aient été utilisées pour divers rituels et cultes ; c'est notamment le cas de celles qui étaient associées à une dynastie particulière, comme les pyramides de Gizeh.

La pyramide cannelée olmèque de La Venta est pareillement un édifice à contempler d'une certaine distance. Située sur une île au milieu d'un marécage inhospitalier, La Venta était très éloignée du village qui fournissait la main-d'œuvre pour élever cette montagne de terre tassée. Les pyramides chinoises de Lishan et les temples-montagnes d'Angkor Vat avaient un rôle mythologique similaire.

En Mésopotamie, en Inde, en Indonésie, en Méso-Amérique (hormis La Venta) et en Amérique du Sud, les pyramides avaient plutôt une valeur scénique. Elles invitaient les hommes à participer à la vie du lieu. Un escalier, comme sur la pyramide du Soleil à Teotihuacán, sur la pyramide d'Uxmal ou celle d'Etemenenanki à Babylone, permettait d'y accéder facilement. Les touristes d'aujourd'hui, qui grimpent le long des escaliers de pierre pentus à Tikal, au Guatemala, ou à Altun Ha, à Belize, expérimentent soit l'effroi, soit la joie de vivre de ceux qui, un jour, ont été les acteurs des rituels et qui, comme eux, ont gravi ces marches jusqu'aux minuscules temples situés au sommet des pyramides. Les Aztèques immolèrent des hommes à la pointe de leurs pyramides, faisant d'un spectacle sanglant un rite populaire. Les stûpas de Sanchi et Borobudur invitent les pèlerins à suivre le chemin sacré qui symbolise le passage de la souffrance à l'illumination spirituelle. Quant aux tumulus pyramidaux d'Aspero et aux Huacas d'adobes de Moche, les temples qui les surmontaient servaient régulièrement à des rituels.

Les pyramides qui avaient une valeur scénique se situaient souvent au centre même des villes et occupaient une position dominante dans la vie urbaine. Cela est vrai pour les ziggourats de Mésopotamie, la pyramide du Soleil de Teotihuacán, les pyramides aztèques et les sites mayas. Contrairement aux Égyptiens qui devaient parcourir un long chemin pour se rendre à Gizeh ou Saqqarah, les habitants de ces villes étaient proches de leur site sacré. Il était là, presque au détour de la rue, incontournable dans la vie de tous les jours.

Sur un pied d'égalité

La différence entre une pyramide qui n'est qu'un mémorial et une pyramide à valeur scénique est très importante. Les formes et fonction, souvent communes, qui rapprochent les pyramides situées aux opposés de la Terre, sont également significatives.

Architectonique, plan d'ensemble et construction

Vues de l'extérieur, les faces planes des pyramides de Gizeh et la forme étagée de la ziggourat de Mésopotamie semblent avoir peu de points communs, si ce n'est qu'elles sont toutes construites à une échelle grandiose de la montagne originelle. Mais à l'intérieur, elles sont identiques.

À la fin du XIIe et au début du XIIIe siècle, le calife Malek Abd al-Aziz Othman ben Yousouf, rêvant des trésors enfouis sous l'Ancien Empire qui n'attendaient qu'à être découverts, perça un trou très profond dans la pyramide de Mykérinos à Gizeh. Les fouilles ont révélé que la structure interne de la pyramide était une pyramide à degrés. Quelque mille sept cents ans auparavant, le voyageur et historien grec Hérodote avait écrit, au sujet des légendes égyptiennes, que « les pyramides furent construites degré après degré, en plans inclinés à faces planes selon certains, ou en escalier selon d'autres ». Apparemment, il avait raison. Les faces arc-boutées de la pyramide effondrée de Meidoum, qui ont la même structure que les pyramides de Djéser à Saqqarah et qui évoquent la structure à degrés originelle, tout comme les murs similaires des pyramides mal conservées par le temps de la Ve dynastie à Abousir, montrent que ces édifices ont une pyramide à degrés en leur milieu. Étant donné la taille majestueuse et l'excellent degré de conservation des deux pyramides à Dahshour et des pyramides de Kheops et Khephren à Gizeh, on ne sait pas très bien quelle est la nature de leur structure interne. Mais il est probable qu'elles aussi commencèrent par être des pyramides à degrés.

Le fait de construire une pyramide à degrés comme cœur d'une pyramide à faces planes résout un problème de construction majeur. Si l'on voulait ériger une pyramide du type de celles de Gizeh, il faudrait veiller à ce que ses bords soient parfaitement agencés, chaque fois qu'une nouvelle couche de pierres est mise en place. Dans une pyramide à degrés, les petites erreurs d'alignement sont à peine perceptibles et peuvent être rattrapées facilement lors de la pose de l'assise suivante. Mais une pyramide aux faces planes (au profil triangulaire) n'accorde aucune marge d'erreur. Comme les pyramides de Kheops et de Khephren sont très grandes, un mauvais alignement des bords au départ de seulement 2 degrés aurait entraîné un décalage de près de 1,75 m au sommet et il n'y aurait eu aucune solution pour corriger l'erreur, si ce n'est de tout démolir et de repartir à zéro.

Les Égyptiens ont résolu ce problème frustrant en construisant d'abord une pyramide à degrés, puis en plaçant un repère au centre de son sommet. À mesure que le revêtement extérieur était appliqué pour donner à l'ensemble un aspect lisse, l'équipe des constructeurs visait le repère central – les bâtisseurs d'aujourd'hui utilisent la visée comme système de repérage. C'est le Service des expertises égyptien qui découvrit accidentellement cette méthode de centrage des pyramides égyptiennes en 1899, alors qu'il travaillait sur la pyramide de Meidoum. Un des membres de l'équipe grimpa jusqu'au sommet de la pyramide non achevée pour y planter un drapeau ; il découvrit alors un trou de trente centimètres, creusé au centre même du sommet. Il semblerait qu'on y avait jadis planté un mât, semblable à une hampe de drapeau, qui aurait servi aux constructeurs pour aligner les bords, avant que la pyramide ne s'écroule. Il est fort probable que de tels repères centraux sont ensevelis sous les assises de pierre supérieures des pyramides de Gizeh.

Ce point central était non seulement un repère commode, mais aussi un élément important dans la mythologie entourant les pyramides. Les pyramides, tout comme les montagnes sacrées, sont le centre de l'univers. Elles symbolisent l'essieu autour duquel tournoie le cosmos comme une roue, le point originel de tout ce qui est. Les théologiens appellent ce concept l'*axis mundi*, l'axe du monde ; c'est un thème mythologique que l'on retrouve dans de nombreuses religions et il revient très souvent dans les pyramides. Le sommet de la pyramide égyptienne représente l'axe de cette montagne originelle, tout comme le pic du stûpa bouddhiste porte un mât pour bien mettre en évidence cet *axis mundi*. Il en est de même pour le puits qui descend jusqu'à 36 m sous la tour centrale d'Angkor Vat ; selon des écrits apocryphes, la structure ronde au centre de Sacsahuamán est une tour qui descend aussi loin dans la terre qu'elle s'élève dans le ciel.

Les sculptures en relief de la première galerie rectangulaire à Angkor Vat racontent au pèlerin une histoire qui associe directement ce monument au concept de centre du monde. La scène la plus extraordinaire de ces sculptures montre le grand serpent Vasuki enroulé, tel un python autour d'un poteau, autour de l'axe de la montagne originelle, au sommet de laquelle est assis Vishnou, le dieu rêveur. Les dieux qui cherchent à extraire le nectar de l'immortalité des océans cosmiques tirent sur l'énorme serpent dans un sens, tandis que les démons le tirent dans l'autre. Pendant ce temps, le serpent, dans son mouvement de va-et-vient, remue l'océan et libère le nectar ; c'est pourquoi l'histoire et la sculpture ont pour nom « Le Barattage de l'Océan de Lait ».

Si la pyramide est le centre de la terre au sens cosmique ou mythologique, elle sert aussi de repère directionnel. De nombreuses pyramides furent positionnées en fonction des points cardinaux nord, sud, est et ouest. C'est particulièrement évident à Gizeh, où les faces sont orientées de manière presque parfaite sur les points cardinaux. Comme elles sont établies sur un carré, chaque face de la pyramide porte le même poids, mais c'est sur la face nord que se trouve l'accès à la voûte funéraire. Les ziggourats sumériennes étaient orientées avec la même précision, mais leurs faces visaient les points médians inter-cardinaux ; les angles pointaient vers le nord, le sud, l'est et l'ouest. Les quatre portes s'ouvrant sur le stûpa 1 à Sanchi font face aux points cardinaux. Angkor Vat est orienté vers l'ouest, là où le soleil se couche, alors que les structures à l'intérieur du centre cérémoniel dont il fait parti sont orientées vers l'est, là où le soleil se lève. La vie et la mort sont donc placées l'une en face de l'autre, et tout ce qui existe entre les deux est incorporé dans le plan d'ensemble. Le complexe entourant la pyramide de La Venta fut construit le long d'un axe nord-sud tellement précis que c'était manifestement voulu. De nombreuses sépultures furent découvertes le long de cet axe, ce qui signifie qu'il fut un lieu de cérémonies important. La ville de Teotihuacán suivait un plan quadrillé nord-sud, qui se voulait non seulement ordonné, mais aussi porteur d'une signification cosmologique.

Les mêmes méthodes et matériaux de construction sont d'autres éléments qui rapprochent de nombreuses pyramides. La terre tassée a été utilisée à Lishan, La Venta et pour les tumulus funéraires surmontés de temples de la civilisation du Mississippi. La pierre – parfois des blocs mégalithiques et parfois de la pierraille remplissant le centre – caractérise les constructions d'Égypte, de Nubie, de nombreux édifices de la Méso-Amérique, Sanchi, Borobudur, Sacsahuacán et Chavín de Huántar. Les briques de terre ont été utilisées non seulement en Mésopotamie, mais aussi pour les pyramides de Moche, au Pérou. Toutefois, ces ressemblances ne sont pas particulièrement frappantes, car les hommes ont été pendant longtemps limités dans leurs choix de matériaux de construction. Ce qui est plus marquant, c'est la manière dont les pyramides ont été incorporées dans des complexes cérémoniels immenses. Teotihuacán est remarquable non seulement pour ses deux pyramides majestueuses, mais aussi pour ses énormes places et surtout pour son Avenue des Morts d'une largeur très impressionnante. Les Aztèques, les Mayas, les Toltèques et la civilisation du Mississippi ont pareillement confondu leurs pyramides et places en un tout sacré. C'est dans ce même esprit que Gizeh, Saqqarah et les autres sites à pyramides en Égypte comprenaient une variété de temples, de chaussées, et même des douves, et que les Mésopotamiens ont construit des centres de complexes équivalents, réunissant une multitude d'édifices à côté des ziggourats. Angkor Vat est un mélange de pyramides, de galeries, de places fortifiées, et n'est lui-même qu'un centre cérémoniel sur un lieu doté de nombreux complexes de temples.

Quand les dieux deviennent des rois, et les rois des dieux

Les pyramides furent construites par des cultures gouvernées par des rois puissants, dont beaucoup étaient considérés comme des dieux foulant la terre ou des mortels en passe de devenir des dieux (hormis peut-être celles d'Aspero et d'autres sites des premières civilisations du Pérou dont nous ne savons pratiquement rien). Les pyramides appartenaient à des hommes au pouvoir absolu qui, soi-disant, leur était accordé par les divinités célestes. Dans beaucoup de cultures constructrices de pyramides, les rois étaient tributaires d'une puissante caste religieuse, elle-même composée exclusivement d'hommes. D'un point de vue mythologique, les pyramides doivent leur existence à une sorte de club de vétérans au pouvoir temporel et spirituel.

Les rois de la Mésopotamie, de Sumer à Babylone, étaient des despotes cruels qui menaient des guerres comme bon leur semblait, et qui traitaient leurs sujets comme de simples vassaux à leur merci. Lorsque Nabuchodonosor II décréta que Babylone manquait d'habitants, il déracina les Hébreux de leur patrie, la Palestine, et les conduisit de force dans sa capitale. Les pharaons égyptiens passaient pour des incarnations d'Horus, dieu à tête de faucon et, à leur mort, ils s'unifiaient avec le dieu de l'Au-delà, Osiris. Açoka, le célèbre constructeur du stûpa 1 à Sanchi, était un monarque illuminé qui fit du bouddhisme une religion d'État. Borobudur fut l'œuvre d'une dynastie bouddhiste qui régna sur la Java centrale au VIIIe siècle de notre ère. Angkor Vat doit son existence à l'ambition de son roi et patron Suryavarman II. Les rois constructeurs de pyramides des dynasties Chin de l'ancienne Chine réalisèrent une œuvre grandiose en construisant les hautes fortifications qui devaient empêcher les Barbares de les envahir ; en outre, ils érigèrent des montagnes qu'ils consacrèrent à eux-mêmes et réprimèrent les dissidents d'une manière à la fois juste et impitoyable. Les Mayas, Incas, Aztèques et autres constructeurs de pyramides en Amérique étaient des peuples gouvernés par des élites royales et religieuses puissantes, qui s'enrichirent aux dépens des classes subordonnées de paysans et d'ouvriers.

Les pyramides, comme les hautes montagnes, permettaient aux dieux du ciel de descendre sur Terre et aux hommes d'entrer en contact direct avec les divinités célestes. Lorsque les Sumériens célébraient le rite du mariage sacré qui unissait prêtre et prêtresse dans la ziggourat, ils considéraient ces deux humains non comme des acteurs ou des doublures, mais comme les véritables incarnations des divinités du ciel et de la terre. Pour les rois-dieux des cultures constructrices de pyramides, ces monuments symbolisaient les échanges entre le ciel et la terre qui les rendaient divins autant que royaux.

La mort sépare l'homme de dieu. Tous les hommes sont voués à mourir, quels que soient leur ambition ou leur pouvoir. Par contraste, les dieux sont éternels et leurs rêves ne sont point troublés par la pensée d'une éventuelle mortalité. Les cultures constructrices de pyramides utilisaient leurs monuments pour commémorer leurs rois défunts, afin que leur soit accordée une existence au-delà de leur tombe ; en d'autres termes, afin de les déifier. Par exemple, comme Angkor Vat est orienté vers l'ouest – là où le soleil se couche et où se trouve la porte d'accès à l'Au-delà –, alors que les autres temples construits sur le même centre cérémoniel font face à l'est, on pense qu'il a dû servir de mausolée à son constructeur royal. Des pyramides furent édifiées pour marquer l'endroit des sépultures des monarques chinois des dynasties Chin, Han et Tang, du roi Pacal à Palenque, au Mexique, du souverain A à Tikal et, bien sûr, des nombreuses dynasties de pharaons et de rois d'Égypte et de Nubie.

Plusieurs cultures tentèrent d'empêcher la décomposition du corps de leur roi défunt en l'embaumant. Les Égyptiens ne furent pas les seuls dans l'Ancien Monde à pratiquer la momification. Selon les travaux de l'archéologue italien F. Mori, l'art de la préservation des corps remonterait à au moins 3500 ans avant notre ère. Mori a découvert le corps d'un enfant africain noir ayant été parfaitement déshydraté puis enterré sous la hutte familiale dans la région du Fezzan, dans le désert de Libye. Les Incas aussi préservaient les corps de leurs morts de haut rang. La sépulture de Pacal dans le temple des Inscriptions à Palenque atteste de pratiques similaires parmi les Mayas.

Le concept du roi-dieu embaumé est particulièrement bien exprimé dans la mythologie entourant les stûpas bouddhiques comme Sanchi et Borobudur ; c'est un système de croyances qui reflète certains aspects de la foi des Égyptiens de l'Antiquité. Bien qu'humain et partant mortel, le Bouddha atteignait le statut divin de *cakravartin*, ou souverain du monde, grâce à ses réalisations dans la vie. À sa mort, ses reliques étaient réparties entre tous les stûpas, de manière à ce que chaque stûpa reçoive un peu des restes terrestres du Bouddha. Ces morcellements et dispersion du corps sacré évoquent nettement le destin d'Osiris dans la mythologie égyptienne. Osiris, dieu des ténèbres, fut tué par son frère jaloux, Seth, puis coupé en morceaux. Seth les dispersa alors dans toute l'Égypte, et il fallut beaucoup de temps et de persévérance à Isis, la femme d'Osiris, pour récupérer les parties de son corps et le faire enterrer dignement. Pendant qu'elle reconstituait le corps, une sorte de miracle se produisit : le phallus d'Osiris se dressa, Isis s'unit à lui et il engendra un fils, Horus, le dieu à tête de faucon. Plus tard, Horus devait battre Seth et unifier l'Égypte, à l'image du premier pharaon de l'histoire, Ménès, qui réunifia les deux pays de l'ancienne Égypte. Le système de croyances égyptien incorpora cette conversion divine d'Horus en Osiris, en nommant le pharaon régnant Horus, et Osiris après sa mort. Si le corps d'Osiris fut disséminé à travers le pays, les restes du Bouddha furent dispersés à travers tout le royaume des croyants qui, en atteignant leur propre illumination, réunifiaient le corps éparpillé. Cette analogie entre le pharaon et Osiris pourrait expliquer pourquoi aucune momie royale n'a jamais été trouvée dans les pyramides de Gizeh – et pourquoi, surtout, le grand sarcophage au cœur de la pyramide de Kheops est resté intact et vide. La pyramide était un monument commémoratif du fait qu'à sa mort, le pharaon survivait en tant qu'Osiris, mais son corps physique était ailleurs, tout comme celui d'Osiris l'a été après sa mort. C'est dans ce même sens que le stûpa évoque le statut immortel du Bouddha en tant que *cakravartin* et rappelle au croyant que seule une toute petite partie de son corps repose en ce lieu. Le reste est partout et nulle part.

Prières baignées de sang

La mort du Bouddha et celle du pharaon étaient des sacrifices au sens métaphorique, des transformations qui élevaient les mortels en êtres immortels. Les cultures constructrices de pyramides pratiquaient aussi des offrandes qui, elles, étaient sanglantes, au sens premier du terme.

L'inhumation d'un roi sumérien de la Ire dynastie d'Ur (environ 2500-2350 av. J.-C.) était accompagnée de celle de sa reine et de ses servantes, de ses concubines, d'une troupe de soldats, de quelques musiciens, de divers animaux sacrifiés et même de bœufs attelés à de gros chars ; tous étaient enterrés vivants en même temps que le corps du roi avec un grand nombre de trésors, comme ces colliers d'argent qui entouraient la tête des bœufs dont les rênes étaient richement décorées, ces harpes qui arboraient une tête de taureau dont la barbe était faite de lapis-lazuli, ces linceuls à perles, ces très beaux vases en grès, ce taureau en or apparié avec une vache en argent. Les inhumations royales avaient lieu à l'intérieur de l'enceinte du site sacré où fut construite la ziggourat d'Ur et elles n'étaient pas rares. L'archéologue du début du XXe siècle Sir Charles Leonard Woolley, lors de ses fouilles, trouva seize de ces tombes, toutes datées de la Ire dynastie, qui régna pendant cent à cent cinquante ans.

Des rites similaires étaient pratiqués en Nubie, entre environ 2000 et 1700 avant notre ère, lorsque la région était une province du

Moyen Empire égyptien. Entre 1913 et 1916, George Reisner déterra une immense cité funéraire, ou nécropole, où pendant plus de trois cents ans s'étaient accumulés une multitude de petites tombes et un certain nombre de grands tumulus funéraires, dont l'un mesurait plus de 91 m de diamètre. Reisner s'aperçut que le même protocole avait été observé dans chaque sépulture : l'épouse était enterrée aux côtés de son mari. Les tombes plus grandes et plus riches contenaient non seulement l'épouse, mais aussi tout le harem du personnage cossu, qui pouvait compter de 50 à 400 ou 500 individus. La plupart des corps étaient des corps de femmes ; les quelques hommes enterrés là devaient être des gardes du harem ou des membres de sa suite. La majorité des hommes étaient enterrés de la même manière : couchés sur le flanc droit, le long du mur sud de la tombe, habituellement sur un lit en bois, le visage tourné vers le nord, vers l'Égypte, les genoux repliés et les bras en position du dormeur. Près du corps se trouvaient des parures personnelles, des éventails en plumes d'autruche et des sandales de cuir. Les corps des femmes furent retrouvés dans diverses positions : parfois pliés en deux ou les mains recouvrant le visage ou entourant la gorge, ou encore agrippées aux cheveux. Apparemment, les hommes avaient été enterrés après leur mort, tandis que les femmes étaient encore en vie lorsqu'on les recouvrit de terre, les laissant s'asphyxier dans le noir.

Du moment que ce type d'enterrement de masse n'eut pas lieu dans les centres urbains du Moyen Empire, on peut se poser la question de savoir si c'était une coutume provinciale héritée de l'Ancien Empire ou si elle était typiquement nubienne. L'expert en mythologie Joseph Campbell affirma que la Nubie se raccrochait à une ancienne coutume, c'est-à-dire une habitude culturelle aveugle qui se voulait fidèle à cette religion de jadis. Si Campbell a raison – et jusqu'ici rien ne le prouve –, alors la mort d'un pharaon dans l'Ancien Empire sonnait le glas de la mort imminente de sa reine, de ses autres femmes et d'une multitude de concubines.

Quels que furent les us et coutumes dans l'Ancien Empire, les enterrements de masse étaient, assurément, pratiqués par les pharaons nubiens de la XXVe dynastie et leurs descendants royaux. Lorsqu'un roi nubien partait rejoindre son sépulcre dans la pyramide à El-Kourrou, Nouri ou Méroé, ses reines et femmes l'accompagnaient, tout comme ses chevaux et chiens.

Le rituel du sacrifice de l'épouse faisait partie de l'héritage hindou de l'Inde ; il fut pratiqué couramment et se perpétua jusqu'aux temps modernes. Bien que les bouddhistes, à qui la religion interdisait les effusions de sang, eussent horreur des sacrifices, Angkor Vat fait indirectement allusion à ce type de pratique : sa pyramide au centre serait le mémorial du roi défunt Suryavarman II et les quatre tours dans les angles, les monuments commémoratifs de ses reines.

Les anciens Chinois enterraient leurs reines et serviteurs royaux avec la même assiduité que les Sumériens, les Nubiens et les Égyptiens des provinces du Moyen Empire. Bien que peu de travaux archéologiques aient été menés à Lishan et sur les sites similaires, il est clair que des êtres humains furent sacrifiés pour accompagner le roi défunt sous les dynasties Shang et Zhou. L'armée en céramique enterrée dans la pyramide de terre tassée du complexe attribué à la dynastie Chin, à Lishan, n'était probablement qu'une représentation artistique des massacres rituels du passé, ou alors les sculptures permettaient de restreindre le nombre des victimes à sacrifier. Selon l'ancien auteur chinois Szu-ma Ts'ien, les ouvriers qui participaient à la construction de la pyramide et les femmes de l'empereur défunt étaient enterrés avec le roi.

Dans le Nouveau Monde, c'est au Pérou que se pratiquaient les sacrifices lors des funérailles royales. Selon une de nos sources, la mort du dernier roi inca, Guayanacapa, a exigé le sacrifice de plus de 1 000 personnes. Pedro de Cieza de León, qui voyagea à travers tout le Pérou entre 1532 et 1550, peu après la conquête espagnole, a décrit comment se déroulait l'enterrement de leurs chefs défunts :

> Ils creusent un sépulcre très profond au sommet de la montagne et [...] ils y déposent le corps, enveloppé de plusieurs étoffes très riches avec, d'un côté des armes et de l'autre, plein de nourriture, de grandes jarres de vin, des plumes et des ornements en or. À ses pieds, ils enterrent, vivantes, quelques-unes de ses femmes les plus belles et les plus chéries, étant convaincus qu'il reviendra à la vie et qu'il aura besoin de tout ce qu'ils ont placé autour de lui.

León aurait ainsi pu décrire les enterrements des rois de Sumer, de Nubie ou de la Chine, si ce n'est qu'il se trouvait sur un autre continent lointain.

Des pratiques similaires avaient cours en Méso-Amérique. Lorsque Pacal fut enterré dans la pyramide du temple des Inscriptions à

Palenque, six jeunes hommes furent sacrifiés – probablement comme gardes du corps ou accompagnateurs. Mais Palenque n'est pas un cas isolé ; les constructeurs de pyramides méso-américains étaient plus qu'enthousiasmés par les sacrifices. À Monte Albán, les Zapotèques enterraient avec leurs morts des compagnons, et de la nourriture et de l'eau comme vivres de réserve pour leur long voyage vers l'au-delà. La civilisation de Teotihuacán tuait les soldats ennemis faits prisonniers, ainsi que leurs enfants, et enterrait leurs restes dans les pyramides en construction. C'est dans les dernières années de leur gloire que les Mayas découpèrent leurs prisonniers de guerre pour les offrir à leurs dieux ; quant aux jeunes femmes et aux jeunes hommes, ils furent jetés dans un profond bassin, ou *cenote*, à Chichén Itzá, afin de porter des messages dans les régions divines. Après avoir amené leurs victimes au sommet de leurs hautes pyramides, les Aztèques offraient, par centaines, voire par milliers, des cœurs toujours battants au dieu du soleil, puis, faisaient rouler les corps sanglants jusqu'au bas des grands escaliers raides vers la foule qui s'était rassemblée là. Selon les Espagnols qui conquirent Tenochtitlán – et qui, dans une certaine mesure, décrièrent la barbarie de leurs ennemis pour justifier leurs propres assassinats –, il régnait, sur la place du temple de la capitale aztèque, une odeur de pourriture, due à la décomposition des innombrables têtes des victimes posées sur une sorte de présentoir. Des coutumes sacrificielles similaires, quoique moins exubérantes, étaient pratiquées dans les temples au-dessus des tumulus pyramidaux de la culture du Mississippi, en Amérique du Nord.

Des grottes en dessous et de l'eau tout autour

Dans la mesure où elles s'élevaient depuis le sol jusqu'au ciel et où elles avaient restauré cette ancienne unification mythologique, les pyramides étaient des lieux d'offrandes idéaux. Et comme beaucoup d'entre elles étaient construites au-dessus de grottes ou incorporaient des grottes et des espaces souterrains, cette distance entre les plans supérieur et inférieur devenait encore plus grande.

Cette association fut d'abord symbolisée par le terme *huaca* qui servait à nommer les plus vieilles pyramides connues d'Aspero. *Huaca* est la version espagnole de *guaca*, un terme de la langue inca quechua, qui est toujours la langue maternelle de nombreuses tribus qui vivent dans les Andes. *Guaca* fait référence à une ancienne tombe, à un trésor caché ou enfoui, ou à un lieu sacré, que ce soit une formation naturelle comme une grotte, ou une structure construite par l'homme comme un cairn ou temple. En regroupant toutes ces significations, le terme *huaca* assimile les grottes aux sites sacrés et aux tombes.

La relation entre grottes et pyramides ressurgit encore et toujours avec les pyramides dans le Nouveau Monde. À Chavín de Huántar, la table de Lanzon, qui ressemble beaucoup à une stalagmite, est placée dans une sorte de grotte au point d'intersection de l'axe vertical et de l'axe horizontal du Vieux Temple. On dit que la structure ronde au centre de Sacsahuamán descend autant dans le sol qu'elle s'élève dans les airs – une métaphore qui associe la grotte à l'*axis mundi.* En 1972, les archéologues qui exploraient la pyramide du Soleil à Teotihuacán ont découvert une grotte dont l'ouverture était à l'avant de la pyramide et qui allait jusqu'à son centre. La grotte, une formation naturelle, avait été retravaillée pour lui donner la forme de la fleur décrite dans la mythologie méso-américaine comme lieu de naissance du monde. Le tombeau de Pacal, au tréfonds du cœur du temple des Inscriptions à Palenque, était plus qu'une simple grotte construite par la main de l'homme. Les treize voûtes en encorbellement qui conduisent à la chambre funéraire symbolisaient les treize niveaux dans le ciel du système de croyances maya, et les neuf étages de la pyramide représentaient les neuf niveaux du monde des ténèbres. Le temple des Inscriptions faisait fi de la logique traditionnelle en plaçant le monde à l'envers. Celui qui montait arrivait au fond des choses, alors qu'en descendant, il atteignait les sommets. À La Venta, le magnétomètre indiqua qu'une structure creuse rectangulaire était incorporée dans la pyramide, entre trois et dix mètres de son sommet. C'est probablement un temple construit sous la surface, qui suggère une grotte dans une montagne.

Sous la tour centrale d'Angkor Vat, il y a un puits qui fait quelque 36 m de profondeur. Quant aux pyramides chinoises de Lishan, elles sont bâties au-dessus de chambres funéraires souterraines très élaborées.

Comme nous l'avons vu au chapitre 2, les premières pyramides égyptiennes n'étaient que des tumulus qui recouvraient des fosses funéraires souterraines. Ce schéma originel se perpétua pendant l'âge d'or de la construction des pyramides durant les IIIe et IVe dynasties et aussi durant les Ve et VIe dynasties, bien que l'art de la construction déclinât à cette époque. Dans presque toutes les pyramides datant de cette très longue période, la chambre funéraire était située sous la pyramide même. La pyramide de Kheops fait exception à cette règle, car la chambre avec son sarcophage vide est proche du centre de l'immense masse de la pyramide. Et pourtant, même ici, un long conduit en biais débouche sur la chambre funéraire et continue plus avant sous la pyramide jusqu'à une chambre souterraine.

L'enterrement dans une chambre souterraine en dessous de la structure était de rigueur dans les pyramides standard de la renaissance nubienne. Un escalier devant la pyramide partait vers le bas et conduisait jusqu'à la chambre, où le corps était placé dans un renfoncement découpé dans le sol. Le plafond voûté de la chambre renforçait l'impression de grotte.

L'eau jouait aussi un rôle essentiel dans la construction et les rituels des pyramides, même dans un pays aussi désertique que l'Égypte. À Dahshour, un lac alimenté par les eaux du Nil atteignait la base des pyramides. Sous le règne de la IVe dynastie, on pouvait arriver en bateau jusqu'au temple de la Vallée de Khephren à Gizeh – connu aussi sous le nom de temple du Fleuve. Des archéologues ont retrouvé plusieurs bateaux en bois grandeur nature, qui avaient été démontés puis enterrés autour de la pyramide de Kheops. Le plus grand d'entre eux est impressionnant par sa taille ; il fait plus de 44 m de long sur près de 6 m de large en son milieu. Certains experts appellent ces bateaux enterrés des barques solaires ; elles devaient permettre à l'âme du pharaon défunt de naviguer dans les cieux étoilés pour atteindre son statut d'Osiris immortel.

Des œuvres d'art religieux en Mésopotamie, datant de la fin du IIIe millénaire avant notre ère, indiquent une association similaire entre l'eau et les ziggourats. Une des scènes représente un dieu naviguant dans les cieux en attendant que les ouvriers aient terminé la construction de la ziggourat, pour pouvoir débarquer et descendre parmi les hommes ; tandis qu'une autre montre une divinité qui navigue dans les eaux cosmiques sur un bateau, dont la proue et la poupe rappellent la forme des bateaux enterrés près de la pyramide de Kheops.

Des bassins et des douves, qui ressemblent à des avenues fluviales, s'entrelacent dans le centre cérémoniel où se trouve Angkor Vat qui, lui-même, est entouré d'une large douve. L'architecture d'Angkor Vat est un déploiement de tout un ensemble de rectangles, la douve les entourant tous. S'écoulant sur plus de quatre kilomètres, elle représente l'océan cosmique qui entoure le monde, soit la même masse d'eau que celle commémorée dans le Barattage de l'Océan de Lait.

L'eau fait partie du paysage dans pratiquement tous les sites à pyramides dans le Nouveau Monde. Les *cenotes* mystérieux et impressionnants de Chichén Itzá sont à la fois des grottes et des puits profonds, où une source d'eau divine coule en dessous du monde superficiel des simples mortels. À Chavín de Huántar, il y a toute une mosaïque de douves et de bassins traversés par un courant d'eau qui bruisse comme une vraie rivière. Des structures similaires à Sacsahuamán attestent que, sur cet ancien site péruvien, on pratiquait des rituels utilisant l'eau.

L'alignement sur les cieux

Si les pyramides servaient à attirer en elles les puissances surnaturelles de l'au-delà et la force vivifiante de l'eau, elles passaient aussi pour être en connexion avec les autorités célestes. Certaines pyramides sont alignées sur le soleil, d'autres sur des planètes ou des étoiles, et d'autres encore sur des moments solaires, stellaires ou planétaires.

La pyramide E-VII à Uaxactún au Guatemala, près de Tikal, fut construite et remodelée plusieurs fois depuis le Ier siècle avant notre ère. Les faces de la pyramide sont alignées sur les points cardinaux, et l'escalier situé sur la face est met en valeur cette orientation. À l'est de la pyramide se trouve une plate-forme en contrebas, construite au IIIe siècle de notre ère, qui est surmontée de trois petits temples. Celui qui gravit les marches de l'escalier de la pyramide au jour de l'équinoxe et qui regarde vers l'est voit le soleil se lever juste au-dessus du temple du milieu. Au solstice d'hiver, le soleil se lève au-dessus du temple à gauche ou du Nord, et au solstice d'été il apparaît au-dessus du temple de droite ou temple du Sud.

Bien que Teotihuacán s'étende le long d'un axe quadrillé nord-sud très précis, l'angle de la pyramide du Soleil se distingue avec ses 15 degrés nord-ouest. Mais ce n'est pas sans raison. Si un observateur se tient sur l'escalier de la pyramide qui fait face à l'ouest, le jour où le soleil est au zénith (c'est-à-dire au solstice d'été, lorsque le soleil atteint son plus haut point de l'année au-dessus de l'horizon), il le verra se coucher juste devant lui. Un ancien monument sur la colline de Cero Colorado, qui est à quelque 6 km à l'ouest de la ville de Teotihuacán, offre ce même spectacle.

Certaines pyramides mayas sont alignées sur la planète Vénus qui, dans leur mythologie, était identifiée au dieu Quetzalcóatl. Les Mayas avaient une manière très complexe de calculer le temps ; leur calendrier commençait à la « naissance » de Vénus, un événement qu'aujourd'hui on situerait vers le 12 août 3114 av. J.-C. La Maison du Gouverneur à Uxmal est un des nombreux monuments mayas à être aligné sur Vénus. En 750 de notre ère, un observateur, debout à l'aube sous l'une des entrées, aurait pu voir Vénus se lever comme l'étoile du matin au-dessus du sommet de l'unique colline à quelque 5 km, alors qu'elle atteignait sa position extrême sud. Le temple I à Tikal repère un point dans le ciel où Vénus s'aligne périodiquement avec Jupiter.

Vénus, qui, en Mésopotamie, était la représentation céleste de la déesse de l'amour connue sous les noms d'Ishtar, Aphrodite et Inanna, pourrait avoir joué un rôle clé dans les rituels funéraires des serviteurs à Ur. Lorsque Sir Leonard Woolley entreprit ses fouilles dans les tombes royales, il se demanda pourquoi il n'y en avait eu que seize durant les cent cinquante ans de règne de la Ire dynastie, ou dynastie d'Ur. Ce chiffre, toutefois, est un carré parfait, étant le carré d'un carré ($2^2 = 4$; $4^2 = 16$). Les épouses, concubines et serviteurs étaient enterrés avec le roi lors de sa mort et il serait légitime de penser que certains régnèrent plus longtemps que d'autres et que le nombre des enterrements est aléatoire. Mais ce nombre étant un carré parfait, on peut se demander s'il ne cache pas un mythe. Joseph Campbell, expert toujours très perspicace, est allé au-delà des apparences jusqu'à atteindre au mythe sous-jacent ; il avance une explication.

Sur une période de 128 ans, le soleil, la lune et la planète Vénus entrent en conjonction seize fois à intervalles réguliers. Il est possible qu'à chaque fois que se produisit ce phénomène, les Sumériens aient changé de roi. Le roi était sacrifié lors d'un rituel – le régicide sacré était alors chose courante sur la planète –, puis toute sa maisonnée était sacrifiée et enterrée avec lui, pour marquer la transition avec le nouveau monarque divin, qui devait gouverner jusqu'à ce que les trois lumières célestes les plus éclatantes s'alignent à nouveau dans le ciel. On peut facilement imaginer que ces souverains, leurs femmes et leurs serviteurs vécurent toute la durée de leur privilège royal en scrutant les cieux d'un regard angoissé.

Quant aux peuples de la Méso-Amérique, ils étaient intrigués par la constellation que nous appelons aujourd'hui les Pléiades. Selon les travaux de l'archéo-astronome Anthony Aveni, le coucher du soleil au jour de son zénith en 150 ap. J.-C. – qui permit d'orienter l'escalier sur la face ouest de la pyramide du Soleil à Teotihuacán –, était précédé par le lever héliaque des Pléiades – c'est-à-dire le jour où la constellation est la plus proche du soleil tout en restant visible. La pyramide aztèque de Tenayuca semble aussi être orientée sur ce lever héliaque des Pléiades : comment se fait-il que cette civilisation ait porté un tel intérêt à ce groupement d'étoiles, alors que rien, dans leur culture, ne les y prédisposait ?

Aucune autre pyramide n'a fait l'objet d'autant de spéculations astronomiques que celles de l'ancienne Égypte. Malheureusement, beaucoup de ces théories sont fausses, inventées par des penseurs sentimentaux ou des passionnés de mystères, qui furent surnommés sans complaisance les « pyramidiots » parce qu'ils décodent dans les anciens monuments des histoires de type « new age », sans rime ni raison. Mais il est certain que les pyramides égyptiennes révèlent des alignements astronomiques importants et il en reste encore beaucoup à découvrir. Les scientifiques sont unanimes à dire que le couloir descendant dans la pyramide de Kheops – qui part de l'entrée sur la face nord et conduit à une chambre souterraine – a un curieux angle d'inclinaison de 26 degrés. Quelqu'un qui se tient dans la chambre et vise le bout du couloir par une nuit claire, regarde, en fait, vers la Polaire boréale (le pôle nord céleste). L'Étoile polaire, ou étoile du Nord, se situe aujourd'hui en ce point, mais en raison du mouvement très lent des étoiles, ou précession, ce point précis était vide il y a cinq mille ans, au temps du règne de Kheops. Les étoiles qui étaient les plus proches de ce point dans le ciel tournaient autour de lui, mais ne se levaient ni ne se couchaient jamais derrière l'horizon. Les Égyptiens appelaient ces étoiles les Indestructibles, et elles étaient considérées comme lieu d'accueil dans les cieux pour l'âme du pharaon immortel. De nombreuses pyramides construites après celles à degrés de Djéser contiennent un couloir faisant face au nord, afin de s'assurer que l'esprit du roi défunt partira dans la bonne direction dans le ciel.

Une autre hypothèse, beaucoup plus ambitieuse, qui dit que le plan de Gizeh est la réplique du plan d'un paradis céleste qui remonterait à des temps encore plus immémoriaux, a été avancée par Robert Bauval et Adrian Gilbert dans leur livre *Le Mystère d'Orion* et par Graham Hancock et Robert Bauval dans *Le Mystère du Grand Sphinx*. Selon Bauval, Hancock et Gilbert, le positionnement singulier des pyramides de Gizeh correspond exactement à celui des trois étoiles du Baudrier d'Orion, associées à Osiris. Quant au Nil, sa position correspondrait à celle de la Voie Lactée qui, dans plusieurs mythologies anciennes, était le lieu de repos pour les âmes en attente de leur prochaine incarnation. De plus, Gizeh mémoriserait l'aspect de la voûte céleste par une nuit en 10500 av. J.-C., au moment précis où Sirius était exactement à l'horizon. Sirius est l'étoile la plus brillante de ce que nous appelons la constellation du Grand Chien, voisine de la constellation d'Orion et que les Égyptiens ont associée à Isis. Les chaussées partant des pyramides indiqueraient l'endroit où le soleil se levait aux jours médians entre le solstice et l'équinoxe, en hiver comme en été, précisément en 10500 av. J.-C. Le Sphinx joue aussi un rôle important dans ce tableau. Pendant ces jours médians, il y a fort longtemps, le regard du Sphinx aurait visé le point où se levait la constellation du Lion, qui est le prototype de la forme du corps du Sphinx.

Bauval, Gilbert et Hancock sont blâmables d'avoir été exagérément minutieux et précis dans l'exposé de leur corrélation. Or il est plus difficile qu'ils ne le disent d'obtenir les mesures exactes d'anciens monuments, qui n'ont plus leur forme originelle après l'injure du temps. Par ailleurs, leurs simulations sur ordinateur de la carte du ciel d'il y a plusieurs millénaires relèvent tout au plus de la spéculation ; même les experts ne sont pas d'accord sur des notions mineures comme l'orientation exacte de l'axe de la Terre dans le passé, qui, évidemment, influe sur les positions relatives du soleil et des étoiles à divers moments.

Il n'empêche que ces trois auteurs ont raison sur un point : les configurations stellaires associées aux monuments de Gizeh sont indéniablement des arguments de poids, mais cette association est loin d'être entièrement comprise. À l'image des Mésopotamiens, les

Égyptiens ont reproduit une configuration astrale remplie de mythes, en érigeant leurs monuments grandioses sur le plateau.

Invention contre diffusion

En comparant et en opposant les nombreuses pyramides de ce monde, deux points majeurs sautent aux yeux. Premièrement, chaque culture constructrice de pyramides a laissé ses propres empreintes dans la forme. Un stûpa bouddhique en Inde a un cachet tout à fait différent de la pyramide à six degrés de Djéser à Saqqarah ou du volcan à cannelures de La Venta. Même les cultures constructrices de pyramides étroitement reliées entre elles, comme celles d'Égypte et de Nubie, ne se sont pas bornées à imiter les réalisations architecturales de leurs voisines. Les pyramides nubiennes doivent beaucoup à l'Égypte, il est vrai, mais elles sont néanmoins des créations typiquement nubiennes.

Deuxièmement, ce qui est tout aussi frappant, c'est le nombre de similitudes entre les pyramides, où qu'elles se trouvent sur ce globe. Les pyramides sont à l'image de la montagne originelle, le centre de l'univers ; ce sont des monuments pour, ou mettant en scène, d'importants événements religieux ; elles offrent aux dieux la possibilité de descendre parmi les hommes et aux hommes celle d'entrer dans le royaume des dieux ; elles sont l'œuvre de puissantes monarchies masculines et d'élites de prêtres, dont certaines ont embrassé des religions où l'immortalité est assurée ; elles sont associées à des offrandes et leur structure incorpore des symboles mythologiques liés à l'eau, au monde souterrain et aux corps célestes.

Il y a deux manières d'expliquer ces similitudes évidentes. La première est appelée « inventionnisme indépendant ». En partant des idées sur l'évolution des espèces, dans le sillage des théories biologiques révolutionnaires de Charles Darwin, les « inventionnistes indépendants » prétendent que différentes communautés d'hommes, arrivées à un même niveau dans leur développement social, trouvent ou inventent le même type de solutions aux mêmes problèmes fondamentaux de leur vie matérielle et spirituelle. James G. Frazer, dans son précieux ouvrage *Le Rameau d'or*, dit que ces similitudes sont probablement « des effets de causes semblables agissant simultanément sur les cerveaux humains de même constitution, dans différents pays et sous d'autres cieux ». Sur ce point, Frazer a raison. Tous les hommes rencontrent, au cours de leur vie, les mêmes défis comme ceux de trouver de la nourriture, un logement, des partenaires et de donner un sens à leur existence. Il n'est donc pas très surprenant de découvrir qu'en d'autres temps et en d'autres lieux, les hommes ont trouvé des solutions et des manières de faire très similaires. Un Égyptien dans l'Antiquité avait, tout comme vous et moi, besoin de manger, de dormir, d'avoir des relations avec sa famille et de comprendre la raison de son existence. Ces besoins et ces pulsions, ainsi que l'évolution culturelle qui s'ensuit, font partie intégrante de la condition humaine.

L'autre manière pour expliquer les ressemblances culturelles spécifiques est de prétendre qu'elles ont la même origine. Ces similitudes, avec le temps, finissent par s'accréditer de certains détails particuliers, mais leurs caractéristiques fondamentales renvoient à une origine commune, qui remonte à des temps obscurs et immémoriaux. Cette théorie est celle du « diffusionnisme ». L'histoire des langues humaines, par exemple, relève de la diffusion. Presque toutes les langues d'Europe – l'anglais inclus – tout comme beaucoup de langues de l'Asie centrale et du Sud-Ouest et du nord de l'Inde, partagent assez de points communs dans leur maniement, leur vocabulaire et leur syntaxe, pour que l'on puisse penser que leur origine fut une unique langue proto-indo-européenne, tombée dans l'oubli depuis des lustres. Un fermier polonais qui parle à ses voisins, un moine bouddhiste psalmodiant le sanscrit, ou moi-même qui tape les mots de ce livre en anglais sur le clavier de mon ordinateur, nous utilisons tous des mots et des constructions de phrases qui émanent d'une même source linguistique datant de dizaines de milliers d'années.

Il est évident qu'aucun expert digne de ce nom ne peut se dire formellement inventionniste ou diffusionniste, parce que ce sont des positions extrêmes qui perdent très vite leur crédibilité pour devenir absurdes et vides de sens. Lorsqu'on dit que l'anglais et le sanscrit sont des langues indo-européennes, on parle de diffusionnisme et on suggère que leur origine est commune. Mais il est vrai aussi que des générations de gens parlant l'anglais ou le sanscrit ont enrichi la langue d'une foule de nouveaux mots ou tournures de phrases.

Si cela n'avait pas été le cas, les deux langues seraient toujours identiques, et l'anglais et le sanscrit ne se distingueraient pas l'une de l'autre. Partant, même le plus fervent des inventionnistes ne pourra pas prétendre que chaque peuple a pu créer sa langue de toutes pièces. Les peuples indigènes indiens du centre et de l'est de l'Amérique du Nord parlaient des langues différentes, avaient des cultes religieux différents et se faisaient la guerre ; et pourtant à peu près tous pratiquaient principalement la culture du maïs. La culture du maïs n'a manifestement pas été inventée par chaque peuple, mais c'est plutôt une forme d'agriculture qui vient d'un point originel, donc commun, et qui fut diffusée, probablement à travers les caprices des guerres, du commerce, et de mariages interethniques, d'un groupe à un autre. L'histoire de l'Amérique du Nord après l'arrivée massive des Européens contient des récits devenus légendaires qui ne sont qu'un exemple de cette même diffusion. Les pèlerins, qui venaient d'arriver dans ce pays étranger qu'est aujourd'hui le Massachusetts, ne savaient pas cultiver le maïs, mais les Indiens indigènes leur apprirent la technique pour éviter aux Blancs de mourir de faim. *Thanksgiving*, jour de l'action de grâce, célèbre cette légende de la diffusion culturelle qui commença par un mouvement de solidarité.

C'est évident, apparent et pourtant irrecevable

L'histoire de la Tour de Babel, racontée au chapitre 11 du livre de la Genèse dans l'Ancien Testament, ainsi que dans les écrits apocryphes hébraïques, est un ancien mythe diffusionniste, qui explique l'origine des langues dans le contexte de la construction d'une pyramide. Les auteurs du canon de l'Ancien Testament ont eu à faire face à un grave problème d'ordre littéraire. Comme Noé et sa famille furent les seuls rescapés du déluge, cela signifiait que tous les hommes descendaient de ce premier petit groupe (un homme, ses trois fils avec leurs femmes) qui, forcément, devait parler la même langue. Comment expliquer alors d'où vient cette multiplicité de langues, incompréhensibles les unes pour les autres, que l'on trouve au Moyen-Orient ? L'histoire de la pyramide, dite de la Tour de Babel, apporta une solution à ce problème.

Lorsqu'ils se mirent à parler des constructions de pyramides, les prêtres compilateurs des Écritures hébraïques, au VIe siècle avant notre ère, connaissaient bien le sujet. Le peuple juif venait de rentrer en Israël depuis Babylone, où Nabuchodonosor II les avait transplantés ; ce même personnage avait fait construire les immenses ziggourats de Babylone et Borsippa. Il va de soi que les Hébreux furent enrôlés dans les équipes d'ouvriers qui construisirent les ziggourats. Les prêtres, auteurs de la Genèse, utilisèrent cette information de première main, pour créer l'histoire de la pyramide qu'ils nommèrent la Tour de Babel :

> Tout le monde se servait de la même langue et des mêmes mots. Comme les hommes se déplaçaient à l'orient, ils trouvèrent une plaine au pays de Shinéar [la Babylonie] et ils s'y établirent. Ils se dirent l'un à l'autre : « Allons ! Faisons des briques et cuisons-les au feu ! » La brique leur servit de pierre et le bitume leur servit de mortier. Ils dirent : « Allons ! Bâtissons-nous une ville et une tour dont le sommet pénètre les cieux ! Faisons-nous un nom et ne soyons pas dispersés sur toute la terre. »
>
> Or Yahvé descendit pour voir la ville et la tour que les hommes avaient bâties. Et Yahvé dit : « Voici que tous font un seul peuple et parlent une seule langue, et tel est le début de leurs entreprises ! Maintenant, aucun dessein ne sera irréalisable pour eux. Allons ! Descendons ! Et là, confondons leur langage pour qu'ils ne s'entendent plus les uns les autres. » Yahvé les dispersa de là sur toute la face de la terre, et ils cessèrent de bâtir la ville. Aussi la nomma-t-on Babel, car c'est là que Yahvé confondit le langage de tous les habitants de la terre.

Le nom de Babel résulte de la même confusion linguistique dont parle cette histoire. Le tumulus sous lequel gisaient les ruines de Babylone jusqu'aux fouilles du début du XXe siècle était appelé *Babil* par les Arabes du pays, un nom qui dérive du nom originel de cet endroit, *Bab-Ili*, ou « Porte de Dieu ». Les auteurs de la Bible confondirent *Bab-Ili* avec le verbe hébreu *balal*, qui veut dire « jeter la confusion ».

Inspirées des apocryphes hébraïques, de nouvelles versions de l'histoire de Babel sont venues embellir le thème de l'histoire originelle. Dans les apocryphes, la tour fut construite par Nemrod, un chasseur cruel, roi impitoyable et arrière-petit-fils de Noé. Pour célébrer sa puissance, Nemrod fit construire une pyramide au-dessus d'une roche ronde, empilant trône sur trône, le premier en cuivre, le deuxième en argent, le troisième en or, et finalement couronna le tout d'une énorme pierre précieuse. C'est là qu'il s'asseyait, réclamant l'hommage de tous ses sujets. Nemrod construisit cette tour pour partir à l'assaut du ciel et venger ses ancêtres qui étaient morts noyés. Il voulait destituer Yahvé et le remplacer par des idoles de pierre et de bois. La tour atteignit bientôt une hauteur de 112 km, et les archers de Nemrod se mirent à lancer des flèches dans les cieux. Les anges les refoulèrent en faisant couler leur sang, et Nemrod fut très déçu de ne pas avoir réussi à anéantir les habitants du ciel.

En fait, Yahvé avait tendu un piège à Nemrod, pour permettre à son orgueil de s'exprimer dans un premier temps, avant de programmer sa chute. Yahvé et ses anges descendirent, sans être vus, sur la tour et confondirent la langue unique des ouvriers en soixante-dix langues différentes. Tout à coup, le projet de construction qui était si bien orchestré s'arrêta, puisque les constructeurs et les ouvriers ne pouvaient plus se comprendre. Nemrod fut contraint d'abandonner sa tour, qui tomba en ruine.

Les récits bibliques et les apocryphes sur Babel ont bien des points communs avec la mythologie des pyramides, depuis l'ego du souverain ambitieux jusqu'à la structure qui permet d'atteindre les dieux résidant dans le ciel. Ils utilisent même les termes de « brique et bitume » qui furent les matériaux utilisés dans la construction des grandes ziggourats. Ne serait-il pas légitime d'avancer l'hypothèse suivante : si les langues sont toutes parties d'un même point géographique pour se répandre à travers toute la terre, se pourrait-il qu'il en ait été de même des techniques de construction des pyramides ?

Les scientifiques qui ont travaillé sur ce sujet n'ont aucun mal à voir l'interrelation entre certaines cultures constructrices de pyramides dans l'Ancien Monde ou les similarités qui relient des cultures spécifiques et constructrices de pyramides dans le Nouveau Monde. Les stûpas de Sanchi, les temples-montagnes d'Angkor Vat et la montagne cosmique de Borobudur émergent d'une tradition commune. En complément des ressemblances architecturales et mythologiques entre ces trois centres cérémoniels, nous savons que les religions bouddhiste et hindoue se répandirent hors de l'Inde à travers toute l'Asie. Il y eut pareillement interaction entre les cultures constructrices de pyramides en Méso-Amérique. Et par ailleurs, nous savons que les Olmèques, la culture de Teotihuacán, les Mayas, Toltèques et Aztèques avaient fondamentalement la même mythologie et la même architectonique, et que chaque nouvelle culture s'inspirait de la précédente et enrichissait cet héritage de sa propre contribution spécifique.

Pourtant, quand il s'agit d'étudier la possibilité d'une relation entre les cultures constructrices de pyramides de l'Ancien Monde – Asie, Europe et Afrique – et celles du Nouveau Monde de l'Amérique du Nord et du Sud, les académiciens classiques sont formels : l'Ancien Monde n'avait rien à voir avec le Nouveau Monde, jusqu'à ce que Christophe Colomb traverse l'Atlantique avec ses trois caravelles et pose le pied dans les Caraïbes. Avant 1492, les pyramides d'Égypte, de Sanchi ou de Lishan n'avaient rien en commun avec celles de Teotihuacán, Tikal ou Cuzco. Alors que les esprits scolastiques sont prêts à accepter le concept de la diffusion à l'intérieur des deux mondes, voilà qu'ils restent fermement convaincus que les ressemblances entre les deux mondes sont le fruit des seules inventions indépendantes.

Est-ce vraiment le cas ? Est-ce une hypothèse crédible fondée sur des données irréfutables ? Est-ce une attitude d'idéologue ou de scientifique ? Pourquoi ignore-t-on volontairement les signes infaillibles qui suggèrent que les constructeurs de pyramides de part et d'autre des océans se connaissaient bien avant que Christophe Colomb ne hisse les voiles et fasse route vers l'ouest ?

Chapitre 4

LE PEUPLEMENT DES AMÉRIQUES

Les débats souvent houleux et orageux entre inventionnistes indépendants et diffusionnistes ont une cause bien regrettable. Les deux camps, au lieu de discuter dans le calme, s'engagent dans une guéguerre autour de paradigmes. Les inventionnistes, qui n'incluent que la plus petite minorité des archéologues et anthropologues professionnels des universités et des instituts de recherche universitaires, défendent une théorie évolutionniste qui leur est très chère, selon laquelle, dans des circonstances semblables, les hommes développent des caractéristiques culturelles comparables, comme le font les espèces biologiques sur des voies d'évolution parallèles ou convergentes. Bien sûr, cette approche ne manque pas de sagesse. Toutes les cultures humaines, partout sur cette planète, partagent des facteurs communs tels le mariage, le sens de la religion et du culte, des mythes cosmogoniques, etc. En d'autres termes, la nature tout comme l'éducation ont joué un rôle dans le développement de la société humaine, depuis nos aïeux, les primates.

Parallèlement, les archéologues et anthropologues académiques ne disposent que de peu de moyens pour détecter les traits communs susceptibles de démontrer la diffusion. Les universités forment des spécialistes très pointus, des hommes et des femmes qui consacrent leur vie à apprendre tout ce qui peut l'être dans un domaine très restreint et qui s'abstiennent de tout commentaire sur les domaines de compétence des autres spécialistes, de peur d'être étiquetés d'amateurs par les experts. Cette discrimination professionnelle entraîne la division des académiciens en groupes de même affinité : les spécialistes des Olmèques se tiennent à l'écart des égyptologues, et tous les deux sont carrément ignorés des archéologues de la Chine des Chin. Dans leur éternelle lutte pour défendre leur place au sein de la bureaucratie académique, aucun groupe de scientifiques n'admettra jamais que sa spécialité serait susceptible d'avoir ses racines dans une autre, et refusera donc d'en rabattre quant à ses prétentions de supériorité ou de suprématie. Si, par exemple, quelqu'un réussit à prouver que les Olmèques ne sont rien d'autre que des Chinois transplantés, voilà que la vieille garde des sinologues monte au créneau, tandis que celle des Olmèques n'ose plus rien dire. Comment voulez-vous que, dans un tel climat, la moindre allusion au diffusionnisme n'excite pas les esprits ?

Toutefois, ceux qui se disent diffusionnistes ont souvent servi de cibles faciles aux quolibets des universitaires, parce qu'ils récusent même les normes scientifiques les plus élémentaires. Prenons comme exemple les épigraphistes convaincus, qui étudient les inscriptions et qui sont pour la plupart des amateurs. Ils sont capables de convertir des défauts naturels dans les murs d'une grotte du Dakota du Nord en graffitis hébreux du IIIe siècle avant J.-C., et de donner, sans hésiter, une traduction bien commode. Certains diffusionnistes, comme les auteurs Zechariah Sitchin et Erich von Däniken, prétendent que les cultures humaines partagent des similitudes culturelles comme les pyramides, parce que notre race descend d'anciens astronautes non humains venus d'une planète inconnue. Par ailleurs, il y a ceux qui s'accrochent à n'importe quelle ressemblance culturelle pour prouver l'existence de l'Atlantide, de Mû, de la Lémurie ou d'un autre continent perdu où, prétendument, existaient des technologies avancées, où l'on communiquait par télépathie, sans oublier que les relations entre les sexes et les races étaient cordiales – bref les défenseurs d'un idéal de songe-creux rétro. Ajoutez à cela le concept de réincarnation, un cristal aux pouvoirs mystérieux ou d'autres notions « new age » suspectes, et le diffusionnisme relèvera plus d'un fanatisme religieux que de la science.

L'antagonisme entre l'inventionnisme indépendant et le diffusionnisme mérite une étude plus approfondie et plus sérieuse, car il pique au vif cela même qui fait de nous des hommes et qui a donné naissance à la civilisation. Le fait de chercher à comprendre l'origine des pyramides ne doit pas se limiter à des débats abstraits, mais nous permettre de mieux comprendre qui nous sommes.

Babylone et la Béringie

La relation entre les pyramides de l'Ancien Monde et celles du Nouveau s'inscrit dans un vaste contexte qui remonte très loin dans l'histoire, bien avant que ne surgît l'idée géniale dans l'imagination fertile d'Imhotep. Elle se rapporte, avant tout, au peuplement du Nouveau Monde.

Les Indiens que Christophe Colomb ramena avec lui au retour de son voyage posaient un problème théologique important à l'Europe d'avant la Réforme, qui était toujours essentiellement catholique romaine. Selon le sens littéral du livre de la Genèse, très en vogue à l'époque, tous les peuples de la terre descendaient des trois fils de Noé. Chacun des fils était responsable des cultures et des races des trois continents alors connus : Sem pour l'Asie (d'où le mot *Sémite*), Japhet pour l'Europe, et Cham pour l'Afrique (à l'origine des *Chamites*, qui désigne un ensemble de peuples et de langues nord-africains). À mesure que l'on prit conscience que Christophe Colomb n'avait pas accosté en Asie mais sur un continent tout à fait nouveau, surgit un problème d'ordre biblique. Si les Indiens ne descendaient pas de l'un des fils de Noé, d'où alors auraient-ils bien pu venir ?

Le pape Jules II résolut ce problème lors du concile de Latran V en 1512, en déclarant que les Indiens américains étaient aussi des enfants d'Adam et Ève, donc des humains, que leurs ancêtres étaient des Babyloniens expulsés de leur ville avant le déluge, pour avoir péché. Ces gens fuirent alors dans le désert, loin des lieux où régnait le mal et que Dieu cherchait à détruire, et ils survécurent ainsi au déluge – ils ne furent donc pas épargnés à dessein par Dieu, comme ce fut le cas de Noé et de sa famille et de la foule d'animaux dans l'Arche, mais quelque part, ils lui ont fait faux bond. Les Indiens étaient donc des pécheurs qui avaient, pour ainsi dire, tiré profit des failles dans l'esprit divin.

La déclaration du pape de 1512 désignait l'Asie comme pays d'origine des Indiens d'Amérique. Cette idée survécut en grande partie jusqu'à nos jours, non pas parce qu'elle semble cohérente d'un point de vue théologique, mais parce que les indices anthropologiques ont longtemps abondé en ce sens. Au début du XIXe siècle, le naturaliste et scientifique Alexander von Humboldt reconnut que certaines tribus américaines d'Indiens avaient des ressemblances avec les peuples du nord-est de l'Asie ; cette théorie avait déjà été avancée en 1589 par le missionnaire jésuite, José de Acosta. Humboldt pensait que les premiers Américains étaient des émigrés de Mongolie et des régions voisines de la Sibérie. Des recherches archéologiques du XXe siècle permirent de transformer cette hypothèse et de la redéfinir comme théorie du peuplement des Amériques à partir de l'Asie.

Au paroxysme de la dernière ère glaciaire, entre environ 20000 et 18000 avant notre ère, le niveau des océans baissa de 100 à 120 mètres et transforma une grande partie des eaux de la planète en énormes glaciers continentaux. Le détroit de Béring actuel, qui sépare la mer des Tchouktches et l'océan Arctique de la mer de Béring et du Pacifique Nord, était une étendue de terre ferme que les archéologues ont surnommée « la Béringie ». Des chasseurs nomades venant d'Asie auraient pu la traverser à l'ère glaciaire mais, une fois arrivés en Amérique, ils n'auraient pas pu aller plus loin. Deux énormes murs de glace se rejoignaient au-dessus de ce qui est aujourd'hui le Canada et les États-Unis du Nord, empêchant de voyager vers le sud.

Plus tard, selon la théorie conventionnelle, entre 13700 et 12000 avant notre ère (ce qui équivaut à 11000 et 10000 ans av. J.-C. en chronologie absolue, par datation au radiocarbone[1]), le lent réchauffement à l'ère glaciaire sépara les deux glaciers, ouvrant un

1. La méthode de datation par le radiocarbone se fonde sur le comptage de la radioactivité du C^{14} dans des matériaux organiques. Comme la teneur en C^{14} n'a pas été constante dans l'atmosphère au fil du temps, les « dates » et « années » historiques, non étalonnées par radiocarbone, ne correspondent pas au temps réel de la chronologie dite absolue. Ce problème est récurrent dans l'étude de la préhistoire et l'archéologie, surtout pour ce qui est de la période allant de 10000 à 25000 av. J.-C., lorsque la chronologie historique classique peut être décalée et compter entre 1400 et 4000 ans de plus que la chronologie absolue, déterminée par la datation radiocarbone. Malheureusement, même dans la littérature spécialisée, la distinction n'est pas toujours faite entre la chronologie historique relative et la chronologie historique absolue. Deux sites peuvent donc être dits appartenir à une même époque alors qu'en fait des milliers d'années les séparent, si la date de l'un d'eux est calculée d'après le calendrier normal en années solaires et celle de l'autre d'après le calendrier C^{14}. Pour de plus amples informations, on peut consulter *Scientific American* de septembre 2000, p. 84.

couloir qui conduisait au cœur du continent. Comme les langues américaines indigènes sont composées de trois groupes distincts, on pensait que les Asiatiques avaient traversé la Béringie jusqu'en Amérique du Nord en trois vagues successives. La première fut celle des Amérindiens, qui eurent tôt fait de se disperser sur le continent et de partir en Amérique centrale et en Amérique du Sud. Quelque cinq cents à mille ans plus tard, une deuxième vague arriva, qui s'établit dans la partie centrale de l'Amérique du Nord. Ces peuples, appelés les Na-Dene, comprenaient les Athabascas du centre de l'Alaska et du nord-ouest du Canada, ainsi que les Navajos du Sud-Ouest américain. Et finalement, peut-être mille ans plus tard, arrivèrent les Esquimaux et les Aléoutes qui s'installèrent à l'extrême nord de l'Amérique du Nord et traversèrent la mer de glace jusqu'au Groenland.

Les premiers Américains, appelés aujourd'hui les Indiens du paléolithique, étaient des chasseurs spécialisés dans l'abattage et le dépeçage de très gros animaux, comme les bisons, les mastodontes et les mammouths à laine, très nombreux en Amérique du Nord à l'ère glaciaire. Cette assertion résulte d'une découverte faite en 1927 à Folsom, au Nouveau-Mexique, quand des pointes de sagaies en silex furent trouvées plantées dans le squelette d'une espèce éteinte de bison. Daté de 9500 avant notre ère (la datation radiocarbone indique 8000 av. J.-C.), Folsom offre, de manière irrévocable, les premières preuves que le Nouveau Monde fut occupé par des immigrants venus du nord, depuis la Béringie. Cette date a même été reculée au début des années 1950 lorsque furent découverts dans le Blackwater Draw, près de Clovis au Nouveau-Mexique, des objets façonnés encore plus anciens. La datation au radiocarbone permit de dire que ce site remontait à environ 11500 ou 11000 av. J.-C. en chronologie historique « relative » (soit à 9500 av. J.-C. en chronologie « absolue »).

Les objets manufacturés trouvés à Clovis et son complexe culturel furent, pendant quarante ans, la référence qui à la fois précisait et confirmait la théorie du peuplement des Amériques, selon laquelle des émigrés étaient venus de Sibérie dès la fin de l'ère glaciaire (la théorie dite de Clovis). Ces objets sont la preuve que de gros animaux furent abattus ; c'est sans aucun doute la faim qui a poussé ces nomades armés de sagaies à chasser, pendant leur voyage de l'Ancien

Monde vers le Nouveau. Et la géochronologie allait dans le même sens ; il fallut énormément de temps pour que le couloir dégagé de glace atteigne enfin Clovis, et les petites troupes de chasseurs voyageant à pied eurent tout le loisir de descendre sur plusieurs générations, depuis leur entrée au nord, en Béringie, jusqu'aux domaines de chasse qui sont aujourd'hui les États-Unis du Sud-Ouest.

Puis, d'autres éléments trouvés au nord comme au sud montrèrent que la théorie de Clovis devenait caduque ou, plus précisément, que Clovis n'était pas le site le plus ancien. Les regards se tournèrent alors vers le sud, sur Monte Verde, au Chili, où un ancien campement a fait l'objet de recherches intensives pendant vingt ans ; elles furent menées par une équipe de scientifiques américains et chiliens, conduite par Tom D. Dillehay de l'Université du Kentucky. L'équipe de Dillehay a pu prouver que Monte Verde fut occupé en 12700 av. J.-C. (la datation radiocarbone donne 10500 av. J.-C.), soit plus de mille ans avant Clovis, et a ainsi triomphé du scepticisme initial des archéologues professionnels. Les preuves sont tellement parlantes que pratiquement tout professionnel s'occupant d'archéologie américaine accepte aujourd'hui cette date ; de ce fait, la théorie de Clovis devient obsolète. Monte Verde se situe à près de 14 500 km au sud de la Béringie, par-delà de vastes espaces de toundra, de montagnes, de grandes prairies, tout comme de forêts et de zones au climat très différent, allant de l'arctique glacial au tropical étouffant. Même s'ils avaient fait partie de la première vague d'immigrés venus d'Asie, il est absolument impossible que des chasseurs de l'âge de la pierre aient pu couvrir une telle distance en un seul millénaire sauf si, comme l'a suggéré Knut Fladmark, ils ont voyagé le long des côtes dans de petites barques, à la vitesse de l'éclair. Les anthropologues sont en général unanimes à dire qu'il faudrait sept mille ans à des vagues successives d'immigrés voyageant par terre pour franchir une telle distance (ils se fondent sur le paramètre de la vitesse de dispersion humaine) ; ce calcul ferait remonter leur arrivée dans le Nouveau Monde en 20000 ou 19000 avant notre ère. Le problème, c'est qu'à cette époque les énormes glaciers empêchaient de voyager vers le sud à travers les terres. Monte Verde ne s'explique que si ces ancêtres ont franchi la Béringie avant que les glaciers en formation ne bloquent le passage.

Monte Verde n'est pas une exception. De nombreux éléments très significatifs trouvés en Amérique du Sud prouvent que des peuples primitifs s'étaient déjà implantés dans des régions au climat très différent, depuis la côte jusqu'à près de 4 000 m d'altitude dans les Andes, et jusqu'aux prairies de Patagonie, à la même période où fut peuplé Clovis, voire plus tôt. Taima-Taima, le plus ancien de ces sites, se trouve dans la région côtière caraïbe du Venezuela et, soit serait contemporain de Monte Verde, soit aurait quelque deux mille ans de moins. Aucune tradition culturelle de l'âge de la pierre ne rapproche ces sites, et rien dans leur technologie ne ressemble à celle de Clovis. Il faut dire que ces peuples primitifs avaient eu tout le loisir de développer leurs outils et armes et de les utiliser de manière très efficace dans leurs écosystèmes. Ces hommes habitaient là depuis fort longtemps ; ils n'étaient pas arrivés récemment dans un monde étranger et inconnu. Par ailleurs, il est impossible que ces peuples aient accumulé tant de richesse culturelle – car leurs signes extérieurs de richesse sont très nombreux – pendant les quelques siècles qui ont suivi une première vague d'immigrés au Nouveau Monde, c'est-à-dire entre, à peu près, 13500 et 11500 avant notre ère.

En outre, on découvrit d'autres preuves au nord. Des géologues travaillant au Canada ont démontré qu'un couloir reliant l'est de la Béringie aux régions situées au sud des glaciers continentaux s'était effectivement dégagé entre les masses glaciaires, mais pas avant 11000 av. J.-C. (le radiocarbone donne 9500 av. J.-C.), voire plus tard, autour de l'époque de l'occupation du site de Clovis, et bien après celle de Monte Verde. Des recherches paléontologiques confirment ces dires. Lors des fouilles dans la région du corridor entre les glaces, on n'a trouvé aucun ossement d'animaux datant de la période entre 22500 à 10500 av. J.-C. (la datation C^{14} donne 19000 à 9000 av. J.-C.). À cette époque, la glace recouvrait toujours ce pays au nord, alors que, très au sud, à Clovis, on commençait à chasser le mammouth.

Les découvertes permettent de formuler plusieurs hypothèses, qui ne s'excluent pas forcément l'une l'autre. L'une d'elles dit que les premiers Américains seraient arrivés bien avant 11500 av. J.-C. ; cette hypothèse fut confirmée par une nouvelle découverte en Amérique du Nord. L'archéologue Joseph M. McAvoy et sa femme Lynn

McAvoy ont fait des fouilles dans une ancienne habitation à Cactus Hill, près du fleuve Nottoway en Virginie, à quelque 72 km au sud de Richmond, et ont pu démontrer que le site fut occupé en 13000, dès 16000 avant notre ère. Des outils de la culture de Clovis avaient été découverts lors de la fouille précédente. Les McAvoy ont continué leurs recherches et ont découvert que le site avait été occupé antérieurement par un peuple de chasseurs de cerfs à queue blanche et de tortues de mer. En Amérique du Sud, des dates encore antérieures attendent d'être confirmées. À Monte Verde, l'équipe de Dillehay a trouvé du charbon de bois daté au radiocarbone de 31000 av. J.-C., ainsi que des outils lithiques (une découverte préalable qui fait l'objet de nouveaux examens actuellement). Un autre site en Amérique du Sud, connu aujourd'hui sous le nom de Toca do Boqueirão da Pedra Furada, qui est une grande anfractuosité au pied d'une falaise de grès, a donné des datations au radiocarbone controversées, allant de 30000 à 50000 av. J.-C. Johanna Nichols, une linguiste de l'Université de Californie à Berkeley, estime que le développement des quelque 140 langues et plus parlées par les premières tribus en Amérique aurait demandé au moins vingt mille à trente mille ans, ce qui indique une date qui correspond bizarrement avec celles des charbons de bois de Monte Verde et de Pedra Furada. Si les prochaines recherches viennent étayer les découvertes archéologiques et les calculs de Nichols, cela signifiera que les hommes existaient dans le Nouveau Monde depuis trois fois plus de temps que nous ne le pensions il y a encore quelques années.

Selon une autre hypothèse intéressante, les Indiens du paléolithique ne se sont pas seulement déplacés à pied. À mesure que les glaciers reculaient de la côte, de petits bateaux auraient pu passer d'île en île, de la Sibérie en Alaska, puis descendre vers le sud. La Côte nord-ouest, comprenant le sud-est de l'Alaska, la Colombie-Britannique et Washington, était dégagée des glaces vers 12000 av. J.-C. et aurait donc alors pu être colonisée. Toutefois, jusqu'à présent, aucun site archéologique antérieur à 8500 av. J.-C. n'a pu être découvert dans cette région, sans doute parce que les archéologues n'ont pas cherché ce qu'ils pensaient ne pas exister il n'y a encore que quelques années. Plus au sud, sur l'île de Santa Rosa, qui se situe à quelque 50 km des côtes de Santa Barbara en Californie du Sud, on a trouvé ce qui pourrait être les vestiges humains les plus anciens jamais découverts en Amérique du Nord, mais non le plus ancien site d'habitation. Les ossements, datés entre 9000 et 11000 av. J.-C., avec deux méthodes de tests différentes, pourraient être ceux d'Indiens du paléolithique qui auraient louvoyé le long de la côte, en direction du sud du continent.

Par ailleurs, il y a l'hypothèse selon laquelle les Indiens du paléolithique seraient venus d'ailleurs que de l'Asie du Nord-Est. Il est à la fois étrange et merveilleux que les éléments les plus importants qui viennent confirmer cette idée viennent, comme nous allons le voir, de la culture même de Clovis.

Le melting-pot de l'Amérique paléolithique

La théorie qui veut que la Béringie ait fait office de pont a pour corollaire biologique que tous les Américains indigènes sont les descendants de peuples originaires de la même petite région en Asie du Nord-Est. Au même titre que le pape Jules II considérait les Indiens d'Amérique comme des survivants oubliés de la Babylone pécheresse, l'anthropologie contemporaine a décrit les peuples indigènes d'Amérique comme des Sibériens qui se sont transplantés et bien intégrés.

Cette théorie servit un jour, inconsciemment mais tristement, les idéologies qui ont conduit à une répression effrayante, voire à l'extermination des peuples indiens à travers l'Amérique du Nord et du Sud. Comme les Indiens venaient d'une seule région d'Asie non civilisée, ils étaient traités comme les survivants d'un passé lointain, comme des dinosaures humains pour ainsi dire, des êtres qui n'avaient pas leur place dans la course au progrès et au développement social en cours. En 1912, à la fin des dernières guerres avec les Indiens, et alors que leurs tribus furent confinées dans des réserves, John Lubbock écrivait: « Les sauvages peuvent être comparés à des enfants », et il les identifiait à des fossiles vivants: purs, sans taches et archaïques. Les enfants, bien sûr, ne font jamais comme les adultes et s'ils refusent d'évoluer, il faut les punir. De cette idéologie – que les Européens ont nourrie secrètement dans leur esprit envers les indigènes d'Amérique pendant des siècles – aux guerres d'extermination en Amérique du Nord et aux tortures sous l'Inquisition espagnole au Mexique et en d'autres points plus au sud, il n'y avait qu'un pas.

Mais une autre croyance bien profonde était sous-jacente à cette idéologie : les Indiens et les Européens sont formellement différents ; bien que descendant des mêmes ancêtres originels, tels Adam et Ève dans la religion judéo-chrétienne, ils ont divergé très tôt et semblent ne plus avoir de ressemblance familiale.

Nous savons à présent que des peuples de l'Asie du Nord-Est ont effectivement émigré dans le Nouveau Monde, mais ils ne furent pas les seuls. Des recherches récentes montrent que les Indiens et les Européens ont un patrimoine génétique commun. En fait, il se pourrait même qu'il y ait une ancienne connexion avec l'Afrique.

En octobre 1999, des scientifiques brésiliens annoncèrent les résultats de leurs recherches effectuées sur un crâne de femme découvert à Lapa Vermelha, dans l'État brésilien de Minas Gerais, qu'ils ont baptisé Lucie. Le crâne de Lucie fut découvert en 1975, mais il a fallu attendre vingt ans avant que les scientifiques n'étudient ces vestiges humains. Lucie fut datée vers 11500 av. J.-C. (env. 9800 av. J.-C. par datation radiocarbone), une date assez reculée pour qu'elle soit remarquée. Ce qui fut encore plus surprenant, c'est que la reconstruction de son faciès dans un laboratoire en Angleterre montra des traits négroïdes caractéristiques. En effet, la distance linéaire la plus courte entre l'Ancien Monde et le Nouveau va de l'Afrique de l'Ouest au Brésil. Même si d'autres analyses viennent infirmer l'hypothèse de la connexion de Lucie avec l'Afrique, une chose est sûre : elle n'est pas asiatique.

L'homme de Kennewick non plus d'ailleurs ; en tout cas, il n'est pas un Asiatique originaire de la Sibérie orientale. Son crâne fut découvert accidentellement en juillet 1996 par Will Thomas et Dave Deacy, deux fervents adeptes du canotage, dans la rivière Columbia près de Kennewick dans l'État de Washington. Lors des fouilles qui suivirent, on découvrit un squelette dont il ne manquait que le sternum, quelques côtes et quelques osselets des poignets et des pieds. Censé dater de 9300 à 9500 ans, ce squelette était celui d'un homme mesurant à peu près 1,75 m, d'environ quarante-cinq ans, ce qui était certainement un âge respectable à une époque où l'aspirine, l'Alka-Seltzer et l'angioplastie étaient inconnus. Il fut aussi un gros mangeur. Kennewick était très musclé, mais a dû souffrir de maux de dents chroniques et pénibles, car elles étaient en très mauvais état ; par ailleurs une pointe de flèche en pierre de 7,5 cm était fichée dans son pelvis. Des excroissances osseuses autour de la blessure indiquent qu'il a encore vécu pendant un temps substantiel après qu'il eut été blessé.

Ce qu'il y a de plus surprenant chez l'homme de Kennewick, c'est qu'il ne ressemblait pas du tout à un descendant des Asiatiques originaires de la Sibérie orientale. Il était plus grand que tous les autres vestiges humains découverts au nord-ouest du Pacifique, son crâne et sa face étaient plus étroits et les pommettes moins saillantes que ceux des Indiens contemporains. Cette découverte fut l'objet d'un certain nombre d'articles dans les journaux, où il fut dit que Kennewick était un homme du Caucase, photos de sa reconstruction faciale par l'anthropologue James Chatters à l'appui.

Une commission scientifique étudia les vestiges de l'homme de Kennewick et conclut qu'en dépit du tapage médiatique fait autour de lui, il n'était pas un Européen. Comparé aux mesures moyennes des crânes d'autres races humaines, celui de Kennewick paraissait moins ressembler aux Africains ou Européens, mais plus aux Polynésiens du Pacifique du Sud et aux Aïnous, qui sont les indigènes du Japon du Nord et des îles Sakhaline. On suppose que les Polynésiens tout comme les Aïnous ont leurs origines en Asie du Sud. Soulignons au passage que ces deux peuples étaient des navigateurs étonnants. On peut en tout cas affirmer que l'homme de Kennewick ne ressemble ni à un Européen, ni à un Indien contemporain.

Les caractéristiques raciales varient tellement d'un individu à un autre que vouloir faire reposer une théorie d'immigration sur un seul exemple de vestiges humains est pour le moins une entreprise hasardeuse et peu fiable. Il faut beaucoup plus de squelettes pour déterminer les variations individuelles et énoncer une généralisation recevable. C'est à ce type de travail que s'est dernièrement attelé D. Gentry Stele de A&M au Texas ; il a analysé les rapports des recherches entreprises sur tous les squelettes disponibles en Amérique du Nord qui remontent jusqu'à 6500 av. J.-C., voire plus. Les ossements venaient de sites très éloignés les uns des autres : trois du Minnesota, deux du Texas, un du Colorado et un autre de l'Arizona. Des objets manufacturés découverts avec les squelettes indiquent que certains appartenaient à des groupes de chasseurs de gros animaux, et d'autres à de simples chasseurs-cueilleurs. Malgré leur éloignement géographique et leurs différences culturelles, tous les squelettes avaient des crânes plus allongés et plus étroits et des faces plus petites et légèrement plus étroites que les Asiatiques du Nord ou les Indiens d'Amérique d'aujourd'hui. Si l'on devait classer les peuples de la terre selon la largeur de leur face, les Indiens d'Amérique et les Asiatiques du Nord viendraient en tête (les plus larges), suivis des Indiens du paléolithique, puis des Européens.

Il en va de même pour pratiquement tous les anciens vestiges humains datant de cette même époque antérieure à 6500 av. J.-C., et trouvés dans tout le bassin du Pacifique, y compris des sites sur les grandes îles du Japon, à Okinawa et en Chine. Quelques scientifiques pensent que les Asiatiques du Nord et les Indiens d'Amérique tirent leurs origines d'un peuple qui ressemblait beaucoup aux Indiens du paléolithique et qui vivait en Mongolie il y a quelque 20 000 ou 30 000 ans. Plusieurs groupes ont émigré de ce pays dans différentes directions et ont développé les caractéristiques, que nous utilisons de nos jours, des milliers d'années plus tard, comme définitions raciales.

Le crâne de Lucie laisse supposer que les Africains aussi ont apporté leur contribution à la cuvée humaine qui fermentait aux Amériques. Quant à Clovis, il ajoute un parfum européen.

Les chasseurs de Clovis utilisaient des sagaies aux pointes très particulières et d'autres outils lithiques aux éclats exceptionnels. La technologie lithique qui ressemble le plus à celle de la culture de Clovis ne se retrouve pas en Asie du Nord-Est, comme on pourrait s'y attendre si ces émigrants avaient passé par la Béringie pour entrer en Amérique, mais elle apparaît en Europe, dans la culture solutréenne qui habitait au nord de l'Espagne et en France. Les outils des Solutréens et de la culture de Clovis se ressemblent tellement que même les experts ont du mal à les différencier. L'archéologue Bruce Bradley, un expert de pointe en matière de technologie des outils lithiques à éclats, déclara ainsi à un journaliste : « Ces objets manufacturés n'ont pas seulement l'air identiques, ils sont façonnés de la même manière. J'appelle cela une technologie élaborée. Ils relèvent plus que de la simple ressemblance ; ce sont des concepts réfléchis, complexes et abstraits, appliqués aux pierres. »

La culture européenne solutréenne prit fin en 14 000 avant notre ère ; celle de Clovis n'apparut que bien plus tard et on ne lui connaît pas de prédécesseur, ce qui est très significatif pour Bradley. Il ajouta : « La technologie trouvée à Clovis n'a pas d'histoire propre ; elle est apparue, déjà épanouie, il y a environ 11 500 ans dans tout le Nouveau Monde [1]. »

Bradley et son collègue Dennis Stanford, directeur du département d'archéologie au musée national d'Histoire naturelle au Smithsonian Institute, supposent que, dans la mesure où la majeure partie de l'Europe était recouverte de glaciers durant la dernière ère glaciaire, les Solutréens se sont rendus dans le Nouveau Monde en bateau en longeant les côtes glacées. Quoi qu'il en soit, ces immigrés européens ont apporté avec eux leurs génotypes en même temps que leurs outils lithiques. Il s'agit maintenant de découvrir les preuves de leur présence par des études en génétique évolutive, tout comme par des fouilles archéologiques.

Les chercheurs qui tentent de comprendre l'histoire de l'évolution d'un peuple focalisent leur attention sur deux types de patrimoine génétique. Le premier est l'ADN mitochondrial (en abrégé ADNmt), de petits éléments de matériau génétique que l'on trouve à l'extérieur du noyau cellulaire. Le deuxième est le chromosome Y. Les deux types sont transmis aux descendants : l'ADNmt est transmis à travers les générations de mère en fille (elle le transmet aussi aux fils, mais eux ne le transmettent pas à leurs enfants), tandis que le chromosome Y est transmis de père en fils. Donc, à l'intérieur d'une population donnée, l'ADNmt et le chromosome Y vont donner à chaque sexe sa mémoire génétique [2].

L'ADNmt et le chromosome Y partagent un certain nombre de caractéristiques très intéressantes pour la recherche sur l'évolutionnisme. Comme leur fréquence de mutation est calculable, le nombre

1. Bradley fait référence à une datation au radiocarbone. Sur le calendrier normal en années solaires, la date se situerait entre 13000 et 11000 avant notre ère.

2. Des recherches préliminaires récentes, menées à l'Université d'Édimbourg par Philip Awadalla, mettent en doute cette assertion ; il affirme que l'ADNmt paternel et maternel fusionne après la fécondation. Si Awadalla a raison – ce qui reste à prouver –, les fréquences de mutation dans l'évolution humaine auront besoin d'être recalculées.

de transformations sert à mesurer l'âge ; c'est la théorie dite de l'horloge génétique. En outre, beaucoup de leurs mutations sont en corrélation avec la zone géographique où la première transmission génétique a eu lieu, ce qui permet d'obtenir des repères pour suivre la piste des migrations sur une période de 10 000 ans ou plus. Enfin, les données de l'ADNmt et du chromosome Y étant sensibles aux changements aléatoires dans la séquence du génome, les différences dans ces séquences entre des groupes de personnes peuvent indiquer le moment où ils se sont détachés d'un ancêtre commun.

La plupart des ADNmt des Américains de naissance appartiennent à l'un des quatre types de lignages, dits A, B, C et D – que les généticiens appellent des groupes haploïdes ou des haplobiontes. Une analyse statistique des haplobiontes A, C et D révéla qu'ils sont apparus à la fois en Sibérie et en Amérique il y a 35 000 à 25 000 ans. La date pour l'haplobionte B est incertaine. Certaines analyses le situent à la même époque que les trois autres, mais d'autres recherches porteraient à croire qu'il est plus récent et ne daterait que de 15 000 ans. Quoi qu'il en soit, ces découvertes permettent de confirmer les migrations humaines de Sibérie en Amérique du Nord, avant que l'ère glaciaire ne soit à son paroxysme. Les Indiens du paléolithique ont donc eu largement le temps d'atteindre Taima-Taima et Monte Verde. L'haplobionte B pourrait signifier qu'une vague ultérieure d'émigrants asiatiques a suivi leurs traces ou leur route de navigation côtière et importé un nouveau patrimoine génétique.

L'existence d'une autre lignée parmi les indigènes d'Amérique, appelée haplobionte X, montre que l'Asie n'a pas pu être le seul pays d'origine des premiers ancêtres américains. On ne trouve pas l'haplobionte X chez les Asiatiques de l'Est ou les Sibériens, mais sporadiquement chez des populations en Europe, au Moyen-Orient et en Asie occidentale. L'haplobionte X, rencontré principalement en Amérique du Nord, surtout parmi les Sioux et les peuples d'Ojibway, et moins en Amérique du Sud, est arrivé aux Amériques il y a quelque 15 000 à 30 000 ans. Il semblerait que des peuples d'Europe, du bassin méditerranéen et des régions occidentales de l'Asie soient partis pour les Amériques peu après l'arrivée des premiers Asiatiques du Nord, et qu'ils aient enrichi le patrimoine génétique qui donna naissance aux peuples indigènes du Nouveau Monde.

Et plus tard, des milliers d'années plus tard, certains d'entre eux construisirent des pyramides.

Le rideau de l'isolement se déchire

Bien que la conception d'un Nouveau Monde isolé dans l'Antiquité cède la place à un schéma de diverses migrations depuis différentes parties du monde, l'idée que le Nouveau Monde a vécu dans l'isolement plus récemment garde sa force. Il existe une version de la préhistoire et de l'histoire qui dit que, lorsque les indigènes des Amériques eurent évolué en nombreuses nations et cultures, ils vécurent certainement pendant des millénaires sur un continent parfaitement isolé. Ce n'est que lorsque Christophe Colomb aborda sur une île des Caraïbes, avec ses trois caravelles venues d'Espagne, que le rideau qui séparait l'Ancien Monde du Nouveau se déchira définitivement.

Toutefois, même l'interventionniste indépendant le plus conservateur devra admettre que ce rideau de l'isolement était loin d'être parfaitement tiré, ne serait-ce qu'aux temps modernes. Selon Gavin Menzies, capitaine de sous-marin à la Royal Navy à la retraite et historien, une flotte chinoise conduite par l'amiral Zheng He fit le tour du monde entre 1421 et 1423 : elle atteignit d'abord l'Australie, contourna ensuite le cap de Bonne-Espérance et fit route vers les Amériques, où elle explora les Caraïbes, les côtes de l'Amérique du Sud et la Basse-Californie. D'après Menzies, certaines des informations recueillies sur des plans et cartes par les Chinois auraient été transmises aux Occidentaux et utilisées par des explorateurs européens à la fin du XVe et au début du XVIe siècle.

Il existe même des preuves que des voyages transocéaniques eurent lieu bien avant cette époque. La saga irlandaise de saint Brendan, qui raconte le voyage vers l'ouest du célèbre abbé et de ses compagnons moines (autour du VIe siècle de notre ère), est en fait l'histoire d'un voyage d'île en île, le long de la courbe de l'océan Atlantique, depuis l'ouest de l'Irlande jusqu'au nord-est du Canada et retour. Le navigateur et explorateur Tim Severin – qui raconte son expédition dans *Le Voyage du Brendan* – construisit un bateau en cuir du même type que celui utilisé par Brendan et refit ce voyage, pour montrer qu'il était possible de passer de l'Ancien Monde dans le Nouveau, à bord d'une embarcation semblable. Les Vikings empruntèrent la même route maritime. Des fouilles entreprises par les archéologues norvégiens Helge Ingstad et Anne Stine, à l'Anse-aux-Meadows à Terre-Neuve, ont montré qu'un groupe d'au moins cent soixante Vikings, probablement menés par le fameux Leif Eiriksson (ou Erickson selon les auteurs), a vécu dans ce petit village pendant au moins trois ans, aux alentours de l'an 1000 de notre ère. Selon les sagas qui racontent les expéditions des marins vikings, les envahisseurs se battirent et firent du troc avec les habitants du pays, qu'ils appelaient les *Skraelings*. Ils avancèrent aussi vers le nord dans l'actuel Canada arctique, où les Esquimaux les attaquèrent et les chassèrent, prouvant par là qu'ils étaient bien plus redoutables que les Vikings. La science actuelle affirme toutefois que ces derniers ne furent que des importuns ou des gens qui passèrent sans laisser de traces. Mais la vérité pourrait être tout autre. La tradition orale du peuple des Micmacs, des tribus indigènes qui aujourd'hui vivent en Nouvelle-Écosse et sur la côte de Terre-Neuve, n'a jamais été sérieusement étudiée ; il n'existe pas non plus d'explications valables quant à l'origine des Beothuks (ou Beothucks), un peuple réputé pour sa peau très claire, qui vécut dans cette région aux temps historiques, et qui s'éteignit en 1829.

L'Anse-aux-Meadows témoigne de la différence entre contact sans influence et contact avec influence. Si les Vikings n'avaient fait que passer, leur visite dans le Nouveau Monde n'aurait servi qu'à révéler leurs compétences de marins, mais aurait eu peu de signification pour l'histoire culturelle. C'est ce qu'on appelle un contact sans influence. Mais si les Vikings de Terre-Neuve entrèrent dans la mythologie des Micmacs et s'ils font partie des ancêtres des Beothuks, cela voudrait dire que le contact s'est transformé en influence. Une culture, des idées ou des technologies ne peuvent se propager que par des influences.

Un problème théorique important se pose lorsque l'on cherche à distinguer entre l'influence menant à la diffusion entre des peuples et les coïncidences apparentes, ou effets de « causes semblables agissant simultanément sur les cerveaux humains de même constitution, dans différents pays et sous d'autres cieux », comme dit Frazer dans *Le Rameau d'or*. Si les Mayas, par exemple, construisirent des villes délimitées par un carré et que les anciens Égyptiens firent de même, cette similitude ne prouve rien. Il n'existe pas trente-six façons de construire une ville ; elle peut prendre la forme d'un cercle, d'un carré ou d'un rectangle, ou s'étaler de tous côtés et manquer d'ensemble. De même, si les Mayas et les Égyptiens portaient des boucles d'oreilles, cela non plus ne prouve rien. Après tout, les endroits sur le corps où l'on peut suspendre des bijoux sont limités. Mais si les Mayas et les Égyptiens construisirent des villes carrées avec, au milieu, des temples et que ces temples étaient des lieux d'offrandes qui devaient assurer de bonnes récoltes, et si les prêtres des deux cultures portaient de grandes boucles d'oreilles en or en forme de serpents aux langues ondulantes, alors, statistiquement, il est presque impossible qu'il s'agisse de coïncidences.

Cet exemple hypothétique met en évidence les critères qui vont permettre de juger si une ressemblance extérieure entre deux groupes – comme les pyramides de l'Ancien Monde et celles du Nouveau – est autre chose que le seul fruit du hasard d'inventions indépendantes. Tout d'abord, plus l'élément en question est exceptionnel, plus il s'agit d'une création indépendante. Ce qui veut dire que si un seul point de ressemblance réunit deux groupes, il est probable qu'il a été inventé indépendamment dans chaque groupe. Il en va de même lorsque deux groupes sont distants géographiquement l'un de l'autre. Des voisins seront plus enclins à partager des idées, des outils et à se marier entre eux, que des peuples séparés par des milliers de kilomètres. S'il n'y a qu'un seul élément semblable entre des peuples qui sont très éloignés l'un de l'autre, il s'agit pratiquement toujours d'une invention indépendante.

Et réciproquement, plus il y a d'éléments qui sont partagés par deux groupes, plus il y a de probabilités que l'un des groupes ait influencé l'autre d'une certaine manière. À une condition cependant : il ne faut pas que ces ressemblances apparaissent simultanément. Si un élément apparaît dans les deux groupes à peu près au même moment, alors il s'agit vraisemblablement d'une invention indépendante. Mais si un élément apparaît dans un groupe et survient dans un autre après quelques années, ou des dizaines, voire des centaines d'années, il est plus probable que le groupe où cet élément figurait en premier a influencé le deuxième. Le problème avec cette théorie, c'est qu'il est difficile de la vérifier en pratique. Les documents géologiques et archéologiques ne donnent souvent que des éléments de preuve trop vagues et il devient difficile, voire impossible, de distinguer entre les événements simultanés et ceux qui ont eu lieu avant ou après.

Toutefois, nous avons de la chance lorsque les données archéologiques nous permettent de dater un événement par rapport à un autre et de dire s'il s'agit d'inventions ou de diffusion. Un exemple concret est la ressemblance presque parfaite entre les outils lithiques de Clovis et des Solutréens. Les deux cultures sont très éloignées, l'une se situant en Espagne et l'autre au Nouveau-Mexique et, de prime abord, on penserait à des inventions indépendantes. Mais le nombre des caractéristiques qui leur sont communes prouve le contraire. Chaque signe distinctif des outils lithiques de Clovis correspond exactement à chacune des particularités de ceux des Solutréens. Et il y a un grand écart temporel. La culture solutréenne disparaît de l'Ancien Monde, pour réapparaître à son apogée des milliers d'années plus tard sur le Nouveau. Dans ce cas, la diffusion entre l'Ancien Monde et le Nouveau est évidente. Le seul mystère qui subsiste est celui du lieu de séjour des Solutréens dans cet intervalle, qui a quand même duré des dizaines de siècles.

L'absence de synchronisme justifie de la diffusion des pyramides d'Afrique et d'Asie dans les Amériques. À l'exception d'Aspero (puisque, comme nous l'avons vu, les scientifiques ne se sont toujours pas prononcés sur l'ancienneté d'Aspero et on ne sait donc pas si ce site est, oui ou non, vraiment antérieur aux pyramides égyptiennes les plus anciennes), les pyramides dans le Nouveau Monde sont plus jeunes que celles d'Égypte et de Mésopotamie. Le problème, c'est leur éloignement ; plusieurs milliers de kilomètres séparent Gizeh et Uruk de La Venta et Teotihuacán, ou Lishan de Tikal. Et les pyramides à elles seules, avec toutes leurs différences architecturales et leurs particularités d'une culture à une autre, ne peuvent pas prouver la diffusion.

Nous avons déjà vu, au chapitre 3, les nombreux facteurs mythologiques qui relient les pyramides de ce monde entre elles et qui ont conduit Joseph Campbell à croire que les anciennes cultures sont nées d'une même source mythologique profonde. Mais il existe un puissant argument contraire : les mythes en différents endroits se ressemblent parce que la psyché humaine est la même sur tout le globe. C'est pourquoi, pour pouvoir avancer que les pyramides ont bien franchi les océans, nous devons rechercher d'autres preuves que des mythes communs. C'est ce que nous allons faire dans les deux chapitres suivants ; dans le chapitre 5, nous analyserons la possibilité d'une diffusion à travers l'Atlantique et, dans le chapitre 6, à travers le Pacifique. Ensuite, il nous faudra examiner si les peuples dans l'Antiquité avaient les capacités ou compétences nécessaires pour traverser les grands océans qui séparent l'Ancien Monde du Nouveau ; ce sera le sujet du chapitre 7.

Chapitre 5

À LA CONQUÊTE DU NOUVEAU MONDE PAR L'ATLANTIQUE

Lorsque les Espagnols envahirent le Nouveau Monde et exercèrent leurs droits exclusifs sur une grande partie du territoire, ils considéraient les civilisations indigènes des Amériques comme une pléthore de païens qu'il fallait convertir et dominer. Prétendant que seuls les peuples, idées et objets chrétiens possédaient une valeur intrinsèque, ils détruisirent tout le patrimoine culturel accumulé dans le Nouveau Monde, avec le zèle maniaque de généraux qui chercheraient à liquider les dernières poches de résistance, ou d'inquisiteurs à la recherche de pécheurs à conduire au bûcher. Les rois et les chefs furent assassinés, les sages, hommes comme femmes, furent pourchassés et horriblement torturés, et les anciens manuscrits écrits en très beaux hiéroglyphes furent brûlés. Tout comme l'incendie de la grande bibliothèque d'Alexandrie qui a détruit la plupart des écrits du monde de l'Antiquité, la conquête espagnole détruisit des millénaires de culture et de sagesse dans les Amériques. Il ne reste que trois superbes manuscrits pour tout héritage maya en Méso-Amérique ; ils furent exportés en Europe, où ils sont entreposés dans trois musées : l'un à Madrid, le deuxième à Paris et le troisième à Dresde.

Au milieu du XVIe siècle, un Maya des montagnes, anonyme et instruit, membre de la tribu des Quichés, remit à jour les principaux écrits et les édita sous le titre de *Popol Vuh*, ou « Livre de la Communauté », après avoir transcrit les hiéroglyphes originaux en alphabet latin. Cent cinquante ans plus tard, Francisco Ximénez, le prêtre de la paroisse de Santo Tomás Chichicastenango, emprunta ce manuscrit aujourd'hui perdu à l'un de ses paroissiens et, comme s'il voulait racheter la destruction inconsciente de ses prédécesseurs, copia le texte et le traduisit en espagnol.

Selon le *Popol Vuh*, les Quichés étaient des immigrés de l'est, où ils avaient vécu dans l'obscurité ; ils étaient partis en bateau vers l'ouest à la recherche du soleil, avaient débarqué sur la plage et étaient montés s'installer sur les hauts plateaux. Le texte dit que les ancêtres venaient « de l'autre côté de l'océan », là « où le soleil se lève ». Les Mayas ont donc témoigné eux-mêmes qu'ils étaient les descendants d'un peuple venu d'ailleurs.

Les mêmes vieilles histoires

Le *Popol Vuh* est remarquable non seulement pour ce qu'il dit, mais aussi pour le rôle qu'il a joué dans la vie communautaire, spirituelle et religieuse de ce peuple indigène des hauts plateaux mésoaméricains. Il avait la même valeur que les Saintes Écritures. Les Mayas, tout comme les Hébreux, les Égyptiens, les bouddhistes, les musulmans, les chrétiens et les hindouistes, avaient leurs Écritures canoniques, un ensemble d'écrits vénérés et protégés, qui relataient l'histoire de la communauté et résumaient son génie.

De nombreuses histoires anciennes racontées dans le *Popol Vuh* reflètent des contes mythologiques très connus du Moyen-Orient, dont beaucoup figurent dans la version hébraïque de l'Ancien Testament. Par exemple, lorsque les Mayas partirent pour le Nouveau Monde, ils « traversèrent l'océan, les eaux s'étant retirées à leur passage » ; c'est un événement qui rappelle le miracle de l'ouverture des eaux de la mer Rouge, qui a permis aux Hébreux d'échapper aux Égyptiens qui les poursuivaient, et qui est relaté dans le livre de l'Exode. Le dieu maya Vicub-Caquix arracha un bras d'un autre dieu, Hun-Hunahpú ; ce fait évoque le dieu manchot égyptien Min. Comme les Babyloniens, les Mayas pensaient que le mal de dents était dû à un vers logé dans les dents et les gencives. Et tout comme dans l'histoire hébraïque de la Genèse, la création eut lieu à partir de l'obscurité et des eaux, et la puissance divine était associée à la lumière et non à l'obscurité. Hun-Hunahpú, ses fils Hunbatz et Hunchouén et son frère Vucub-Hunahpú, firent un tel vacarme que les divins seigneurs de Xibalba voulurent les détruire. Dans les écritures hébraïques, ce sont les cris des hommes à Sodome et Gomorrhe qui avertirent Yahvé de leur perversité et qui le poussèrent à détruire les villes. La même histoire revient dans l'épopée de la création babylonienne. Le dieu Apsu n'arrivait pas à dormir à cause des cris irrévérencieux des jeunes dieux et leur tapage incessant le décida à les tuer.

L'histoire la mieux connue de l'Ancien Testament est certainement celle de la pomme interdite et du serpent rusé, à l'origine des malheurs d'Ève dans le Jardin d'Éden. Bien que le fruit défendu fût beau et appétissant, Ève savait qu'elle serait condamnée à mourir si elle en mangeait. Comme le serpent réussit à la convaincre que, si elle le faisait, ses yeux s'ouvriraient et qu'elle aurait, comme les dieux, la connaissance du bien et du mal, elle mordit dans le fruit défendu. Le *Popol Vuh* raconte une histoire semblable. Une jeune fille avait entendu parler d'un fruit miraculeux qui poussait sur un arbre spécial et, bien qu'elle craignît de mourir si elle en mangeait, elle avait bien envie de se laisser tenter. Mais elle aussi avait besoin d'un coup de pouce convaincant. Le crâne du dieu Hun-Hunahpú était accroché à un arbre comme une pomme, et il lui dit de goûter au fruit défendu malgré ses peurs. Le résultat de cette transgression est le même dans l'histoire hébraïque et dans celle des Quichés. Aussitôt qu'Ève eut mangé de la pomme et qu'elle en eut donné à Adam, les deux prirent conscience de leur nudité et ils se précipitèrent pour couvrir leurs corps. Le sexe venait de faire son entrée dans le monde. Ève donna bientôt le jour à Caïn et plus tard à Abel. La jeune fille maya dans le *Popol Vuh* perdit également sa virginité. Le crâne divin cracha dans la paume de sa main et elle tomba enceinte des dieux jumeaux Hunahpú et Xbalanqué.

Au Moyen-Orient, la numérologie était pratiquée avec beaucoup de ferveur. Les Hébreux, pour ne citer qu'un exemple, accordaient une importance toute particulière au chiffre sept. Le dernier jour des sept jours de la semaine est le sabbat, et il y a sept semaines entre la Pâque et la Pentecôte. Un cycle sabbatique est constitué de sept ans et sept cycles sabbatiques mènent à l'année du jubilé, qui libère les esclaves et efface les dettes. Cette même fascination pour le chiffre sept se retrouve à travers tout le Moyen-Orient, jusqu'en Grèce antique – prenons, par exemple, l'histoire mythologique des Sept contre Thèbes, qui fut racontée à la fois par Eschyle et Euripide. Les Mayas avaient le même attachement au chiffre sept. Le *Popol Vuh* raconte que Gucumatz, le dieu serpent maya des Quichés qui fit don à l'humanité de la civilisation et de l'agriculture, passa sept jours dans le ciel, sept jours dans les enfers de Xibalba, prit la forme d'un serpent pendant sept jours, celle d'un aigle pendant sept autres, puis celle d'un jaguar toujours durant sept jours et finalement fut réduit à une masse de sang coagulé pendant encore sept jours.

Si l'existence des Indiens embarrassait le pape Jules II d'un point de vue théologique, c'est parce que, dans la Genèse, tous les peuples dans le monde sont censés être les descendants directs des trois fils de Noé. Pour les Quichés aussi, leurs familles fondatrices étaient au nombre de trois. Et si les Hébreux établirent la généalogie de leurs souverains dans les livres des Rois et des Chroniques, le *Popol Vuh* énumère toutes les générations royales, du premier jour de la création jusqu'à l'invasion espagnole.

Ce curieux ensemble de similitudes entre les Écritures méso-américaines et celles du Moyen-Orient ne se limite pas aux Mayas. Les Aztèques, qui doivent beaucoup aux Mayas et aux premiers Olmèques, parlent d'un déluge détruisant le monde, à l'image du déluge biblique auquel Noé a survécu. L'histoire d'un déluge n'a en soi rien de particulier, parce que l'on trouve des histoires de terribles inondations partout dans le monde. Celle racontée par les Aztèques n'est pas d'une grande originalité, mais ses détails sont remarquables. Deux personnes seulement survécurent à ce déluge : le héros Coxcox et sa femme s'étaient réfugiés dans leur bateau, qui vint accoster au pied d'une montagne, tout comme l'arche de Noé avait accosté sur le mont Ararat. Dans les écritures hébraïques, lorsque la colombe qu'il avait libérée revint avec une branche d'olivier dans son bec, Noé comprit que le déluge était terminé. Dans une peinture aztèque, une colombe offre l'emblème hiéroglyphique de la parole aux enfants de Coxcox qui étaient muets de naissance.

Une tribu mexicaine voisine ajouta d'autres détails pertinents. Dans leur version de cette histoire, Coxcox est appelé Tezpi et il échappe à l'inondation en se réfugiant dans un bateau qu'il remplit d'animaux et d'oiseaux. Noé avait libéré un corbeau qui n'est jamais revenu, car étant un charognard, il avait l'habitude de manger des cadavres putréfiés. Seule la colombe végétarienne revint vers Noé. Quant à Tezpi, il libéra d'abord un vautour qui partit se repaître de charognes et qu'il ne revit jamais, puis un colibri qui revint en portant une ramille.

Comme nous l'avons vu au chapitre 3, il est écrit dans la Genèse que, après le déluge, après quelques générations seulement, la construction de la Tour de Babel fut entamée et qu'elle devait offrir un moyen d'accéder aux cieux. Dans la mythologie aztèque, la grande pyramide de Cholula (qui était revêtue de briques d'adobes non cuites, comme la ziggourat mésopotamienne que devait être la Tour de Babel) fut construite par des géants peu après le déluge. Ces géants voulaient atteindre le ciel, mais leur ambition irrita les dieux, qui les dispersèrent en leur envoyant les foudres du ciel. Le sujet des langues de l'histoire hébraïque ne figure pas dans le mythe aztèque, mais les autres thèmes y reviennent : l'ambition des hommes, la colère des dieux et leur intervention pour déjouer les desseins des hommes.

Les Aztèques font remonter leurs origines à la déesse Cioacoatl, qu'ils disent être la première déesse et la mère de tout. C'est à cause d'elle que les femmes doivent accoucher dans la souffrance et c'est elle qui introduisit le péché dans le monde. Cioacoatl était appelée femme-serpent et généralement elle est représentée accompagnée d'un reptile. Elle ressemble de manière frappante à Ève qui, en écoutant le serpent, fut coupable d'avoir fait entrer le péché dans le monde nouvellement créé, et que Yahvé a maudite en disant : « Je multiplierai les peines de tes grossesses, dans la peine tu enfanteras tes fils. »

Le parallèle évident entre les Écritures hébraïques et méso-américaines ne veut pas dire que les Aztèques connaissaient une version ancienne de la Bible et qu'il savaient lire les langues sémitiques. Il indique plutôt qu'il existait une source de mythologies fondamentales dont les Hébreux, d'autres peuples du Moyen-Orient et plus tard les Méso-Américains allaient s'inspirer. *L'Épopée de Gilgamesh* en est un exemple ; la version actuelle date du VIIe siècle avant notre ère, mais elle cite des sources datées entre 3000 et 2000 av. J.-C. Elle raconte une histoire de déluge qui ressemble beaucoup au récit biblique de Noé. Le héros Gilgamesh rencontre Utnapishtim, qui échappa aux eaux de la colère des dieux avec sa femme, dans un bateau rempli de créatures vivantes. À la fin du déluge, il libéra toute une série d'oiseaux, accosta et fit une offrande aux dieux, tout comme Noé à Yahvé sur le mont Ararat, et Coxcox sur les hauts plateaux de la Méso-Amérique.

Un point commun essentiel aux civilisations du Moyen-Orient, surtout de l'Égypte, et aux civilisations indigènes américaines, est l'adoration du soleil. Énormément de cultures pratiquent l'adoration du soleil sous une forme ou une autre. Toutefois, en Égypte, l'adoration du soleil surpassait toutes les autres formes de dévotion et équivalait à une religion d'État qui assurait au pharaon son droit divin de gouverner. C'est surtout à partir de la Ve dynastie que le dieu du soleil, Râ, assimila beaucoup d'autres divinités, même Horus qui s'incarnait dans le pharaon sur le trône. Cette symbolique se retrouve en grande partie en Méso-Amérique et au Pérou, où le soleil est le souverain suprême et où le roi représente l'incarnation du dieu du soleil.

Le Livre des Morts égyptien cite trois dieux en plus de Râ, surnommés les âmes occidentales : Sobek, le dieu crocodile immortel, Bakhu, le seigneur des montagnes en Occident, et Seth qui lutte contre le démon du serpent. Des dieux ressemblant de manière frappante à Seth et Bakhu sont représentés dans des poses caractéristiques dans l'art mexicain précolombien. Quant à Sobek, son nom ressemble phonétiquement au Cipact aztèque, qui est un dieu alligator, et ce n'est certainement pas par hasard.

Comme l'indique le scientifique Rafique Ali Jairazbhoy, la conception de l'au-delà dans l'Égypte antique ressemble à celle de l'antique Méso-Amérique. Pour ces deux peuples, ce monde est divisé en étages par lesquels l'âme doit progresser après la mort ; c'est un concept concret qui est illustré à merveille dans *La Divine Comédie* : *L'Enfer*, de Dante. Dans le monde des ténèbres égyptien et méso-américain, un serpent monte la garde au deuxième étage ; le quatrième est constitué de vastes étendues désertes et au huitième se trouve un paradis aquatique, où les âmes des disparus peuvent nager, plonger, barboter et jouer.

Il n'est pas très surprenant que l'Égypte et la Méso-Amérique parlent de l'Au-delà. Ce qui est plus frappant, c'est qu'elles partagent des éléments exactement identiques, mélangés à d'autres de leur propre création. Et selon la théorie des probabilités, il ne s'agit pas d'une coïncidence ou d'un « effet de causes semblables agissant simultanément sur les cerveaux humains de même constitution, dans différents pays et sous d'autres cieux ».

Quand les mythes deviennent des réalités

Pour les esprits modernes, l'offrande des cœurs est un des aspects les plus troublants de la civilisation méso-américaine. Cette pratique des Mayas et des Toltèques devint chez les Aztèques cruellement sanguinaire ; c'était un rituel pendant lequel le cœur humain, toujours battant, était présenté au dieu du soleil comme offrande propitiatoire. Les Égyptiens aussi ont pratiqué les sacrifices humains, comme nous avons pu le voir avec les enterrements des serviteurs dans les provinces du Moyen Empire et pendant la renaissance nubienne subséquente, mais rien n'indique qu'il y eut des offrandes de cœurs en Afrique du Nord ou dans les régions avoisinantes. Toutefois, un parallèle troublant se retrouve dans la mythologie égyptienne.

Dans *Le Livre des Cavernes* égyptien, on voit les ennemis du soleil, les bras liés dans le dos, leurs cœurs reposant à leurs pieds, et la poitrine ouverte d'où s'écoulent des flots de sang. *Le Livre des Morts* égyptien raconte comment la déesse Amemit mangea les cœurs des pécheurs condamnés après qu'ils lui eurent confessé leurs péchés. La déesse mexicaine Tlazolteotl fit à peu près de même : elle consommait les péchés confessés durant la vie. Dans la croyance égyptienne, le cœur du défunt était pesé par le dieu chacal, Anubis, afin de déterminer s'il méritait d'entrer au paradis. L'équivalent mexicain était Coyotlinauatl, le dieu dont le nom existe toujours dans le vocabulaire anglais (et français), sous le terme de « coyote ». La notion du péché, le soleil comme élément central, la déesse-ogresse et la représentation d'une divinité à tête de canidé se retrouvent en Égypte comme en Méso-Amérique.

L'offrande du cœur est un phénomène mythologique devenu réalité. Ce n'est pas seulement une histoire ou une croyance, c'est une conception du monde qui informait et imprégnait les rituels. Il existe beaucoup de points communs entre les rituels du Moyen-Orient et ceux de la Méso-Amérique de l'Antiquité.

Les anciens Égyptiens avaient leurs propres penchants sanguinaires : ils avaient l'habitude d'être excessivement cruels avec les ennemis qu'ils avaient vaincus et leurs prisonniers de guerre. Lorsque Ramsès III vainquit les Libyens – surnommés alors « Peuples de la Mer » – au XIIe siècle avant notre ère, il ordonna de couper le pénis de tous les soldats faits prisonniers. Les scribes comptaient le nombre des vaincus en pointant les tas d'organes coupés ; cette scène est représentée sur les sculptures en relief du temple de Médinet-Habou. Une inscription dit qu'un des tas en totalisait 12 535 et un autre 12 860. Ramsès III torturait et parfois tuait ses ennemis dans cette boucherie, pour s'assurer qu'ils n'auraient pas de descendants susceptibles de fomenter une nouvelle attaque contre lui.

L'événement a un parallèle mythologique. Lorsque Horus, pour venger la mort d'Osiris, se battit avec Seth, ce dernier fut émasculé durant le combat. On se moqua de sa stérilité ; les textes anciens disent : « Sa semence sera détruite. »

Une sculpture en relief datant des tout débuts de la civilisation de Monte Albán, dans la vallée d'Oaxaca au Mexique, soit d'environ 500 av. J.-C., montre un nombre important de silhouettes appelées traditionnellement *Los Danzantes* (« Les Danseurs »). Trois de ces danseurs, tous des hommes, ont les membres étrangement entortillés, comme s'ils étaient tordus de douleur et ils ont les mains serrées sur leur entrecuisse, comme s'ils étaient blessés. Un personnage debout à côté d'eux tient une sorte d'ustensile, probablement un instrument chirurgical destiné à amputer les pénis. Sur une autre sculpture en relief de *danzante*, on voit un personnage miniature qui tient aussi un tel instrument dans ses mains et de la peinture rouge – qui a survécu au temps depuis 500 av. J.-C. – souille les cuisses du danseur. D'autres œuvres d'art olmèques plus anciennes montrent des chasseurs de jaguars brandissant les pénis coupés de leurs victimes, à l'image des Indiens d'Amérique du Nord qui tuaient leurs ennemis et conservaient leurs têtes comme trophées.

Les Égyptiens ne coupaient pas seulement les pénis pour compter le nombre de leurs prisonniers de guerre. Le phallus était aussi vénéré comme source de fécondité virile, la fontaine des semences qui vont donner des récoltes. Hérodote raconte que les femmes égyptiennes se promenaient tout autour de leur village en portant des imitations de phallus exagérément grands et qu'elles tiraient sur des ficelles pour les faire bouger comme les vrais. Les mêmes sculptures en relief de Médinet-Habou datant du règne de Ramsès III, qui représentent les tas de pénis coupés, symbolisent aussi le culte religieux égyptien du phallus. Parmi les porteurs de symboles religieux, un prêtre tient une statue grandeur nature du dieu phallique Min, dont les organes génitaux sont impressionnants, mais qui dépassent largement la réalité. À Louxor, une autre sculpture en relief montre le roi couché sur le dos ; c'est une représentation ithyphallique qui ressemble beaucoup au corps reconstitué d'Osiris, lorsqu'il eut cette érection magique qui devait donner naissance à Horus.

De nombreux détails semblables se retrouvent dans le culte phallique de l'antique Mexique. Aujourd'hui encore, les descendants des Mayas pratiquent une danse rituelle où ils exhibent des imitations de phallus qu'ils font bouger avec des ficelles. Dans le *Codex Barbonicus*, un des rares écrits mexicains qui restent de l'Antiquité, un dessin montre des phallus artificiels similaires. Une sculpture en relief olmèque à Chalcatzingo représente une procession de porteurs de symboles religieux s'approchant d'un personnage couché sur le dos, dont le phallus est en érection comme celui d'Osiris. Une statue de Min représente ce dieu égyptien exhibant un immense phallus, alors que son bras droit est levé et plié au coude ; c'est une pose que l'on retrouve sur une fresque olmèque, à Oxtotitlan, qui représente un personnage ithyphallique.

Durant l'Antiquité, l'encens jouait un rôle primordial dans les cultes au Moyen-Orient. Deux des présents que les Rois mages apportèrent à l'enfant Jésus étaient de l'encens et de la myrrhe, des substances aromatiques particulièrement onéreuses et très prisées. Les anciens Égyptiens roulaient l'encens en petites boules qu'ils brûlaient dans un encensoir en forme de bâton, ayant à un bout une coupelle et de l'autre une tête d'animal sculptée. À Médinet-Habou, Ramsès III est montré lançant des boulettes d'encens dans un encensoir semblable. Le *Codex Selden* montre un prêtre mexicain qui fait de même, et les encensoirs mexicains avaient souvent une coupelle à un bout et une tête d'animal sculptée à l'autre. Il y a même une vague similarité entre les noms des encens. Au Ier siècle de notre ère, selon l'historien grec Plutarque, les Égyptiens appelaient l'encens *kephi*. Les anciens Mexicains l'appelaient *copal*, et un mot phonétiquement semblable est toujours utilisé de nos jours pour désigner certaines résines d'arbres aromatiques.

Des œuvres d'art égyptiennes et méso-américaines montrent des dieux ou des rois bénis par des libations. Une personne se tient debout de chaque côté du personnage divin ou royal et verse l'eau d'un pichet sur sa tête. Ce rituel ressemble beaucoup à la coutume du baptême tel qu'il fut pratiqué par les Aztèques. Au cours de la cérémonie qui devait donner un nom au nouveau-né, on mouillait la tête et les lèvres du nourrisson avec de l'eau et l'on invoquait Cioacoatl, la femme-serpent mère universelle, afin de purifier l'enfant du péché qui souilla l'humanité avant le début du monde. Une autre cérémonie aztèque était très similaire à la communion chrétienne. On mélangeait de la farine de maïs avec du sang humain pour faire une galette qui avait la forme du dieu protecteur aztèque ; ensuitc, les prêtres la bénissaient et, devenue symbole de la chair divine, elle était distribuée au peuple. Une autre pratique des Aztèques que l'on retrouve dans la Bible et qui fut ordonnée par la loi hébraïque de l'Antiquité est celle de la lapidation des personnes coupables d'adultère.

Ces similitudes entre les pratiques des Aztèques et la Bible ne veulent pas dire que des missionnaires chrétiens de l'Antiquité étaient arrivés au Nouveau Monde des siècles avant les conquistadors. Les pratiques hébraïques et plus tard chrétiennes sont issues de rituels du Moyen-Orient qui, parfois, remontent à des époques archaïques. Le baptême, que Jean le Baptiste disait source de renouveau spirituel dans le fleuve du Jourdain, commença à être pratiqué en Mésopotamie à la fin du IIIe ou au début du IIe millénaire avant notre ère. Lorsque le prophète israélite Jérémie décria ceux qui adoraient toujours la grande déesse, ils répliquèrent : « [...] nous offrons de l'encens à la Reine des Cieux et versons des libations en son honneur, [...] nous confectionnons pour elle des galettes à son image. » Dans le fond, les Aztèques faisaient de même.

Il existe des parallèles très frappants entre les rituels funéraires en Méso-Amérique et ceux du Moyen-Orient – et plus particulièrement en Égypte et en Mésopotamie où les coutumes funéraires sont au cœur de la culture constructrice de pyramides. Les prêtres égyptiens remettaient au mort des textes sacrés, écrits sur des feuilles ou des bandes de papyrus. Les Mexicains confiaient au mort des morceaux de papier qui devaient lui permettre d'entrer dans la prochaine vie. Les Égyptiens pleuraient pendant au moins soixante-dix jours en recouvrant leur visage de boue, les Aztèques pendant quatre-vingts jours en chantant des hymnes funèbres, appelés « chants de la terre » ; les femmes aztèques ne lavaient ni leur tête, ni leur visage, ni leurs vêtements durant cette période. Dans l'ancienne Égypte et à partir de la période olmèque en Méso-

Amérique, les sarcophages, qui contenaient une momie, étaient recouverts d'un couvercle gravé.

En Méso-Amérique, la momification était difficile à cause du climat. La combinaison de chaleur et de forte humidité qui caractérise le centre des pays olmèque et maya fait échouer les tentatives d'embaumement les plus habiles. Alors, pour contourner ce problème de climat et néanmoins préserver les corps, les anciens Mexicains enveloppaient les dépouilles dans des nattes entourées de cordes, et plaçaient un masque sur leur visage. Cette façon de faire ressemble beaucoup aux coutumes funéraires de la XIXe dynastie (1307-1196 av. J.-C.) du Nouvel Empire égyptien (1550-1070 av. J.-C.), quand les momies étaient enveloppées et ficelées avant d'être enterrées à Saqqarah.

C'est au Pérou que l'on retrouve les procédés de momification du Nouveau Monde qui ressemblent le plus aux pratiques de l'ancienne Égypte ; le climat des Andes très sec était idéal pour la préservation du mort, contrairement à l'humidité étouffante de la Méso-Amérique. Tout comme en Égypte, le cadavre péruvien était éviscéré ; on enfilait un instrument à crochet dans l'anus et l'on extirpait les viscères. Puis on le préservait en le frottant de diverses huiles et résines. Les Péruviens, comme les Égyptiens, embaumaient les viscères dans des urnes spéciales appelées vases canopes. Et, tout comme les Égyptiens, les Péruviens momifiaient les chiens et les enterraient avec les morts.

Les chiens embaumés témoignent que les Américains indigènes n'ont pas comme origine la seule Sibérie orientale. Les chasseurs de la Béringie emmenèrent avec eux de gros chiens de chasse bien musclés, ressemblant à des loups à épaisse fourrure, qui sont les ancêtres des chiens esquimaux américains salamute et samoyède ainsi que des huskies sibériens actuels. Les chiens momifiés du Pérou sont de race plus petite, ont une fourrure moins épaisse, ils sont moins musclés et ressemblent au Basenji et aux chiens préservés dans les tombes égyptiennes.

Les tombes olmèques ne contiennent pas de momies canines, mais on y trouve des chiens en céramique sur roulettes – de la même race qui ressemble aux Basenji – dont les pattes sont attachées sur les axes de bois. Certains archéologues ont défini ces objets comme des jouets, parce qu'ils font penser à ceux que les très jeunes enfants adorent tirer derrière eux. Mais dans les tombes, les jouets sont rares et inhabituels. Les chiens en céramique sur roulettes sont probablement plus des objets de rituels appartenant au culte des morts. En effet, on trouve des animaux, des oiseaux, des taureaux et des chiens sur roulettes dans des tombes sur la côte orientale de la Méditerranée, en Chine, ainsi qu'en Égypte et en Méso-Amérique.

Nous avons vu que les Égyptiens enterraient un bateau avec le corps du pharaon, car il avait besoin d'une barque solaire pour naviguer à travers les cieux. En plus du magnifique navire grandeur nature trouvé près de la pyramide de Kheops, on découvrit à Thèbes des bateaux de cèdre et de sycomore dans la tombe d'Amenhotep II (connu aussi sous le nom d'Aménophis II, 1427-1401 av. J.-C.), et toute une flotte de bateaux, dont la proue était tournée vers l'ouest, vers le portail de l'Au-delà, accompagnait Toutânkhamon (1333-1323 av. J.-C.) dans son voyage vers l'immortalité. Les tombes péruviennes, sous le règne de Tiwanaku, ne recelaient pas de bateaux, mais contenaient une de ses parties essentielles, à savoir des *guaras*, les longues dérives centrales de bois dur qui servaient à la fois de quille et de gouvernail sur les radeaux en bois de balsa que les Péruviens utilisaient pour naviguer sur l'océan et qui furent, comme nous allons le voir au chapitre 7, une clé de leur talent maritime.

La mythologie entourant les enterrements égyptiens donne aussi une explication – qui n'est cependant que pure spéculation – pour les grandes sphères de pierre trouvées dans le sud-ouest du Costa Rica. Elles furent découvertes par hasard, dans les années 1940, par des ouvriers de la United Fruit Company qui défrichaient le sol dans le delta du Diquis ; certaines de ces sphères mesurent plus de 2,75 m de diamètre et pèsent près de 20 tonnes. De semblables boules de pierre ont été déterrées sur le site olmèque de San Lorenzo et certaines pierres délimitent des cimetières, ce qui indique leur connexion avec les morts. Comme nous l'avons vu, la mythologie égyptienne envoyait ses pharaons dans les cieux, où ils devenaient des étoiles. Dans l'art égyptien, les étoiles ont parfois une forme sphérique. Les sphères de pierre du Costa Rica et du Mexique pourraient attester de l'apothéose du défunt, lorsqu'il rejoint les lumières éclatantes dans le ciel, et révéler un nouveau point commun avec la mythologie du Moyen-Orient de l'Antiquité.

Des visages venus d'ailleurs

Tels des gardiens des temps immémoriaux, les colossales têtes de pierre surveillent l'antique site de pyramides olmèques de La Venta. Les têtes ont des visages bien particuliers et vivants, qui semblent avoir été sculptés d'après nature ; ce ne sont pas des copies d'un même visage stylisé. Curieusement, les visages de pierre de La Venta ne ressemblent pas aux Américains indigènes tels que nous les imaginons. Leurs nez très larges et leurs lèvres charnues feraient plutôt penser à des Africains de l'Ouest.

Si ces têtes à La Venta étaient les seules œuvres d'art méso-américaines de caractère africain, on pourrait dire qu'elles ne sont rien de plus que des caricatures stylisées d'un artiste original. Toutefois, ce ne sont pas des œuvres exceptionnelles. On retrouve des visages semblables sur les sites olmèques de Tres Zapotes et de San Lorenzo. D'autres sites, moins anciens, le long de la côte du Veracruz, dans le golfe du Mexique, ont livré des têtes sculptées aux caractéristiques africaines et portant des traces de tatouages, ce qui est inhabituel aux Amériques mais fort répandu en Afrique centrale et occidentale.

L'art antique de la Méso-Amérique est aussi représentatif d'autres peuples d'apparence non indigène. Une stèle figurative à La Venta – qui fut surnommée Oncle Sam à cause de ses traits insolites – ressemble, avec son large nez convexe et sa barbe, moins à un Mexicain qu'à un Syrien, un Libanais ou un Grec d'aujourd'hui. Mais tout comme les têtes africaines, Oncle Sam n'est pas un cas isolé. Un certain nombre de sculptures et de peintures – tels cet encensoir à tête humaine sculptée, provenant du site de Iximché au Guatemala et cette effigie du dieu de la pluie, Tláloc, à Oaxaca – représentent des personnages qui ressemblent davantage à des Caucasiens du bassin méditerranéen oriental qu'à des Mexicains indigènes.

L'édifice appelé temple des Guerriers à Chichén Itzá contient des fresques qui présentent trois races humaines différentes dans une seule scène. L'une des peintures est une scène de bataille sur une plage, où des envahisseurs à la peau claire et aux longs cheveux blonds sont repoussés par des guerriers à la peau sombre, dont certains sont noirs comme les Africains et d'autres plutôt bruns comme les Indiens. Les Blancs, soit sont nus, soit portent une courte tunique, tandis que les guerriers à la peau sombre portent un pagne court, un bouclier, des armes de main et le casque à plumes très élaboré des guerriers méso-américains. Sur un des tableaux, un prisonnier blanc est sur le point d'être sacrifié par les guerriers noirs : il est couché sur un autel, la poitrine offerte au couteau qui va la défoncer, avant que son cœur ne soit arraché.

Il est très délicat de vouloir analyser une description d'une race, car chaque observateur a ses propres références. Il existe de grandes différences parmi les individus et celles entre des groupes ethniques même distinct sont moins prononcées et se recoupent parfois plus que ne veulent nous le faire croire les théories raciales. J'ai toujours trouvé particulièrement irrationnel qu'un certain Adolf Hitler osât proposer ce grand dolichocéphale blond comme prototype de la « race » aryenne germanique, étant lui-même un petit Autrichien aux cheveux noirs qui ressemblait à tout sauf à un Aryen. À l'époque où l'apartheid fut à l'origine de tant de douleur en Afrique du Sud, les autorités gouvernementales ont avancé des définitions raciales très pointues et tellement absurdes que des enfants d'une même famille pouvaient avoir des papiers portant une identification raciale différente. Lorsqu'on en vient à définir les différences raciales, il faut être vigilant et ne pas s'embarrasser de détails. Par exemple, certaines descriptions des fresques du temple des Guerriers disent que les guerriers blancs sont circoncis et que ce serait le signe qu'ils étaient originaires du bassin méditerranéen oriental, où la circoncision est une coutume. Faut-il vraiment donner autant de poids à un si petit détail de l'anatomie sur une peinture vieille de peut-être mille ans ? Par contre, ce qui est parlant, c'est que ce tableau met en scène des visages pâles, des Peaux-Rouges et des Noirs.

Des éléments mythologiques confirment la présence de plus d'une race en Méso-Amérique avant l'invasion des Espagnols. Le *Popol Vuh* décrit les premiers ancêtres comme « des Noirs, des Blancs, des peuples aux apparences différentes et aux langues variées ». Il est probable que les Mayas Quichés avaient une conception du terme de « race » différente de la nôtre, mais ce qu'ils voulaient dire, c'est que les gens de cette époque n'étaient pas issus d'une seule lignée, mais de plusieurs. Ils étaient un peuple polyglotte, d'origines diverses et métissées.

D'autres particularités physiques vont dans le même sens que la mythologie. Dans son étude des squelettes à Tlatlico et sur d'autres sites funéraires olmèques, l'expert en anthropologie physique Andrezj Wiercinksi a conclu que certains devaient avoir des ancêtres africains. Cette découverte souleva une vive controverse parmi les autres experts en la matière. Plus au sud, on a découvert dans deux nécropoles, datées autour de 300 av. J.-C., sur la péninsule de Paracas, le long de la côte centrale sud du Pérou, plusieurs centaines de momies dont certaines avaient des cheveux ondulés, brun clair, voire roux. Ces cheveux feraient plutôt penser à un Européen qu'à un Américain indigène.

Une foule de ressemblances

John L. Sorenson est un scientifique qui a fait une étude sérieuse sur cette histoire de relations entre l'Ancien et le Nouveau Monde avant l'arrivée de Christophe Colomb. Il a fait la liste de toutes les ressemblances culturelles entre le Moyen-Orient et la Méso-Amérique de l'Antiquité. Cette liste couvre plus de douze pages et exclut le Pérou, où pourtant beaucoup d'autres parallèles peuvent être établis. Cette compilation est non seulement considérable, mais elle indique aussi les similitudes entre des concepts et des idées qui sont essentiels ; il serait aussi vain de les expliquer par un phénomène de coïncidence ou d'évolutions convergentes que de chercher une aiguille dans une botte de foin.

Les mathématiciens et astronomes du Moyen-Orient connaissaient le concept du zéro et sa représentation graphique, contrairement aux civilisations de l'Antiquité grecque et romaine ; toutefois, on ne le trouve pas en Europe occidentale avant les croisades ; le zéro faisait partie de l'héritage intellectuel que les croisés ont grappillé chez les Arabes. Les Méso-Américains connaissaient le zéro ainsi que la fabrication du papier, tout comme la civilisation du Moyen-Orient, et les deux enduisaient le papier à écrire de glu. Au Moyen-Orient et en Méso-Amérique, on était passionné par l'astronomie, et de nombreuses observations d'éclipses furent soigneusement répertoriées et commentées. Comme nous l'avons vu, les offrandes étaient associées aux pyramides dans les deux régions et de nombreux détails des rituels comme leurs significations sont comparables. Dans les deux civilisations, l'Au-delà était divisé entre un paradis et un enfer, ce qui est loin d'être un concept humain universel. En Méso-Amérique et au Moyen-Orient, les pyramides et autres grands projets de constructions publiques étaient bâtis par des serfs corvéables : leur travail n'était pas rémunéré, mais il était déduit de l'impôt annuel dont ils étaient redevables à leur seigneur. D'importants personnages sont nés sur des litières de paille dans les deux contrées. Et lorsqu'un forgeron égyptien ou méso-américain voulait créer une sculpture de métal, ils utilisaient tous les deux la même méthode de moulage à cire perdue, un processus très compliqué et très élaboré qui était enseigné de maître à apprenti. Ce n'est pas le type de découverte que peuvent faire deux groupes indépendamment l'un de l'autre.

Si l'on ajoute le Pérou sur la liste, celle-ci s'allonge encore plus. Il est impossible de ne pas faire la connexion entre l'architectonique mégalithique de Sacsahuamán, aux pierres très bien ajustées, et le revêtement de calcaire blanc poli et uniforme de la pyramide de Kheops ou les murs de calcaire et de granit des temples de la Vallée et du Sphinx. De vieux murs de pierre à Tiwanaku au Pérou ont apparemment été réparés avec des chevilles de cuivre ou de pierre qui avaient à peu près la même forme que les queues-d'aronde de métal, de bois ou de pierre utilisées à Médinet-Habou, en Égypte. Le schéma du temple Kalasasaya à Tiwanaku, qui date du temps où l'ancienne ville était occupée par les Incas, reflète celui du temple égyptien de Seti (environ 1300 av. J.-C.) à Abydos ; tous deux furent construit sur un lac, entourés de roseaux et de fleurs de lotus et ornés de portes dorées.

Aujourd'hui, les gens qui habitent le long des plages du lac Titicaca possèdent un objet manufacturé singulièrement frappant qui suggère une connexion avec le Moyen-Orient de l'Antiquité. Des fresques et des inscriptions égyptiennes et mésopotamiennes, datant du IIIe et du IIe millénaire avant notre ère, montrent des dieux naviguant à travers les cieux à bord de bateaux à l'étrave et à l'étambot très saillants, faits de roseaux liés en bottes très serrées. Des bateaux de ce type sont toujours utilisés dans les marécages du delta de l'Euphrate dans l'Irak actuel, sur le lac Tchad dans le sud du Sahara et en Sardaigne. Ce même type d'embarcation est aussi retrouvé sur le lac Titicaca, le long de la côte septentrionale du Pérou, et sur l'île de Pâques, qui est à plusieurs milliers de milles de la côte chilienne.

Au Mexique, les bateaux en roseau ont servi jusqu'au milieu du XXe siècle. S'il veut comparer ces bateaux avec les représentations mésopotamiennes de l'Antiquité, même un expert en science nautique aura du mal à dire lesquels datent de l'Ancien Monde et lesquels du Nouveau.

Les Péruviens, tout comme la civilisation antique du Moyen-Orient pratiquaient la trépanation, une opération chirurgicale qui consistait à pratiquer une ouverture dans la boîte crânienne, pour des raisons soit médicales, soit rituelles. La trépanation a été pratiquée dans de nombreux endroits à travers le monde et, en soi, ce n'est rien de particulier. Les Mexicains de la Préhistoire s'adonnaient aussi à ce type d'opération : ils perçaient un trou rond dans le crâne pour mettre son contenu à découvert. La procédure employée au Moyen-Orient comme au Pérou est étrangement similaire. Au lieu de percer un trou, le chirurgien, ou prêtre, pratiquait quatre entailles au couteau ou à la scie qui se recoupaient (un quadrillage qui fait penser à celui du jeu simplifié du morpion à neuf cases), puis, il dégageait la partie osseuse carrée au centre.

À la lecture de cette liste de Sorenson et en examinant les indices péruviens, on serait tenté de tomber dans le piège de penser que la civilisation de l'Ancien Monde avait tout simplement été transplantée en bloc dans le Nouveau. Or, il n'en est rien. Tiwanaku ou La Venta ne sont pas de simples copies de Gizeh ou d'Uruk. Mais les éléments semblent avoir été choisis avec soin dans la culture originelle, puis modifiés de manière très particulière, ce qui leur a donné ces caractères distinctifs et uniques. Le processus d'acculturation est beaucoup plus complexe que nous ne l'imaginons de nos jours.

Les langues en sont un exemple parfait. Tout le monde sait que les Égyptiens écrivaient en hiéroglyphes, de même que les Mayas et les Aztèques. L'écriture des Olmèques est sujette à controverse parmi les scientifiques, comme nous allons le voir au chapitre 6. Parmi leurs glyphes, on voit un individu vêtu d'un pagne, qui ressemble beaucoup à un scribe égyptien, tenant dans ses mains ce qui pourrait être un rouleau de parchemin. Dans les hiéroglyphes méso-américains et égyptiens, la conception de la relation entre les symboles et les mots est similaire, et ils suivent des principes comparables, qui sont très différents des idées et processus qui fondent un alphabet. Il a été prétendu que des glyphes égyptiens ont été découverts en Méso-Amérique, mais jusqu'ici rien ne le prouve. En Méso-Amérique et au Moyen-Orient, la forme des symboles est similaire, mais les significations sont différentes.

Toutefois, il se pourrait qu'il y ait une connexion étroite entre les langues parlées. Mary LeCron Foster a présenté un ensemble d'éléments de preuve linguistiques techniques qui met en évidence la possibilité d'une relation entre l'ancien égyptien et les langues mixe-zoques du Mexique du Sud, dont les langues mayas, et que l'on pense être des dérivés de la langue olmèque toujours inconnue. Le quechua, une langue indigène encore parlée de nos jours par les Indiens des Andes, ressemble aux langues mixe-zoques et, selon Foster, contient aussi des mots aux racines sémitiques, probablement dérivés de l'arabe.

Des dieux blancs et barbus

Des vestiges de mots européens dans le Nouveau Monde, qui remonteraient à l'Antiquité, ainsi que des mots de l'ancienne Égypte dans le vocabulaire maya, porteraient à croire que des visiteurs de l'Antiquité seraient venus apporter la civilisation de l'Ancien Monde à un Nouveau Monde encore primitif. La mythologie de ce dernier abonderait également en ce sens.

La Méso-Amérique et le Pérou racontent les mêmes vieilles histoires de héros culturels venus de loin, qui ont apporté de grands enseignements et des institutions. Au Mexique, ce héros est Quetzalcóatl, le Serpent à plumes, connu chez les Mayas sous le nom de Kukulcan. Le fils du roi envahisseur Iztac Mixcoatl, Ce Acatl Topiltzin Quetzalcóatl, fut élu roi prêtre à Tula, la capitale des Toltèques, sur lesquels il régnait avec bienveillance et sagesse. Homme austère et enclin à l'ascétisme, Quetzalcóatl était contre les sacrifices humains et autres débordements religieux. Pourtant, malgré toutes ses bienfaisances, le règne de Quetzalcóatl arriva à sa fin. Diverses versions de la légende donnent des raisons différentes : soit qu'il séduisît une vierge, soit qu'il perdît une bataille, soit qu'il bût tant de *pulque* (alcool de maïs) qu'il finit par être discrédité aux yeux de ses disciples. Quetzalcóatl partit pour Cholula (le site de la grande pyramide et de La Mecque du futur empire aztèque), où il régna pendant quelque vingt ans de plus, en continuant de répandre son message humanitaire. Finalement, ce grand homme se rendit dans le golfe du Mexique, où il partit vers l'orient sur un radeau fait, selon les versions, soit de troncs de balsa, soit de serpents grouillants, soit de roseaux – tout comme les navires de la Mésopotamie et du lac Titicaca. En mettant les voiles vers l'orient, il promit à son peuple de revenir un jour.

Lorsque, des siècles plus tard, Hernán Cortés apparut avec ses conquistadors au Mexique, certains Aztèques se demandèrent s'il n'était pas Quetzalcóatl. Les Incas dans le nord des Andes confondaient pareillement le mythe avec la réalité, en pensant que Francisco Pizarro, qui fut au Pérou ce que Cortés fut au Mexique, était le revenant de l'un de leurs dieux blancs à barbe, appelés les Viracochas. Tout comme Quetzalcóatl, les Viracochas, qui étaient prétendument venus d'un pays lointain mais indéterminé, se déclaraient les descendants du soleil et gouvernaient avec bienveillance et humanité. La légende veut qu'ils se soient établis dans l'île du Soleil sur le lac Titicaca, où de merveilleuses architectures de pierre près de Tiwanaku sont les monuments dédiés à leurs bonnes œuvres. Avant l'arrivée légendaire des Viracochas, la vie des Indiens était primitive, sale, bestiale et brève. Voici le récit rapporté par l'oncle inca de l'historien mi-espagnol Garcilasso de la Vega (1539-1617), qui témoigne de ce que ses ancêtres lui avaient dit de l'époque antérieure aux Viracochas, peu après la conquête espagnole :

> [...] Toute cette région que vous voyez était couverte de forêts et de bosquets, et les gens vivaient comme des animaux sauvages, sans religion, ni gouvernement, sans villes ni maisons ; ils ne connaissaient pas l'agriculture et vivaient tout nus, ne sachant pas filer le coton ou la laine pour se faire des vêtements. Ils habitaient à deux ou trois dans des cavernes ou des anfractuosités rocheuses, ou dans des grottes souterraines. Ils se nourrissaient des herbes des champs et des fruits comme les animaux sauvages, et aussi de chair humaine.

Ce sont les Viracochas, sous la conduite de celui qu'on appelait Con-Tiki Viracocha, qui mirent un terme à tout cela. Ils leur apprirent la culture du maïs, établirent un vrai gouvernement avec ses lois, fondèrent des communautés stables, instaurèrent l'adoration du soleil, enseignèrent une religion d'amour et de charité universelle, et construisirent des temples et des pyramides à degrés. Les Viracochas se dispersèrent dans tout le Pérou pour répandre les rudiments de la vie civilisée, mais les Indiens se montrèrent tellement récalcitrants que Con-Tiki Viracocha décida, avec ses disciples, de quitter le pays. Lorsqu'il eut fondé la capitale inca, Cuzco, Con-Tiki Viracocha rassembla ses disciples à la peau claire dans l'actuel Manta dans la République de l'Équateur, et ils mirent les voiles vers l'ouest, sur le Pacifique.

Cette légende mythique fut tout à l'avantage de Pizarro, qui était barbu et avait la peau blanche comme les Viracochas. Avec seulement une petite armée, il franchit les vallées péruviennes aux nombreuses fortifications, assassina le roi inca, écrasa son armée et conquit ce qui était alors le plus vaste empire du monde. Lors du siège de Cuzco, les conquistadors trouvèrent des statues en marbre et en or de Con-Tiki Viracocha, le dieu qui, paradoxalement, avait facilité leur invasion. Peu reconnaissants, les Espagnols brisèrent les sculptures de marbre en mille morceaux et fondirent l'or. Une immense statue de pierre, représentant le dieu dans le grand temple à Cacha, échappa à la destruction pendant des années, mais les Espagnols la démolirent lorsqu'ils réalisèrent qu'elle était devenue un symbole de ralliement pour les résistants.

Des histoires semblables de grands diffuseurs de culture comme Quetzalcóatl et Con-Tiki Viracocha se retrouvent dans toute la Méso-Amérique et en Amérique du Sud septentrionale. Au Venezuela, on l'appelle Tsuma ou Zume et l'on raconte qu'il a enseigné l'agriculture au peuple et qu'il prêchait sa foi et les lois, debout sur un très haut rocher. Il finit par abandonner sa mission car le peuple était tout aussi imperméable que celui qui avait découragé les Viracochas au Pérou. Les Indiens sur la côte du Brésil appelaient leur bienfaiteur culturel Sume et disaient qu'il était arrivé depuis l'est, en traversant l'océan à pied. Les Indiens Cuna de Panama racontaient une histoire où un grand personnage apparut après une très grosse inondation, pour enseigner au peuple comment nommer les choses et les règles de conduite à suivre. Parallèlement, à Kukulcan, les Mayas avaient fait d'un pèlerin nomade un héros, appelé Itzamná, qu'ils vénéraient en tant que chef, guide et enseignant, qui inventa les hiéroglyphes et le calendrier. Le peuple Tzendal des États mexicains du Chiapas et de Tabasco avaient un homme semblable appelé Votan, qui était venu du fin fond de l'est, en des temps très reculés. Lui aussi inventa les hiéroglyphes et le calendrier et il transmit à chaque nation sa propre langue et ses règles de bonne conduite. Il existe un mythe qui veut qu'il ait été le fondateur des pyramides de Palenque. Le roi maya, Pacal, qui fut enterré au temple des Inscriptions à Palenque, avait ajouté le nom de Votan au sien, en signe d'identification personnelle avec ce grand héros d'antan.

Les auteurs contemporains qui ont pris connaissance de ces histoires avaient tendance à tomber dans le piège de penser qu'elles étaient des transcriptions littérales d'événements au cours desquels les Indiens barbares furent civilisés par de brillants visiteurs venus du Caucase. Et le fait que certains témoignages de ces anciens dieux blancs et barbus aient été rapportés par les colonisateurs espagnols n'arrange pas l'histoire, car les Espagnols s'empressèrent de dépeindre le peuple qu'ils avaient soumis comme les pires Barbares, et de se qualifier eux-mêmes de gentils civilisateurs. Un tel mythe leur fournissait une occasion bien commode pour justifier de leur propre brutalité. En fait, les Espagnols avaient identifié Quetzalcóatl avec saint Thomas et Con-Tiki Viracocha avec saint Barthélemy. Certains d'entre eux étaient convaincus que ces saints avaient fait des voyages – dont il n'y a pas de preuves – en tant que missionnaires dans le Nouveau Monde, pour essayer de convertir les Indiens, des siècles avant que les conquistadors n'arrivent et achèvent le travail. Voici, par exemple, comment Juan José de Betanzos, qui fut un des premiers Espagnols arrivés au Pérou, décrivit le chef Viracocha :

> [...] c'était un homme de haute stature qui portait une robe chasuble blanche qui lui allait jusqu'aux pieds, [...] son vêtement avait une ceinture ; [...] il portait la tonsure à l'image des prêtres ; [...] sa démarche était solennelle, et [...] il portait dans ses mains quelque chose qui, de nos jours, fait penser [les Incas] au bréviaire des prêtres.

Il est difficile de prendre au sérieux une description qui correspond aussi précisément à un prêtre catholique espagnol du XVIe siècle, probablement de l'ordre des Dominicains. Et ce qui est troublant avec un récit comme celui de Betanzos, tout comme avec ceux écrits par certains auteurs contemporains, c'est qu'il répond au stéréotype racial retors de l'Indien primitif civilisé par des Blancs beaucoup plus évolués.

Tout d'abord, les héros civilisateurs sont des personnages qui reviennent dans de nombreuses mythologies. Pour ne citer qu'un exemple, Moïse joue ce rôle dans les textes sacrés des Hébreux. Il fut élevé comme un Égyptien et il fit cadeau de cette civilisation à son peuple asservi. Il remplaça leurs vieilles coutumes païennes et orgiaques, symbolisées par l'adoration du veau d'or, par les lois monothéistes, nettes et austères des Dix Commandements. Certains scientifiques, et plus particulièrement le psychanalyste Sigmund Freud, ont dit que Moïse – qui n'est pas un nom hébreu – était effectivement né en Égypte, mais qu'il fut par la suite proclamé hébreu par les Juifs. C'est la déesse Inanna qui apporta la civilisation comme cadeau des dieux aux premiers peuples de la Mésopotamie. Et pour les Romains comme pour les Hébreux, c'est aussi un étranger qui fut leur père fondateur, selon une version des débuts de leur civilisation. Dans l'*Énéide*, le poème épique de Virgile composé en l'honneur de l'empereur Auguste, le héros Énée survécut à la destruction de Troie et partit vers l'ouest ; après une pérégrination en Afrique du Nord et un badinage très distrayant avec la belle reine Didon, il arriva en Italie où il libéra ce qui allait devenir Rome de ses méchants Barbares.

Si nous lisons au second degré les histoires des héros civilisateurs de la Méso-Amérique et de l'Amérique du Sud, nous verrons apparaître un amalgame très riche, d'où sont nées les magnifiques civilisations indigènes du Nouveau Monde. Quetzalcóatl, Votan, Kukulcan, Itzamná et les Viracochas ont tous pour origine une personne en chair et en os, mais les détails des différentes vies de ces individus ont été adaptés pour créer des personnages mythologiques très spécifiques. Par exemple, le nom de Con-Tiki Viracocha est une combinaison de trois divinités apparentées. Viracocha est le nom inca de leur dieu du soleil blanc et barbu. À l'époque pré-inca, un dieu semblable était connu sous le nom de Con, le long de la côte péruvienne, et sous le nom de Tiki, dans les hauts plateaux des Andes. La réunion des trois noms – Con-Tiki Viracocha – arrangeait les gouverneurs incas d'un point de vue politique, parce qu'ils dirigeaient un empire composé de nombreux peuples. Mais elle avait aussi une signification mythologique. Tout comme les Grecs qui avaient symbolisé les différentes formes de Zeus en un seul nom, les Incas ont rassemblé en une seule divinité à la puissance suprême tous les pouvoirs de plusieurs dieux inférieurs.

La description physique des Viracochas et de leur théologie du dieu soleil suggère, sans l'ombre d'un doute, que ces curieux pèlerins étaient originaires du bassin méditerranéen. L'importance capitale du serpent dans les histoires de Quetzalcóatl et de son équivalent maya Kukulcan a aussi affaire avec la Méditerranée. Dans le Moyen-Orient antique et dans l'ancienne Méso-Amérique, les serpents étaient associés à la sagesse – souvenez-vous de l'histoire du serpent dans le Jardin d'Éden, qui dit à Ève comment obtenir la connaissance du bien et du mal – et avec la guérison et la fécondité. Mais l'histoire et la rhétorique de Quetzalcóatl comportent également un élément très nettement africain.

La Méso-Amérique, comme toutes les régions tropicales, compte énormément de serpents. Alors qu'y vivent de dangereux reptiles venimeux, comme le serpent à sonnette et le serpent chasseur, aucune des espèces indigènes n'atteint jamais la taille donnée à l'immense Quetzalcóatl. Le plus gros serpent que l'on puisse trouver dans les régions avoisinantes est l'anaconda, une espèce amazonienne qui peut atteindre jusqu'à sept mètres dans la jungle et que les légendes disent encore plus long. Malgré sa taille impressionnante, l'anaconda est rarement dangereux et il est plutôt ennuyeux à regarder. C'est un serpent quelconque, de couleur olive terne, qui passe la plupart de son temps immobile sous la surface de rivières boueuses, à l'affût de cabiais (ou cochons d'eau), de daims ou d'autres mammifères naïfs.

Les pythons d'Afrique sont beaucoup plus intéressants – et dangereux. Ils sont énormes et leurs couleurs sont aussi superbes que le plumage des plus beaux oiseaux tropicaux. Tout comme les oiseaux, les pythons vivent sur la terre et dans les arbres. Ils peuvent être dangereux et sont réputés pour avoir piégé, étranglé et avalé des hommes. De nombreux indigènes de l'Afrique centrale et occidentale attribuent au python des pouvoirs surnaturels à cause du danger qu'il représente avec ses couleurs de l'arc-en-ciel et sa coutume de monter dans les arbres vers le soleil. Cette croyance remonte à des temps très reculés. Un python sculpté en relief dans un temple à Naga, au Soudan, est daté de l'empire koushite du IIe millénaire avant notre ère. L'Égypte antique, où il n'y avait pas de pythons, avait largement transplanté ce mythe du serpent dans le cobra. La couronne du pharaon, par exemple, était ornée de la tête d'un cobra comme signe de sagesse.

Des représentations de Quetzalcóatl en Méso-Amérique ressemblent quelque part au python en relief de Naga. Certaines montrent un homme dans la gueule du Serpent à plumes, une image qui revient dans une histoire égyptienne appelée *Le Conte du naufragé* qui fut écrite durant la XIIe dynastie (1991-1783 av. J.-C.).

La légende raconte l'histoire d'un marin qui a survécu à un naufrage, lors d'un voyage vers un pays lointain et qui s'est retrouvé rejeté sur une île, gouvernée par un immense serpent barbu et doré. Le serpent avait même des lapis-lazuli dans les sourcils – inexistants chez les serpents réels, bien sûr. Le serpent demanda au marin d'où il venait, puis le prit dans sa gueule et le transporta gentiment dans son repaire préféré. Le serpent se montra très aimable et lui annonça la venue prochaine d'un bateau égyptien qui le ramènerait dans son pays natal. Lorsque ce bateau arriva, le serpent remit au marin une précieuse cargaison d'encens, d'épices, de défenses d'éléphant et de singes, petits et grands. Alors que le marin allait partir, le serpent lui dit qu'il ne pourrait jamais revenir en ce lieu. « Lorsque tu auras quitté ce lieu, cette île disparaîtra, parce qu'elle va se changer en eau », dit le serpent barbu ; c'est une prédiction qui ressemble beaucoup au récit ultérieur de Platon disant que l'Atlantide avait été engloutie par les eaux.

Le Conte du naufragé n'est pas un récit de la découverte du Nouveau Monde. Il illustre plutôt l'image historique d'un serpent barbu et sage, transportant un homme dans sa gueule – une représentation que l'on trouve à la fois dans l'Ancien comme dans le Nouveau Monde, et qui suggère la vraisemblance de contacts très anciens entre eux.

De lointaines attestations

D'après de récentes études d'une tête sculptée, supposée d'origine romaine et découverte en Méso-Amérique, les deux mondes seraient entrés en contact à l'époque précolombienne. Elles indiquent aussi que les Méso-Américains ont montré de l'intérêt pour leurs visiteurs venus d'ailleurs et qu'ils ont incorporé des éléments et des idées étrangères à leur propre culture, déjà exceptionnelle.

La tête de terre cuite en question fut découverte parmi des objets funéraires près de l'actuelle ville de Mexico ; ces objets furent datés avec certitude entre 1476 et 1510 ap. J.-C., avant l'arrivée de Cortés et de ses conquistadors. Il est évident que la tête est de style gréco-romain et l'on peut se demander comment elle est arrivée à Mexico. Un test de datation par thermoluminescence – moins précis que la datation par C^{14} avec la technique de l'accélérateur, mais qui se contente d'un échantillon de matériau plus petit – réalisé au Centre de recherches en archéométrie d'Heidelberg, en Allemagne, a permis de dater la création de la tête vers la fin du IIe ou au début du IIIe siècle ap. J.-C. (il y a 1780 ans, avec une marge d'erreur de 400 ans), une date qui correspond au style artistique gréco-romain.

Même en supposant que les Romains naviguèrent dans le golfe du Mexique, la question se pose toutefois de savoir par quels moyens cette terre cuite est arrivée au centre du pays et pourquoi elle a mis mille ans pour y parvenir. L'explication la plus probable est que les Méso-Américains avaient pour habitude de réutiliser des objets des temps passés. Nous avons déjà vu comment les Méso-Américains construisaient leurs pyramides au-dessus ou par-dessus des pyramides plus anciennes. Ils ont dû faire la même chose avec les objets rituels. Par exemple, un masque olmèque en néphrite, découvert dans une sépulture aztèque de 1500 ap. J.-C., dans le temple Mayor à Tenochtitlán a été daté de 1000 av. J.-C. La tête en terre cuite peut donc avoir servi lors des offrandes ; c'était certainement un objet qui avait déjà servi dans le passé et qui fut réutilisé lors de rituels sur des sites différents et pour diverses raisons.

Si nous considérons non seulement les régions à pyramides de la Méso-Amérique et du Pérou, mais aussi le reste des Amériques, nous découvrons un autre nombre important d'éléments qui témoignent de contacts entre les deux mondes. Malheureusement, à cause de la popularité de l'histoire ancienne, les inscriptions, les pièces et tessons de poterie ont été imités par beaucoup d'artistes escrocs, qui ne se gênent pas pour tromper les gens crédules. Je veux vous présenter ici une sélection de preuves parlantes, corroborées par des études minutieuses.

L'une d'elles est ce qu'on appelle la pierre de Bat Creek ; elle fut découverte par une équipe d'archéologues du Smithsonian Institute dans un tumulus funéraire dans l'est du Tennessee, en 1889. La pierre gravée avait été enterrée sous le crâne d'un des neuf squelettes dans le tumulus. Comme tous les objets trouvés dans ce tumulus se trouvaient près de ce même individu, on pense que ce squelette est celui d'un chef et que celui qui se trouvait à ses côtés est sa femme, les sept autres étant des serviteurs qui avaient été enterrés avec eux. Évidemment, l'enterrement des serviteurs a une connotation moyen-orientale, tout comme les inscriptions sur la pierre : c'est de l'hébreu datant de l'occupation romaine. L'expert en langue sémitique Cyrus H. Gordon a ainsi traduit l'inscription : « Année 1 : Comète [= Messie] des Juifs », et il la situe à la fin du Ier ou au début du IIe siècle de notre ère, l'époque où les Romains écrasèrent le soulèvement des Hébreux. Du bois trouvé dans le tumulus funéraire, testé par radiocarbone en 1988, semble dater de 32 à 769 ap. J.-C., ce qui correspond avec l'analyse linguistique de Gordon. Il pense que des survivants de la rébellion auraient fui vers l'ouest et seraient arrivés dans le Nouveau Monde. Des pièces de monnaie hébraïque de la même époque ont été déterrées sur un certain nombre de sites dans le Sud-Est américain, mais comme elles ont été découvertes par des amateurs qui ne connaissent rien aux techniques d'analyse archéologique fiables, les esprits sceptiques ont toujours prétendu que ces pièces avaient été enterrées sur ces sites beaucoup plus tard. Bat Creek reste un sujet de controverses, mais les preuves que nous avons aujourd'hui indiquent qu'elle est véritablement originaire de l'extérieur du Nouveau Monde.

Une autre preuve digne d'intérêt est apportée par les hiéroglyphes des Micmacs, étudiés par un épigraphiste et biologiste de Harvard, Barry Fell. Les Micmacs, une tribu algonquine, habitent les provinces orientales du Canada et sont étroitement reliés au peuple du Maine appelé les Wabanakis ou « Peuples de l'est ». On dit que les Indiens de l'Amérique du Nord ont été illettrés jusqu'à l'arrivée en masse des Européens au XVIIe siècle, et l'écriture hiéroglyphique utilisée par les Micmacs aux temps historiques fut attribuée à Pierre Maillard, un missionnaire français décédé en 1761. Curieusement, un certain nombre des hiéroglyphes des Micmacs sont semblables aux signes égyptiens et ont la même valeur figurative. Maillard aurait été incapable d'inventer le système à partir de ses propres connaissances de l'écriture égyptienne antique. Cela faisait déjà soixante et un ans qu'il reposait sous terre lorsque l'orientaliste français Jean-François Champollion le Jeune publia ses premiers déchiffrements des hiéroglyphes. Il semblerait plutôt que Maillard ait adapté le système déjà utilisé par les Micmacs pour enseigner le catéchisme catholique et qu'il se le soit approprié.

Mais comment les Micmacs ont-ils obtenu cette forme d'écriture qui reflète l'ancien égyptien ? Et le nom de la tribu de Wabanakis, de consonance orientale, a-t-il une signification particulière ?

L'écriture et les inscriptions symboliques sont les aspects clés d'une troisième preuve : il s'agit de cinq petites grottes dans une falaise de grès dans l'Oklahoma de l'Ouest, appelées les grottes d'Anubis. On pense que les inscriptions sur les murs des grottes proviennent des alphabets des écritures libyenne ou oghamique[1], et que les symboles dans la roche ont des parents tout aussi éloignés. Un grand taureau est identifié avec la constellation du Taureau, et l'on voit une sorte de caricature du dieu égyptien à tête de chacal, Anubis, portant le fléau officiel du pharaon, et la silhouette typiquement féminine de celle qu'en Irlande on nomme *sheila na gig*, qui fait penser à une déesse grenouille datée de 6000 avant notre ère, dans le bassin méditerranéen oriental. Une ciselure, parfaitement alignée avec l'équinoxe, est tout aussi fascinante ; elle rappelle les rituels solaires très communs dans les régions méditerranéennes et dans les régions celtiques d'Espagne, d'Irlande, de France et de Bretagne durant le dernier millénaire av. J.-C. et les premiers siècles de notre ère.

Il existe encore d'autres preuves. Des amphores romaines découvertes près de Rio de Janeiro pourraient provenir d'un ancien naufrage dans la région. Un géologue du Mount Holyoke College, Mark A. McMenamin, a trouvé ce qu'il croit être des mappemondes énigmatiques sur des pièces carthaginoises datant de 350 à 320 av. J.-C. Selon l'interprétation de McMenamin, les pièces portent une représentation schématique de la Méditerranée avec une masse de terre à l'ouest qui ne peut être que les Amériques.

Un mot sur le règne végétal

Lorsque les gens voyagent, ils ne sont pas seuls, d'autres organismes les accompagnent : des bactéries dans leurs intestins, des poux et des puces, des animaux domestiques, des vivres, et même des

1. Écriture celtique utilisée en Irlande entre le IVe et le VIIe siècle de notre ère, comptant environ vingt lettres.

plantes, que ce soit des espèces sauvages ou cultivées. Nous avons déjà vu que les races des chiens au Pérou ressemblaient beaucoup plus à celles de l'Égypte qu'à celles rencontrées dans l'Amérique septentrionale ou la Sibérie orientale. Des preuves tout aussi troublantes sont les traces végétales laissées par nos ancêtres au cours de leurs voyages autour du monde.

Dans l'histoire de la botanique, on sait que certaines plantes appartiennent nettement à l'Ancien Monde et d'autres au Nouveau, et que les deux continents n'ont échangé que quelques espèces, tout à fait fortuitement, avant l'arrivée des colons européens en Amérique. Les colonisateurs exportèrent du Nouveau Monde le maïs, les pommes de terre et le tabac, et importèrent de l'Ancien Monde le riz, le blé, les dattiers, pour ne citer que quelques exemples. Le problème, avec ce scénario bien construit, c'est que certaines plantes cultivées très importantes sont mal répertoriées.

Prenez, par exemple, le vulgaire haricot *(Phaseolus vulgaris)* qui est cultivé en Europe au moins depuis l'époque de l'Athènes antique, aux IVe et Ve siècles avant notre ère ; Aristophane et Hippocrate en parlaient déjà. Lorsque cette légumineuse fut découverte parmi les indigènes du Nouveau Monde, les historiens pensèrent qu'elle avait été importée par les Espagnols qui avaient appris aux Indiens à la cultiver. Puis ce même haricot fut découvert tout le long de la côte péruvienne, sur des sites antérieurs aux Incas et aux Espagnols. Quelque part, le haricot avait voyagé de l'Ancien Monde dans le Nouveau, bien avant que les Espagnols ne débarquent.

Il en va de même pour la courge calebasse *(Lagenaria vulgaris* ou *L. siceraria)*. Ce fruit aux nombreuses utilisations était connu en Afrique et au Moyen-Orient – où on le séchait au-dessus d'un feu pour ensuite l'utiliser comme gourde – bien avant 1492. On a retrouvé la même calebasse sur les hauts plateaux du Mexique et du Pérou, sur des sites antérieurs de quelques siècles à l'arrivée des Espagnols. Par exemple, huit gourdes, utilisées comme flotteurs de filets de pêche, furent découvertes dans la Chicama Valley du Pérou et ont été datées de 1500 av. J.-C., soit quelque trois mille ans avant l'arrivée de Pizarro et de son armée en Amérique du Sud. Certains botanistes, qui ne manquent pas d'imagination, ont avancé que les calebasses auraient pu traverser l'océan entre l'Ancien Monde et le Nouveau, comme des épaves flottantes, portées par les courants océaniques. Et, toujours selon la même hypothèse, les indigènes qui les auraient trouvées auraient dit à peu près ceci : « Pourquoi ne les sécherions-nous pas au-dessus d'un feu pour voir si elles peuvent servir de récipients. » Ce raisonnement ne tient pas, étant donné que si les végétaux avaient été rejetés par la mer sur les plages, après avoir parcouru des milliers de kilomètres sur l'océan, ils auraient certainement été en bien piteux état. En outre, il est peu probable que des calebasses aient pu « survivre » en flottant sur les eaux. Le ver du bateau, omniprésent et très résistant, aurait rapidement percé leur épicarpe et les aurait fait sombrer. La seule manière sensée pour expliquer la présence de la calebasse de l'Ancien Monde dans le Nouveau est de présumer qu'elle a été apportée par des marins de l'Antiquité.

Quant au cotonnier *(Gossypium)*, il apporte des preuves encore plus flagrantes de ces opérations d'import-export transocéaniques. Comme toutes les plantes de culture, le cotonnier a commencé par être une variété sauvage, puis il fut cultivé et reproduit pour lui donner les caractéristiques voulues. Le cotonnier sauvage, dont il existe toujours seize variétés, a de petites fibres et n'est pas filable. Il a fallu des siècles pour cultiver la plante qui allait permettre de fabriquer le tissu de nos chers tee-shirts et blue jeans en obtenant quatre variétés à fibres plus longues, susceptibles d'être cardées et filées. Dans l'Ancien Monde, ce que le coton cultivé doit à ses cousins sauvages se trouve dans la génétique de la plante : le coton sauvage tout comme le coton de culture ont tous deux de grands chromosomes.

Par contraste, en ce qui concerne les cotonniers dans le Nouveau Monde, il y a une différence de taille entre les espèces sauvages et les espèces cultivées. Les cotonniers sauvages du Nouveau Monde ont des chromosomes plus petits, mais les variétés cultivées depuis l'Antiquité, du Mexique au Pérou, ont deux fois plus de chromosomes que les variétés sauvages du Nouveau Monde et que toutes les variétés de l'Ancien Monde. En outre, celles cultivées au Nouveau Monde présentent une combinaison du même nombre de chromosomes petits et grands ; elles ont été obtenues par croisement ou par hybridation. La fameuse découverte de variétés de cotonniers sauvages au Yucatán, dans la République de l'Équateur et dans les Galapagos, qui combinent des chromosomes petits et grands, confirme l'exactitude de cette analyse. Ce sont probablement des variétés devenues sauvages, cultivées normalement mais qui se sont échappées dans la nature. La question qui se pose est la suivante : comment les cultivateurs de coton du Nouveau Monde se sont-ils procuré les cotonniers de l'Ancien Monde pour arriver aux hybridations voulues ?

Il est fort improbable que les cotonniers de l'Ancien Monde aient été disséminés fortuitement dans le Nouveau Monde. Les graines de cotonniers ne résistent pas longtemps à l'eau salée ; en revanche, les oiseaux auraient pu les transporter dans leurs boyaux. Mais même en supposant que les graines de cotonniers soient parvenues de l'Ancien Monde dans le Nouveau dans les intestins d'oiseaux migrateurs déroutés par des vents violents, on se demande comment les indigènes savaient que les fibres de cette modeste plante pouvaient être filées et tissées pour obtenir du tissu. Il y a tellement d'étapes entre la graine et la chemise que les mêmes processus ne peuvent pas avoir été inventés de part et d'autre de l'océan ; c'est impossible.

L'utilisation du coton dans le Nouveau comme dans l'Ancien Monde remonte à l'époque intermédiaire entre l'histoire et la préhistoire. Des cotonnades ont été trouvées à Mohenjo-daro, dans l'actuel Pakistan, qui ont été datées de 3000 avant notre ère. Cette étoffe était connue à Huaca Prieta au Pérou en 2500 av. J.-C. et à Teotihuacán au Mexique entre 3000 et 2000 av. J.-C., et peut-être même avant. La culture et le travail du coton doivent remonter à beaucoup plus loin, parce que ce sont des processus compliqués qu'aucune civilisation, aussi avancée fût-elle, n'a pu inventer en quelques années ou quelques décennies.

Les cotonniers furent découverts dans les deux mondes, et la méthode de tissage utilisée au Pérou est pratiquement la même que la technique appliquée dans l'Ancien Monde. Les Péruviens utilisaient deux types de métier à tisser. L'un d'eux avait un bâti vertical et deux lisses, qui est identique à celui utilisé dans le Nouvel Empire égyptien et vraisemblablement importé de la Mésopotamie. L'autre était un métier à tisser plat, posé sur des pieux au sol, qui était aussi utilisé dans l'Égypte antique.

Lorsque nous considérons à la fois les variétés de coton cultivées et les métiers qui ont servi au tissage, nous avons affaire à ce que les anthropologues et les archéologues appellent un complexe, c'est-à-dire un ensemble de caractéristiques, d'objets manufacturés, de techniques et de concepts qui sont associés les uns aux autres et trouvés en même temps. Il est peu probable que les variétés voisines de cotonniers aient été cultivées de part et d'autre de l'Atlantique avant Christophe Colomb, et les chances d'y trouver le même type de métier à tisser sont encore plus faibles. Mais celles de découvrir le coton et les métiers à tisser sont tellement minimes qu'il y a gros à parier que la seule explication possible soit la diffusion depuis une partie du monde vers l'autre.

Un autre complexe concerne la substance colorante rouge violacé extraite de gastéropodes marins, les murex. La pourpre royale, réservée aux hauts rangs dans la Grèce et la Rome antiques, était obtenue à partir d'une teinture extrêmement onéreuse que fabriquaient les Phéniciens, un peuple marchand de la Méditerranée orientale, à partir de 1700 avant notre ère. Le coût était dû à l'extrême difficulté de l'extraction et du traitement de la teinture. Dans un premier temps, ils obtinrent la couleur à partir de certaines espèces de mollusques qui sécrètent une substance initialement d'un blanc jaunâtre, mais qui vire au violet quand elle s'oxyde. Les fabricants de teinture écrasaient les mollusques, les laissaient tremper pendant trois jours dans de l'eau salée, puis les faisaient mijoter pendant dix jours dans des chaudrons de plomb. Ensuite, ils faisaient tremper de la laine brute pendant des heures, puis la cardaient et la retrempaient. La laine ne devenait pourpre qu'après avoir été exposée au soleil. La fabrication de la teinture pourpre nécessitait de nombreux jours de travail et un très grand nombre de gastéropodes. Il fallait des milliers des plus grandes espèces pour un rendement de 15 cm^3 de teinture, et beaucoup plus s'ils étaient plus petits. Il n'est pas étonnant que la teinture ait coûté une fortune et que seuls les plus riches aient pu se l'offrir. Pas étonnant non plus que les Phéniciens aient gardé jalousement leur secret de fabrication.

La pourpre des mollusques était aussi utilisée avant l'arrivée de Christophe Colomb dans le Nouveau Monde, depuis l'État mexicain du Michoacán jusque dans la République de l'Équateur. Les mollusques dans cette région sécrétaient une substance déjà pourpre, ce qui rendait le processus d'extraction plus aisé, mais il fallait toujours un grand nombre de mollusques pour teindre un seul morceau de tissu. Tout comme en Méditerranée, la couleur pourpre était synonyme de richesse et d'un haut statut social en Méso-Amérique et au nord de l'Amérique du Sud. En outre, la couleur pourpre était associée à la fécondité comme à la royauté, dans les deux contrées.

Dans ce cas aussi, il est hautement improbable que des peuples aussi éloignés l'un de l'autre aient pu inventer indépendamment l'extraction de cette teinture des mollusques, surtout quand on sait que le processus est très difficile, et qu'ils aient, en outre, associé cette couleur à la royauté et à la fécondité. Il s'agirait de savoir dans quel sens ce procédé d'extraction de la teinture des mollusques a voyagé : est-il passé de l'Ancien Monde dans le Nouveau ou était-ce une de ces caractéristiques culturelles qui ont fait le voyage d'ouest en est ?

Une diffusion d'ouest en est pourrait aussi expliquer une autre découverte, qui est cependant très controversée et obscure. Au début des années 1990, une pathologiste de l'Université d'Ulm en Allemagne, Svetlana Balabanova, trouva de la cocaïne et de la nicotine dans des échantillons de tissus prélevés sur neuf momies de l'Égypte ancienne, conservées au musée de Munich. Comme la nicotine provient du tabac et la cocaïne du coca, et comme les deux sont des végétaux du Nouveau Monde, Balabanova fut très surprise de les découvrir dans des corps appartenant manifestement à l'Ancien Monde. Elle fit refaire les tests par un laboratoire indépendant, qui trouva les mêmes résultats. Intriguée, Balabanova décida de tester des centaines de momies venant de différents endroits de l'Ancien Monde et vieilles de 800 à 3000 ans. Un tiers d'entre elles contenaient de la nicotine, mais seules les momies du musée de Munich contenaient de la cocaïne.

Il est possible que les momies de Munich aient été contaminées après avoir été découvertes. Quelqu'un aurait tout simplement pu se droguer avec pour seule compagnie celle de ces anciens morts, et de la poudre de cocaïne aurait pu entrer dans leurs corps préservés. Mais il est plus difficile d'expliquer la présence de nicotine. Peut-être venait-elle du Nouveau Monde ; peut-être poussait-il dans l'Ancien Monde une variété de tabac qui n'existe plus aujourd'hui ; ou peut-être encore la nicotine venait-elle d'une autre plante, non identifiée, qui fut utilisée comme conservateur. Avant que des recherches complémentaires n'aient clarifié ce sujet, ces momies présentant de la cocaïne et de la nicotine pourraient n'être d'aucun intérêt pour le sujet qui nous préoccupe.

D'où sont-ils venus ?

Il y a environ quatre-vingts ans, A. L. Kroeber, un des pères fondateurs de l'anthropologie américaine et inventeur indépendant engagé, définissait ce qu'il pensait être les paramètres prouvant la diffusion en ces termes :

> Tout d'abord, lorsque l'on parle de développements indépendants, les ressemblances ne doivent pas être trop exactes. [...] Si, parmi les similarités figurent des éléments non essentiels ou arbitraires comme une décoration, une forme qui, par son caractère utilitaire, devrait présenter des variations plus ou moins grandes et qu'il n'en est rien, ou comme un nombre ou une dénomination choisis au hasard, l'éventualité d'une invention indépendante est totalement à exclure. Il n'y a pas même une chance sur un million pour que de telles caractéristiques intrinsèques apparaissent ensemble.

Comme nous venons de le voir, les paramètres de Kroeber se retrouvent partout. Il y a une multitude de similarités entre l'Ancien et le Nouveau Monde, des éléments qui ne se recoupent jamais à cent pour cent, mais qui sont troublants par leur ressemblance. Comme le fait remarquer Kroeber, les similitudes qui sont particulièrement significatives sont celles de la forme des métiers à tisser le coton, des races des chiens momifiés ou de l'association de la couleur pourpre avec la richesse et le statut social, qui sont arbitraires et non essentiels. En fait, il est évident que l'on a ici affaire à une diffusion, et il s'agit moins de se demander si les marins de l'Antiquité traversèrent l'Atlantique que de savoir qui étaient ces marins et lesquels auraient apporté le concept de la pyramide dans leur traversée de l'océan.

Il semblerait que l'on puisse éliminer d'office les Égyptiens de l'Ancien et du Moyen Empire qui, pourtant, dans la pensée traditionnelle actuelle, sont toujours considérés comme les constructeurs de pyramides les plus remarquables. Le double pays d'Égypte n'a jamais eu de puissance maritime et l'on sait que les Égyptiens de l'Antiquité avaient un faible niveau de connaissance en matière de navigation maritime. La preuve en est, paradoxalement, le grand bateau funéraire appelé bateau de Kheops, enterré près de la pyramide du même nom. Fait de planches de cèdre du Liban, longues de

23 m, d'une épaisseur de 11,5 cm, le navire a la silhouette d'un navire de haute mer, un profilage adapté à tanguer et à rouler avec les vagues. Ce bateau n'est pas une maquette à but cérémoniel ; certaines de ses planches sont usées par les manœuvres des aussières, ce qui montre bien qu'il avait navigué avant de servir comme accessoire funéraire. Pourtant, les membrures ne sont pas adaptées pour stabiliser les planches, qui sont posées bout à bout et maintenues en place pour la plupart aux jointures avec de la colle ou des cordes. Si ce navire avait été heurté par une forte houle, nul doute qu'il se serait brisé en morceaux. Malgré toutes ses caractéristiques de navire, le bateau de Kheops n'a jamais vu la mer ; il n'a pu servir que sur des voies fluviales. Aucun équipage égyptien n'a jamais navigué sur la Méditerranée et encore moins sur l'Atlantique.

Pourtant, l'Égypte n'était pas une île, au sens culturel du terme. Beaucoup des idées, concepts, règlements et objets manufacturés que nous croyons égyptiens se retrouvent aussi dans un contexte beaucoup plus vaste dont faisait partie l'Égypte ancienne. Le double pays appartenait à une grande culture berbère (ou protoberbère) qui s'étendait du Nil vers l'ouest, à travers l'Afrique du Nord et le Sahara. Ces peuples, appelés les Libyens durant l'Égypte antique et la période classique, vivaient selon des us et coutumes des Égyptiens, sauf que leur urbanisation était sauvage. Les Libyens avaient la même poterie que l'Égypte prédynastique, faite avec des fibres broyées, utilisaient les mêmes pointes de flèches et de harpons, pratiquaient les rituels de la trépanation et momifiaient les chiens qu'ils vénéraient.

De nombreux antécédents de la culture égyptienne se sont développés au Sahara au cours des millénaires antérieurs à 3000 av. J.-C., lorsque le climat était plus humide et que le désert actuel n'était que prairies ondulantes. Comme nous l'avons vu au chapitre 1, le centre cérémoniel de Nabta Playa avait une religion où l'astronomie et le bétail étaient d'une grande importance, et qui fait figure de précurseur de la fascination égyptienne pour les mouvements des astres dans les cieux et de sa dévotion à la déesse du ciel, Hathor. Hathor, également déesse des femmes, était souvent représentée sous la forme d'une vache ou d'une femme avec des cornes ou à tête de vache. Les Égyptiens réservaient à leurs dieux leurs terres du sud et de l'ouest, dans le désert comme, par exemple, Nabta Playa. À mesure que le Sahara devint plus aride et de moins en moins habitable, vers la fin du IVe millénaire avant notre ère, certains de ses habitants se déplacèrent vers le nord, entrèrent en Égypte, dans les pays berbères et en Europe du Sud, et plus particulièrement en Espagne. D'autres partirent vers l'ouest et pénétrèrent en Afrique occidentale. En 3000 av. J.-C., les peuples qui appartenaient à la culture des Tassilis au Sahara avaient atteint la côte ouest de l'Afrique. Les traditions entre les peuples se perpétuèrent. En 1200 av. J.-C., les Africains de l'Ouest filaient le coton, comme leurs homologues en Égypte, et se servaient de la méthode de cire perdue pour le moulage de leurs métaux que l'on retrouve au Moyen-Orient et en Méso-Amérique. Le peuple Ashanti de l'actuel Ghana utilisait des poids en or en forme de pyramides soit à étages, soit à faces planes.

L'influence africaine s'intensifia en Égypte durant la XXVe dynastie, qui fit monter les rois koushites de Nubie sur le trône d'Égypte. Face à l'immense puissance de l'empire assyrien au nord, les Égyptiens furent d'abord les alliés et les partenaires commerciaux des Phéniciens pendant des siècles, avant de leur être assujettis. Les Phéniciens étaient originellement des nomades du désert qui s'établirent sur des îles en Méditerranée orientale, et ils renouèrent alors avec leur passion pour les activités maritimes. Navigateurs chevronnés, ils mirent les voiles pour chercher de l'argent en Espagne, du cuivre en Chypre et de l'étain en Cornouailles. Les Phéniciens étendirent leur influence commerciale en fondant les colonies de Carthage, près de l'actuelle ville de Tunis sur la côte de l'Afrique du Nord, et de Gadès (Cadix) en Espagne. Selon un témoignage de Diodore de Sicile, un historien gréco-romain du dernier siècle avant notre ère, les Phéniciens auraient découvert fortuitement un pays à l'ouest, lorsqu'un de leurs bateaux fut dérouté par une tempête peu après 1104 av. J.-C. Certains Carthaginois partirent fonder une colonie dans ce nouveau pays. Au IVe siècle avant notre ère, les Étrusques, un peuple sémite qui vivait dans ce qui est aujourd'hui la Toscane en Italie, avaient eu la même idée, mais les Carthaginois les arrêtèrent par la force. Soupçonnant que d'autres peuples pourraient tenter d'établir une tête de pont marchande dans leur nouveau pays, les Carthaginois interdirent toute nouvelle immigration et assassinèrent tous les colons qui s'étaient déjà installés.

Cette histoire permet d'avancer une hypothèse intéressante : les Phéniciens, Carthaginois et Nubiens auraient-ils tous constitué les équipages de vaisseaux en Méditerranée qui mirent le cap sur l'Atlantique ? Auraient-ils suivi les vents et les courants jusqu'en Méso-Amérique ? Si c'est le cas, cela pourrait expliquer la présence de têtes apparemment méditerranéennes et africaines sur des représentations artistiques de La Venta, Monte Albán et Tres Zapotes, les représentations et les sculptures des pythons qui sous-tendent la légende de Quetzalcóatl, ainsi que l'origine du culte du soleil des Viracochas de Tiwanaku, enfin justifier les architectures mégalithiques de Sacsahuamán et les bateaux en roseau du lac Titicaca.

D'autres peuples également mirent les voiles pour traverser l'Atlantique. La pierre de Bat Creek et les pièces de monnaie hébraïques des deux premiers siècles de notre ère sont des preuves évidentes que des réfugiés de Judée sont venus jusqu'en Amérique du Sud-Est. La sculpture en terre cuite gréco-romaine près de Mexico, l'hypothèse du naufrage au large de Rio de Janeiro et d'un autre naufrage au large de la côte de Beverly, dans le Massachusetts (dont témoignent des pièces de monnaies romaines du IVe siècle de notre ère rejetées sur les plages) indiquent que des Romains sont passés par là aux premiers siècles de l'ère chrétienne. Et si l'interprétation des grottes d'Anubis est correcte, cela veut dire que des Celtes, connaissant l'écriture oghamique et venus d'Espagne, où ils s'étaient mêlés aux Libyens qui leur ont tout appris sur le dieu à tête de chacal égyptien, pénétrèrent dans le pays au moins jusque dans l'Oklahoma occidental.

Pourtant, malgré tout ce riche héritage culturel de la pré-Colombie venu d'outre-Atlantique, et qui subsiste à l'ère du nucléaire en Amérique, on ne sait toujours pas qui y a introduit les pyramides. Car, d'une part, les dates posent problème : de nombreux contacts transatlantiques, que l'on peut cautionner au vu des preuves actuelles, ont eu lieu après la construction de la pyramide cannelée de La Venta. D'autre part, si l'architectonique mégalithique ultérieure à Tiwanaku, Sacsahuamán et Chavín de Huántar au Pérou, a un air de famille avec celle d'Égypte, de Libye ou de Nubie, ce n'est pas le cas des pyramides de la Méso-Amérique. Le temple des Inscriptions de Palenque, pour ne citer qu'un exemple, ressemble beaucoup plus aux temples-montagnes de l'Inde qu'aux ziggourats de Babylone ou d'Uruk. Quant à La Venta, sa construction en terre tassée fait plus penser à Lishan qu'à Gizeh.

Pour obtenir une vue d'ensemble de la connexion entre les pyramides de l'Ancien et du Nouveau Monde, nous devons regarder dans une autre direction. Il nous faut nous tourner vers ce vaste océan qui baigne les côtes de l'Asie et des Amériques : le Pacifique.

Chapitre 6

PAR-DELÀ LE PACIFIQUE, VERS LE NOUVEAU MONDE

Bien plus vaste que l'Atlantique, l'océan Pacifique est la plus grande masse maritime du globe. Bien qu'il fût censé représenter un obstacle infranchissable, empêchant tout contact entre les civilisations, les explorateurs européens démontrèrent, dès le XVIe et jusqu'au XVIIIe siècle, que l'on pouvait le traverser et conquérir de nouveaux pays et marchés. Jusque-là, l'idée que le Pacifique était une barrière inattaquable n'avait jamais été mise en doute dans l'esprit populaire et scientifique. Comme nous l'avons vu au chapitre 4, selon la théorie conventionnelle, le Pacifique aurait seulement pu être traversé lors de cette courte période autour de 12500 av. J.-C. (datation radiocarbone : 10500 av. J.-C.) où les hommes passèrent de la Sibérie orientale en Alaska par la passerelle terrestre de la Béringie. Mais, comme nous l'avons vu, cette conception se heurte à des arguments contraires très pertinents. Il y a trop de preuves évidentes que les hommes ont maintes fois traversé le Pacifique, depuis l'Asie jusqu'en Amérique, comme il y en a de leurs pratiques d'import-export. Une de ces preuves est, comme nous allons le voir, la pyramide elle-même.

La polémique autour des épis, de savoureux petits oiseaux et de vilains intrus

Aucune culture de céréales n'est plus typiquement « Nouveau Monde » que celle que les Américains appellent *corn* et que le reste du monde appelle maïs. Initialement, le maïs fut cultivé dans la vallée du Mexique avant 3000 avant notre ère, et sa culture eut vite fait de s'étendre au nord comme au sud. Elle devint une activité essentielle dans toute la Méso-Amérique, le long de la cordillère des Andes, jusque dans les pays boisés des peuples agricoles à l'est de l'Amérique du Nord où, quelque cinq mille ans plus tard, le maïs allait sauver les pèlerins affamés de Plymouth.

L'histoire dit que, lorsque les colonisateurs européens arrivèrent dans le Nouveau Monde, ils furent séduits par la valeur virtuelle de cette nouvelle céréale ; aussi s'empressèrent-ils de l'exporter dans leurs pays d'origine en Europe occidentale dès le début du XVIe siècle. Puis le maïs fit route vers l'est et le sud. Aujourd'hui, cinq cents ans après son introduction dans l'Ancien Monde, le maïs est cultivé partout où le climat le permet, dans toute l'Europe, l'Asie et l'Afrique, ainsi qu'aux Amériques.

Toutefois, il existe un certain nombre de signes montrant que le maïs a vraisemblablement été introduit en Asie bien avant l'époque de Christophe Colomb et des colonisations européennes. D'abord, nous nous référerons aux résultats d'une recherche menée sur les différentes variétés de maïs trouvées en Asie par un botaniste russe, N. N. Kuleshov, dans les années 1920, qui fut impressionné par la grande variété de maïs en Asie. En fait, de nombreuses variétés asiatiques, comme les cultivars nains et les épis aux grains oléagineux, n'étaient pas connues en Amérique ou alors étaient excessivement rares. Bien sûr, les producteurs de céréales ne manquent pas d'imagination et sont tout à fait capables de procéder à des transformations impressionnantes si on leur en laisse le temps. Kuleshov connaissait parfaitement bien les processus génétiques qui interviennent dans la multiplication des végétaux, c'est pourquoi il se demanda si toutes ces variétés asiatiques avaient réellement pu être développées entre le moment où le maïs était prétendument arrivé du Nouveau Monde et les années 1920. Il écrivait : « Il est probable que la culture du maïs était déjà connue en Asie avant que les Portugais ne débarquent sur les côtes asiatiques en 1516. [...] Les faits [...] nous renvoient à nouveau à cette hypothèse et cette fois, les arguments sont très convaincants. »

Lorsque Magellan arriva aux Philippines en 1521, il découvrit que le maïs était déjà une des principales cultures. Apparemment, il aurait été introduit par des marchands arabes, au même titre que l'islam. Des documents chinois datant de cette même époque révèlent que la culture du maïs se pratiquait à très grande échelle dans ce pays au XVIe siècle. Entre 1525 et 1563, le maïs était cultivé très largement dans six provinces et deux régions autonomes, c'est-à-dire dans une grande partie du pays. En 1575, le paiement d'un impôt de 20 millions de boisseaux suggère que la récolte totale fut bien plus importante. Si les Portugais avaient importé le maïs dans le pays au cours des années 1520, il est impossible que l'extension de sa culture et sa production aient pu croître à ce point et sur une période aussi courte.

Les fermiers, surtout ceux qui cultivent pour leur propre consommation, sont par nature des gens prudents et conservateurs. Ils savent qu'ils peuvent faire confiance aux cultures éprouvées, et ils sont réticents à en essayer d'autres, pour une bonne et simple raison : si la nouvelle culture échoue, leurs greniers resteront vides. Malgré tous les avantages que peuvent présenter de nouvelles variétés, les paysans qui vivent en autarcie ne les adopteront que s'ils sont persuadés que leur culture sera un succès. Vers le milieu du XVIe siècle, le maïs était déjà une culture essentielle en Chine ; il avait donc manifestement été introduit dans le pays depuis bien longtemps.

C'est l'Inde, voisin de la Chine, qui nous dira depuis combien de temps. Les temples de Karnatka, datés de la dynastie Hoysala, du XIe au XIIIe siècle de notre ère, sont décorés de centaines de sculptures représentant indubitablement du maïs. Chaque épi sculpté est particulier : le nombre, la disposition et la forme des grains sont chaque fois différents. Il ne s'agit pas d'un modèle stylisé, repris et copié ; au contraire, les artistes ont sculpté des épis qui se distinguent les uns des autres, en copiant la nature qui leur offrait une grande variété de maïs. C'est ainsi que les détails des sculptures – comme les tailles et les formes spécifiques des épis aux grains caractéristiques, disposés en rangées superposées – correspondent tout à fait au maïs cultivé. Certains critiques de cette recherche ont prétendu que ces sculptures représenteraient en fait des grenades, ce qui est invraisemblable, parce que la grenade a un arrondi lisse. D'autres ont dit que c'était des versions de la corne d'abondance, populaire en Inde. Cependant, la pointe de la corne d'abondance est tournée traditionnellement vers le bas, alors que les épis de maïs sur les temples pointent vers le haut. Et pourquoi aurait-on donné à de la vannerie tressée à la main une forme et un profil aussi différents de ceux du végétal ?

La seule explication valable, c'est que les sculpteurs de la dynastie des Hoysala représentèrent le maïs comme une céréale sacrée aux yeux des dieux et des déesses. Et ils ne furent pas les premiers en Inde à agir de la sorte. Des statues datées du Ve au Xe siècle de notre ère représentent des dieux tenant du maïs dans leurs mains. La représentation de Vishnou dans un temple du VIe siècle, creusé dans le grès à Badami, en est un exemple. Il est tout aussi improbable que ces sculptures marquent l'introduction du maïs en Inde. Avant de devenir une céréale de caractère divin et d'être intégrée dans des sculptures de divinités, le maïs a certainement existé dans le pays depuis quelque temps déjà. Quelle que soit la date exacte, cette céréale était cultivée en Asie de l'Est et du Sud bien avant que les premiers colonisateurs portugais eussent pu l'importer.

Il est également possible que le maïs ait été introduit en Europe avant 1492, depuis l'est. Si les premiers Espagnols et Portugais avaient introduit le maïs en Europe, il n'aurait pu être transmis vers les pays à l'est de la péninsule Ibérique qu'après 1492. Mais, d'après des sources italiennes à authentifier, on cultivait déjà une céréale qui ressemblait beaucoup au maïs dans la région de Milan avant, ou vers l'époque où Christophe Colomb revint de son premier voyage. Un des premiers botanistes allemands à parler du maïs, Hieronymus Bock, écrivait quelque quarante ans après le retour de Christophe Colomb qu'il était venu d'Asie et non d'Amérique. Il l'appelait « blé d'Asie », « gros blé », et disait qu'il avait été importé en Allemagne d'une région d'Arabie. D'autres auteurs de la même époque appelaient le maïs *frumentum turcicum asiaticum*, ce qui signifie « grains de la Turquie asiatique » (à cette époque, l'empire ottoman s'enfonçait très loin en Europe et en Asie, d'où la distinction entre la Turquie asiatique et européenne). Le maïs a différentes appellations en Europe qui réfèrent toutes à une origine turque ; par exemple, il est appelé *grano turco* ou *grano saraceno* en Italie, *turkish hvede* en Suède, et « blé de Turquie » en France. Il est cependant très curieux qu'une céréale américaine soit associée aussi étroitement à l'Asie occidentale, et plus curieux encore qu'elle ait voyagé de la péninsule Ibérique jusqu'en Turquie – des pays séparés par leur religion et franchement hostiles l'un vis-à-vis de l'autre – avant d'être introduite en Italie, en Allemagne et en France. Il faut reconnaître que ce scénario est boiteux.

Le prétendu scénario de l'introduction du poulet en Amérique est tout aussi bancal. Selon l'histoire classique, c'est l'explorateur portugais Pedro Alvarez Cabral qui aurait apporté des poulets sur les côtes brésiliennes en 1500. Les indigènes ont certainement trouvé ces oiseaux bien sympathiques, puisqu'ils en ont transmis à leurs amis. Lorsque trente et un ans plus tard Pizarro et ses conquistadors envahirent le Pérou, ils trouvèrent d'innombrables poulets en train de gratter la poussière de Cuzco et d'autres villes incas : l'élevage de poulets s'était apparemment diffusé sur pratiquement toute la largeur de l'Amérique du Sud en seulement trois décennies.

Si c'est véritablement ainsi que les choses se sont passées, cela signifie que la diffusion des poulets s'est faite à une vitesse jamais égalée, qu'elle a avancé à pas de géant par quelque action d'envergure historique. Des éléments de preuve archéologiques actuels indiquent que le poulet commença à être élevé dans la vallée de l'Indus, dans l'actuel Pakistan, en 3000 avant notre ère. On pourrait penser qu'un oiseau aussi utile et savoureux pourrait rapidement se faire adopter par les voisins ; cependant, tout comme l'agriculture qui progresse par étapes, le nouvel élevage avicole a mis beaucoup de temps pour se disséminer à travers l'Asie. Il lui aura fallu mille ans avant d'apparaître en Perse, 1500 ans pour entrer en Égypte et en Mésopotamie, 1600 ans pour naître en Chine, 2200 ans pour se montrer en Grèce et ce n'est que 2900 ans plus tard qu'il fit son apparition en Angleterre. La diffusion opère lentement, même pour de délicieuses volailles.

Mais apparemment, l'Amérique du Sud échappa à cette règle. Plus de 3 860 km à vol d'oiseau séparent Bahia, le point où avait accosté Cabral sur la côte brésilienne, de Cuzco, dans les Andes, une distance moitié plus grande que celle qui sépare la vallée de l'Indus et la Mésopotamie. Et pourtant, il semblerait que les poulets aient couvert cette distance dans le Nouveau Monde en trente et un ans seulement, alors qu'il leur fallut 1500 ans sur le vieux continent ; cela est invraisemblable.

Il est tout aussi improbable que Cabral ait importé le type de poulet découvert parmi les Américains indigènes. Cela fait longtemps que les experts dans l'élevage des gallinacés nous ont démontré que des volatiles apparemment ordinaires peuvent devenir des variétés tout à fait surprenantes entre leurs mains. C'est pourquoi les races particulières de poulets asiatiques diffèrent totalement des variétés européennes. Une des variétés les plus extraordinaires est une race « noire » asiatique, qui a des plumes noires, une chair et des os très foncés, et qui était inexistante dans les pays autour de la Méditerranée au début du XVIe siècle. Par ailleurs, les Asiatiques élevaient leurs volailles dans un but bien différent des Européens ; ils servaient moins comme nourriture que pour les offrandes et le rituel des combats de coqs.

Les variétés de poulets courantes chez les Américains indigènes ressemblaient beaucoup plus à celles de l'Asie qu'à celles de l'Europe. Ils avaient même une race à la chair et aux os aussi foncés que ceux de la race « noire » asiatique. En outre, avant que les Européens n'eussent appris aux Américains à cuisiner le poulet, ces derniers élevaient ces oiseaux pour leurs plumes, les rituels et les combats de coqs. Les Mayas, tout comme leurs cousins linguistiques, les Huaxtèques, font toujours un usage très particulier de ces poulets à la chair foncée, reflétant l'usage des Chinois qui élèvent les leurs pour des rituels. Des rituels similaires sont pratiqués dans la Bolivie occidentale et parmi les peuples Mapuches au Chili. La croyance populaire dit que le fait d'avoir un poulet à chair foncée dans son jardin porte bonheur ; or il est peu probable que cette croyance ait voyagé de Chine jusqu'au Guatemala, en Bolivie et au Chili via Cabral et ses compagnons de voyage ou grâce à quelque Espagnol anonyme, aficionado de poulets.

Aux Amériques, les noms indigènes donnés aux poulets réfèrent plus à l'Asie qu'à l'Europe. Le nom espagnol du poulet est *gallo*, *gallina* ou *pollo*, selon la variété et le contexte. On pourrait penser que si les Espagnols ou les Portugais avaient introduit le poulet comme nouveau type d'oiseau de basse-cour, la langue autochtone lui aurait donné un nom proche de son nom d'origine. C'est notamment le cas des substantifs espagnols, qui dérivent de l'hindou *pil*, qui devint *gallus* en latin, langue d'où dériva l'espagnol, et qui fait référence aux lointaines origines de l'oiseau dans la vallée de l'Indus. Mais curieusement, les termes indigènes désignant le poulet aux Amériques n'ont aucune connexion avec la racine latino-hindoue ; ils reflètent plutôt la complexité linguistique et la terminologie de l'Asie. Le poulet de race « noire » hindou est appelé *kharcha* ; les Awaraks au nord de l'Amérique du Sud l'appellent *karaka*. Les

Chinois le nomment *ke, ki,* ou *kai* selon les dialectes. Son nom dans les différentes langues mayas est *ke*, *ki*, *ek* et *ik*. En japonais, une poule est *mendori* et un coq *ondori* ; et parmi le peuple tarahumara au nord-ouest du Mexique, ils se nomment '*otori* et *totori*.

La passerelle terrestre de la Béringie avait disparu depuis longtemps lorsque débuta l'élevage avicole le long de l'Indus. Le seul moyen pour les poulets de voyager de l'Ancien Monde vers le Nouveau était le bateau, en empruntant la même route que ceux qui sont venus avec Cabral.

Les Asiatiques qui importèrent les poulets dans le Nouveau Monde étaient accompagnés de quelque chose d'inopportun, à savoir les parasites intestinaux. Des infestations combinées de deux types d'ankylostome *(Ancylostoma duodenale* et *Necator americanus)* furent découvertes à la fois parmi les civilisations chinoises de l'Asie tropicale et parmi les peuples indigènes de l'Amérique tropicale. Il existe bien sûr des parasites humains depuis que l'homme est homme, mais les ankylostomes n'ont pas pu être introduits dans le Nouveau Monde via la passerelle terrestre de la Béringie. Ces parasites, pour vivre, ont besoin d'un climat chaud et humide et ils meurent très vite sous des conditions sub-arctiques ou arctiques. Il est donc plus probable que ces parasites aient voyagé de l'Ancien Monde vers le Nouveau dans l'intestin grêle d'anciens marins qui traversèrent le Pacifique dans les latitudes chaudes.

Remémorations de l'âge de la pierre

Un jour, alors que j'étais un enfant déjà fasciné par la question des origines de l'humanité, je regardais une émission télévisée, dans laquelle un chasseur indien avançait prudemment à travers la forêt humide près de l'Amazone. Il se fraya un chemin jusqu'au pied d'un arbre où un singe était en train de manger ; il enfila une flèche empoisonnée dans sa sarbacane, puis il gonfla ses joues comme un soufflet de forge et envoya la flèche dans le singe qui tomba à terre sous l'effet du poison.

Un ou deux mois plus tard, je vis un autre programme qui montrait un chasseur aborigène en Malaisie. Il fit le même jeu d'approche jusqu'à un arbre et enfila une flèche empoisonnée dans sa sarbacane au moment propice. Lorsque le singe fut tombé, il le ramassa et l'emporta chez lui pour son dîner ; c'était exactement le même scénario que celui du chasseur en Amérique du Sud, mais cette scène se passait de l'autre côté du Pacifique et du monde.

L'utilisation de la sarbacane était prétendument un exemple classique d'invention indépendante. Jamais il ne fut dit que la sarbacane avait voyagé par la passerelle de la Béringie lors de la dernière ère glaciaire. Les projectiles très légers utilisés dans les sarbacanes sont très efficaces dans les forêts, où le vent est trop faible pour les détourner de leur trajectoire. Mais dans l'Arctique, où il y a toujours beaucoup de vent, la sarbacane n'est d'aucune utilité comparée aux sagaies et aux arcs et flèches. Comme les chasseurs nomades de l'Arctique entrèrent dans le Nouveau Monde depuis l'Asie sans sarbacanes, on pensait que ces outils avaient été inventés indépendamment de part et d'autre du Pacifique. Les anthropologues disaient que c'était un exemple typique des technologies similaires développées dans des environnements tropicaux.

Mais en y regardant de plus près, ce concept conventionnel de développement parallèle perd toute sa crédibilité. Il est vrai que le principe physique à la base de la sarbacane a pu être inventé indépendamment en des lieux et à des époques différents. Ce sont les détails qui comptent. Stephen C. Jett, un scientifique méticuleux, affirme que ces détails sont tout simplement trop concordants pour avoir été inventés indépendamment.

Un type particulier de sarbacane, à la forme fendue et creuse, se trouve en Malaisie, dans le nord de Bornéo, et dans le Luzon occidental (aux Philippines). Le même outil fut utilisé par les Houmas de la Louisiane, les aborigènes de la haute Amazonie et parmi les peuples indigènes près de Baranquilla en Colombie. Son embout de forme hémisphérique, très courant en Amérique, se retrouve en Malaisie. Les chasseurs à la sarbacane indonésiens et sud-américains utilisent des arbres différents pour recueillir le poison, mais leur manière de tirer le poison est la même et ils ont donné les mêmes noms aux arbres. Les chasseurs de la Malaisie, tout comme ceux d'Amazonie, découpent la chair entourant la flèche avant de manger leur proie, bien que le poison ait été métabolisé et ne présente plus de danger pour la santé de l'homme. Et en Malaisie comme en Amazonie, les chasseurs utilisent du sel et du jus de lime comme antidote, bien qu'on ne sache pas si l'un ou l'autre est vraiment efficace, en dehors de la superstition populaire.

Un autre phénomène culturel, rencontré à la fois dans le Sud-Est asiatique et l'Amérique du Sud, est la fabrication de toile à partir des écorces des arbres. C'est un procédé très complexe, au cours duquel il faut pilonner et traiter l'écorce de certaines espèces d'arbres ; on obtient alors une matière ressemblant à du papier très épais. Paul Tolstoy, un scientifique tout aussi méticuleux que Jett, a compté 121 étapes dans la fabrication des toiles, dont 92 sont identiques, dans le Nouveau et dans l'Ancien Monde. Parmi ces 92, 42 ne sont pas fonction de l'étape précédente et sont tout à fait arbitraires et, pourtant, on les retrouve simultanément dans les traditions de l'Ancien et du Nouveau Monde. Qu'une telle coïncidence, point par point, soit née d'inventions indépendantes défie la théorie des probabilités. Même les plus habiles martingales inventées par le plus brillant des cerveaux droits ne permettront jamais d'expliquer cela.

Un certain nombre d'autres similitudes relient des régions de l'Amérique du Sud, et surtout le bassin amazonien, au Sud-Est asiatique. Dans ces deux régions, les tribus des guerriers chassent leurs ennemis humains pour leurs têtes, qu'ils préservent comme trophées. Les gens ne vivent pas dans des huttes familiales individuelles, mais dans de grandes maisons communales très longues, bâties sur pilotis, et les deux cultures se servent de pirogues pour se déplacer sur les fleuves.

En supposant que le Sud-Est asiatique et l'Amérique du Sud soient liés culturellement comme tendent à nous le faire croire ces éléments de preuve, il serait intéressant de savoir quand ces contacts eurent lieu, afin de mieux comprendre l'historique culturel. La fabrication des toiles et la chasse à la sarbacane sont toutefois des coutumes qui datent de l'âge de la pierre, qui ont dû perdurer pendant des millénaires, sans grandes variations. Il est impossible de les dater précisément avec les méthodes actuelles. Toutefois, il existe une connexion entre l'Ancien et le Nouveau Monde qui a fait l'objet de recherches très approfondies et qui est datée avec précision ; de ce fait, elle nous permet de situer à peu près l'époque de cette acculturation transpacifique.

Les importateurs de poteries

L'histoire commence lorsque Emilio Estrada, un amateur de l'Équateur fasciné par l'archéologie, invita les archéologues professionnels Betty J. Meggers et son mari Clifford Evans à venir à Valdivia, situé sur la côte de l'Équateur, au nord de Guayaquil. Le trio croyait avoir affaire à certaines des plus anciennes poteries du Nouveau Monde. Les analyses du radiocarbone abondaient en ce sens. Les poteries de Valdivia dataient d'environ 3000 avant notre ère ; d'autres tests effectués ultérieurement firent remonter la datation à 3620 av. J.-C., avec une marge d'erreur de 256 ans.

Ils pensaient tous les trois que ce type de poterie de Valdivia était en rapport avec les tessons trouvés sur la côte nord du Pérou, à Ancónand Guañape, mais une étude comparative minutieuse ne révéla que peu de caractéristiques communes. Cependant, Estrada remarqua quelque chose d'étrange : la poterie de Valdivia ressemblait de manière très frappante à une poterie plus ancienne de l'île de Kyushu au Japon. Cette civilisation, appelée Jomon, décorait ses céramiques quasiment de la même façon que le peuple de Valdivia, disparu depuis fort longtemps. Au début, écrivait Meggers, il ne lui serait jamais venu à l'esprit de chercher une connexion avec des poteries en dehors des Amériques. À l'université, on l'avait convaincue que l'Ancien Monde et le Nouveau étaient des mondes complètement séparés. Mais lorsqu'elle étudia la comparaison faite par Estrada, elle se demanda s'il n'avait pas découvert une toute nouvelle piste.

Meggers et Evans partirent pour le Japon pour étudier les poteries originelles des Jomons et pour les comparer avec les agrandissements de photographies des tessons de Valdivia. Meggers releva « un degré de similitude tout à fait bouleversant » tant dans les finitions de surface que dans les techniques décoratives, la forme de la vaisselle, les motifs et la combinaison des motifs, et le façonnage des bords. Meggers fit de nouvelles recherches encore plus approfondies.

Elle écrivit un article après l'autre, qui tous soulevèrent une vive controverse ; Meggers démontrait non seulement que les deux types de poteries étaient similaires, mais aussi que les chances qu'elles fussent des inventions indépendantes étaient quasi nulles. Les ressemblances étaient distinctes, évidentes et concernaient toutes les caractéristiques, trait par trait. Aucune de ces caractéristiques n'avait de rôle fonctionnel. Elles n'ajoutaient rien à la fonction première d'un pot, comme celle, par exemple, de contenir de l'eau ou de permettre la cuisson des aliments. Les ressemblances étaient arbitraires, toutes d'ordre esthétique, ou conformes à un même style. Les poteries des Jomons avaient passé de la facture rudimentaire de 7500 av. J.-C. par différents stades d'une complexité toujours plus grande, jusqu'à atteindre le niveau de leurs sœurs découvertes en Amérique du Sud. Les poteries de Valdivia semblaient être une invention locale, qui n'avait que peu ou rien à voir avec un quelconque type antérieur de poterie américaine.

Les civilisations de Jomon et de Valdivia avaient la même écologie. Ces peuples étaient établis le long de la côte, se nourrissaient de produits de la mer, surtout de mollusques, et de la terre, essentiellement de plantes comestibles et de gibier. Ils pêchaient, chassaient et se déplaçaient en bateau. Si le peuple Jomon avait une vaisselle en poterie, pour cuire, manger ou conserver ses aliments, les anciens habitants de Valdivia ne connaissaient que le bois, les calebasses et le cuir. L'arrivée de la poterie a dû révolutionner leurs habitudes, au même titre que l'électricité allait changer la société quelque cinq mille ans plus tard. Et apparemment, elle fut introduite par les Jomons qui, accidentellement ou intentionnellement, traversèrent le Pacifique, en suivant le courant océanique qui traverse le Pacifique Nord depuis la côte est du Japon jusqu'à la côte ouest de l'Équateur – un atout pour les voyages transocéaniques de l'Antiquité, comme nous le verrons au chapitre 7.

Les travaux de Meggers ont soulevé de vives polémiques au sein du monde académique, parce qu'ils vont à l'encontre de la thèse officielle. Ses détracteurs disent que la poterie de Valdivia est un dérivé d'un type préexistant au Nouveau Monde et que ses ressemblances avec celle de Jomon sont pures coïncidences. À ce jour, on n'a pas encore trouvé de poterie au Nouveau Monde qui puisse être l'ancêtre du style de Valdivia. Et parler de coïncidence n'est pas sérieux. Pour les archéologues, les poteries servent à distinguer une culture d'une autre, car elles peuvent varier à l'infini. Lorsque deux types de poterie se retrouvent dans des pays voisins ou sur un même continent et qu'ils se ressemblent, on parle de phénomène d'acculturation. Mais si elles sont séparées par une masse d'eau, et plus particulièrement par l'océan Pacifique, on prétexte la coïncidence ; il s'agit encore d'une incohérence qui permet à la convention en place de conserver toute sa force.

Un type d'armement découvert au Japon et en Corée d'une part, et en Équateur, au Pérou et en Bolivie d'autre part, vient corroborer l'idée de la connexion entre les Jomons et le peuple de Valdivia. Cette arme de guerre, appelée masse-étoile, était constituée d'une tête en forme d'étoile encastrée dans un manche. Ces masses-étoiles asiatiques sont en pierre et datent de la fin de la culture des Jomons, c'est-à-dire d'il y a 3000 ans. Dans les Andes, des masses semblables étaient d'abord en pierre, puis en bronze, et datent de 500 à 1500 ap. J.-C. Et comme cette masse ne se retrouve nulle part en Amérique du Sud, si ce n'est parmi ce peuple influencé par les Japonais Jomons, c'est que ces derniers l'ont probablement aussi importée.

Par ailleurs, il existe des indices, relevant singulièrement de la microbiologie, qui étayent cette hypothèse de connexion. Un virus associé à la maladie appelée leucémie des cellules-T est très répandu parmi les momies conservées au Chili du Nord en 500 ap. J.-C., et aussi parmi la population du Japon du Sud-Ouest.

Le phénomène d'acculturation entre le Japon et l'Équateur décrit par Meggers, qui remonte à 3000 avant notre ère ou peut-être même à plus loin, est convaincant. Toutefois, les anciens Japonais n'ont pas construit de véritables pyramides ou cela se saurait, et ils ne peuvent donc pas être classés parmi les ancêtres de l'Ancien Monde à l'origine de ce type d'architecture symbolique développé dans le Nouveau Monde. Et pourtant, l'Équateur fournit les preuves d'un contact ultérieur avec une civilisation constructrice de pyramides.

Vers 500 avant notre ère, sur la côte équatoriale, s'est développée la civilisation Bahia. Elle fut caractérisée par des villages plus grands, une société mieux organisée, qui n'était plus tributaire de la chasse et de la cueillette, ayant développé l'agriculture. C'est à cette époque qu'apparurent les repose-têtes en céramique, qui étaient jusque-là inconnus aux Amériques, mais très répandus en Asie du Sud et du Sud-Est. Certains autres éléments des Bahia prirent également une forme asiatique. Les maisons avaient une apparence inconnue aux Amériques, avec leur toit concave faisant penser à une selle de cheval, alors que celles des autres faisaient très couleur locale. Les flûtes de Pan qui, dans le reste de l'Amérique du Sud, étaient faites de tuyaux de taille décroissante d'un bord à l'autre, prirent à Bahia une nouvelle forme, concave : la longueur est la même aux deux bords de l'instrument et elle décroît progressivement jusqu'au milieu – ce qui est la forme propre des flûtes de Pan asiatiques. Quant aux figurines, elles avaient une posture commune aux représentations du Bouddha en Asie du Sud et du Sud-Est, où le pied droit vient reposer sur le genou gauche.

La connexion avec l'Asie du Sud

Il y a une différence de taille entre ce qui s'est passé à Valdivia et à Bahia. Avant que les marins Jomons ne débarquent en Équateur, la poterie était peu connue et avait une forme grossière. Les Japonais introduisirent une nouvelle technologie quasi révolutionnaire, qui fut adoptée en bloc par tout le peuple de Valdivia. Lorsque les Asiatiques réapparurent deux mille cinq cents ans plus tard sur la côte, sur le seuil de la civilisation Bahia, leur influence se fit plus subtile. Les objets et concepts qu'ils apportèrent ne causèrent pas la révolution, mais modifièrent le style des objets manufacturés d'usage courant. Un phénomène de ce type a dû se passer au regard des pyramides en Méso-Amérique, et plus particulièrement de celles du royaume maya.

La construction des pyramides avait déjà commencé dans le Nouveau Monde lorsque la civilisation maya, qui se stabilisa vers 200 de notre ère, commença à ériger ses monuments. Les Mayas incorporèrent dans leur concept architectural un certain nombre de techniques et de styles qui rappellent l'architectonique particulière de l'Asie du Sud et du Sud-Est, comme ces figurines de Bahia qui ressemblent au Bouddha.

L'impression générale qui se dégage des pyramides mayas fait immédiatement penser à l'Asie. Prenons comme exemple classique le temple I à Tikal, avec son profil à degrés, son unique escalier étroit et son petit temple imposant au sommet. Ces mêmes caractéristiques se retrouvent encore et toujours dans les temples cambodgiens à degrés, à l'intérieur et autour du complexe d'Angkor Vat. La ressemblance est plus que superficielle. N'importe quel détail architectural qui donne à une pyramide maya son cachet « maya » se retrouve en Asie du Sud et du Sud-Est. Les pyramides mayas furent construites autour d'une solide structure de base, tout comme les stûpas bouddhistes en Inde, tels ceux de Sanchi et les temples à degrés du Cambodge. Les longs couloirs étroits des pyramides mayas, comme ceux du temple des Inscriptions à Palenque et les structures apparentées, ont une voûte en encorbellement. Le même type de voûte et le même type de corridor se retrouvent dans les temples du Sud-Est asiatique. Les temples qui dominent les pyramides sont similaires dans les deux régions : ils sont petits mais massifs, permettant tout juste d'y installer une statue sacrée et quelques prêtres ; leur toit a une hauteur exagérée, qui ne sert à rien si ce n'est à leur donner des proportions qui rendent l'ensemble plus esthétique.

En outre, il y a les dieux au long nez des Mayas. Par exemple, dans le glyphe qui représente la ville maya de Copán, on distingue l'image d'une divinité au nez très long, en forme de tube. Vers le milieu des années 1920, Sir Grafton Elliot Smith affirma que ce dessin était un éléphant, mais cette identification fut rejetée par les anthropologues américains comme Alfred Tozzer et Herbert Spinden, qui prétendirent que c'était un ara, une première espèce de perroquet. Cependant, un ara ne ressemble en rien à ce dessin, car son bec n'a rien de tubulaire ; au contraire, il est très grand et bien proportionné. Si le glyphe représente effectivement un éléphant, il trahit une influence asiatique du Sud et du Sud-Est. Cet animal n'a jamais existé sous sa forme actuelle aux Amériques, et les mastodontes et mammouths sont des espèces qui ont disparu avec la fin de la dernière ère glaciaire.

Une autre connexion de ce type se trouve dans la ville maya très particulière et exceptionnelle de Comalcalco, située aujourd'hui dans l'État mexicain de Tabasco, dans l'anse au sud du golfe du Mexique. La ville est reliée à Palenque, dont la construction commença sous les règnes du roi Pacal (615-683 ap. J.-C.) et de ses deux fils. Les premiers niveaux de Comalcalco semblent plus anciens et pourraient avoir été construits durant le Ier et le IIe siècle de notre ère. Les ruines dégagées à ce jour montrent un grand complexe cérémoniel composé de places et de tumulus pyramidaux surmontés des temples. Le schéma général de Comalcalco est celui d'un centre de culte typiquement maya, mais un certain nombre de ses caractéristiques architecturales sont inhabituelles. On y trouve, d'une part, des ouvertures ressemblant à des fenêtres, ce qui est très rare dans les constructions des Mayas et, d'autre part, d'étroites encoches taillées dans les murs à côté de certaines fenêtres, ce qui est aussi un détail rare et inhabituel. Par ailleurs, le mort était enterré d'une manière spécifique à Comalcalco. Le corps était placé sur un lit de coquilles d'huîtres, sous une grande coupe renversée, un procédé qu'on ne retrouve nulle part ailleurs en Méso-Amérique.

Les matériaux de construction sont encore plus curieux. Comalcalco est le seul site connu – non seulement dans le pays maya, mais aussi dans toute l'Amérique précolombienne – qui ait été bâti avec des briques cuites au four. En d'autres endroits, on utilisait des briques séchées au soleil ou adobes, mais jusqu'à ce jour, Comalcalco semble être le seul endroit où l'on ait utilisé des briques cuites au four. On peut se demander pourquoi les Mayas ont renoncé, à ce seul endroit, à leurs briques de calcaire usuelles pour les remplacer par ces briques ; jusqu'à preuve du contraire, c'est un matériau qu'ils n'avaient jamais utilisé et qu'ils ne devaient plus utiliser par la suite.

Les motifs et les dessins incisés dans un certain nombre de briques de Comalcalco avant qu'elles ne fussent cuites sont encore plus surprenants. De nombreux motifs sont des glyphes ou dessins typiquement mayas, mais les autres ne correspondent pas à l'écriture maya telle que nous la connaissons. L'épigraphiste Barry Fell étudia ces dessins exceptionnels et en conclut qu'ils étaient des griffes utilisées par les maçons romains. Les Romains ont effectivement beaucoup employé les briques cuites au four, surtout après le Ier siècle avant notre ère, et leurs maçons avaient l'habitude de décorer leurs briques de signes très analogues à ceux rencontrés à Comalcalco.

Il y a toutefois quelques grosses incohérences dans cette identification de Comalcalco comme site romain. Tout d'abord, les Romains étaient loin d'être de grands constructeurs de pyramides. Il serait bizarre qu'un peuple dont les rares pyramides avaient très nettement des faces planes comme les nubiennes se soit mis à construire une pyramide à degrés dans le nouveau pays sauvage de la Méso-Amérique, à la façon des Mayas. En outre, les tuiles romaines, qui sont pratiquement omniprésentes sur les constructions romaines, font défaut à Comalcalco. Et si les maçons romains gravaient leurs briques des mêmes signes que ceux trouvés sur les briques à Comalcalco, ils y gravaient aussi des graffitis latins. À ce jour, aucun graffiti latin, ni aucune inscription de l'alphabet romain n'ont été découverts sur le site.

Manifestement, un peuple a laissé des traces à Comalcalco. S'il ne s'agit pas des Romains, de qui s'agit-il alors ?

Fell a bien fait de chercher l'explication de ces briques gravées de Comalcalco en dehors du Nouveau Monde, dit David J. Eccott, un musicien professionnel passionné par l'archéologie de l'Amérique centrale. Mais selon Eccott, Fell n'est pas allé assez loin. Ce dernier a reconnu que les incisions sont bien plus anciennes que l'Empire romain (du Ier au Ve siècle de notre ère). Il les a retrouvées en Crète, à la période archaïque de l'Empire minoen de la première moitié du IIe millénaire avant notre ère. En fait, elles remontent à bien plus loin, et datent du royaume obscur de la « Vieille Europe ».

Feue Marija Gimbutas, qui fut archéologue à l'Université de Californie à Los Angeles, utilisa ce terme pour désigner une civilisation archaïque pacifique qui vouait un culte à une déesse mère, et qui s'épanouit dans une grande partie de l'Europe du Sud-Est et en Méditerranée orientale entre 7000 et 3500 avant notre ère. La civilisation minoenne ultérieure de la Crète est née des derniers vestiges de cette très vieille culture. D'après Gimbutas, la Vieille Europe était assujettie par un peuple très agressif, dévoué à son dieu, originaire du bassin de la Volga, dans l'actuelle Russie du Sud. La culture de la Vieille Europe ne disparut pas pour autant après son invasion, mais elle se fit discrète et ne se fit remarquer que dans quelques occasions rares mais significatives. Une de ses résurgences concerne l'écriture.

Gimbutas dénonça la croyance des archéologues selon laquelle l'écriture avait ses origines chez les Sumériens de Mésopotamie au IVe millénaire avant notre ère et n'était qu'une méthode de comptabilité pour leurs activités marchandes et commerciales. Selon Gimbutas, les musées étaient remplis de preuves qui lui permettaient d'affirmer que de nombreux signes « décoratifs » sur les objets manufacturés de la Vieille Europe étaient en fait des symboles qui appartenaient à une forme d'écriture encore plus archaïque, fondée sur la religion et non sur l'économie. Ces symboles de la Vieille Europe survécurent à son assujettissement et resurgirent dans l'écriture « linéaire A » utilisée par les Minoens de la Crète dans la première moitié du IIe millénaire avant notre ère et dans le syllabaire de l'ancienne Chypre.

C'est ici qu'Eccott propose une suite à cette histoire. Il pense que les symboles de la Vieille Europe ont voyagé bien plus loin que la Crète et Chypre et qu'ils sont à l'origine de l'écriture de la vallée de l'Indus. De nombreux symboles de cette ancienne écriture ressemblent non seulement aux signes de la Vieille Europe, mais aussi à ceux des maçons retrouvés sur les briques romaines cuites au four. Des signes semblables furent découverts dans l'écriture rongorongo sur l'île de Pâques, située dans le Pacifique du Sud, au large des côtes du Chili, et sur des adobes, ou briques séchées au soleil, de la pyramide Huaca Las Ventanas, le long de la côte nord-ouest du Pérou, qui date de l'époque pré-inca des Mochicas.

La brique cuite au four est une autre preuve de la connexion transpacifique entre le golfe du Mexique et la vallée de l'Indus. La première civilisation brillante de l'Inde fut celle de Harappa, qui employait la brique cuite à grande échelle, mais la technique disparut ensuite, jusque vers 500 avant notre ère. Elle resurgit plus tard avec les civilisations de l'Inde antique, dans la partie nord du pays et le long du Gange.

Il est peu vraisemblable que les briques cuites marquées de sceaux voyagèrent directement de la vallée de l'Indus au Mexique. La chronologie dément cela. Les civilisations de la vallée de l'Indus déclinèrent entre 1900 et 1300 avant notre ère, mais les premières rangées de briques ne furent posées à Comalcalco qu'au Ier siècle après J.-C. Qu'étaient donc devenues ces briques entre-temps ? Il est fort possible que la technique et les sceaux aient passé par au moins une civilisation intermédiaire, peut-être en Inde, peut-être en Asie du Sud-Est, où l'influence de l'Inde a été très forte pendant très longtemps. En effet, on trouve sur certaines briques des motifs qui pourraient être indiens, comme cette silhouette humaine aux pattes d'oiseaux, ce crâne portant des cornes de karbau et cet homme émergeant d'une fleur qui ressemble au Bouddha sortant d'un lotus.

Bien sûr, ce ne sont que des éléments de preuve circonstanciels, mais les ressemblances architecturales qui relient le royaume maya et l'Asie du Sud-Est, combinées aux épis de maïs sculptés des temples indiens construits à la même époque, offrent un tableau suggestif. Au final, il devient de plus en plus probable que le centre asiatique hindou et bouddhique était en connexion avec la Méso-

Amérique et qu'il joua un rôle capital lors de la construction des pyramides mayas.

Des affinités avec la Chine

Les pyramides de Teotihuacán sont antérieures à de nombreux monuments mayas et leur forme est différente. Une pyramide maya s'élève à la verticale, tandis que dans un édifice de Teotihuacán les lignes horizontales sont prépondérantes. Il s'étale autant qu'il s'élève. On peut se demander d'où vient cette différence dans leur esthétique.

Les travaux de recherche de Joseph Needham, un scientifique et académicien britannique qui a fait une longue carrière et qui décéda en 1995 à l'âge de 95 ans, apportèrent une réponse intéressante autant que mystérieuse. Needham fut membre de la faculté de l'Université de Cambridge, et il commença sa carrière comme biochimiste ; il écrivit trois essais classiques sur les processus chimiques lors du développement de l'embryon. En 1966, il quitta la recherche en biochimie et se consacra à l'étude de l'histoire technologique et scientifique de la Chine, un sujet qui le passionnait depuis longtemps. Pour célébrer son quatre-vingt-dixième anniversaire, le magazine *Nature* le déclara « probablement le scientifique le plus émérite du monde [...] un génie qu'il est difficile d'égaler de nos jours ». Il ne fait nul doute que les partisans de Stephen Hawking pensent tout autrement. Néanmoins, Needham fut un académicien extraordinairement perspicace et un esprit méticuleux, un expert qui connaissait les mécanismes de la science et qui savait comment se fait l'histoire.

En novembre 1947, Needham travaillait à Mexico avec un organisme des Nations unies. Il en profita pour visiter les musées d'antiquités à Mexico, des sites comme Teotihuacán et Chichén Itzá, et pour s'entretenir avec des chercheurs de pointe en histoire antique américaine. Needham écrivit qu'il avait l'impression d'être déjà venu sur ces lieux : « En effet, cette aventure avait un goût de *déjà vu*, et durant mon séjour, je fus très impressionné par les ressemblances palpables entre de nombreuses caractéristiques des grandes civilisations de l'Amérique centrale et celles d'Asie orientale et du Sud-Est.

Tout d'abord, n'est-il pas étonnant que les premières surgirent dans la partie occidentale du continent, comme si elles avaient été fécondées ou provoquées ou stimulées depuis l'autre côté du Pacifique ? » Et Needham de relever une première similitude : « La prédominance des lignes horizontales des terrasses et escaliers monumentaux du temple amérindien central et des plans des villes, malgré le *teocalli* [1] pyramidal. »

Intrigué par son impression de voir au Mexique ce qu'il avait déjà vu en Asie, Needham entreprit des recherches approfondies. Il aborda le sujet avec sa minutie légendaire.

Needham fut particulièrement frappé par la similitude entre les pyramides et les cours dans l'enceinte des centres cérémoniels méso-américains d'une part, et d'autre part les enceintes sacrées et plates-formes en forme de pyramides à étages de Pékin et des autres capitales chinoises traditionnelles. Si les pyramides en Méso-Amérique servaient aux sacrifices, les plates-formes chinoises étaient une scène d'offrandes pour les dieux. La plate-forme de Chou, qui fait fonction d'autel, en est un exemple ; elle fut construite entre 700 et 500 avant notre ère, dans la province du Szu-ch'uan. Elle est constituée de trois plates-formes empilées, dont les côtés les plus longs mesurent approximativement 103 m, 66 m et 31 m. Et comme ces plates-formes atteignent une hauteur maximale de 4,5 m à 10,5 m, il se dégage de l'ensemble une impression d'horizontalité. Sous le règne des Han, durant le dernier millénaire avant notre ère, les plates-formes à degrés servaient pour des sacrifices et lors des funérailles des princes. On retrouve le même schéma au temple des Inscriptions de Palenque, où le roi maya Pacal fut enterré en 683 ap. J.-C. Le visage de Pacal était recouvert d'un magnifique masque de jade qui fait penser aux cercueils de jade qui contenaient les corps de Liu Sheng – ou prince Ching – et de son épouse, enterrés dans la province de Ho-Pei en 113 avant notre ère. Les plates-formes chinoises n'avaient que trois étages, contrairement à celles de la Méso-Amérique qui en comptent davantage, et elles ressemblent plus à celles du Sud-Est asiatique et de la Mésopotamie ; toujours est-il que les pyramides mexicaines, et plus particulièrement celles de Teotihuacán, avec leurs lignes horizontales et leur faible déclivité, ont une physionomie très nettement chinoise.

1. Temple mexicain.

Cette ressemblance s'étend à d'autres aspects de la culture méso-américaine. Les Aztèques, comme les Chinois, admiraient une entité de la lune symbolisée par un lapin et non par une forme humaine. En Chine, ce lapin lunaire siégeait dans le palais de la Dame de la Lune, où il pilonne éternellement les ingrédients nécessaires à l'élixir de l'immortalité. Le lapin aztèque de la lune était associé aux dieux du *pulqué*[1] enivrant.

Le jade était très prisé des Aztèques, des Mayas et des Chinois, et cette pierre verte leur était très précieuse. Ils allèrent même jusqu'à placer des perles de jade dans la bouche des défunts ; parfois, ils recouvraient les perles de peinture rouge, obtenue à partir de l'hématite ou du cinabre, parce que cette couleur était censée donner la vie.

Les Mayas et les Chinois avaient la même approche de la temporalité. Au XVIe siècle, les Européens pensaient que la terre avait environ 5500 ans ; ce chiffre avait pour origine les récits bibliques. Une telle période ne représentait qu'une goutte dans la vasque cosmologique de Pacal, dont les inscriptions à Palenque font remonter ses premiers ancêtres royaux à un million d'années. I-Hsing, au début du VIIIe siècle de notre ère, pensait que la première conjonction générale des planètes eut lieu il y a 97 millions d'années. En Méso-Amérique tout comme en Chine, le temps était beaucoup plus élastique qu'en Europe.

Pour mesurer le temps, les Chinois utilisaient un cycle de 10 caractères et un autre de 12 pour nommer les jours, les mois et les années, et chaque cycle revenait à son point de départ, respectivement tous les 60 jours, tous les 60 mois et tous les 60 ans. Le calendrier méso-américain comprenait également deux cycles, et la version maya était même plus compliquée que celle des Chinois. Une roue dentée primaire à 13 chiffres et 20 jours, représentant l'année religieuse, ou *tzolkin*, s'engrenait à une deuxième roue représentant l'année calendaire de 365 jours, et le tout donnait une période récurrente de 52 ans. Les détails diffèrent, mais ces systèmes asiatique et méso-américain coordonnent chacun deux cycles, de manière tout aussi arbitraire et insolite que doit l'être la conception d'une telle idée.

Les glyphes mayas rappellent les idéogrammes chinois traditionnels par leur forme carrée, par le sens de la lecture qui va de haut en

1. Boisson fermentée mexicaine.

bas, et par le schéma de leur alignement. Et puis, il y a les *quipos*, ces cordelettes à nœuds qui servaient dans l'Antiquité, en Amérique du Sud comme en Chine, pour l'enregistrement de renseignements divers, avant que n'apparaisse l'écriture. Les Mayas inscrivaient les chiffres avec un système de barres et de points qui ressemble à la méthode des baguettes utilisée par les Chinois. Les deux pays intégraient la valeur zéro dans leur arithmétique, un outil mathématique qui venait tout juste de faire son apparition en Europe de l'Ouest, lorsque Christophe Colomb débarqua aux Caraïbes. Les Mayas connurent et utilisèrent le zéro avant les Chinois et ce fut probablement une contribution américaine au développement de la civilisation asiatique.

Les Mexicains de l'Antiquité fertilisaient leurs sols avec des excréments humains, une pratique tout à fait inconnue en Méditerranée, mais courante en Chine. Et les deux pays connaissaient les systèmes de l'irrigation et l'hydraulique.

Le travail des métaux est également comparable. Les forgerons en Méso-Amérique et en Amérique du Sud utilisaient des techniques comme celles, très variées, de la dorure et du collage par dispersion de l'argent et du cuivre, également connues en Asie orientale. Deux alliages caractéristiques du Japon, l'un composé d'oxyde de cuivre et d'or et l'autre de cuivre, d'or et d'argent, apparurent en Amérique du Sud à la fin du dernier millénaire av. J.-C. Dès l'an 1000 de notre ère, les peuples de l'Équateur et du Pérou septentrional avaient des pièces de monnaie de cuivre, en forme de petites lames de hache. La monnaie de cuivre des Chinois avait la forme de demi-lunes, de ronds, de pelles et de couteaux.

Après avoir réuni toutes ces informations, Needham énonça sa conclusion avec fermeté :

> J'ai accumulé une montagne d'indices qui prouvent qu'entre le VIIe siècle av. J.-C. et le XVIe siècle de notre ère, c'est-à-dire durant toute la période précolombienne, des peuples asiatiques visitèrent occasionnellement les Amériques, apportant avec eux une foule de caractéristiques culturelles, de motifs artistiques et des objets matériels [surtout des plantes], ainsi que des concepts et connaissances de différentes sortes. [...] On peut imaginer que de petits groupes d'hommes [et certainement de femmes] arrivèrent de temps à autre, avec un bagage culturel de haut niveau ; il n'y eut jamais d'invasion en masse comme celle des Européens au XVIe siècle.

La déduction de Needham est juste. Toutefois, de nouvelles recherches permettent d'avancer que ces voyages ont commencé antérieurement au VIIe siècle avant notre ère, à une date en connexion directe avec la première pyramide méso-américaine de La Venta.

L'arrivée des Shang

Les Olmèques ont longtemps tourmenté les archéologues américains. La civilisation olmèque est la plus ancienne qui soit connue en Méso-Amérique, et elle fut découverte accidentellement dans les années 1850, lorsque des ouvriers déterrèrent une des têtes colossales de Tres Zapotes sur une plantation de canne à sucre dans l'État mexicain de Veracruz. On a d'abord pensé que cette sculpture n'était qu'un objet d'art antique exagérément grand, curieux mais sans grande importance. Ce n'est que lors des fouilles durant les années 1940, 1950 et 1960 qu'apparut la vraie dimension de cette ancienne civilisation parfaitement accomplie. L'archéologue mexicain Miguel Covarrubias soutint que les Olmèques représentaient la civilisation originelle de la Méso-Amérique, au même titre que l'Égypte ancienne, à travers la Grèce, était considérée comme la source de la civilisation européenne. Les peuples de Teotihuacán, les Mayas, Zapotèques, Mixtèques, Toltèques et Aztèques descendaient tous des Olmèques et développèrent leur propre civilisation. Les Olmèques étaient à l'origine de l'émergence et de la diffusion de la civilisation en Méso-Amérique.

Le problème que posent les Olmèques concerne moins leur influence que leurs origines. Ce peuple sophistiqué émergea dans l'environnement excessivement marécageux de la côte de Veracruz, avec une rapidité étonnante, comme s'il venait d'arriver d'un autre endroit. Un certain nombre d'hypothèses furent avancées pour expliquer cela. Michael D. Coe, qui dirigea de nombreuses fouilles à La Venta, a prétendu que la « soudaineté » de l'arrivée olmèque est une illusion et que cette civilisation découla de cultures antérieures plus simples, dans le Veracruz et le nord de Tabasco. D'autres pensent qu'elle serait venue des hauts plateaux de Morelos et des versants d'Oaxaca et Guerrero, le long du Pacifique. Gordon F. Ekholm, qui fut conservateur de l'archéologie mexicaine au musée américain d'Histoire naturelle, déclara en 1964 avec beaucoup d'assurance que les Olmèques devaient avoir quelque antécédent dans la Chine de l'âge du Bronze.

Et aujourd'hui, Mike H. Xu de l'Université centrale d'Oklahoma propose une explication qui réunit les autres hypothèses, et qui suggère que les Chinois auraient construit la pyramide de La Venta, comme le disait Ekholm. Dans l'hypothèse de Xu, des marins de la dynastie Shang (ou Yin Shang) qui prospéra en Chine entre 1600 et 1122 avant notre ère environ [1], traversèrent le Pacifique et accostèrent quelque part le long de la côte d'Oaxaca et Guerrero. De là, ils montèrent vers les hauts plateaux de Morelos, puis descendirent vers le golfe du Mexique, où leur civilisation atteignit son apogée ; leur accomplissement est signifié par la pyramide cannelée et le centre cérémoniel de La Venta.

Les Shang fabriquaient de très belles céramiques et poteries ; ils étaient des experts dans la ciselure du jade. Ils pratiquaient l'astrologie, faisaient des sacrifices humains, construisaient de grands palais, érigeaient des statues et construisaient des pyramides en terre tassée comme tumulus funéraires. Bien sûr, les Olmèques faisaient à peu près la même chose. Il existe une tradition Shang qui dit que, lorsque le dernier empereur de la dynastie tomba entre les mains de ses rivaux aux environs de 1122 avant notre ère, 250 000 personnes fuirent vers l'est, sur l'océan Pacifique. Ce nombre paraît exagéré, mais l'histoire populaire d'une émigration à une époque qui correspond avec l'émergence ultérieure des Olmèques de l'autre côté du même océan demeure mystérieuse.

Néanmoins, des similitudes prononcées et des histoires séduisantes ne suffisent pas pour étayer la théorie d'une dynastie Shang qui aurait transporté ses dons de construction de pyramides à travers le Pacifique. Il faut des preuves tangibles. Xu dit qu'elles figurent dans ce qu'on appelle « l'offrande n° 4 » de La Venta.

Découverte en 1955 par une équipe d'archéologues dirigée par Philip Drucker et Robert F. Heizer, l'offrande n° 4 est constituée de seize figurines masculines – toutes en jade ou serpentine, sauf une – et de six fers de lance rituels, soit des pierres taillées en biseau aplati,

1. La datation des dynasties chinoises archaïques, tout comme celles de l'ancienne Égypte, est très controversée parmi les spécialistes.

de mêmes matériaux. L'offrande était enterrée sous un centre cérémoniel et a apparemment fait partie d'un rituel funéraire. Quatre des fers de lance sont peints de la même couleur cinabre, dont Needham disait qu'elle était la preuve d'une présence chinoise en Méso-Amérique. Les figurines, qui ont toutes des formes masculines, sont disposées en un grossier demi-cercle en face des fers de lance qui sont posés debout. Quelques fers de lance sont incisés de signes qui ont donné bien du fil à retordre aux experts, certains disant qu'il s'agissait d'une écriture indéchiffrable, d'autres de simples décorations.

Xu dit que ce sont des idéogrammes de la dynastie chinoise Shang et qu'ils contiennent donc un message. D'après sa traduction, les inscriptions sont une déclaration d'offrandes faites aux ancêtres de la dynastie Shang et aux douze rois de An Yang, la capitale de la seconde période de la dynastie. Les inscriptions décrivent la disposition des figurines, qui suggère un groupe d'hommes engagé dans un rituel de vénération des ancêtres.

Selon Xu, les pictogrammes Shang apparaissent aussi sur les gravures olmèques, et de ce fait les fers de lance rituels ne sont pas de simples curiosités rarissimes. Il cite pour exemple une des têtes colossales de La Venta, au visage apparemment africain, qui porte les gravures des symboles Shang signifiant « sacrifice » et « pluie », une combinaison que l'on retrouve partout dans les œuvres d'art olmèques.

Ces ressemblances apparaissent dans d'autres facettes des religions. Les Shang adoraient l'aigle. Cet oiseau était aussi un totem pour les Olmèques et il figure aujourd'hui encore sur le drapeau national du Mexique, où il porte un serpent entre ses serres et dans son bec ; il pourrait être associé au dragon chinois. Les Shang avaient une grande estime pour le tigre à cause de sa puissance et de sa témérité ; ils le disaient gardien des tombes sur lesquelles ils plaçaient son symbole. Chez les Olmèques, c'est le jaguar qui donnait la puissance aux guerriers, et la représentation de ce gros félin, que l'on trouve un peu partout, comprend souvent un élément humain, et devient de ce fait un homme-jaguar. Il est légitime de penser qu'un peuple asiatique qui vénérait le tigre ait pu transférer son admiration mêlée de crainte dans le plus féroce des chats sauvages de leur nouveau pays d'adoption.

L'homme-jaguar apparaît aussi dans la culture des Chavíns au nord du Pérou, qui s'épanouit à peu près à la même époque que celle des Olmèques. La grande différence entre les deux cultures est que le peuple Chavín travaillait le métal, alors que les Olmèques ne connaissaient que la pierre. Mais la ressemblance entre les sculptures est trop forte pour n'être que coïncidence. Il est possible que les Chavíns et les Olmèques aient échangé leurs idées, ou alors ce sont deux ramifications d'une même émigration de Chine.

Les Chinois Shang et les Olmèques orientaient leurs centres cérémoniels vers le nord. Des mesures faites avec une boussole ont montré que l'axe central d'An Yang est à 5 degrés est du nord, et celui de La Venta à 8 degrés ouest. On pourrait croire qu'ils sont orientés différemment, mais en fait ils pointent tous deux vers le nord géographique. Le nord géographique diffère du nord magnétique de la boussole par l'angle dit de déclinaison, qui varie selon la position géographique sur Terre. Lorsque l'on considère cet angle de déclinaison, on s'aperçoit que An Yang et La Venta sont orientés tous les deux vers cette même direction. On sait que les Shang connaissaient bien l'astronomie. Apparemment, les Olmèques étaient tout aussi doués, puisqu'ils surent trouver le nord géographique en observant les étoiles.

C'est encore chez les Olmèques que l'on peut déceler une autre connexion entre la Méso-Amérique et la Chine, en comparant leurs calendriers. Jusqu'ici aucune vraie preuve archéologique d'un calendrier olmèque n'a été découverte, mais des éléments communs aux systèmes des Aztèques et des Mayas indiquent qu'ils ont leur origine chez les Olmèques. Les huit divisions des calendriers mayas et aztèques sont le reflet du calendrier solaire à huit points de la Chine antique.

Et pour finir, il y a la pyramide de La Venta, qui ressemble tellement aux pyramides de Lishan en Chine par sa construction en terre tassée en forme de montagne. Il est impossible que cette ressemblance frappante puisse s'expliquer par une coïncidence.

Le manque de preuves et les preuves d'un manque

Avant de porter un jugement hâtif en disant que les Chinois de la dynastie Shang furent les premiers constructeurs de pyramides en Méso-Amérique, il faut répondre à deux questions. La première concerne l'anthropométrie. Qu'est-il arrivé à ces peuples que l'on suppose avoir importé une haute civilisation en Amérique ?

À côté des têtes colossales de type africain de La Venta et d'autres sites olmèques, il existe quelques représentations humaines, aux traits apparemment chinois, qui datent de la même époque. Une tête en terre cuite, qui se trouve aujourd'hui au musée Diego-Rivera à Mexico, a un visage qui est manifestement chinois, avec ses replis épicanthiques qui donnent aux yeux des Asiatiques orientaux leur forme caractéristique en amande. Une autre sculpture de pierre, dont la forme des bras est très harmonieuse et qui doit représenter un lutteur, porte une barbe et une moustache qui le font ressembler à un Chinois contemporain. Il est fort probable que ces sculptures avaient été faites peu de temps après l'immigration chinoise, avant que les mariages interethniques ne mélangent les traits génétiques et ne compliquent l'identification des ancêtres. À présent que trois mille ans se sont écoulés, la seule manière dont nous disposons pour déterminer les origines chinoises – ou africaines ou méditerranéennes, selon les cas – des lignages en Méso-Amérique repose sur des techniques génétiques très sophistiquées.

Mais ces traces peuvent être retrouvées, à condition que le chercheur ait le bagage scientifique nécessaire pour savoir ce qu'il faut rechercher. La pointe sud de l'Afrique nous fournit un merveilleux exemple. Les Lembas sont un groupe d'environ cinquante mille personnes au physique africain, qui parlent le bantou et qui vivent en Afrique du Sud, à la frontière avec le Zimbabwe. Selon les traditions de leur tribu, les Lembas descendraient des Hébreux du Moyen-Orient. L'histoire veut qu'ils aient été conduits par un homme nommé Bouba, depuis leur ancienne patrie de Senna jusqu'en Afrique. Les Lembas pratiquent la circoncision, respectent le sabbat et ne mangent pas de porc ou d'animal qui lui ressemble, comme l'hippopotame, qui est un parent du cochon de nos fermes.

Mais les pratiques religieuses peuvent être le fruit d'une éducation ; elles ne prouvent donc pas une véritable ascendance biologique. Et comme on ne trouve pas d'homme du nom de Bouba dans les écritures juives, la tradition des Lembas fut déclarée pure création de l'esprit de missionnaires chrétiens modernes qui auraient dénaturé le catéchisme.

Cependant, la génétique apporte une version très différente. Des recherches récentes ont révélé que des prêtres israélites appelés *cohenim*, dont les fonctions diffèrent de celles des rabbins et qui sont réputés descendre directement d'Aaron, le frère de Moïse, ont un modèle d'ADN très spécifique dans leurs chromosomes Y. Le chromosome Y est transmis quasi intact de père en fils et ses mutations sont exceptionnelles. Ces rares mutations laissent une empreinte génétique dans les lignées masculines d'un peuple ou d'une tribu. Le modèle des mutations qui fut découvert parmi les *cohenim* est un cas d'école. Le modèle *cohenim* est très rare parmi les non-juifs. Mais parmi les hommes juifs originaires d'Europe (les ashkénazes), d'Afrique du Nord ou du Moyen-Orient (les séfarades), on retrouve le modèle d'ADN *cohenim* à raison de 45 % à 56 % parmi les prêtres et de 3 % à 5 % parmi les laïcs.

Et l'on retrouve exactement les mêmes proportions chez les Lembas. Le modèle *cohenim* apparaît chez 53 % des hommes du clan qui se dit descendant de Bouba et chez 9 % de ceux des autres clans.

Par ailleurs, la ville de Senna a vraiment existé ; ce n'est aujourd'hui plus qu'un point sur la carte du massif montagneux de l'Hadramaout dans le Yémen du Sud, une région où jadis les villages juifs étaient nombreux. L'histoire locale dit que la ville a été rasée après la rupture d'un barrage aux alentours de l'an 1000 de notre ère. Les Lembas ont donné à leurs clans des noms comme Sadiqui et Hamisi, qui sont de consonance plus sémite que bantoue, et qui existent toujours dans l'actuel Hadramaout.

Il semblerait que les ancêtres juifs des Lembas aient quitté le Yémen après la destruction de Senna et aient fait voile vers l'Afrique, dont les côtes les plus méridionales sont à seulement neuf jours de navigation. C'est là qu'ils élirent domicile, qu'ils se marièrent avec les indigènes et qu'ils développèrent des traditions qui mêlaient leurs pratiques juives importées aux coutumes locales. C'est donc un peuple devenu typiquement africain qui doit une partie de son héritage biologique et culturel au Moyen-Orient.

Il ne fait aucun doute que des histoires de ce type pourraient se répéter à l'infini, au regard des constructeurs de pyramides venus de l'Ancien Monde dans le Nouveau. Ils ne furent pas des colonisateurs comme ces Européens qui débarquèrent en nombre aux XVIe et XVIIe siècles. Ils n'avaient pas non plus l'idéologie religieuse des envahisseurs européens, qui considéraient les indigènes comme des gens qu'ils devaient convertir, dominer et finalement exterminer, et qui se servaient de leurs institutions religieuses et de leur puissance militaire pour parvenir à leurs fins. Tout comme ces juifs qui arrivèrent au pays des Lembas, ces ancêtres se marièrent entre ethnies, apportèrent leur contribution aux cultures qui ont à la fois des caractéristiques de l'Ancien Monde et du Nouveau, et participèrent au développement d'une identité propre au Nouveau Monde.

C'est la discrétion de cette entrée sur le continent et le mélange interculturel qui apportent la réponse à la deuxième question. Si les constructeurs de pyramides de l'Ancien Monde ont importé la brillante culture de leurs pyramides dans le Nouveau Monde, comment se fait-il que certaines de leurs caractéristiques n'aient pas été du voyage ?

Un des exemples est souvent cité par les inventionnistes indépendants pour défendre leur idée de l'isolement absolu du Nouveau Monde avant 1492 ; c'est l'absence de la roue, avant l'arrivée de Christophe Colomb et des Européens. Dans l'Ancien Monde, la roue a provoqué une révolution dans les transports et les opérations militaires. Les charrettes et les chariots permettaient de transporter de lourdes charges d'un endroit à un autre, et à des archers peu nombreux mais mobiles d'attaquer promptement des troupes se déplaçant à pied. Étant donné les avantages manifestes qu'apporta la roue, pourquoi les peuples de l'Ancien Monde n'auraient-ils pas transmis cette merveille technologique aux Amériques ?

Tout d'abord, le transfert culturel est un processus erratique et souvent très lent, même lorsqu'il s'agit de distances moindres que celle que représente la traversée de l'océan Pacifique. Les Mésopotamiens de l'Antiquité utilisaient le fameux arc et la roue depuis mille ans, lorsque les Égyptiens adoptèrent enfin ces nouveautés venues de leurs voisins. Ce n'est qu'au bout d'un certain temps que des innovations du type de l'arc ou de la roue sont reconnues avoir des avantages évidents.

Pour ce qui est du Nouveau Monde, et pour répondre à la question de la roue, je dirais qu'elle avait traversé l'océan mais que son utilisation fut très différente. Les chiens et oiseaux à roulettes enterrés dans les tombes et les calendriers en forme de roue des Aztèques sont bien des preuves que le concept de la roue était connu dans le

Nouveau Monde. Les fabricants de ces objets pour les rituels funéraires connaissaient la physique et la mécanique de la roue, et le concept de la roue en tant qu'objet tournant est implicite dans la forme des calendriers méso-américains. Il faut dire qu'au Nouveau Monde, il n'y avait pas de bêtes de trait. Et même si quelque Thomas Edison inca avait imaginé la roue, il aurait eu du mal à atteler un lama à un ancien type de chariot. En outre, les implications religieuses de la roue ont dû empêcher qu'elle soit utilisée dans des contextes aussi banals que le transport de charges ou pour la guerre.

Cette distinction entre les contextes religieux et profanes explique aussi pourquoi les métaux ont été utilisés dans des buts différents dans l'Antiquité. Dans l'Ancien Monde, les outils et les armes en métal furent à la base de la civilisation et de la conquête. Les armes des anciens Égyptiens étaient en bronze ; les épées en fer fabriquées par les Hittites leur donnèrent un avantage militaire très net sur les empires voisins avec lesquels ils étaient en conflit. Comme nous l'avons vu, les métallurgistes méso-américains étaient des experts dans le travail du cuivre, de l'or et de l'argent, mais ils n'utilisèrent jamais ces matériaux pour fabriquer des armes ou des outils, car ils réservaient leurs dons principalement pour la fabrication d'ornements et d'objets à caractère religieux. Le sacré l'emportait sur le profane, et le métal était réservé aux dieux.

Il reste aujourd'hui au moins un vestige de cette conception qui fait que certains matériaux, très précieux et difficiles à obtenir, ne servent que des buts à caractère religieux. Lors des rituels catholiques romains traditionnels, tout objet ou vaisselle qui doit entrer en contact avec le pain et le vin consacrés doit être en or. Seul ce métal est digne de toucher ce que les catholiques considèrent comme le corps et le sang du Christ.

L'absence de chars à bœufs et de poignards en métal dans le Nouveau Monde n'est pas une preuve de l'absence d'immigrés de l'Ancien Monde dans les Amériques. Cela démontre plutôt combien les échanges culturels sont complexes et que les concepts et les réalisations des civilisations découlent d'un subtil et merveilleux embrouillamini.

Récapitulons

Alors, qui donc a construit les pyramides dans le Nouveau Monde ? Les éléments de preuve culturels montrent que les peuples du Nouveau Monde ont appliqué les concepts et les techniques apportés par des immigrés de l'Ancien Monde. Pour ce qui nous concerne, il n'y eut pas d'immigrations massives venues de l'autre côté de l'Atlantique ou du Pacifique. Ce furent plutôt de petits groupes d'étrangers de l'Ancien Monde qui accostèrent au Nouveau Monde, se mélangèrent aux indigènes, conjuguèrent leur savoir-faire, leurs énergies et leurs idées en un savant mélange d'où émergèrent les civilisations des Amériques.

Les pyramides du Nouveau Monde sont les œuvres d'au moins trois types de lignées, parfois nettement séparées, parfois confondues. L'une d'elles vient d'Afrique et de la Méditerranée. C'est à elle que l'on doit les têtes colossales des Olmèques et les architectures mégalithiques de Tiwanaku et de Sacsahuamán. Une autre vient de l'Asie du Sud et du Sud-Est, et a beaucoup influencé les pyramides mayas comme celles de Palenque, Tikal et Comalcalco. La troisième est chinoise ; les remarquables lignes horizontales de la pyramide du Soleil de Teotihuacán et la technique de la terre tassée utilisée pour construire la pyramide à cannelures de La Venta en témoignent.

Parfois, ces particularités se croisent ou s'influencent l'une l'autre. La Venta est un superbe melting-pot méso-américain, où s'additionnent les couleurs africaines, méditerranéennes et chinoises. Dans le nord des Andes, c'est à peu près la même chose. Le motif du jaguar dans les représentations artistiques du peuple de Chavín de Huántar fait penser à une influence de la civilisation chinoise Shang, et Tiwanaku a une couleur égyptienne, berbère et nubienne. Les Amériques étaient déjà un carrefour culturel dans l'Antiquité.

Toutefois, il manque toujours des éléments dans le contexte historique, et partant, l'image est incomplète. Bien que les évidences culturelles concernant ces pyramides indiquent une connexion entre les monuments de l'Ancien et du Nouveau Monde, cela ne prouve pas que les constructeurs de pyramides de l'Ancien Monde furent capables de traverser les océans jusqu'aux Amériques. Pour donner à cette hypothèse toute sa crédibilité et ne pas rester sur une spéculation hasardeuse, nous devons expliquer comment ces peuples archaïques traversèrent les océans. Ce sera le sujet du chapitre 7.

Même si nous acceptons l'idée que les constructeurs de pyramides furent capables de naviguer sur les océans, on peut légitimement se poser une deuxième question : pourquoi ? Qu'est-ce qui aurait poussé ces anciens peuples à quitter leurs pays et à traverser la haute mer vers un horizon inconnu ? Était-ce par cupidité, par curiosité de l'inexploré, ou à cause d'une quelconque catastrophe comme celle qui chassa les Lembas du Yémen en Afrique du Sud ? Ce sera le sujet du chapitre 8.

Et finalement, il s'agira de trouver un sens à tout cela. La présence des pyramides dans l'Ancien et le Nouveau Monde est-elle imputable à ce seul melting-pot ancien, qui aurait pris les devants sur Christophe Colomb ? Ou aurions-nous affaire à quelque chose de plus important, à savoir aux nouvelles branches d'un très vieil arbre ? Serait-il possible que les pyramides et les peuples qui les construisirent aient leurs origines on ne sait où, quelque part au fin fond d'un passé lointain, qu'ils voyagèrent ensuite à travers le monde en traçant leurs chemins jusqu'en Inde, au Nil, en Méso-Amérique et aux Andes ? Les pyramides sont-elles l'œuvre d'une civilisation dont nous avons oublié le nom ? C'est à cette question critique que nous allons tenter de répondre au chapitre 9.

Chapitre 7

LES BÂTISSEURS DE PYRAMIDES : DES MARINS CHEVRONNÉS

L'inventionniste indépendant pense que les pyramides de l'Ancien Monde n'ont rien à voir avec celles du Nouveau Monde ; cette croyance se fonde sur certains postulats essentiels, dont le plus important dit que Christophe Colomb aurait été le premier à disposer des moyens pour « découvrir » les Amériques – et donc établir la première connexion entre l'Ancien et le Nouveau Monde, puisque la Béringie avait été recouverte par les eaux arctiques –, cela parce qu'à l'époque l'Espagne possédait la technologie maritime la plus développée du monde. Tous les bateaux et les techniques de navigation antérieurs étaient forcément plus primitifs. Ce n'est que lorsque les explorateurs de l'ère des découvertes eurent perfectionné leur art maritime qu'il devint enfin possible aux hommes de s'aventurer au-dessus des profondeurs de l'océan et de découvrir de nouveaux pays sur ses lointains rivages. Donc – toujours suivant ces postulats –, comme personne avant Christophe Colomb n'avait les aptitudes de traverser l'Atlantique, et encore moins le Pacifique, l'idée que les bâtisseurs de pyramides purent traverser les mers, emportant leurs mythes dans leurs bagages, est franchement absurde.

L'est-elle vraiment ?

Les voyages maritimes dans l'Antiquité

Le point de vue de l'inventionniste indépendant est une hypothèse culturelle non vérifiée et rien de plus. Elle témoigne de la conviction intime de savants issus d'une tradition académique qui remonte à la Rome antique. Les Romains n'aimaient pas l'océan qu'ils jugeaient hostile et indigne de confiance. Ils contrôlaient peut-être la Méditerranée avec leurs trirèmes de galériens rameurs, mais ils s'aventuraient rarement au large de l'Atlantique, car les fortes houles de la haute mer inondaient leurs bateaux. Les échanges commerciaux et les conquêtes des Romains se faisaient par voie de terre et ils construisirent un magnifique réseau de routes reliant tous les recoins de leur empire. Mais la mer les intimidait. Ils abandonnèrent l'idée d'une implantation coloniale en Grande-Bretagne parce qu'ils avaient du mal à faire passer leurs troupes par la Manche, et l'Irlande échappa à la terreur des légions parce que l'étroite mer d'Irlande était pour les Romains un marécage salé qu'il était préférable de contempler à distance et d'éviter de traverser en bateau.

L'idée que les Romains n'étaient que des marins d'eau douce s'est largement infiltrée dans la pensée classique : les conformistes disent que les Romains n'avaient rien à voir avec la diffusion des pyramides autour du globe et que ces voyages auraient été impossibles parce qu'apparemment inconcevables. Par exemple, une croyance bien ancrée dans l'esprit des archéologues veut que deux cultures semblables sur un même continent doivent avoir quelque connexion, alors que deux cultures séparées par une mer ou un océan se sont développées indépendamment l'une de l'autre. Cette assertion gratuite, qui sous-entend que la terre réunit alors que l'eau sépare, mérite d'être examinée avec soin.

Prenons tout d'abord la notion des distances transocéaniques. Les parallèles de latitude de la projection cartographique de Mercator nous font croire que la plus courte distance entre deux points se trouve le long de ces belles lignes droites. Mais nous oublions que ces lignes sont en fait des cercles, qui deviennent de plus en plus grands à mesure qu'ils approchent l'équateur. Ce qui veut dire qu'à latitude quasi égale, la ligne géodésique ne sera pas le parallèle de la latitude en question, mais ce qui est appelé un « arc de grand cercle ». Un arc de grand cercle est dans un plan qui passe obligatoirement par le centre de la Terre (ces arcs étaient déjà connus des mathématiciens bien avant 1492). Un avion volant de San Francisco à Paris suit un arc de grand cercle et non le parallèle de latitude qui traverse l'Amérique du Nord, l'Atlantique et l'Europe. Il fera cap vers le nord, survolera le Canada oriental, l'extrême sud du Groenland, l'Atlantique Nord au sud de l'Islande, passera au large de l'Écosse pour arriver finalement au-dessus du continent européen. Cette boucle a peut-être l'air d'un détour, mais c'est en fait la route la plus courte.

Ces arcs de grand cercle sont également suivis en navigation. Si un navire veut aller de la Chine au Mexique, la cartographie plate montrera que le tropique du Cancer est la route la plus directe, reliant directement Hong Kong à Mazatlán. En fait, il serait plus court de mettre les voiles vers le nord-est, et ensuite de traverser le Pacifique Nord.

Les marins qui empruntent ces lignes géodésiques rencontrent en plus un phénomène tout à leur avantage, à savoir les courants. L'océan n'est pas une masse d'eau inerte, mais il est traversé par de nombreux et puissants courants. Si vous réussissez à trouver le bon courant, il vous mènera là où vous voulez aller.

Christophe Colomb lui-même bénéficia de l'un de ces courants lors de son expédition vers les Indes occidentales. Parti d'Espagne, il voyagea vers le sud jusqu'aux côtes de l'Afrique du Nord et, non loin des Canaries, il emprunta un courant allant vers l'ouest, qui le conduisit tout droit vers la région de Cuba et Hispaniola. En 1565, les Espagnols découvrirent un autre courant convoyeur transocéanique dans le Pacifique, appelé la route Urdaneta. Le navigateur Andres Urdaneta cherchait un itinéraire pour aller de l'Asie orientale au Mexique, lorsqu'il découvrit un courant que, probablement, les marins asiatiques connaissaient depuis longtemps. Le Kuro-shio allant vers le nord-est est un large courant maritime chaud, venant de la mer des Philippines, qui traverse le nord du Pacifique, et qui apporte un climat tempéré à la côte nord-ouest de l'Amérique du Nord ; là, il se fond dans le courant de Californie qui descend jusqu'au Mexique. Les Espagnols utilisèrent cet itinéraire pour envoyer leurs bateaux chargés de trésors des Philippines au Mexique.

Si les marins trouvent le courant adéquat qui les emportera vers leur destination, la durée de la traversée sera réduite. Prenons, par exemple, un marin de l'Antiquité qui devait couvrir une distance de 4 000 milles nautiques. Toutes voiles dehors, son bateau était capable d'atteindre la vitesse d'un nœud, mais le courant qu'il suivait se déplaçait aussi à un nœud. Le marin couvrait donc deux milles nautiques par heure, sa vitesse effective étant doublée ; il lui fallait donc moitié moins de temps pour couvrir la distance totale.

Mais la distance à couvrir n'est qu'un aspect du problème des voyages en mer. La Méditerranée mesure approximativement 4 445 km depuis ses côtes orientales jusqu'à Gibraltar. Un itinéraire linéaire depuis le cap Vert en Afrique et le cap Sao Roque au Brésil couvre environ 3 520 km. La conception d'un voyage en mer et de la navigation sur l'océan n'est pas la même. La différence est d'ordre mental ; elle est dans l'idée que la haute mer est plus difficile à traverser qu'une mer entourée de terres ; c'est aussi un concept qui remonte aux temps historiques. Les anciens Grecs naviguaient rarement de nuit. Ils longeaient les côtes durant la journée et, à l'heure du crépuscule, ils tiraient leurs bateaux jusque sur les rivages pour y passer la nuit. Mais ces voyages le long des côtes étaient souvent plus dangereux que la navigation hauturière, car même les meilleurs marins ne sont pas à l'abri de vents violents, capables de projeter leur embarcation sur une côte rocheuse ; c'est d'ailleurs ce qui arrivait fréquemment et bien des bateaux ont fait naufrage. Ces mêmes vents sont beaucoup moins dangereux en haute mer.

Par ailleurs, les bateaux transocéaniques n'ont pas besoin d'être particulièrement grands. Nul besoin d'un porte-avions pour traverser l'Atlantique ou le Pacifique. Plus le bateau est grand, plus l'impact de la houle sera puissant ; ce qui veut dire que les bateaux plus petits sont de meilleures embarcations. Mais il ne faut pas que la construction du bateau soit trop rigide. S'il n'arrive pas à tanguer et rouler avec les vagues, la première grosse tempête le brisera et le fera couler.

Pour ceux qui connaissent ses structures, l'océan est une route ondulante qui relie un pays à un autre. Les hommes se sont servis de cette voie de transport depuis bien plus longtemps que nous, marins d'eau douce et esclaves de nos ordinateurs, ne pourrions l'imaginer.

Les premiers marins

Le chapelet d'îles qui constituent l'archipel indo-malaisien s'étend de Sumatra jusqu'aux Philippines et comprend deux zones biologiques bien distinctes. Les îles occidentales de l'archipel ou îles de la Sonde – Java, Sumatra, Bali et Bornéo – étaient, durant l'ère glaciaire, reliées par des bras de terre, puisque le niveau de l'océan était plus bas. Cette région est habitée par une riche faune de mammifères placentaires asiatiques. Les îles orientales – Sulawesi (les Célèbes), Lombok, Florès, Timor, Moluques et les Philippines – n'étaient pas reliées par la terre à l'ère glaciaire. Elles abritent des mammifères différents et moins variés, des espèces asiatiques et australiennes qui sont arrivées, pour la plupart, accidentellement sur ces îles. Les deux zones sont séparées par la « ligne Wallace », une chaîne de détroits sous-marins très profonds, qui fait penser à un mur d'eau. Elle doit son nom à Alfred Russel Wallace (1823-1913), qui reconnut le rôle de la sélection naturelle dans l'évolution des espèces, indépendamment de Charles Darwin, et qui explora le sud-ouest du Pacifique.

Cet archipel indo-malaisien est aujourd'hui habité par les hommes. Une première race d'hominidés appelée *Homo erectus* entra sur les îles occidentales il y a probablement 1,8 millions d'années. Tout comme les mammifères placentaires de cette région, ils ont dû traverser la terre qui reliait les îles actuelles, au temps où la mer était plus basse. Mais quand les hommes ont-ils franchi la ligne Wallace ?

Les anthropologues ont longtemps pensé qu'ils l'avaient traversée il y a quelque 30 000 ou 40 000 ans. À cette époque, l'*Homo sapiens* – des hommes comme vous et moi – avait remplacé l'*Homo erectus*, au cerveau moins développé. Il est certain que seuls des hommes très évolués avaient la force mentale pour survivre à une dérive accidentelle dans les détroits de la ligne Wallace, ou les aptitudes intellectuelles nécessaires pour construire des bateaux et s'y rendre intentionnellement.

Toutefois, en 1994, une équipe de chercheurs indo-néerlandais qui travaillait sur un site de l'île de Florès découvrit des outils lithiques vieux de 750 000 ans. Les outils n'ont pu être fabriqués que par l'*Homo erectus*, le seul membre du genre *Homo* connu à cette époque en Asie du Sud-Est. Par ailleurs, cette découverte indiqua que, malgré le niveau très bas de la mer durant l'ère glaciaire, ces premiers hominidés avaient réussi à franchir le détroit de 22 km de l'île la plus proche, Sumbawa. Cette nouvelle fut accueillie avec défiance, non seulement parce que la thèse conventionnelle devenait de ce fait caduque, mais aussi parce que la méthode de la datation, dite paléomagnétique [1], n'était pas très fiable.

---

1. C'est-à-dire à partir des variations du champ magnétique terrestre enregistrées dans les roches.

Paul Sullivan et Asaf Raza, de l'Université de La Trobe de Victoria, en Australie, effectuèrent des recherches complémentaires et, d'après eux, l'équipe indo-néerlandaise aurait annoncé une date trop récente. Sullivan et Asaf Raza utilisèrent la technique de datation dite des fissures de fission. Découverte à l'Université de La Trobe, cette méthode permet de mesurer les fissures provoquées par la fission spontanée de l'U-238 dans des cristaux volcaniques comme le zircon. Les deux scientifiques mesurèrent des poussières de zircon dans les couches de cendres volcaniques situées au-dessus et en dessous des outils lithiques et ils obtinrent des dates allant de 800 000 à 850 000 ans.

Il est fort improbable que l'*Homo erectus* soit venu sur Florès à la nage. Vingt-deux kilomètres représentent une distance énorme, même pour des nageurs expérimentés : les championnats de natation en circuit se font en général sur une longueur de 3700 à 5500 mètres. En l'occurrence, il est donc tout à fait légitime de penser qu'ils utilisèrent des embarcations.

En outre, un certain type de bateau fut nécessaire pour transporter les premiers habitants en Australie. Ces immigrés sont vraisemblablement venus de Timor ou de la Nouvelle-Guinée, par une route maritime qui passa d'île en île et qui se termina par une traversée de l'océan de quelque 100 km, donc au-delà de l'horizon.

Dans les années 1960, les chercheurs pensaient que le peuplement de l'Australie s'était fait il y a quelque 30 000 ans. Des datations par radiocarbone plus récentes disent 35 000 à 40 000 ans, un chiffre que cette technique de datation est incapable de dépasser. Une autre méthode, appelée photoluminescence, utilisée sur des sites au nord de l'Australie, indique 60 000 ans. Et une technique encore différente, appelée thermoluminescence, étaie un rapport de Richard Fullagar du musée australien de Sydney, et de Lesley Head et David Price de l'Université de Wolongong, qui dit que dans le Jimnium, un abri rocheux en grès dans le nord de l'Australie, furent trouvés des outils lithiques datant de 116 000 ans. Comme la datation par thermoluminescence est moins précise que la photoluminescence, beaucoup d'archéologues remettent en question les affirmations de Fullagar, Head et Price. Si elles résistent aux vérifications, cela signifiera que les premiers hommes sont arrivés en Australie par bateau, bien avant que ne l'affirme la thèse dominante, et que ces hommes étaient probablement des *Homo erectus*.

1. Vue des trois pyramides sur le plateau de Gizeh, en Égypte. Au premier plan, les pyramides satellites, nettement plus petites (appelées parfois pyramides des reines). La pyramide du fond est celle de Kheops (2551-2528 av J.-C.), précédée de celle de Khephren (2520-2494 av. J.-C.), elle-même précédée de la pyramide de Mykérinos (2490-2472 av. J.-C.) *(© Janis Beaudette.)*

2. Le Grand Sphinx et la Grande Pyramide (Pyramide de Kheops, 2551-2528 av. J.-C.) sur le plateau de Gizeh, en Égypte. Le Grand Sphinx fut retravaillé, et sa tête fut resculptée au IIIe millénaire av. J.-C., mais des éléments de preuves indiquent que la sculpture originelle date de 5000 av. J.-C., voire d'avant. *(© Robert M. Schoch.)*

3. La pyramide à degrés de Djéser (2630-2611 av. J.-C.) sur le plateau de Saqqarah, en Égypte.
(© Robert M. Schoch.)

4. La pyramide effondrée de Snéfrou (2575-2551 av. J.-C.) à Meidoum, en Égypte.
(© Robert M. Schoch.)

5. La pyramide arquée, ou « rhomboïdale », de Snéfrou (2575-2551 av. J.-C.) à Dahshour, en Égypte. *(© Robert M. Schoch.)*

6. La Pyramide rouge ou pyramide du Nord de Snéfrou (2575-2551 av. J.-C.) à Dahshour, en Égypte. *(© Robert M. Schoch.)*

7. Stûpas bouddhiques du XIVe siècle à Ayuthaya, en Thaïlande. Ces stûpas ont la forme typique de ceux de l'Inde et de toute l'Asie du Sud-Est. *(© Bianca Portela.)*

8. Borobudur, stûpa classique sur l'île de Java, qui remonte au VIIIe siècle de notre ère. *(© Klaus Aarsleff.)*

9. Vue générale du temple-montagne khmer d'Angkor Vat, au Cambodge. La plus grande partie fut construite sous le règne de Suryavarman II (1112-1152 ap. J.-C.) *(© Angie Grenke.)*

10. Le temple principal ou central d'Angkor Vat, au Cambodge, date du règne de Suryavarman II (1112-1152 ap. J.-C.) *(© Klaus Aarsleff.)*

11. Pyramide chinoise au sommet plat, située dans la région de Mao Ling/Xi'an, dans la province de Shen-hsi. Sa date exacte est inconnue, mais elle remonte probablement à la fin du dernier millénaire av. J.-C. *(© Hartwig Hausdorf.)*

12. Pyramides chinoises le long d'une route dans la région de Xi'an, dans la province de Shen-hsi. Leur datation est incertaine, mais elles remontent sans doute à la fin du dernier millénaire av. J.-C. *(© Hartwig Hausdorf.)*

13. La pyramide de la Lune, commencée au Ier siècle de notre ère, à Teotihuacán, au Mexique.
(© Janis Beaudette.)

14. La pyramide du Soleil, construite autour du IIIe siècle de notre ère, à Teotihuacán, au Mexique.
(© Stratton Horres.)

15. Monument maya à Uxmal, appelé la Pyramide du Magicien ou du Sorcier, datant approximativement du IXe ou Xe siècle de notre ère, situé au Yucatán, au Mexique. *(© Dr Colette M. Dowell.)*

16. La pyramide maya-toltèque de Kukulcan (appelée aussi Serpent à Plumes), à Chichén Itzá, dans la presqu'île du Yucatán au Mexique, construite approximativement du XIe au XIIIe siècle de notre ère. *(© Angie Grenke.)*

17. Le temple des Inscriptions maya à Palenque, dans les Chiapas, au Mexique, construit aux VIIe et VIIIe siècles de notre ère. *(© Dr Colette M. Dowell.)*

18. Le complexe du temple des Inscriptions à Palenque, dans les Chiapas, au Mexique, datant des VIIe et VIIIe siècles de notre ère. *(© Stratton Horres.)*

19. Sculpture du Serpent à Plumes, datant approximativement du IIIe siècle de notre ère, figurant sur le temple de Quetzalcóatl, à Teotihuacán, au Mexique. *(© Robert M. Schoch.)*

20. Sculpture en relief à Palenque, illustrant le couronnement du roi Pacal (615-683 après J.-C.). *(© Stratton Horres.)*

21. Pyramide maya à Tikal, au Guatemala, datant approximativement du VIIIe siècle de notre ère. *(© Dr Colette M. Dowell.)*

22. Vue d'ensemble de la ville inca de Machu Picchu, dans les montagnes des Andes, au Pérou, datant de 1500 ap. J.-C. *(© Stratton Horres.)*

23. Vestiges de la Forteresse de Sacsahuamán, de Cuzco, au Pérou, datant de 1450 ap. J.-C. *(© Stratton Horres.)*

24. Vue aérienne de Monks Mound, site historique des Cahokia Mounds, Illinois. Une partie des tumulus de la civilisation du Mississippi, les Cahokia Mounds, furent construits entre 900 et 1200 après J.-C. *(© William R. Iseminger et site historique des Cahokia Mounds.)*

25. Newgrange, Brugh na Bóinne, Irlande. La structure originelle remonte à environ 3000 av. J.-C. ou un peu avant. *(© Robert Acquinas McNally.)*

26. Vue aérienne de Silbury Hill, au sud du village d'Avebury, au Wiltshire, en Angleterre. Les parties les plus anciennes de cet édifice datent du IIIe millénaire av. J.-C. *(© Dr Colette M. Dowell.)*

27. Monument de type pyramide à degrés, à Tenerife, aux îles Canaries. Sa datation est sujette à controverse ; certains disent qu'il a deux mille ans, d'autres pensent qu'il est du XVIe siècle après J.-C., voire plus récent. *(© Javier Sierra, du magazine Más Allá de la Ciencia.)*

28. Pièce de bronze, frappée à Antioche, dans la Syrie ancienne, durant la 16e année (542-543 ap. J.-C.) du règne de l'empereur byzantin Justinien Ier. Côté face, on voit le buste de l'empereur ; côté pile, figure l'unité monétaire (M = 40 nummia, unité de l'époque) et la date (ANNO XG = An 16). Certaines pièces de cette année-là portent, côté pile, une « étoile » (à droite du M et sous la date) qui pourrait symboliser une comète et être en relation avec les pluies de comètes de la fin des années 530 et du début des années 540.
(Cette pièce fait aujourd'hui partie d'une collection privée. © Robert M. Schoch.)

29. Vue de la face sud de la structure immergée de Yonaguni, au large de l'île de Yonaguni, au Japon. Cet édifice faisait certainement partie du continent autour de 8000 à 6000 av. J.-C. *(© Robert M. Schoch.)*

D'autres fouilles archéologiques dans le Sud-Est asiatique ont également montré que la capacité de voyager d'île en île remonte à très loin et qu'elle s'est constamment développée. Autour de 31000 avant notre ère, les hommes étaient présents sur les îles entre Sulawesi et la Nouvelle-Guinée. Les voyages se firent plus fréquents entre 18000 et 8000 avant notre ère. Les bateaux transportèrent de l'obsidienne de la Nouvelle-Angleterre en Nouvelle-Irlande, et la population de Nouvelle-Guinée peupla les petites îles voisines de mammifères marsupiaux, qui devinrent des réserves de gibier.

Une étude très controversée prétend que les voyages commerciaux à longue distance se firent dès 4000 avant notre ère. Stephen Chia, de l'Université Sains Malaysia, et Robert Tykot, de l'Université de la Floride du Sud, analysèrent l'obsidienne découverte sur un site archéologique dans le nord de Bornéo, et constatèrent que la pierre était venue de Nouvelle-Angleterre, distante de quelque 4 000 km, aux alentours de l'an 4000 avant notre ère. Si les analyses futures confirment cette donnée, cela signifiera que le commerce maritime est bien plus ancien qu'on ne le pense, mais aussi que la mer permit aux cultures de ces deux régions d'entrer en relation l'une avec l'autre.

Il ne fait aucun doute que l'obsidienne de la Nouvelle-Angleterre fut transportée au cours de longs voyages en mer, jusque dans le nord de Bornéo, dès 1000 avant notre ère. À cette même époque, le peuple des Lapitas – qui sont, selon certains spécialistes, les ancêtres des Micronésiens et Polynésiens actuels – l'importa sur les îles Fidji, à près de 3 500 km au sud-est.

Il y a environ 2000 ans, les navigateurs asiatiques apprirent à se servir des vents de la mousson qui soufflent dans le golfe du Bengale pour voyager de l'Inde vers les nombreuses îles du Sud-Est asiatique. Ils transportèrent de la poterie du site indo-romain d'Arikamedu à Tamil Nadu, sur la côte est, à l'extrême sud de l'Inde, pour la vendre à Sembiran, une des îles indonésiennes de Bali, soit à une distance de 4 300 km à vol d'oiseau. Ce fut le début du commerce d'épices entre les Indes et les Romains qui allait durer mille ans, au cours desquels l'influence culturelle indienne, qui est très visible à Angkor Vat et à Borobudur, pénétra en Asie du Sud-Est. Par ailleurs, ce commerce suggère qu'il existe une connexion entre le commerce de la poterie indo-romaine du Sud-Est asiatique du Ier siècle de notre ère, et les signes à la fois romains et indiens découverts sur les briques cuites de Comalcalco au Mexique, qui fut construit aux Ier et IIe siècles ap. J.-C.

Le monde prend de l'ampleur

Lorsque Christophe Colomb fit voile vers Cathay (comme on appelait alors la Chine), pour finalement arriver aux Amériques, la vision limitée du monde, qui s'était instaurée dès la fin de l'Empire romain, prit fin. Quand l'Empire vieillissant s'effondra et donna naissance au haut Moyen Âge, l'Europe se replia sur elle-même. On oublia qu'il existait d'autres continents à l'époque classique, et le monde, qui jadis fut vaste et rond, devint petit et plat. En un sens, Christophe Colomb ne découvrit pas tant le Nouveau Monde, il redécouvrit plutôt un ensemble de connaissances concernant la navigation et les voyages en haute mer que l'Europe avait oubliées depuis des siècles, voire des millénaires.

Une courte inscription, datant de la IVe dynastie (2575-2465 av. J.-C.) et parlant de l'importation par voie maritime de bois de cèdre, très probablement du Liban, montre que les échanges commerciaux maritimes avaient déjà eu lieu en Égypte, sous l'Ancien Empire. Comme les Égyptiens de cette époque étaient loin d'être des marins expérimentés, il est possible que les bateaux transportant le bois de construction venaient du Liban, sans doute du port de Byblos. Autour de 1460 av. J.-C., la reine Hatshepsout envoya des navires dans le port inconnu de Pount, pour y chercher des arbres et des bois rares, des singes, grands et petits, de l'or et de la myrrhe. Les experts situent Pount quelque part à l'extrême sud de la mer Rouge dans l'actuelle Érythrée ou en Somalie, ce qui signifie que le voyage couvrait près de 4 800 km.

Un peu plus tard, les Égyptiens seraient arrivés en Australie, quoiqu'il soit pratiquement certain que ce fut accidentellement. Des inscriptions dans la vallée de Hunte, située à quelque 105 km au nord de Sydney, communément appelées les glyphes de Gosford, pourraient être, d'après certains auteurs, des hiéroglyphes égyptiens datant de la période entre l'Ancien Empire (2575-2134 av. J.-C.) et la période ptolémaïque (323-30 av. J.-C.). Si les inscriptions sont authentiques – et rien ne le prouve jusqu'ici –, un équipage égyptien aurait été dérouté par les vents et aurait accosté dans un lieu inconnu à des milliers de kilomètres de son pays – ne demandant sans doute qu'une chose : rentrer chez lui.

Côté ouest, les Égyptiens n'allèrent pas plus loin que la Crète, peut-être tout simplement parce que rien ne les y obligeait. Les Minoens, qui prospérèrent dans la première moitié du IIe millénaire avant notre ère, étaient des commerçants maritimes accomplis ; leurs grandes villes, comme Cnossos en Crète et Akrotiri sur l'île de Santorin, témoignent de leur richesse et, étonnamment, de leur sens de la sécurité. Apparemment, les Minoens ne craignaient pas d'être attaqués. On ne trouva que peu d'armes sur leurs sites archéologiques, leurs villes n'avaient pas d'enceintes, et une seule de leurs merveilleuses fresques montre une scène de bataille qui, d'ailleurs, eut lieu en mer. De 2000 av. J.-C. jusqu'à leur assujettissement par les Mycéniens quelque six cents ans plus tard, les Minoens eurent d'importants échanges commerciaux avec Chypre, la Grèce, l'Égypte et la Syrie. Ils s'aventurèrent également à l'ouest de la Méditerranée, comme l'indique un graffiti de bateau sur un temple de Malte. Selon la tradition, le roi légendaire Minos, qui donna son nom aux Minoens, aurait en outre mené une expédition en Sicile.

Les Mycéniens échangeaient leurs bijoux, leurs armes et probablement aussi leurs vins contre de l'ambre, de l'étain, du cuivre et de l'or de l'Europe du Nord-Ouest. Le dessin d'un poignard mycénien datant du XIIe siècle avant notre ère, gravé dans l'une des pierres des derniers rangs de Stonehenge, met en évidence la connexion entre la Méditerranée et l'Angleterre. Toutefois, nous ne savons pas si ce commerce se faisait par terre et par transport fluvial, ou par Gibraltar et l'Atlantique. Des indices de la culture grecque suggèrent qu'il se faisait par la mer. La mythologie épique grecque est fondée sur de longs voyages : l'*Odyssée* raconte le retour d'Ulysse dans sa patrie après la guerre de Troie, qui dura dix ans, puisqu'il fit un certain nombre de détours comme à Ithaque ; les Argonautes et Jason partirent chercher la Toison d'Or tout au bout de ce que nous appelons aujourd'hui la mer Noire. Toutefois, ces voyages en mer des Grecs cessèrent autour de 1100 avant notre ère, au début du Moyen Âge hellénique et, partant, leurs activités maritimes se résumèrent à des voyages le long de leurs côtes.

Quant aux Phéniciens, appelés Cananéens dans l'Ancien Testament, ils furent le second peuple de marins experts de la Méditerranée. Ce peuple sémite, comme les Hébreux, vivait dans les plaines côtières au pied des montagnes du Liban, depuis au moins le IIIe millénaire avant notre ère. Il construisit des bateaux et tout un réseau de commerce maritime. Dès 1000 av. J.-C., les Phéniciens avaient bâti des villes portuaires, les plus merveilleuses étant Tyr et Sidon, comblant ainsi le vide dans le marché maritime laissé par les Grecs.

Les Phéniciens étaient disposés à se faire embaucher comme travailleurs à gages. Au Xe siècle avant notre ère, Hiram, roi de Tyr, prépara une flotte pour le roi Salomon d'Israël, afin de chercher une cargaison d'or, de pierres précieuses et autres objets de prix au royaume d'Ophir, qui se trouvait probablement dans l'Arabie du Sud-Ouest. Et, comme nous l'avons vu au chapitre 5, les Phéniciens transmirent leur savoir-faire maritime à la dynastie nubienne d'Égypte, et il est possible qu'ils soient allés jusqu'au Nouveau Monde. Contrairement aux Grecs, qui claironnèrent leurs exploits maritimes dans leurs épopées, les Phéniciens sont restés bouche cousue sur les pays avec lesquels ils entretenaient des relations commerciales et sur les moyens utilisés pour s'y rendre. Ce silence permit à leur réseau commercial de persister. La concurrence, ignorant tout de leur négoce, était écartée, et nous nous demandons jusqu'où les ont menés leurs explorations.

Il est certain que les Phéniciens s'aventurèrent très à l'ouest et implantèrent une colonie en Espagne, à Tarsis, situé par-delà le détroit de Gibraltar, sur la côte occidentale de l'Espagne, à l'embouchure du Guadalquivir. Jonas voulait se rendre dans cette ville lorsqu'il fut jeté à la mer avant d'atterrir dans le ventre de la baleine. Yahvé appela Jonas pour lui demander d'aller à Ninive, une ville de Mésopotamie, et de prévenir son peuple qu'il était au courant de leurs péchés ; il se mit en route aussi vite qu'il le put, mais dans l'autre direction, en embarquant sur un bateau à destination de Tarsis. Pour les Hébreux qui n'avaient pas du tout le pied marin, Tarsis était au bout du monde ; mais pour les Phéniciens, ce n'était qu'une escale avant d'atteindre d'autres destinations.

Autour de 600 avant notre ère, le pharaon Nékao II fit faire le tour de l'Afrique à une flotte phénicienne. Le voyage, raconté de manière concise par Hérodote, commença dans la mer Rouge et dura trois ans.

Les Phéniciens naviguèrent tout l'été puis firent escale dans un port à la mauvaise saison; ils cultivèrent la terre et reprirent leur voyage après les récoltes. Leur voyage fut rythmé par les saisons, et c'est ainsi qu'ils descendirent le long de la côte orientale de l'Afrique, franchirent le cap de Bonne-Espérance et remontèrent la côte occidentale pour revenir en Méditerranée, en passant par les « Colonnes d'Hercule », c'est-à-dire le détroit de Gibraltar.

Les marins de Carthage, où une colonie de Phéniciens s'était établie près de l'actuelle ville de Tunis au IXe siècle avant notre ère, firent un voyage au cours duquel toutes les côtes d'Europe et d'Afrique furent explorées minutieusement pour la première fois. Les Carthaginois échangèrent des étoffes, de la poterie et des breloques contre de l'or. Ils étaient aussi discrets et possessifs que leurs prédécesseurs phéniciens; ils bloquèrent le détroit de Gibraltar autour de l'an 500 av. J.-C. et refusèrent de laisser passer les navires d'autres pays. Nous sommes presque sûrs que les Carthaginois atteignirent les îles Canaries, les Açores et Madère. Ils furent certainement capables d'aller et de venir sur l'Atlantique, mais savoir s'ils l'ont vraiment fait est une autre question.

Ce n'est que lorsque les Carthaginois furent vaincus par les Romains, lors de la seconde guerre punique (218-210 av. J.-C.), que les Grecs contractèrent l'habitude de naviguer sur l'Atlantique. Toutefois, quelques marins grecs s'y étaient aventurés auparavant. Autour de 630 avant notre ère, Colaeus de l'île de Samos fut emporté par une tempête au large de Gibraltar; il accosta à Tarsis où il se procura de l'argent. Pythéas, dit le Massaliote, profita des différends entre les Romains et les Carthaginois qui, de ce fait, relâchaient leur surveillance dans le détroit de Gibraltar, pour passer sur l'Atlantique en 300 avant notre ère. Avec son équipage, il contourna l'Espagne, traversa le golfe de Gascogne, mit les voiles jusqu'en mer d'Irlande et au nord des Shetlands, suivit la côte sud de la Norvège et entra dans la mer Baltique. Au retour, les Grecs reprirent le même itinéraire jusqu'en Écosse, puis longèrent la côte est de l'Angleterre en mer du Nord, traversèrent la Manche et retournèrent dans le golfe de Gascogne. Pythéas couvrit quelque 13 000 km et, grâce à lui, les Grecs réintégrèrent l'océan Atlantique dans leur vision du monde.

Malgré le récit sur l'Atlantide que l'on doit à Platon, il n'y a que peu de signes indiquant que les Grecs connaissaient l'existence du

Nouveau Monde. Pourtant, ils avaient une vision de la forme et de la taille de la Terre qui était bien plus précise que celle de Christophe Colomb. C'est à l'époque de Platon, soit au ve siècle avant notre ère, que le concept de la Terre comme sphère apparut chez les Grecs. Aristote (384-322 av. J.-C.) défendit cette idée ; sa théorie figure aujourd'hui dans les livres de géographie de l'école élémentaire, qui disent, par exemple, que lorsqu'un navire dépasse l'horizon, la dernière chose qui soit visible est la pointe de ses mâts ; cette observation prouve que la Terre est sphérique. Ératosthène (env. 275-194 av. J.-C.), le conservateur de la grande bibliothèque d'Alexandrie, réalisa la première mesure relativement exacte de la circonférence de la Terre, puisqu'il avança un chiffre qui diffère seulement de 320 km de nos mesures. Il comprit alors qu'un monde sphérique pouvait ouvrir de nouveaux horizons et écrivit qu'il serait possible d'aller jusqu'en Inde en mettant les voiles vers l'ouest, « si l'immensité de l'océan Atlantique n'était pas un obstacle ». Il dessina également la carte du monde habité, qui incluait toute l'Europe, dont l'Irlande et la Grande-Bretagne, la côte méditerranéenne, l'Asie depuis la côte nord de la mer Caspienne jusqu'au golfe de Bengale, l'Arabie et le golfe Persique, la mer Rouge et la corne de l'Afrique, ainsi que la côte atlantique du Maroc. Il pensait toutefois que cette surface terrestre n'était qu'une petite partie du globe et spéculait sur l'existence de terres inconnues au-delà des océans.

Rome reçut l'héritage de la civilisation grecque et adopta ses traditions en grande partie. Mais la vision du monde des Romains se rétrécit, parce qu'ils étaient surtout un peuple voyageant par terre, empêtré dans les conflits incessants avec les Barbares qui, finalement, firent tomber leur empire. Au haut Moyen Âge, la Terre était redevenue petite et plate dans l'esprit des hommes. L'Europe sortait à peine de sa décadence lorsque Christophe Colomb appareilla ses trois caravelles en Espagne et fit voile en direction du soleil couchant. Contrairement à ses ancêtres grecs, carthaginois et phéniciens, il ne savait apparemment pas grand-chose sur ce qui se trouvait de l'autre côté de l'horizon. Il allait « découvrir » ce que les ancêtres avaient déjà soupçonné et que certains, sans aucun doute, connaissaient déjà.

Des bateaux en papier

Les écrits qui nous restent de la période durant laquelle furent construites les pyramides dans le bassin méditerranéen ne contiennent que peu de preuves, voire aucune, de l'existence d'un Nouveau Monde au-delà du grand océan à l'ouest que nous appelons l'Atlantique. Le mutisme des Phéniciens et des Carthaginois sur leurs activités commerciales pourrait, en partie, expliquer cela. Ou alors, il se pourrait que les peuples qui firent le voyage ne revinrent jamais pour en parler, car il existe des preuves à la fois frappantes et contestables que ces voyages eurent lieu.

Avant l'apparition des navires en métal au XIXe siècle, les bateaux et leur équipement étaient fragiles. Fabriqués avec du bois, du coton, des cuirs de bœufs et autres matériaux similaires, leurs vestiges matériels se décomposent sous l'effet de la plupart des climats, ce qui pose problème aux archéologues étudiant les civilisations maritimes archaïques. Cependant, la technique de construction des bateaux n'a pas changé. Les civilisations préindustrielles traditionnelles construisaient leurs bateaux de la même manière, de génération en génération. Cette technique de construction de navires commune et la démonstration que ce type de bateau peut effectivement traverser l'Atlantique d'est en ouest sont des preuves indéniables de la venue de bâtisseurs de pyramides dans le Nouveau Monde, depuis la région orientale de la Méditerranée.

Comme nous l'avons vu au chapitre 5, dans l'Ancien comme dans le Nouveau Monde, les bateaux étaient faits de roseaux liés en paquets très serrés. Ces embarcations apparaissent sur des sculptures, datant des IIe et IIIe millénaires avant notre ère, en Mésopotamie et en Égypte, mais ils étaient déjà utilisés bien avant. Des bateaux de ce type sont toujours utilisés de nos jours par les Arabes dans la région marécageuse du delta de l'Euphrate. D'autres, qui leur sont similaires, assurent la traversée du lac Tchad en Afrique centrale et la liaison entre différents points sur les côtes de la Sardaigne. On les retrouve encore sur le lac Titicaca entre le Pérou et la Bolivie, le long de la côte nord du Pérou, sur l'île de Pâques et, jusque vers 1960, à un certain nombre d'endroits du Mexique, tout comme sur la côte orientale de la mer de Cortez (ou golfe de Californie).

Ce point commun entre l'Ancien et le Nouveau Monde gagne de l'importance par le fait que les bateaux en roseaux sont associés aux pyramides de Gizeh. Nous avons vu au chapitre 5 qu'un caveau funéraire près de la pyramide de Kheops contenait un grand bateau. Bien que construit en bois, le bateau de Kheops est de même forme que celle des bateaux en roseaux. Contrairement à ces derniers, le bateau de Kheops n'a pas les solides membrures nécessaires, pour stabiliser un navire en bois destiné à naviguer en haute mer. Celui qui a construit le bateau de Kheops a essayé d'imiter le bateau en roseaux en se servant de bois, un matériau plus résistant. Sans aucun doute, seul ce type de bateau répondait aux prescriptions rituelles exigées pour le voyage du pharaon défunt vers les cieux, qui devait le conduire vers l'immortalité.

L'expérience menée par l'explorateur et archéologue norvégien Thor Heyerdahl montre précisément que le bateau en roseaux était de tradition à la fois dans l'Ancien et le Nouveau Monde. C'est le type de révélation qui remet les choses à leur juste place.

Heyerdahl devint célèbre après son voyage sur un radeau en bois de balsa nommé *Kon-Tiki*, depuis la côte du Pérou vers l'ouest, jusqu'en Polynésie ; c'est ainsi qu'il vérifia son hypothèse selon laquelle le Pacifique du Sud fut peuplé non à partir de l'Asie, mais de l'Amérique du Sud. À la fin des années 1960, Heyerdahl imagina une autre possibilité de traverser les océans. Intrigué par l'idée que les Viracochas barbus du nord des Andes étaient originaires d'Europe, il se demanda s'il était possible que des marins partis de la Méditerranée aient pu traverser l'Atlantique sur des radeaux en roseaux et emporter leur culture ; il décida d'expérimenter cette idée. Heyerdahl n'était pas un rat de bibliothèque, passant son temps à compulser de vieux livres poussiéreux et à échafauder des hypothèses, c'était un homme d'action. Il se mit donc à construire lui-même un bateau en roseaux pour démontrer qu'il était capable de faire la traversée de l'Atlantique.

Conscient du contexte et de la publicité qui allait en être faite, Heyerdahl commença la construction d'une embarcation en jonc à Gizeh, à l'ombre de la pyramide de Kheops. Les roseaux qui servaient à la fabrication du papyrus, dont les Égyptiens se servaient pour écrire et pour construire leurs bateaux, n'existant pratiquement plus en Égypte, Heyerdahl en importa des tonnes de la région du lac Tana en Éthiopie. Par ailleurs, il fit appel à deux constructeurs de bateaux traditionnels budumas, très expérimentés, de la région du lac Tchad. S'inspirant des dessins des embarcations funéraires en papyrus de l'Ancien Empire et de leur expérience, ils conçurent la structure d'un bateau fabriqué de paquets de roseaux serrés. Ils l'appelèrent *Ra*, en l'honneur du dieu du soleil des Égyptiens.

Les bateaux en papyrus de l'Ancien Empire avaient une proue et une poupe étonnamment hautes et incurvées. Les pêcheurs du lac Tchad avaient coupé l'étambot au carré et ils décidèrent d'en faire autant sur le *Ra*. Heyerdahl veilla à ce que le schéma égyptien soit respecté, pour des raisons de navigation maritime. Lorsqu'un bateau n'a pas de quille, comme c'est le cas du *Ra*, une ligne de flottaison élevée peut empêcher l'embarcation de chavirer par vents forts ou sous le choc d'une vague. Mais Heyerdahl et ses constructeurs de bateaux budumas ne comprenaient pas à quoi pouvait servir la corde serrée, qui partait de l'étambot incurvé jusqu'à la plage arrière sur les dessins de la barque solaire. La poupe avait l'air tellement résistante par sa forme concave que la corde semblait un supplément superflu. Ils s'en passèrent donc.

Ce n'est que lorsque le *Ra* fut lancé sur la mer que Heyerdahl et son équipe internationale, composée de six hommes, comprirent la signification de la corde. Ils partirent de Safi, au Maroc, et rencontrèrent bientôt le même courant allant vers l'ouest que celui qui emporta Christophe Colomb et ses trois petites caravelles vers le Nouveau Monde. Bien que l'équipage cassât les lourds avirons au moment même où la mer devint houleuse – ce qui leur donna bien du fil à retordre –, le *Ra* se comportait initialement parfaitement bien. Quel que fût l'état de la mer, l'eau passait entre les paquets de roseaux et la silhouette flexible ondulait sur les vagues.

Mais tout à coup, ils eurent de graves ennuis. Bien que l'étambot restât incurvé, l'absence de la corde qui devait sécuriser la plage arrière fit que l'embarcation se disloqua. Elle céda à l'arrière de la plage arrière, et l'élégante courbure de la poupe pendit dans l'eau ; toutes les vagues vinrent s'échouer sur le bateau. La poupe, qui traînait, ralentit le *Ra* et il devint impossible de tenir le cap. Comme les vagues ne cessaient de frapper, la cabane en osier du *Ra* vint frotter contre le pont en papyrus, endommageant les cordes qui serraient les paquets de roseaux. L'embarcation perdit tant de papyrus qu'après une tempête, elle donna beaucoup de bande à tribord. À 4 930 km de Safi, soit aux quatre cinquièmes du voyage prévu, Heyerdahl et ses hommes abandonnèrent le *Ra*.

Ce premier voyage leur apporta quelques enseignements précieux. D'une part, les papyrus font de très bons bateaux capables de naviguer en haute mer. D'autre part, l'embarcation laissée à la dérive aurait permis d'aller de l'Afrique jusqu'aux Indes occidentales. Étant donné les nombreux problèmes rencontrés avec les avirons, le *Ra* a plus flotté que navigué, et cela prouve qu'il existe un moyen suffisant pour aller d'un continent à un autre : c'est de se laisser porter par la seule force du vent et des courants.

Heyerdahl fit une nouvelle tentative ; il construisit *Ra II* et mit les voiles à Safi, dix mois après qu'il eut abandonné le *Ra*. Pour construire le nouveau bateau, il fit venir des Indiens Aymaras de la région du lac Titicaca. Les Aymaras avaient curieusement conservé la technique de construction de bateau de l'Ancien Monde. Comme les vagues sur le lac Tchad n'atteignaient jamais la hauteur de celles de l'océan, les Budumas ne prirent pas la peine de construire quelque chose de superflu, et c'est pourquoi ils avaient coupé la poupe de leurs bateaux en équerre. Les Aymaras toutefois, avaient conservé les hautes poupe et proue, conformément à l'ancien schéma égyptien et mésopotamien. Leur bateau était constitué de trois paquets de roseaux en forme de cigares, dont les roseaux étaient tellement compressés par une spirale de cordes que le paquet plus petit au milieu disparaissait. La proue et la poupe étaient tournées vers le haut, et un ajout de deux paquets plus petits permit d'élargir le pont.

Ra II était plus petit que *Ra* – il mesurait presque 12 m, contrairement au premier qui en faisait 15 –, sa coupe transversale était plus arrondie, et son volume de cargaison était plus faible. Il n'empêche qu'il s'avéra particulièrement robuste et tout à fait adapté à la navigation en mer, même quand il était chargé de tonnes de marchandises. *Ra II* résista à de violentes tempêtes et ses flancs furent soumis à un martèlement des vagues impitoyable qui, encore une fois, brisa un aviron. Il avait couvert 6 056 km en 57 jours, du Maroc jusqu'à l'île de la Barbade, aux Indes occidentales.

Ra II venait, à son tour, de prouver qu'un bateau construit en jonc pouvait traverser l'Atlantique, et que les Indiens Aymaras du Nouveau Monde avaient conservé une tradition de construction de bateaux datant de l'Ancien Monde, qui dépassait leurs besoins propres. Ils assemblaient des bateaux dont la forme était destinée à la haute mer, et non au lac Titicaca. Mais ceux qui leur ont apporté le prototype de ce schéma avaient certainement jadis traversé les eaux bleues de l'Atlantique.

La grande tradition du radeau

Si le bateau en jonc est une preuve tangible de la venue des bâtisseurs de pyramides depuis l'autre côté de l'Atlantique, un autre type d'embarcation océanique va démontrer que d'autres bâtisseurs de pyramides sont arrivés depuis l'Asie orientale, du Sud-Est et du Sud.

Les envahisseurs espagnols du début du XVIe siècle rencontrèrent les Péruviens d'abord en mer, et non sur terre. Partis en éclaireurs le long de la côte péruvienne en 1527, Bartolomeo Ruiz, le pilote de Pizarro, rencontra un radeau indigène louvoyant vers le nord, à contre-courant. Cette embarcation était surprenante. Elle portait un équipage de vingt hommes, des ornements en or et en argent, de magnifiques vêtements, des jarres, des miroirs et des coquillages, soit une cargaison que Ruiz estima à quarante tonnes. Le bateau était fait de poutres de bois de balsa de l'épaisseur des poteaux téléphoniques actuels, attachées ensemble et recouvertes de cannes de bambou plus minces. La superstructure, avec ses cabines ressemblant à des huttes, destinées à l'équipage et à la cargaison, restait au sec, même lorsque la mer était forte. Des voiles en coton, de qualité aussi bonne que celles des Espagnols, propulsaient le bateau.

Les marins sur la côte du Pérou et de l'Équateur n'étaient pas des Incas, mais des indigènes assujettis et gouvernés par les montagnards des Andes. Ils étaient des experts en navigation, qui remontaient et descendaient le long de la côte pour leurs activités commerciales. Ces radeaux étaient supérieurs aux bateaux à quille européens dans l'approche et l'accostage sur les plages basses ; avant que les quais modernes ne fussent construits, les radeaux étaient restés le principal moyen de transport le long des côtes du Pacifique en Amérique du Sud, bien après les invasions. Certains étaient encore utilisés au début du XXe siècle.

Le terme « radeau » évoque en général ces constructions branlantes qui sombrent pour un rien, que les jeunes garçons décident de construire pour s'aventurer sur les rivières, après avoir lu *Les Aventures d'Huckleberry Finn*. Les radeaux du Pérou et de l'Équateur n'avaient, en général, rien à voir avec ce concept. Ils étaient remarquablement solides et légers, et pouvaient transporter cinquante hommes armés avec leurs chevaux, selon les récits des Espagnols. À cause de leur flottabilité et de leur schéma permettant à l'eau de couler au travers, les radeaux en bois de balsa résistaient fidèlement aux tempêtes en mer et cassaient rarement, même lors des pires grains. La grande voile carrée était hissée le long d'un mât en forme de renversé et attachée à une vergue ; certains radeaux avaient une voile de misaine supplémentaire, qui était hissée lorsque les vents étaient favorables. Malgré l'absence de quille et de gouvernail, les radeaux en bois de balsa sud-américains surpassaient de loin les bateaux espagnols.

Toutes voiles dehors et naviguant avec le vent, un navire espagnol était capable de doubler un radeau en balsa, mais sous des vents contraires, il était très ralenti. Le radeau en balsa était beaucoup plus efficace lorsqu'il s'agissait d'aller contre le vent, grâce à une technique de pilotage que les Européens n'avaient jamais vue auparavant.

Lorsqu'un bateau essaie de voyager sous des vents contraires, il a tendance à partir dans une autre direction que celle recherchée par le timonier. On dit alors qu'il part à la dérive. Sur les voiliers modernes, une quille très longue et lourde empêche justement le bateau de partir à la dérive et lui permet de naviguer sous des vents contraires. À l'époque de leur invasion du Pérou, les Espagnols n'avaient pas encore imaginé cette technique. Leurs bateaux ne résistaient pas à la dérive et avançaient péniblement sous des vents contraires.

Les radeaux en balsa du Pérou et de l'Équateur, bien que n'ayant pas de quille, étaient capables de naviguer contre le vent. Ils compensaient la dérive à l'aide de planches longues, minces et plates appelées *guaras*, qu'ils glissaient entre les poutres. En les poussant vers le haut ou le bas à divers endroits, les marins des radeaux sud-américains pilotaient leurs embarcations sous des vents favorables ou non, et maintenaient le cap sur la route choisie. Cette combinaison des planches de dérive et des voiles donnait aux radeaux en balsa sud-américains une maniabilité exceptionnelle et caractéristique.

On trouve beaucoup de radeaux faits de poutres ou de bambou, adaptés à la navigation en eau salée, en maints d'endroits autour du Pacifique et le long des côtes océaniques de l'Inde et de l'Afrique orientale. Des radeaux adaptés à l'océan, de forme identique à celle des radeaux en balsa sud-américains, dans lesquels les poutres les plus longues sont placées au centre, étaient utilisés en mer Rouge, au sud-est de l'Inde, sur plusieurs îles autour de la Nouvelle-Guinée et l'Australie, ainsi qu'au Vietnam, en Chine et au Japon. La combinaison des voiles et des dérives centrales est plus rare. On ne trouve ce type de radeau qu'en certains endroits, qui sont souvent géographiquement séparés par de grandes masses d'eau : sur la côte de Coromandel en Inde, sur l'île de Java, dans le nord du Vietnam et le sud de la Chine, à Taïwan, pour ce qui est de l'Ancien Monde, et au nord-ouest de l'Amérique du Sud et sur les côtes du Brésil dans le Nouveau Monde.

Les similitudes entre les embarcations océaniques de l'Asie orientale, du Sud-Est et du Sud, ainsi que celles d'Amérique du Sud sont tellement fortes, jusque dans leurs moindres détails, que Joseph Needham, un expert méticuleux, fut convaincu que cette connexion ne pouvait pas être une coïncidence. Il écrivit : « [...] nous n'hésiterons pas à dire que nous pensons que les radeaux à voiles des Américains sont des descendants directs de ceux rencontrés dans le Sud-Est asiatique, et qu'ils font suite à une influence décisive, exercée par des voyages transpacifiques pendant plusieurs siècles, qu'ils fussent volontaires ou non. »

Needham fait ressortir un point important. Il est peu probable que la visite impromptue d'un radeau égaré ait pu créer une tradition de radeaux à voiles aussi répandue et aussi accomplie que celle que les Espagnols découvrirent en Équateur et au Pérou. Les bateaux asiatiques ont dû faire maintes apparitions, soit parce que, génération après génération, les marins firent les mêmes erreurs de navigation et se retrouvèrent involontairement de l'autre côté du Pacifique, soit parce qu'ils avaient choisi de faire ce long voyage. Lorsqu'ils arrivèrent sur la côte américaine du Pacifique, ils transmirent leur savoir-faire dans la construction des radeaux aux autochtones.

Nous ne savons pas à quand remonte la connexion entre les radeaux du Sud-Est asiatique et ceux du nord-ouest de l'Amérique du Sud. Comme les radeaux océaniques furent très populaires dans l'Ancien Monde, il se pourrait que cette tradition de construction navale soit plus vieille que les bateaux en madriers des Européens ou que les jonques chinoises. Selon des documents chinois, des radeaux à voiles adaptés à l'océan étaient déjà utilisés au Ve siècle avant notre ère, voire depuis 2500 av. J.-C. Donc le radeau à voile équipé de dérives centrales pourrait être le contemporain des embarcations en jonc de l'Égypte et de la Mésopotamie, au IIIe millénaire avant notre ère.

Tout comme le bateau en roseaux, le radeau à voiles apporte une autre preuve de la connexion entre les bâtisseurs de pyramides de l'Ancien Monde et ceux du Nouveau. Sur la côte asiatique du Pacifique se trouve l'immense sphère culturelle de l'Asie du Sud, du Sud-Est et de l'Est, avec ses radeaux à voiles et ses pyramides. Sur la côte américaine du Pacifique se trouve l'Amérique du Sud septentrionale avec ses pyramides et ses radeaux à voiles. Les preuves sont tellement séduisantes qu'elles nous invitent à faire cette connexion.

Choix délibéré ou forcé ?

Les marins des civilisations bâtisseuses de pyramides de l'Ancien Monde avaient-ils choisi de venir dans le Nouveau ou quelque incident les aurait-il projetés dans une direction imprévue ?

Aux temps historiques, il est arrivé que des voyageurs partent accidentellement à la dérive, et ces cas s'étaient sans doute déjà produits à l'ère préhistorique. Lorsque les premiers Européens atteignirent la côte nord-ouest de l'Amérique du Nord, cette région qui va de l'Oregon du Nord jusqu'à l'Alaska du Sud-Est, ils rencontrèrent quelques pêcheurs japonais égarés, que les Indiens avaient réduits en esclavage. Apparemment, ces pêcheurs, surpris par le mauvais temps, furent entraînés au large, où le courant Kuro-shio conduisit leur bateau à travers le Pacifique Nord, jusqu'en Amérique du Nord. Ce type d'accident a eu lieu très souvent au cours des derniers siècles, et beaucoup de marins asiatiques furent ainsi emportés vers l'Amérique du Nord. Il ne fait nul doute qu'un grand nombre d'entre eux sont morts avant la fin de leur mésaventure. Toutefois, les marins savent pêcher, récolter de l'eau douce lorsqu'il pleut, et peuvent survivre en mer. L'Histoire nous a montré que certains en furent capables.

C'est ce type de voyage accidentel qui a joué un grand rôle dans la naissance du Japon comme nation moderne. Au début des années 1850, une tempête emporta Nagahama Manjuro non loin de Hawaii, où il fut secouru par un navire américain. À terre, Manjuro se lia d'amitié avec un ecclésiastique, qui l'envoya à San Francisco, où il apprit l'anglais. Il retourna au Japon peu après l'arrivée de l'amiral Perry, et trouva un emploi dans le gouvernement du shogun. S'appuyant sur ses connaissances des services de douane anglais et américains, Manjuro tira profit de ses expériences dans le Nouveau Monde et devint conseiller aux Affaires étrangères.

Cependant, il semble peu probable que des pêcheurs égarés de l'Antiquité aient pu apporter une civilisation bâtisseuse de pyramides. Les pyramides sont associées aux élites royales et ecclésiastiques. Les gens ordinaires étaient des ouvriers et non des experts ayant les connaissances techniques requises pour la construction des pyramides. Ces pêcheurs étourdis, une fois qu'ils eurent franchi la barrière de la langue, auraient pu parler de leurs merveilleuses pyramides à leurs nouveaux voisins, mais ils auraient été incapables de leur expliquer comment bâtir un monument de ce type. Cette connaissance appartenait à une classe privilégiée.

Un épisode de l'histoire de la Chine ancienne raconte un voyage entrepris par ce type d'élites, susceptible d'avoir abouti au Nouveau Monde, et qui eut lieu sous le règne d'un prodigieux bâtisseur de pyramides.

Il s'agissait de Shih Huang-ti, le premier empereur de la dynastie Chin (220-210 av. J.-C.) qui construisit la pyramide en terre tassée et l'immense nécropole de Lishan, décrites au chapitre 2. Tout comme les autres empereurs chinois de cette époque, il ne voulait pas mourir. Ses ancêtres royaux regardaient avec convoitise vers les îles sacrées comme Phêng-Lai, Fang-Chang et Ying-Chou, où tous les oiseaux et animaux étaient blancs, et où se trouvaient les remèdes qui préservaient de la mort. Manifestement, les ancêtres de Shih Huang-ti n'avaient pas encore découvert ces lieux mythiques, la mort les ayant tous emportés, et il hérita du trône. Shih Huang-ti continua les recherches entamées par ses prédécesseurs. Il rassembla une flotte, composée probablement de radeaux à voiles, dont le capitaine était Hsü Fu. Les embarcations réussirent à s'approcher des trois îles, mais il leur fut impossible d'y accoster, à cause de forts vents contraires ; elles furent donc obligées de faire demi-tour. À son retour, Hsü Fu raconta à l'empereur qu'un gardien de couleur cuivre, ressemblant à un dragon, lui avait dit que s'il voulait les remèdes de l'immortalité, il devait revenir avec des marchands de toutes sortes et des vierges.

Sentant que se présentait une opportunité en or pour tenir la mort en échec, Shih Huang-ti rassembla une flotte encore plus grande, d'une telle importance qu'il se plaignit de son coût. Selon le rapport fait par Ssuma Chhien, l'empereur « mit à la disposition de Hsü Fu trois mille jeunes hommes et jeunes filles, lui donna des graines de cinq céréales [en très grande quantité], lui confia des artisans de chaque profession, après quoi [sa flotte] mit les voiles. Hsü Fu a [sans doute] trouvé une terre reposante et fertile, avec de grandes forêts et de riches marais, où il se proclama souverain ; quoi qu'il en soit, il n'est jamais revenu en Chine ».

Quant à Shih Huang-ti, il mourut à Sha-chhiu, près de Xi'an, sur le chemin du retour vers la capitale.

En fait, cette histoire pourrait être celle d'un ancien voyage, depuis la Chine jusqu'aux Amériques, au IIIe siècle avant notre ère. Hsü Fu aurait pu arriver avec ses gens, ses ressources agricoles et une élite très instruite, bref tout ce qu'il faut pour fonder une colonie susceptible de transmettre le concept de la construction de pyramides à son peuple d'accueil.

À première vue, il y a quelque chose qui ne cadre pas dans ce tableau. Certes, la pyramide en terre tassée de Lishan ressemble assez au cône à cannelures de La Venta. Cependant, Hsü Fu ne pouvait pas avoir influencé la construction de cette structure, car il serait arrivé plus tard dans le Nouveau Monde.

La clé de cette histoire de Hsü Fu n'est pas tant la date exacte, mais la manière prosaïque de la raconter. Il est clair que les Chinois avaient déjà réellement fait ce type de voyage transocéanique. Les pyramides en terre tassée furent construites plus de mille ans auparavant par la dynastie Shang, et cette même dynastie devait connaître les radeaux à voiles. En admettant qu'ils s'aventurèrent en haute mer, savaient-ils où ils mettaient le cap ?

Les Chinois connaissaient le courant Kuro-shio qui va vers le nord-est depuis au moins deux siècles avant Shih Huang-ti et Hsü Fu. Ils l'appelaient Wei-Lü, ce qui signifie « gros canal » ou « cloaque cosmique », ou Wu-Chiao qui veut dire « se rejoindre et s'écouler ensemble ».

De plus, les systèmes calendaires sophistiqués et l'astronomie chinoise indiquent qu'ils savaient naviguer en fonction de la carte du ciel. Les empereurs et les rois chinois avaient encouragé le développement de ces sciences, et les sages qui travaillaient pour eux enregistraient méticuleusement tous les événements qui se produisaient dans le ciel. Des textes, qui datent du IIe siècle av. J.-C., peu après le voyage légendaire de Hsü Fu, traitent de la navigation fondée sur la position des étoiles ; en outre, les Chinois furent les premiers à se servir d'une boussole – un aimant en forme de cuillère –, un instrument qui date au moins de 200 av. J.-C., voire d'avant 300 av. J.-C. Les Chinois avaient compris dès le Ier siècle de notre ère que la Terre était sphérique, et ils utilisaient un système de coordonnées géographiques, soit les longitudes et latitudes, que les Européens ne maîtrisèrent que mille cinq cents ans plus tard.

Toutefois, si nous considérons La Venta comme premier témoin de l'influence asiatique sur les pyramides du Nouveau Monde, il s'avère que ces dates lui sont postérieures. Mais il faut se rappeler deux choses.

Premièrement, il ne faut pas beaucoup de connaissances de navigation pour atteindre une destination de la taille d'un continent. Pedro de Quiros, un écrivain de la fin du XVIe siècle, dit à propos des explorateurs espagnols : « [...] le dernier des imbéciles pourrait monter dans leurs embarcations [...] et partir à la recherche d'un grand pays, car s'il ne tombe pas sur un endroit, il en heurtera un autre ». Le problème, dans les traversées de l'Atlantique ou du Pacifique, n'est pas de rencontrer une terre, mais de survivre pendant les quelques mois que demande le voyage.

Deuxièmement, la compréhension de l'astronomie et des éphémérides très approfondie des Chinois aux derniers siècles avant notre ère n'est probablement que la cerise sur le gâteau. Derrière tout cela se cache une connaissance géographique très riche, transmise par les traditions orales de maître à maître, et de capitaine de radeau à capitaine de radeau. Hsü Fu savait probablement où il voulait aller bien plus qu'il ne l'avait laissé entendre à Shih Huang-ti.

Un exemple contemporain de la connaissance détaillée de la navigation et de la géographie qui datent de l'Ancien Monde vient des Micronésiens et des Polynésiens du Pacifique Sud. Bien que leurs technologies fussent moins élaborées que celles des Chinois, ces peuples menaient leurs grands canoës outriggers[1] sur de grandes

1. Embarcation légère à rames, destinée aujourd'hui aux courses.

distances en mer, avec une précision stupéfiante, sans compas, compteur, sextant, récepteur de navigation GPS, ou une quelconque carte, mais grâce à leur mémoire qui contenait des générations d'informations transmises par des marins experts. Durant un millénaire, Micronésiens et Polynésiens ont exploré et peuplé des îles éparpillées sur plus de 16 millions de km^2 d'océan, voyageant d'un endroit à un autre.

Le voyage du *Hokule'a* en 1976, un outrigger construit selon le modèle des anciens canoës hawaiiens, démontra comment ils s'y étaient pris. Le but du voyage était de prouver que les allers-retours entre Hawaii et Tahiti, séparées par une distance de 4 445 km, qui étaient célèbres dans les traditions orales hawaiiennes, partaient effectivement d'une réalité historique. Les constructeurs du *Hokule'a* voulaient montrer qu'un canoë construit et conduit à l'ancienne pouvait faire le voyage. Et comme aucun marin à Hawaii ne connaissait cette ancienne méthode de navigation sans se servir d'instruments, on recruta Mau Piailug, de l'île micronésienne de Satawal dans les îles Carolines, pour diriger l'embarcation, car il savait trouver la route en naviguant à vue.

Piailug se servit de ses connaissances approfondies des positions du lever et du coucher des étoiles pour mener le bateau vers l'est de son point de départ sur l'île de Maui. Lorsque le vent tourna vers le sud-est, il mit le cap plus au sud. Piailug n'observait pas seulement les étoiles, il surveillait aussi la lune et le soleil. Et même lorsque le ciel était couvert, il sut tenir son cap en se référant à la direction, à la forme et même au goût des vagues de l'océan, et en cherchant des repères maritimes, comme des endroits où les requins se rassemblaient, ou en guettant la présence de nombreux oiseaux qui annonçait que la terre était proche. Des hirondelles de mer qui rasaient la surface de l'eau furent le signe pour Piailug que l'île de Mata'iva, dans les Tuamotus, était proche, bien avant que n'apparaisse à l'horizon cette île basse, au trente-deuxième jour de son voyage. Après une courte escale, *Hokule'a* continua son voyage jusqu'à Tahiti ; l'expédition avait demandé trente-quatre jours. Les alizés très forts ramenèrent le canoë encore plus vite : vingt-deux jours suffirent pour le voyage du retour.

Comparée à un continent, l'île de Tahiti est en effet très petite, pourtant *Hokule'a* la trouva avec une précision remarquable ; Piailug doit cette réussite à sa maîtrise de l'ensemble des connaissances de navigation de générations de pionniers micronésiens qui, tous, ont navigué à vue. Assurément, si Piailug sut faire mouche, un expert chinois de la dynastie des Shang était tout aussi capable de localiser la cible, bien plus grande, des Amériques.

On fait voile vers le Nouveau Monde

Les bâtisseurs de pyramides, qui voulaient traverser l'Atlantique ou le Pacifique pour aller dans le Nouveau Monde en emportant le concept religieux de leur architecture monumentale, avaient besoin des mêmes bagages que Christophe Colomb. Il leur fallait, d'une part, un bateau assez robuste pour faire le voyage et, d'autre part, des connaissances de navigation suffisantes pour éviter qu'ils ne tournent en rond ou partent dans de mauvaises directions.

Il est manifeste qu'ils possédaient les deux. En fait, beaucoup d'anciens marins avaient plus de savoir-faire et de meilleures technologies que Christophe Colomb. Heyerdahl a démontré qu'une embarcation en jonc peut traverser l'Atlantique en toute sécurité et être intégrée dans la tradition de construction de bateaux, à la fois en Amérique du Sud et en Méso-Amérique. Et le fait que l'on trouve le même type de bateau en Asie et au nord de l'Amérique du Sud indique que ces bateaux ont certainement plus d'une fois traversé le Pacifique, probablement intentionnellement plus que par accident.

Il est manifeste aussi que les bâtisseurs de pyramides atteignirent le Nouveau Monde par les deux océans. Les voyageurs arrivés par l'Atlantique influencèrent surtout les civilisations des Andes, tandis que ceux venus du Pacifique jouèrent un grand rôle en Méso-Amérique, apportant leur contribution à de nombreux détails architecturaux, qui donnent aux pyramides de Teotihuacán et de l'empire maya leur cachet particulier. Nous retrouvons les traces de ces anciens voyageurs en tout endroit dans l'Amérique antique.

Mais pourquoi sont-ils venus ? Pourquoi ont-ils laissé leur cœur et leur patrie pour s'aventurer sur mer, vers un endroit aussi éloigné et inconnu ? Quel but, ou quelle peur, aurait pu les pousser à s'aventurer sur les océans ?

Chapitre 8

SAUVE QUI PEUT, LES CIEUX SONT EN COLÈRE !

La curiosité est un vilain défaut, dit le proverbe, mais elle a quand même aiguillonné plus d'un explorateur, alpiniste ou plongeur. Le désir de regarder l'ailleurs est une motivation profonde, qui nous est tout à fait naturelle, depuis que l'homme existe. Toutefois, la curiosité est surtout subjective ; ce n'est pas le type d'attirance qui va déterminer un groupe d'hommes à franchir l'océan pour aller vivre une autre vie dans un pays inconnu. Les peuples qui sont venus apporter leur culture et leurs pyramides dans le Nouveau Monde ne se sont pas laissé entraîner par la curiosité de découvrir ce qu'il y avait de l'autre côté de l'océan. Quelque chose les a poussés, ou chassés.

Le commerce du cuivre

De nombreuses relations commerciales dans l'Ancien Monde s'expliquaient par la recherche de métaux précieux. Les Carthaginois, par exemple, n'ont pas installé une colonie à Tarsis, en Espagne, pour la seule et unique raison que c'était un port important. En amont du Guadalquivir se trouvaient des mines d'argent, parmi les plus riches d'Europe, et le fait de contrôler le port permettait aux Carthaginois de surveiller efficacement la production minière. Des marins de l'Antiquité partirent en Cornouailles pour chercher de l'étain qu'ils allièrent au cuivre pour obtenir du bronze, un métal plus résistant et plus précieux. La soif de l'or poussa d'autres marins vers l'Afrique, l'Orient et, en fin de compte, vers le Nouveau Monde. Un des buts essentiels de Christophe Colomb était d'exploiter l'or du pays qu'il venait de découvrir, et pour cela, il était prêt à tuer et à piller.

Toutefois, dans le Nouveau Monde, les indices archéologiques les plus intéressants des exploitations minières susceptibles d'être attribuées à des peuples de l'Ancien Monde, ne concernent pas l'or mais le cuivre. Le cuivre fut l'un des premiers métaux que l'homme a utilisés. Ultérieurement, lorsque la technique de fabrication du bronze, donc de l'alliage du cuivre à l'étain, fut perfectionnée, le cuivre devint un matériau encore plus stratégique dans l'Ancien Monde.

Le Nouveau Monde n'est jamais véritablement entré dans l'âge du Bronze, excepté au Pérou, où le bronze fut fabriqué en quantité limitée avant l'arrivée de Christophe Colomb. Cependant, le cuivre était utilisé pour la fabrication d'outils et d'ornements, et l'Amérique du Nord possédait ce métal en abondance, surtout dans la région autour des Grands Lacs. Il est certain qu'il y eut de nombreuses exploitations minières dans cette région. Des sites comme Isle Royale dans le lac Supérieur et sur la presqu'île de Keweenaw, dans la partie supérieure du Michigan, sont parsemés de puits de 4,5 m à 7 m de diamètre et de 1,80 m à 2,15 m de profondeur, qui furent jadis des mines de cuivre. Environ cinq mille de ces puits ont été répertoriés à ce jour. L'exploitation minière pourrait avoir commencé au Ve, voire au VIIe millénaire avant notre ère, mais ce n'est qu'aux IIIe et IIe millénaires, entre 3000 et 1200 av. J.-C., que ces activités connurent leur plein essor.

Pendant des années, les archéologues ont cru que le cuivre issu des mines autour du lac Supérieur a été exploité pour fabriquer des objets de la période dite Old Copper. Pendant des années aussi, des écrivains populaires – de la trempe de ceux qui proclamèrent savoir situer l'Atlantide, chacun ayant sa version, bien sûr – ont prétendu qu'il fut extrait dans le Nouveau Monde jusqu'à un milliard de livres de cuivre, qui fut ensuite transporté dans l'Ancien au cours du IIe millénaire avant notre ère. James L. Guthrie se pencha sur cette question et, après l'avoir étudiée minutieusement, il avança un chiffre moins impressionnant ; mais ce qui s'est réellement passé reste pour nous un mystère.

Malgré toutes les preuves tangibles de l'exploitation du cuivre autour des Grands Lacs, il n'en reste pas moins que les objets façonnés de cette époque présentent de curieuses différences. En fait, outils et ornements de la culture Old Copper sont devenus de plus en plus chers aux collectionneurs, au point que des revendeurs sans scrupule font passer du cuivre de l'ancien Mexique, du Pérou et de la Perse, beaucoup plus abondant, pour du cuivre nord-américain. Il n'existe, en tout et pour tout, qu'environ 20 000 objets de la culture Old Copper dans les musées et les collections privées. Ce qui veut dire qu'ensemble, ils ne pèseraient qu'environ 10 000 livres, un chiffre considérablement inférieur à ce milliard de livres que certains auteurs disent être sorties des mines des Grands Lacs.

En outre, on ne trouva que relativement peu d'objets de la culture Old Copper dans le Midwest américain, la région qui entoure les Grands Lacs, et les artefacts Old Copper découverts dans les autres régions de l'Amérique du Nord n'étaient pas tous fabriqués à partir du métal des Grands Lacs. Il existe d'autres mines de cuivre sur le continent – 317, selon un recensement scientifique – et il semblerait que les Indiens aient exploité les mines locales les plus proches. Une étude faite au microscope électronique à sonde sur seize objets manufacturés du Mexique, du Wisconsin, de la Georgie, du Missouri, de l'Oklahoma et de l'Illinois, montra que seuls deux pointes de flèches du Wisconsin et un pendentif de l'Alabama étaient véritablement fabriqués avec le cuivre des Grands Lacs. Les autres ressemblaient plutôt à du métal mexicain, et une seule pièce de l'Oklahoma contenait un pourcentage très élevé d'aluminium, dont on n'a pas pu identifier l'origine. Certains de ces 10 000 livres d'objets étaient fabriqués à partir de métal qui ne venait pas des Grands Lacs.

Même en évaluant la production au plus strict minimum, le chiffre de 10 000 livres de cuivre extraites dans cette région est largement en dessous de la réalité. Étant donné le volume de minerai extrait et sa teneur probable en métal, le chiffre d'exploitation du cuivre se situe entre 3 et 84 millions de livres, mais il est très vraisemblablement de 20 millions. Ce chiffre est très nettement inférieur au milliard de livres avancé par quelques auteurs non scientifiques, mais bien supérieur aux 10 000 livres des objets manufacturés recensés de la période Old Copper.

Alors, qu'est-il advenu du reste du cuivre ? Serait-il possible que des millions de livres d'objets manufacturés par la culture Old Copper aient été fondus pour être réutilisés – y aurait-il de ce cuivre recyclé dans nos pennies actuels ? Rien ne le prouve, et pendant plus d'un siècle les objets de la période Old Copper ont été très recherchés par les collectionneurs, qui en ont fait un véritable marché, ce qui infirme l'idée du recyclage. Il se pourrait aussi que le cuivre manquant n'ait jamais été découvert. J'entends par là que le métal fut transformé en outils, bijoux et ornements, qui furent enterrés lors des rituels funéraires, et ils seraient donc toujours quelque part sous terre. Mais curieusement, on a retrouvé moins de 10 % des objets qu'on sait dater de la période Old Copper dans les tombes. Apparemment, ce type d'objet n'était pas systématiquement enterré avec les morts, donc il est peu probable qu'il reste une grosse quantité à découvrir. Et si de grandes quantités d'objets de la culture Old Copper avaient été enterrées, comment se fait-il que lors des nombreuses fouilles d'anciennes tombes indiennes, menées par les archéologues au cours des derniers cent cinquante ans, ils n'aient trouvé que 0,05 % à 0,33 % de la somme totale ? Même si l'archéologie est une science qui manque de précision parfois, elle est rarement aussi aveugle.

Une autre hypothèse veut que les Indiens fussent des mineurs médiocres, qui, après avoir extrait le cuivre dans la couche supérieure, se mirent à creuser des puits toujours plus profonds, dans l'espoir d'en trouver plus. Cela voudrait dire que les Indiens se seraient tués à creuser pour finalement n'obtenir qu'une infime quantité de cuivre. Le problème, avec cette théorie, c'est qu'elle fait des Indiens non seulement les pires mineurs qui soient, mais aussi les plus stupides qui aient jamais planté une pelle dans la terre. Qui donc creuserait inlassablement des trous de plus en plus grands, lorsque ce travail pénible n'est plus rentable ?

Finalement, il reste la possibilité, avancée par certains auteurs, que le cuivre ait été exporté dans l'Ancien Monde. Le commerce aurait continué durant tout l'âge du Bronze, puis se serait effondré lorsque le fer remplaça le bronze et que la valeur marchande du cuivre chuta.

En effet, il existe des similitudes dans l'utilisation du cuivre dans l'Ancien et le Nouveau Mondes, qui pourraient confirmer cette idée. Dans le bassin méditerranéen, le cuivre était souvent fondu en lingots en forme de tortues sans tête ni queue. Des lingots d'à peu près la même forme – appelés « bobines » par les archéologues, car ils ressemblent aux poignées improvisées que les garçons utilisent pour rembobiner les fils de leurs cerfs-volants – ont été découverts sous des tumulus funéraires en Amérique du Nord. Il est curieux et bizarre que des peuples séparés par un océan de milliers de kilomètres aient développé la même forme pour transporter et conserver du métal, une forme qui n'a aucune valeur fonctionnelle particulière. Les lingots en forme de tortues sont une de ces ressemblances arbitraires qui suggèrent un phénomène d'acculturation.

Par ailleurs, des haches et gouges à douille de la culture Old Copper sont similaires à des outils trouvés en Asie occidentale, et elles ressemblent fortement à des instruments découverts le long de la Volga, en Russie. Le manchon en demi-douille, qui est très courant en Europe, se retrouve parmi les indigènes américains dans la région occidentale des Grands Lacs, près des gisements majeurs du lac Supérieur.

Les peuples venus de l'Ancien Monde dans le Nouveau pour y chercher du cuivre laissèrent çà et là quelques traces. L'une d'elles, appelée l'inscription Newberry, fut découverte en 1896 sous un arbre déraciné dans la partie supérieure de la péninsule du Michigan, en même temps que trois grandes statues d'argile. Bien que l'on pense que l'écriture soit celle d'une langue indienne américaine, l'inscription présente un type de syllabaire originaire de Chypre, qui fut largement utilisé comme langue commerciale entre le VIe et le IIIe siècle avant notre ère.

La pierre de Peterborough est encore plus révélatrice d'un point de vue scientifique ; c'est un site très important de pétroglyphes, situé à quelque 160 km au nord-est de Toronto, près de la ville de Peterborough dans la province canadienne de l'Ontario. Ces pétroglyphes (ou gravures rupestres) représentent un grand bateau d'un style courant en Scandinavie, ainsi qu'une suite de signes que l'épigraphiste Barry Fell identifia comme une inscription nordique, dont l'alphabet est nord-africain. Fell, esprit brillant mais qui a tendance à tirer des conclusions un peu hâtives, situa l'inscription en 1700 avant notre ère.

David H. Kelley, un scientifique et archéologue prudent, qui s'était impliqué dans le déchiffrage du code complexe des hiéroglyphes mayas, n'est pas d'accord avec cette date. Il suggère plutôt une date entre 1000 et 700 av. J.-C., mais il approuve la première analyse linguistique de Fell. La forme des pétroglyphes trahit une origine scandinave et indique que les mots, qui défient toujours toute transcription et encore plus toute traduction, appartiennent probablement à une ancienne forme d'une langue nordique. Ce qui est encore plus troublant, c'est que les caractères utilisés dans cette inscription relèvent d'un alphabet que Kelley appelle « proto-tifinar », qui est l'ancêtre des alphabets libyen et tifinar, que l'on trouve tous les deux en Afrique du Nord. En fait, le tifinar est toujours utilisé de nos jours par les Touaregs, un peuple de guerriers farouches, qui ont longtemps vécu dans un isolement total au Sahara.

Mais on peut se demander pourquoi ces premiers Scandinaves utilisaient un alphabet nord-africain pour transcrire leur langue ? La réponse tient vraisemblablement dans la remarquable faculté qu'ont les cultures de se répandre, de muter ou de se faire des emprunts. L'Afrique du Nord appartient à la culture berbère du Moyen-Orient qui s'étend à travers terre et mer, de la Mésopotamie au Maroc. Beaucoup de ces peuples étaient des navigateurs et des commerçants accomplis, tout comme les Norvégiens. Il est certain que leurs activités commerciales ont permis aux Scandinaves et aux Berbères de se rencontrer et, lors de ces contacts, les uns apprirent un peu de leur vocabulaire aux autres, et vice versa. Le proto-tifinar permit aux Scandinaves – alors illettrés – non seulement de transcrire leur propre langue, mais aussi de communiquer intelligemment avec leurs partenaires commerciaux de la Méditerranée. Les Nordiques emportèrent l'alphabet dans leurs fjords, puis par-delà l'Atlantique, jusque dans le Nouveau Monde, où quelque artiste inconnu grava les pétroglyphes de Peterborough. Quelque part, l'ancien scandinave écrit en proto-tifinar n'est pas plus absurde que le yiddish moderne, ce dialecte germanique écrit en alphabet hébreu, ou que le maltais, la seule langue arabe qui soit écrite en alphabet latin.

Le cuivre manquant et l'inscription de Peterborough corroborent l'idée d'un contact entre l'Ancien et le Nouveau Monde qui remonte au moins au Ier ou IIe millénaire av. J.-C., voire plus loin. Mais les Scandinaves n'étaient pas des bâtisseurs de pyramides, et la région des Grands Lacs n'est pas célèbre pour son architecture monumentale. Afin de mieux comprendre pourquoi les constructeurs de pyramides sont arrivés aux Amériques, il faut que nous fassions un voyage qui, de prime abord, semblerait une digression, mais qui fait le lien entre les pyramides de l'Ancien et du Nouveau Monde, l'effondrement de la dynastie chinoise Shang, les chênaies des marécages irlandais, et une région de l'espace intersidéral, aux confins de notre système solaire.

Les arbres, baromètres du passé

Comme nous l'avons vu au chapitre 6, il est tentant de faire la relation entre la chute de la dynastie chinoise Shang et l'apparition de la civilisation olmèque – dont la pyramide de La Venta est la première construction – le long du golfe du Mexique. Selon la tradition chinoise, 250 000 personnes – sans doute des familles restées loyales à la dynastie déchue et peut-être en danger de mort – fuirent la Chine par l'est et s'embarquèrent sur le Pacifique après que le dernier empereur chinois, Chòu (ou Zhou), fut tué par ses ennemis en 1122 av. J.-C. Les forces anti-Shang étaient conduites par Wu Wang, le fondateur de la dynastie Zhou. Les empereurs Zhou régnèrent jusqu'autour de 220 avant notre ère, lorsqu'ils furent renversés par le premier homme à régner sur toute la Chine, Shih Huang-ti, le premier empereur Chin (220-210 av. J.-C.). C'est Shih Huang-ti qui envoya Hsü Fu chercher l'élixir de l'immortalité sur les îles sacrées à l'est. Tout comme les 250 000 réfugiés des Shang, partis avant lui, Hsü Fu et ses trois mille hommes et femmes ne revinrent jamais en Chine. Dans les deux cas, l'effondrement d'une dynastie chinoise est à l'origine de l'émigration de très nombreuses personnes hors de Chine, en direction des Amériques ; ces gens-là appartenaient à une civilisation bâtisseuse de pyramides et avaient emporté les concepts de leur construction dans leurs bagages.

Dans la Chine ancienne, l'empereur détenait un droit divin, appelé le Mandat des Cieux. Aussi longtemps qu'il prenait soin de ses sujets, son pouvoir restait intact. Mais s'il négligeait de privilégier leur bien-être, les cieux lui retiraient son pouvoir et le renversement de son trône suivait inexorablement. C'est un événement de ce type qui permit à T'ang, le premier empereur Shang, d'accéder au trône autour de 1600 av. J.-C., Chieh (ou Jie), le dernier roi de la dynastie précédente, Xia, étant déclaré corrompu – une accusation qui fut plus tard dirigée contre Chòu, le dernier des Shang. Privés du Mandat des Cieux, Chieh comme Chòu furent renversés et remplacés.

Dans la conception du monde chinoise, la corruption des hommes se reflétait dans un événement du monde physique. Lorsque le Mandat des Cieux était retiré, il n'y avait aucun doute sur ce qui s'était passé. Quand Chieh perdit son pouvoir royal, les anciens écrits disent que « le ciel se couvrit de brouillard jaune [...], le soleil s'obscurcit [...], trois soleils apparurent [...], il gela en juillet [...], les cinq céréales se desséchèrent [...] et la famine apparut». Les malheurs sur terre reflétaient les calamités dans les cieux.

Comme les historiens concentrent toute leur énergie de scientifiques pour comprendre les détails et les avatars de l'histoire humaine, la première explication conventionnelle de l'effondrement d'une dynastie et de son remplacement par une autre est d'ordre politique. Partant, il leur est facile d'interpréter des événements, telle l'apparition de trois soleils, comme de simples allégories. Ils disent donc que ce chroniqueur chinois donna libre cours à un essor créatif de son imagination, et inventa un événement cosmique pour voiler les troubles de la vie politique. Ils se fondaient sur ses inventions métaphoriques plutôt que sur des faits pour expliquer l'histoire politique.

Néanmoins, de plus en plus d'éléments prouvent que le récit du chroniqueur chinois n'avait rien d'extravagant; en fait, il décrivait les événements réels qui ont conduit une ancienne société constructrice de pyramides à capituler, et à des émigrations à grande échelle à travers le Pacifique, jusqu'au Nouveau Monde. Le premier de ces éléments se situe en Irlande du Nord, et les autres nous ramènent de manière éclatante et captivante à ces deux vagues de Chinois bâtisseurs de pyramides qui traversèrent le Pacifique jusqu'aux Amériques. En effet, si nous analysons tous ces éléments, ils vont nous suggérer l'existence d'un rapport direct entre la construction des pyramides et des conditions cosmiques, que cela surprenne ou non.

Tout le monde apprend à l'école élémentaire que les arbres développent, chaque année, un anneau de croissance dans leurs troncs. Mais ces anneaux annuels ne sont pas toujours identiques. Durant les bonnes années, lorsque le soleil et la pluie nourrissent la végétation de manière équilibrée, les arbres développent un anneau plus large que dans les années difficiles, quand la pluie est insuffisante et que le climat est soit trop chaud, soit trop froid. Léonard de Vinci (1452-1519) s'aperçut de cette relation et suggéra d'étudier les largeurs des anneaux pour reconstituer la météorologie du passé. Mais ce concept, comme beaucoup d'autres théories de Léonard, était de quatre siècles en avance sur son temps.

Andrew Douglass, un astronome de Flagstaff, dans l'Arizona, s'intéressa à cette idée au début du XXe siècle. Douglass étudia les variations dans la production d'énergie du soleil, et il se mit à analyser les anneaux de croissance des arbres pour déterminer si l'énergie solaire augmentait et retombait par cycles. Douglass n'utilisa pas seulement des arbres sur pied, mais aussi d'anciens troncs rapportés de sites archéologiques de l'Amérique du Sud-Ouest. Un travail méticuleux permit à Douglass d'établir une chronologie précise, remontant jusqu'en 701 de notre ère et de dater d'anciennes ruines dans l'Arizona avec une précision que les archéologues connaissent rarement. Par ailleurs, il montra quelles furent les années durant lesquelles la pluie fut abondante et le soleil bénéfique, et celles qui furent plus sèches et difficiles.

Douglass avait posé les fondations de ce qui est devenu la « dendrochronologie », un terme très académique dont l'étymologie grecque signifie « arbre » et « temps ». En trouvant des schémas communs dans les anneaux des arbres, les dendrologues peuvent développer une chronologie qui, non seulement date précisément les événements, mais qui leur donne aussi un instantané des changements climatiques de chaque année, décennie ou siècle.

Une quarantaine d'années après le travail de pionnier de Douglass, Martin Ross et ses collègues de l'Université de l'Arizona utilisèrent les données de la dendrochronologie pour déterminer la chronologie du village appelé Arroyo Hondo, au Nouveau-Mexique. Les données indiquèrent que la pluie tomba abondamment dans la première partie du XIVe siècle de notre ère et que la population du village doubla. Puis le climat bascula ; il y eut de grandes sécheresses, entrecoupées de périodes humides très courtes. Les récoltes ont certainement manqué pendant plusieurs années, car la population chuta tellement vite qu'en 1345 le site fut pratiquement abandonné. Les Indiens ne revinrent que vers 1370, et une nouvelle phase de développement commença.

Ce qui est intéressant dans ce schéma, c'est son curieux synchronisme avec des événements ayant eu lieu dans d'autres parties du monde. En 1347, la « peste noire » fit son apparition, emportant rapidement un tiers de la population européenne. Une dendrochronologie en Tasmanie, une province insulaire de l'Australie, indiqua que 1345 fut l'une des années les plus froides des trois derniers millénaires. Le même schéma fut retrouvé plus tard, dans d'autres chronologies établies à partir des anneaux d'arbres dans des régions éloignées l'une de l'autre, comme la Nouvelle-Zélande et la Scandinavie. Il est manifeste qu'un renversement climatique majeur avait affecté toute la terre au milieu des années 1340, entraînant un manque de récoltes, puis la famine et la dissémination de la maladie parmi les populations fragilisées.

Lorsque Mike Baillie, un dendrologue de l'Université royale de Belfast, en Irlande du Nord, commença ses recherches, les scientifiques dans ce domaine pensaient que les volcans étaient responsables de ces soudains coups de froid planétaires, quand le soleil était caché par un épais voile de poussière. Il existait de bons exemples historiques et vérifiables de tels événements. Lorsque le Tambora entra en éruption dans l'actuelle Indonésie en 1815, l'été suivant fut catastrophique pour les fermiers. Des gels hors saison, en plein été, détruisirent les récoltes en Nouvelle-Angleterre, et des archives météorologiques en Irlande montrèrent que durant cette même année l'été et l'automne furent excessivement nuageux et pluvieux, et que la température moyenne était bien en dessous de la normale saisonnière. L'été suivant ne fut guère meilleur.

Le rôle des violentes éruptions volcaniques dans les changements du climat planétaire fut mis en évidence par les recherches de Val LaMarche et Tom Harlan, de l'Université d'Arizona. Ils étudièrent une variété de pins qui ont aussi des aiguilles sur leurs cônes, des arbres qui poussent à de hautes altitudes, dans les White Mountains, le long de la frontière entre la Californie et le Nevada ; ce n'est pas un hasard s'ils figurent parmi les plus anciennes espèces vivantes de la planète. LaMarche et Harlan trouvèrent des signes de sérieux dégâts dus au gel dans les anneaux de croissance estivale de 1884, 1912 et 1965, dates qui correspondent avec les éruptions importantes des volcans Krakatoa (1883), Katmai (1912) et Agung (1963).

Une grosse explosion volcanique entraîne une version à échelle réduite du scénario de l'hiver nucléaire, quand de gros champignons de poussières dus aux explosions nucléaires montent dans l'atmosphère, refroidissent la surface de la planète de manière désastreuse et font beaucoup de victimes dans les règnes animal et végétal. Les explosions volcaniques envoient aussi d'immenses colonnes de cendre dans les airs. Prenons le cas de l'éruption du Tambora. S'élevant jusqu'à plus de 85 km, les cendres furent disséminées tout autour de la planète par les vents de haute altitude. En l'espace d'un an, elles avaient atteint l'hémisphère Nord et commencèrent à influer sur le climat à l'échelle mondiale. Comme la couche supérieure des cendres renvoyait la lumière du soleil dans l'espace, les régions en dessous se refroidirent. Non seulement les températures chutèrent à la surface du sol, mais les processus de réchauffement et de refroidissement, qui règlent les cycles saisonniers, furent perturbés. L'Irlande connut donc un climat froid et pluvieux, et le gel en été détruisit le maïs en Nouvelle-Angleterre.

Cette étroite corrélation entre les volcans et les anneaux de croissance des arbres fut, pour les archéologues et les préhistoriens méditerranéens, un renseignement précieux pour expliquer un événement important : l'éruption de Théra. C'est une île que l'on appelle aussi Santorin, située à 120 km au large de la Crète et qui, aujourd'hui, n'est plus que l'ombre de ce qu'elle fut auparavant. Au cours du IIe millénaire avant notre ère, le volcan entra en éruption, engloutissant la majeure partie de l'île dans la mer et mettant fin à l'occupation minoenne de la ville d'Akrotiri ; les conséquences furent dramatiques pour toute vie dans tout le bassin méditerranéen oriental. Les archéologues le savaient déjà, mais ils avaient du mal à situer l'éruption de Théra dans le temps.

Ils se disputaient deux dates. La plus récente et aussi la plus largement admise provient, aussi étonnant que cela puisse paraître, du Groenland. La formation annuelle de la glace sur les massifs du Groenland témoigne du climat, au même titre que les anneaux de croissance des arbres. Les glaciers aussi gardent en mémoire les éruptions volcaniques majeures. Les composants chimiques des cendres et les poussières envoyées dans l'atmosphère entraînent la formation d'acide essentiellement sulfurique qui, ultérieurement, précipite en glace ou en neige. L'analyse d'échantillons de glaces du Groenland obtenus par carottage, qui couvrent six millénaires de l'histoire de la Terre, montra neuf couches très importantes d'acide. L'une d'entre elles se forma en 1390 avant notre ère, avec une marge d'erreur de 50 ans. La plupart des archéologues prétendent que ce fut la date de l'éruption de Théra. Cette idée était plausible. Elle correspondait avec la chronologie du IIe millénaire avant notre ère qui était alors en vogue, et plus particulièrement avec les incessantes fluctuations de l'histoire de l'Égypte.

Mais Val LaMarche était d'un autre avis. Ses travaux, menés avec sa collègue de l'Université d'Arizona, Kathy Hirschboeck, sur la dendrochronologie des pins, mirent en évidence un gel dramatique en 1627 av. J.-C. Les deux auteurs avancèrent qu'« il était singulièrement possible de dater l'éruption cataclysmique sur Santorin avec précision ». En d'autres termes, Hirschboeck et LaMarche suggéraient de repousser la date de l'éruption de deux siècles et demi ; mais cette date démontait complètement la chronologie du Moyen et du Nouvel Empire égyptiens qui venait d'être établie.

Baillie, de son côté, avait entre-temps établi la dendrochronologie des chênes des marécages irlandais, qui allait de 5000 av. J.-C. à 1000 ap. J.-C. Intrigué par l'affaire Théra, il examina de près les anneaux de croissance. Les données irlandaises indiquaient que, effectivement, autour de 1627 av. J.-C., les anneaux étaient beaucoup plus minces. Cela voulait dire que les chiffres avancés par LaMarche et Hirschboeck ne concernaient pas seulement les White Mountains. Il releva encore d'autres détails. Premièrement, les anneaux étaient tellement minces dans certains arbres que Baillie eut du mal à les mesurer. Les conditions climatiques avaient, manifestement, été non seulement mauvaises, mais extraordinairement sévères. Deuxièmement, les anneaux les plus étroits référaient à quasiment toutes les années 1620. Si la différence de taille entre les anneaux n'avait couvert qu'un à trois ans, on aurait pu faire la relation avec l'éruption du Tambora, mais les anneaux très minces couvraient presque toute la décennie. Soit ce fut un gigantesque volcan qui n'a cessé de cracher avec une violence inouïe pendant plusieurs années, soit il s'était passé quelque chose de totalement différent.

Ensuite, Baillie compara les données de sa dendrochronologie, dont des anneaux très étroits indiquaient plusieurs périodes de perturbations climatiques très importantes, avec les carottes des glaciers du Groenland. Un certain nombre de dates coïncidaient, et les chiffres obtenus avec les arbres entraient dans les marges d'erreur des couches d'acide dans la glace. Ces dernières, ainsi que les anneaux des chênes irlandais, indiquaient que 210 av. J.-C. (± 30 ans), 1120 av. J.-C. (± 50 ans), 3150 av. J.-C. (± 90 ans) et 4400 av. J.-C. (± 100 ans) furent aussi des années aux perturbations climatiques importantes. La correspondance devint même plus frappante lorsqu'en 1987, la publication de nouvelles données indiqua une connexion avec une autre couche d'acide, datée de 1645 av. J.-C. (± 20 ans). Compte tenu de la marge d'erreur pour les données des carottes glaciaires, leur correspondance avec la dendrochronologie des chênes irlandais de 1628-1627 av. J.-C. devient évidente. Les résultats obtenus ultérieurement avec des arbres d'Angleterre et d'Allemagne indiquaient qu'en 1628 avant notre ère, il s'était passé un événement majeur, qui eut des répercussions en Europe continentale, en Irlande, en Amérique du Nord occidentale et au Groenland. Cette année-là, quelque chose de très grave toucha une très grosse partie de l'hémisphère Nord.

Si vous avez bien suivi toutes les datations archéologiques éparpillées dans ces pages, vous comprendrez que l'histoire a livré une nouvelle corrélation importante : les anneaux de croissance les plus étroits – de 1628 av. J.-C. – correspondent avec la chute de la dynastie Xia et à l'avènement de celle de Shang, autour de 1600 av. J.-C. Le meurtre du dernier empereur Shang, en 1122 av. J.-C., correspond avec les couches d'acide dans les glaces du Groenland, datées de 1120 av. J.-C. (± 50 ans), l'époque où les réfugiés Shang, bâtisseurs de pyramides, fuirent à travers le Pacifique. Quant à l'accession au trône de Shih Huang-ti, qui allait régner sur toute la Chine, et au départ de Hsü Fu avec sa suite de trois mille personnes, suivis de peu par l'effondrement soudain de la dynastie Chin, dont le règne fut très court, et son remplacement par la dynastie Han autour de 206 av. J.-C., ils correspondent de très près à une autre tranche d'anneaux de croissance très minces que Baillie a située en 207 av. J.-C.

Il était devenu évident qu'un épais voile de poussière et un net refroidissement simultané étaient à l'origine de chacun de ces événements. Le problème était de savoir ce qui avait provoqué ce voile de poussière. Il est peu probable que des volcans en fussent la cause ; les éruptions aussi violentes sont rares et elles ne durent pas assez longtemps pour développer un voile de poussière susceptible de refroidir la planète pendant une décennie. La réponse se trouvait ailleurs. Les Chinois et leur Mandat des Cieux portèrent Baillie et les dendrologues à mener leurs recherches du côté du ciel, une direction suggérée également par les dinosaures, qui allaient leur donner une sérieuse leçon au sujet des objets célestes appelés comètes.

T. rex et un ensemble de comètes funestes

L'histoire de Luis Alvarez et de son fils Walter est bien connue. Ces deux scientifiques de l'Université de Californie, à Berkeley, ont réussi à expliquer la disparition soudaine des dinosaures, dont *Tyrannosaurus rex*, du paysage géologique. Les roches des couches crétacées contiennent des fossiles de dinosaures ; celles juste au-dessus, donc du tertiaire, n'en contiennent pas. Une courte période de temps intermédiaire, appelée frontière K-T (crétacé-tertiaire) est représentée par une mince couche d'argile ; c'est durant cette période que les dinosaures se seraient évaporés, il y a quelque 65 millions d'années. Les Alvarez constatèrent que la couche K-T contenait énormément d'iridium, un élément rare que l'on ne trouve qu'au tréfonds de la Terre – d'où il remonte à la surface lors des éruptions volcaniques – ou dans les roches de l'espace comme les comètes ou les astéroïdes, qui ont le même âge que les profondeurs de la Terre. Comme les Alvarez n'ont pu identifier aucune grosse éruption volcanique susceptible d'être à l'origine de ce dépôt d'iridium dans la couche frontière K-T, ils avancèrent que la présence de cet élément ne pouvait s'expliquer que par l'impact d'une très grosse comète ou d'un gros astéroïde.

En 1990, le scénario hypothétique des Alvarez devint tangible, car on découvrit le cratère d'un impact datant de cette époque critique, à Chicxulub, dans le Yucatán mexicain. L'astéroïde avait plusieurs kilomètres de diamètre était comparable en taille et en volume au mont Everest, et il était venu s'écraser dans les basses eaux au large de ce qui était alors la côte. L'explosion fut gigantesque. Elle équivalait à dix mille fois tout l'arsenal nucléaire planétaire actuel, et elle creusa un cratère de 32 km de profondeur sur plus de 177 km de large. L'explosion, ainsi que les tremblements de terre et les raz de marée qu'elle déclencha, détruisit toute vie sur un rayon de milliers de kilomètres. En outre, elle donna naissance à une immense colonne de poussières, mille fois plus importante que celle du Tambora. La poussière se propagea à travers les couches supérieures de l'atmosphère, voilant le soleil pendant des mois, voire des années. Le refroidissement qui suivit entraîna la mort de la plupart des espèces vivantes d'animaux sauvages. Tout ce qui avait une taille supérieure à un chien de taille moyenne périt sous le refroidissement soudain et désastreux de cet hiver cosmique.

L'impact d'une comète peut également occasionner un voile de poussière pouvant refroidir la planète pendant des années, tel cet événement que Baillie a situé dans les années 1620 avant notre ère. Mais il fallait encore expliquer autre chose : la fréquence des impacts. Chicxulub et l'extinction au K-T semblaient relever d'une catastrophe subite et exceptionnelle, survenue il y a très longtemps. Ce fut apparemment un événement rare, voire unique. Toutefois, les données des carottes glaciaires du Groenland et de la dendrochronologie montraient, toutes les deux, cinq mêmes dates : 207 av. J.-C., 1159 av. J.-C., 1628 av. J.-C., 3150 av. J.-C. et 4400 av. J.-C. (± 100 ans). En outre, les données recueillies sur les chênes irlandais indiquaient que des nuages de poussière avaient dû se former à deux autres dates historiques, à savoir 536 ap. J.-C. et 2345 av. J.-C. Mais quel que fût l'événement d'alors qui produisit ce résultat, il était manifestement d'un ordre moins important que celui de Chicxulub : peut-être s'agissait-il d'une comète moins impressionnante, dont l'impact était susceptible d'affecter un continent ou un hémisphère, mais non d'entraîner des extinctions massives. Ces accidents mineurs se répétèrent à des intervalles de plusieurs siècles, voire de plusieurs millénaires. Leur cause devait être un phénomène cyclique. On pensait que les impacts de comètes ou d'astéroïdes étaient des accidents inhabituels, qui arrivaient peut-être une fois tous les cent millions d'années, se frayant un passage violent et destructeur, comme des éléphants solitaires, à travers le système solaire.

C'est à deux astronomes basés en Irlande du Nord, tout comme Baillie, que l'on doit l'explication de la périodicité nécessaire pour justifier les dates répétées de Baillie. Victor Clube et Bill Napier rejetèrent l'exemple aléatoire de la comète aussi dangereuse qu'un éléphant solitaire et avancèrent une théorie appelée « catastrophisme cohérent ». En d'autres termes, le chaos apparent survenant lors de l'impact d'une comète a une raison sous-jacente qui est inhérente à la vie astronomique dans notre voisinage galactique.

Aux confins du système solaire, au-delà de la planète Pluton, se trouve une zone glaciale qui est un réservoir de comètes, dont le chiffre pourrait avoisiner celui de l'ensemble des étoiles dans la Voie Lactée de notre galaxie. Il est appelé le nuage de Oort, et inclut des objets de toutes les tailles, d'un diamètre allant de 1 km à 297 km.

Il y a encore trente ans, les astronomes pensaient que le nuage de Oort était stable et totalement inoffensif. Mais ils découvrirent des nuages moléculaires, soit des nébuleuses massives, sombres et froides que le système solaire rencontre dans sa course à travers la Voie Lactée. Clube et Napier constatèrent que lorsque le système solaire entre en collision avec un nuage moléculaire, les nouvelles forces de gravitation déstabilisent le nuage de Oort. Parallèlement, le système solaire et le nuage de Oort souffrent de perturbations, dues à un ensemble de forces fluctuant périodiquement, lorsqu'ils approchent des bras spiraux de la galaxie et du disque galactique central. Ces deux dynamiques – le flux d'impulsions prévisibles et les collisions imprévisibles avec les nuages moléculaires – éjectent les comètes de leurs orbites et les précipitent dans de nouvelles directions. Certaines fusent vers les profondeurs de l'espace intersidéral et d'autres plongent dans notre système solaire, où elles risquent d'entrer en collision avec autre chose, comme la planète sur laquelle nous vivons.

Par ailleurs, la théorie de Clube et Napier s'appuie sur le comportement des comètes une fois qu'elles sont entrées à l'intérieur du système solaire, un processus qui n'avait pas été compris jusque-là. Une comète n'est pas seulement un conglomérat de roches et de glace « sale » (glace d'eau, d'ammoniac, de méthane, d'oxyde de carbone, etc.) qui arrive en une seule pièce. Au contraire, les comètes, surtout les plus grosses, explosent et développent une queue de poussières s'échappant dans l'espace, tel un fleuve cosmique, véritable réservoir d'explosifs.

Il y a moins de dix ans, les astronomes ont eu l'occasion d'observer ce phénomène en détail lorsque la comète appelée P/Shoemaker-Levy 9 entra en collision avec Jupiter. La comète fut d'abord capturée par une orbite tournant autour de la planète géante, puis elle se désintégra sous l'effet des forces gravitationnelles. Six de ses fragments étaient énormes, mesurant près de 2 km de diamètre, et une douzaine d'autres étaient de taille plus petite. Suivait un nuage de toutes sortes de débris rocheux, depuis la taille de la platine d'un électrophone, jusqu'à des atomes de fumée. Durant les sept jours qui suivirent, en ce mois de juillet 1994, cette traînée de projectiles plongea dans l'atmosphère de Jupiter à une vitesse dépassant les 209 170 km/h. Les plus gros fragments explosèrent et les gaz devenus incandescents formèrent des boules de feu qui s'échappèrent dans l'espace comme de grands panaches. Les explosions laissèrent de sombres traces qui mouchetèrent pendant plusieurs semaines l'atmosphère de Jupiter, habituellement de couleur saumon et sable.

La désintégration de P/Shoemaker-Levy 9 ne fut pas un événement unique. Les astronomes de l'Antiquité, en Europe comme en Asie, avaient déjà rapporté des explosions de comètes et chacune présentait les mêmes caractéristiques, à savoir une tête (ou noyau cométaire) et une queue lumineuse. Les observateurs du ciel au XIXe siècle virent la comète Biela exploser à la fin de l'année 1845 et au début de 1846, lorsque son orbite de sept ans passa près de la Terre. Un petit morceau se détacha de la comète, devint rapidement très lumineux, et les deux comètes, mère et fille, disparurent dans l'espace. Elles réapparurent en septembre 1852, mais non en 1865 comme elles auraient dû le faire. Par contre, le 27 novembre 1872, le jour où l'orbite de la Terre passa près de celle de Biela, une immense pluie de météorites illumina le ciel, et un essaim d'approximativement 160 000 étoiles filantes traversa le ciel en moins de six heures. Ce phénomène fut appelé l'averse Andromédide – parce qu'il naquit dans la région du ciel où se trouve la constellation d'Andromède – et les fragments issus des nouvelles désintégrations de Biela et de sa fille illuminèrent à nouveau le ciel de manière spectaculaire le 27 novembre 1885. L'averse Andromédide continue de paraître, mais aujourd'hui elle est moins impressionnante. Il ne reste plus qu'une fraction du nombre des particules originelles qui sont disséminées sur toute l'orbite de l'ancienne comète Biela.

P/Shoemaker-Levy 9 démontra que des fragments de comètes peuvent aussi exploser dans l'atmosphère ; c'est une explosion de ce type qui eut lieu sur Terre au-dessus de Toungouska, une région isolée de forêts et de marécages, en Sibérie russe. À l'aube du 30 juin 1908, une immense boule de feu traversa le ciel, puis explosa en dégageant une énergie estimée cinq cents à deux mille fois celle d'Hiroshima. L'explosion ne creusa pas de cratère important et l'on ne trouva pas un seul morceau de fer météorique, mais elle abattit des arbres et rasa une région de la taille de la moitié de l'île de Rhodes. Selon les analyses mathématiques les plus pointues à ce jour, l'explosion aurait eu lieu entre 5 à 8 km au-dessus de la surface de la Terre, éjectant des vagues de feu et entraînant des rafales de vent torrides et très destructrices.

Il s'agit vraisemblablement de l'explosion d'un petit noyau cométaire. La Terre passe deux fois par an le long d'un essaim de météores, appelé les Taurides (puisque originaires de la région de l'espace où se trouve la constellation du Taureau), qui résulta de la désintégration d'une comète morte ; cela se produit entre avril et juin, et de nouveau entre octobre et décembre. L'objet apparu le 30 juin au-dessus de Toungouska était très certainement un fragment de l'essaim des Taurides.

Toungouska et P/Shoemaker-Levy 9 illustrent le processus que Clube et Napier placent au cœur de leur hypothèse de catastrophisme cohérent. Lorsqu'une comète du nuage de Oort tombe à l'intérieur de notre système solaire, elle prend une nouvelle trajectoire autour du soleil et se désintègre plusieurs fois, laissant derrière elle une longue et large traînée de débris en orbite, à mesure qu'elle fonce à travers l'espace. Comme les fragments n'arrêtent pas de se désintégrer, la traînée finit par ne devenir rien de plus qu'un voile de fumée cosmique. Mais au début, lorsque les morceaux sont gros et la queue étroite, la comète est un réel danger pour la Terre. Si la Terre passait à travers cette jeune queue, les fragments pourraient pleuvoir sur la planète, entraînant des explosions localement très puissantes ou très étendues, ou les deux à la fois. Parallèlement, de petites particules ressemblant à de la poussière iraient remplir l'atmosphère supérieure et amplifieraient l'effet de refroidissement dû à l'injection d'un grand nombre de débris dans l'atmosphère, lors d'explosions sur ou près de la surface de la Terre.

Les essaims de météorites résultant de la désagrégation des comètes sont comparables à une roulette russe cosmique. Année après année, la Terre les croise. Quelquefois, nous esquivons les coups. En juin 2002, un astéroïde d'un diamètre entre 45 m et 110 m, soit approximativement de la taille d'un terrain de foot, passa à seulement 120 675 km de la Terre, mais il ne fut détecté que trois jours *après* son passage. Cependant, de temps à autre, ces roches et glaces « sales » venues de l'espace ne manquent pas leur cible.

Clube et Napier calculèrent qu'une comète met entre trois et cinq millions d'années pour voyager depuis le nuage de Oort jusqu'à l'intérieur de notre système solaire. Environ tous les cent mille ans, une comète géante, en pleine désagrégation, prend une trajectoire qui croise l'orbite de la Terre. Par ailleurs, l'orbite de notre planète traverse directement la queue de débris que la comète traîne derrière elle une fois par millénaire. En fonction de certaines variables, le danger serait à son maximum une ou deux fois par an, pendant plusieurs siècles. Certaines années pourraient être calmes et en d'autres, nous pourrions être bombardés pendant des heures, voire des jours. Si cela devait se passer plusieurs années d'affilée et si la Terre se faisait donc activement bombarder par les débris de l'espace, ce serait désastreux. De telles périodes furent enregistrées dans les données des carottes glaciaires et de la dendrochronologie. Des périodes de calme de cinq cents à mille ans suivraient alors, et le cycle des catastrophes reprendrait.

Aujourd'hui, Clube et Napier pensent que nous traversons une période de calme. Mais le jour où elle touchera à sa fin, nous nous surprendrons en train de regarder anxieusement vers le ciel, comme les gens le firent en 1628 av. J.-C.

L'hypothèse de Clube et Napier apporte deux nouveaux éléments capitaux pour expliquer les données de la dendrochronologie de Baillie. Le premier est la périodicité des catastrophes. Les objets de l'espace arrivent par impulsions ou vagues, séparées par de longues périodes de temps, comme en témoignent les anneaux de croissance les plus minces des chênes irlandais et les couches d'acide dans les carottes des glaciers du Groenland. Le second est l'essaim de météores expulsé de la comète en désagrégation, qui explique pourquoi Baillie a trouvé non seulement un anneau de croissance très étroit, mais tout un ensemble. Chaque année, pendant une décennie ou plus, la Terre rencontra le même essaim d'objets volants et la planète fut envahie par le froid cosmique. Puis, lorsque le mouvement orbital de notre planète et celui de l'essaim de météorites mirent enfin la Terre à l'abri du danger, les bombardements se firent plus rares, ou cessèrent, la poussière retomba et le climat se réchauffa.

Rencontres avec des comètes dans l'Antiquité

La prochaine étape de cette investigation consiste à comparer le modèle des anneaux de croissance des arbres et la datation des couches d'acide avec l'Histoire, pour voir s'il existe des correspondances entre les nuées catastrophiques de Clube et Napier et les événements historiques. Le tableau qui en résulte est renversant. Il révèle également que le monde vécut des temps extrêmement difficiles après ces moments fatidiques, au cours desquels les bâtisseurs de pyramides émigrèrent d'un endroit vers un autre, franchissant même les océans, en emportant leur concepts culturels.

1178 après J.-C.

Au soir du 25 juin 1178, des moines de Canterbury, en Angleterre, regardaient, horrifiés, vers le ciel : ils virent le croissant de la Lune se scinder en deux, et des flammes en jaillirent. Gervase, le moine qui rapporta l'événement, écrivit que la Lune se mit à trembloter et à se tordre « comme un serpent blessé ». Le jet de flammes et les contorsions se répétèrent une douzaine de fois, puis la Lune devint toute noire.

Il y a plusieurs années, l'expert en météorites J. B. Hartung affirma que Gervase n'avait pas eu des hallucinations, mais qu'il avait décrit le crash d'un corps astronomique sur la Lune. Le jet de flammes devait provenir soit d'un nuage de gaz incandescents sur le lieu de l'explosion, soit de la réflexion de la lumière solaire sur la poussière s'élevant du cratère. Le fait que la Lune devint ensuite toute noire s'explique par la diffusion de la poussière sur toute la surface du satellite.

D'autres recherches effectuées depuis la théorie de Hartung indiquent que le cratère appelé Giordano-Bruno pourrait être la trace de l'impact de 1178. L'explosion qui creusa le cratère fut tellement puissante – de l'ordre de 100 000 mégatonnes[1] – que la Lune se mit à osciller lentement autour de son axe sur un rayon de 7,5 m, à une fréquence de trois ans.

Le 25 juin, jour de l'accident lunaire en 1178, est proche du 30 juin, jour de l'explosion à Toungouska, ce qui porte à croire que ce qui est venu frapper la Lune était un fragment de l'essaim des météorites Taurides. En fait, 1178 ap. J.-C. était l'année où l'essaim des Taurides avait atteint sa densité maximale.

1. Une mégatonne équivaut à un million de tonnes d'explosif TNT. Actuellement, le potentiel explosif de l'arsenal nucléaire sur terre est estimé à 20 000 mégatonnes.

Entre-temps, sur Terre – la planète ayant échappé au gros boulet qui toucha la Lune sous les yeux des moines de Canterbury –, on enregistrait divers phénomènes inquiétants. Durant toute la fin du XIe et au cours XIIe siècle, de grandes comètes firent leur apparition dans le ciel. Les étoiles tombant du ciel (c'est-à-dire des comètes) furent interprétées par des prélats européens comme des signes d'avertissement de Dieu. Ils tirèrent parti de ces visiteurs célestes menaçants pour justifier leur départ en croisade, dans le but de reprendre la Terre sainte aux impies ; ils disaient pouvoir ainsi regagner la bienveillance divine qu'ils imaginaient leur avoir été retirée. De l'autre côté du globe, des astronomes chinois notèrent une augmentation frappante d'apparitions de comètes autour de 1150 ap. J.-C. Selon leurs écrits, le nombre d'objets célestes était dix fois supérieur à la normale.

À la même époque, selon les légendes des Maoris de Nouvelle-Zélande, le feu tomba du ciel et brûla des forêts, tuant la plupart des grands oiseaux coureurs moa. Une série d'impacts peu profonds, appelés les cratères de Tapanui, datent d'environ 1200 de notre ère, et la présence de suie dans des échantillons géologiques de la même époque indique que des incendies très importants, comme ceux décrits par les légendes indigènes, ont fait rage. C'est aussi à cette époque que des vagues d'immigrés quittèrent la Polynésie. On ne sait pas pourquoi des peuples entiers abandonnèrent leurs maisons et partirent pour d'autres horizons. Des guerres éclatèrent, des lignées royales s'éteignirent, d'autres naquirent et des coutumes et religions étrangères furent importées. Sur la côte occidentale de l'Amérique du Sud, les civilisations qui avaient construit les pyramides de Lambayeque et Túcume s'effondrèrent définitivement. Par contre, une nouvelle civilisation, que nous appelons les Incas, émergea très haut dans les Andes quelque temps plus tard. Au Mexique, les Aztèques émigrèrent de l'endroit qu'ils appelaient Aztlán – qui se trouvait probablement près de l'actuel Mazatlán sur la côte du Pacifique –, dans les hautes altitudes de la vallée du Mexique. Toutes ces fuites dans les montagnes, à la fois en Méso-Amérique et en Amérique du Sud, pourraient signifier des tentatives d'échapper aux tsunamis déclenchés par des impacts de fragments de comètes. Et si les Aztèques étaient obsédés par les sacrifices humains, c'est qu'ils pensaient que c'était leur seul moyen pour regagner la sympathie du dieu malveillant qui avait permis toutes ces tragédies.

De l'autre côté du Pacifique, en Chine, le climat fut particulièrement rude durant la seconde moitié du XIIe siècle. En 1194, le fleuve Jaune eut des crues tellement catastrophiques que Kaifeng, la capitale du nord de la dynastie Song (Sung) fut détruite, et que l'embouchure du fleuve se déplaça de 320 km vers le sud. Comme l'empereur avait, manifestement, perdu le Mandat des Cieux, la dynastie Song s'effondra.

Dans le courant des années 1170 ou 1180, le jeune Temüjin vit un signe dans le ciel – probablement une comète – qu'il interpréta comme le présage d'une mission qu'il devait accomplir : conduire les hordes de Mongols hors de leur patrie, à travers l'Asie. Selon des témoignages historiques, rédigés par le chroniqueur perse Al Juvaini, le climat en Mongolie était tellement froid à cette époque que, pendant deux générations, il n'y eut pas de pommes.

D'un point de vue strictement humain, quelque chose de très important s'était passé dans la seconde moitié du XIIe siècle ; pourtant, à l'échelle cosmique, ces événements apparaissent à peine dans les données des carottes glaciaires du Groenland et de la dendrochronologie. Il semblerait qu'il n'y a pas eu un impact majeur unique, comme celui sur la Lune observé par Gervase et ses compagnons du monastère, mais plutôt une foule d'explosions d'objets plus petits au-dessus de la terre comme de la mer, de la taille de celui tombé à Toungounska, rasant des villages et des forêts, déclenchant de vastes incendies et des tsunamis énormes.

536 après J.-C.

Un événement beaucoup plus important eut lieu au VIe siècle de notre ère. Comparés à l'époque morne du haut Moyen Âge européen, la fin des années 530 et le début des années 540 furent effectivement plus sombres. En Irlande, qui venait tout juste de devenir un pays chrétien, la récolte de céréales fut nulle en 536 et à nouveau en 538. La famine décima l'Irlande et l'Angleterre. En 542, ce fut au tour du bassin méditerranéen de connaître un désastre : la peste venue d'Égypte traversa toute l'Europe en tuant beaucoup de personnes.

L'Europe et le bassin méditerranéen ne furent pas les seuls à être touchés. Des chroniqueurs chinois de cette même époque rapportent que la famine était très répandue. Apparemment, ce qui était à l'origine du manque de nourriture en Europe fit aussi de terribles ravages en Asie orientale. Des maladies, associées à la famine, affaiblirent Teotihuacán et contribuèrent à son déclin. Bien que la civilisation maya fût très florissante dans sa période classique qui commença autour de 550, les décennies précédentes n'ont, curieusement, produit aucune œuvre d'art ou de monument.

Deux récits de la même époque décrivent une région inculte, ruinée et dépeuplée, située à l'ouest de la Grande-Bretagne. Une de ces narrations, écrite par l'historien byzantin Procope, parle d'une île coupée en deux par un mur. Une partie était habitable, l'autre dangereuse.

> À l'est du mur, l'air est sain ; il change avec les saisons, il fait modérément chaud en été et frais en hiver [...], mais sur le côté ouest, c'est tout le contraire, ce qui fait qu'il est impossible aux hommes d'y survivre ne serait-ce qu'une demi-heure [...]. Les habitants disent que si quelqu'un franchit le mur, il meurt sur-le-champ, ne pouvant pas supporter l'odeur pestilentielle de cette région ; il en va de même pour les animaux sauvages qui, s'ils se rendent à l'est, sont immédiatement emportés par la mort.

L'autre histoire est tirée des *Confessions* de saint Patrick, missionnaire en Irlande ; c'est un récit autobiographique qu'il écrivit en mauvais latin, vers la fin de sa vie. Britannique de naissance, Patrick devint, à seize ans, l'esclave d'assaillants irlandais, qui l'emmenèrent en Irlande pour lui faire garder du bétail. Au bout de six ans, Patrick réussit à s'échapper jusqu'à la côte et trouva une place sur un bateau qui rentrait en Grande-Bretagne. Le voyage en bateau ne dura que trois jours, mais après avoir débarqué, Patrick et ses compagnons de voyage marchèrent pendant vingt-huit jours à travers ce qu'il décrit comme un désert, où l'on ne trouvait aucune nourriture.

À travers ces témoignages de Patrick et Procope, il semble que quelque chose de fâcheux se soit passé à l'ouest de la Grande-Bretagne. Mais quoi ?

Il se pourrait que des gaz, piégés pendant des siècles dans des dépôts, à plusieurs centaines de mètres sous le fond marin, aient été libérés. Ces dépôts contiennent trois sortes de gaz : du méthane, ou gaz naturel, de l'hydrogène sulfuré, qui a une odeur d'œufs pourris lorsque sa concentration est faible mais qui est toxique quand elle est élevée ; le troisième est l'ammoniac qui peut aussi être toxique. En temps ordinaire, ces gaz restent piégés sous le fond de l'eau et les sédiments, mais ils peuvent être délogés et s'échapper si la croûte terrestre est violemment secouée. Ils vont émerger en un nuage qui, poussé par le vent vers la côte, peut alors causer des dégâts importants. Le méthane peut s'enflammer, l'hydrogène sulfuré et l'ammoniac peuvent asphyxier et tuer.

Ce type d'événement s'est déjà produit dans des lacs. En 1986, des remontées d'hydrogène sulfuré dans le lac Nyos, dans l'État africain du Cameroun, tuèrent des milliers d'hommes et d'animaux. La même chose aurait pu se produire dans la mer, à l'ouest de la Grande-Bretagne au VIe siècle, rendant la région inculte. Xénophon d'Éphèse décrivit un terrible tremblement de terre qui toucha l'ancienne cité syrienne d'Antioche (aujourd'hui en Turquie) en 526 ap. J.-C. : « une poussière humide remonta en bouillonnant des profondeurs de la terre, et de la mer surgit une énorme puanteur ; on voyait la poussière remonter en bouillonnant dans l'eau et projeter des coquillages en l'air... » L'odeur qu'il décrit est certainement celle des dégazages d'hydrogène sulfuré dans l'océan.

D'autres auteurs ayant décrit le tremblement de terre à Antioche en 526 mettent l'accent sur le feu tombant du ciel comme une pluie, et sur le feu jaillissant de la terre. Ce dernier pourrait être dû à l'ignition de méthane dégazé, et l'autre aux météorites explosant dans le ciel et tombant sur terre. Ces impacts auraient alors déclenché de violents mouvements tectoniques, libérant les gaz enterrés sous la mer, qui balayèrent ensuite le pays, entraînant des incendies ou – comme ce fut le cas dans l'ouest de la Grande-Bretagne – intoxiquant tous ceux qui l'inhalaient.

Dans son livre récent *Catastrophe : An Investigation into the Origins of the Modern World*, David Keys attribue tous les événements autour de 536 à une éruption volcanique très importante dans le Sud-Est asiatique. Mais les volcans n'entrent pas en éruption pendant un temps suffisamment long pour qu'on puisse leur attribuer les ravages permanents des années 530 ou 540 qui, apparemment, sont imputables à un voile de poussière. (Il est possible qu'il y ait eu une éruption volcanique exceptionnelle au début du VIe siècle, mais elle a sûrement été déclenchée par des impacts d'objets venant de l'espace.) La *Anglo-Saxon Chronicle*, une des rares sources d'informations en Angleterre datant de cette époque, ne dit absolument rien de la décennie entre 534 et 544 ; elle mentionne seulement deux éclipses totales du soleil, l'une en 538 et l'autre en 540. C'est bizarre, parce que même s'il y avait eu des éclipses du soleil ces années-là, elles n'auraient pas pu être totales en Angleterre. Selon la chronique, à ces dates-là, les étoiles apparurent au moment où, normalement, le jour se lève, et elles brillèrent jusqu'à 9 heures du matin. Une éclipse partielle pourrait sembler totale et faire ressortir les étoiles qui habituellement sont cachées par la lumière du jour, en admettant que le ciel fût déjà assombri par un voile de poussière dans la haute atmosphère, provoqué par une comète. Dans la même décennie, des chroniqueurs à l'est de la Méditerranée parlèrent d'un « brouillard sec », qui dura toute l'année 536 et 537, et qui fait beaucoup penser à un voile de poussière. Par ailleurs, les anneaux de croissance des arbres indiquent un net refroidissement. Les années 535, 536 et 541 furent extrêmement froides en Sierra Nevada ; il n'y eut pas d'été en 536 en Fennoscandie ; les chênes irlandais indiquent un très net ralentissement de croissance entre 540 et 542. Les datations obtenues à partir des carottes glaciaires des Andes indiquent aussi de sévères fluctuations climatiques en Amérique du Sud. Tout porte à croire qu'il y eut toute une série d'impacts de comètes, sur une grande échelle et sur une période assez longue pour générer un important voile de poussière dans la haute atmosphère, et pour provoquer des tremblements de terre qui, à leur tour, déclenchèrent les dégazages marins.

Roger of Wendover rapporte le récit d'un témoin oculaire de l'apparition d'une comète à cette époque : « En l'an de grâce 541, une comète apparut en Gaule [France] ; elle était tellement grande que tout le ciel paraissait en feu. La même année, les nuages dégoulinaient de sang [...] et une terrible mortalité s'ensuivit. »

Alors que j'étais en train d'écrire ce livre, je tombai sur un autre élément de preuve très intéressant venant de l'est de la Méditerranée, qui corrobore le récit sur la comète de Roger of Wendover. Je suis fasciné par les monnaies anciennes. Lorsque je n'étais qu'un enfant, je découvris un jour une pièce romaine dans un marché aux puces ; elle fut à l'origine de ma passion pour l'histoire ancienne et allait finalement me conduire à écrire ce livre. Les vieilles pièces sont des repères historiques car elles portent, gravées dans leur métal immortel, les traces d'événements importants de leur époque.

La pièce que je venais de trouver fut frappée à Antioche, en Syrie, pendant la seizième année (542-543) du règne de l'empereur byzantin Justinien Ier, qui régna de 527 à 565 (voir photo 28). Deux choses sont notables sur cette pièce. L'une d'elles est l'étoile qui figure sous la date : selon Edward Waddell, un expert en monnaies byzantines médiévales, la présence de cette étoile est surprenante. L'autre est la date. À Antioche, les monnaies furent frappées en 539-540, durant la treizième année du règne de Justinien Ier. Aucune pièce ne fut frappée durant les quatorzième et quinzième années, et il n'y en eut que quelques-unes durant la seizième. La production ne devait reprendre que dans la vingtième année (546-547), lorsque l'économie redémarra.

Antioche n'était pas un avant-poste frontière, et la suspension de la frappe de sa monnaie pendant plus d'une décennie indique que les activités commerciales avaient cessé, et que le pays était en crise. Comme nous l'avons vu, la peste, dite de Justinien, frappa en 542 ; ce fut une catastrophe qui suivit de près l'invasion des Perses. Les fabricants de monnaie byzantins associèrent ces événements à l'étoile sur la pièce de 542-543. Mais est-ce une étoile ou une comète, celle-là même dont Roger of Wendover dit qu'elle fut à l'origine de la pluie de sang et des morts en masse en Gaule ?

207 avant J.-C.

Les Chinois moururent de faim cette année-là, ainsi que pendant les trois années suivantes. Cette famine calamiteuse signifiait que la dynastie Chin avait perdu son Mandat des Cieux ; les nouveaux empereurs de la dynastie Han renversèrent l'ancien roi et montèrent sur le trône. Les anciennes *Irish Annals* rapportent que durant cette même année, le bétail mourut en masse, alors qu'il était la principale source de nourriture et de richesse pour les Celtes. Selon l'historien romain Tite-Live, deux soleils apparurent dans le ciel en 206 av. J.-C. – certainement notre soleil et une très grosse comète visible de jour – et une étrange lumière illumina les nuits pendant l'année 204 av. J.-C. D'autres références historiques parlent de pluies de pierres tombant fréquemment du ciel durant l'année 205 av. J.-C. Une sorte de fléau assaillit Rome à cette époque, alors que les hostilités avec les Carthaginois continuaient. Des prêtres (*sacerdotes* en latin) consultèrent les livres des sibylles, cherchant à trouver une raison à cette longue suite de malheurs ; ils comprirent qu'ils devaient rapporter à Rome la statue de Cybèle, la *Magna Mater* ou Grande Mère, qui était en Asie Mineure, sinon la ville serait détruite. Cela suggère que les Romains pensaient être dans une situation désespérée, et le fait de décider de chercher Cybèle est très important, parce que la déesse est représentée par la grosse météorite [1] noire, tombée du ciel sur le mont Ida en Phrygie, une région de l'actuelle Turquie, près de Troie. Les Romains accueillirent la météorite en grand apparat et construisirent un temple en son honneur sur le mont Palatin, où ils venaient la vénérer jusqu'au Ve siècle de notre ère.

Tous ces événements correspondent aux datations climatologiques obtenues à partir des anneaux de croissance des arbres et des carottes glaciaires du Groenland. Une couche d'acide dans la glace du Groenland, située en 210 av. J.-C. (± 30 ans), indique la présence d'un voile de poussière cette année-là. L'année 206 av. J.-C. fut extrêmement froide, selon l'analyse des pins des White Mountains. Et en 202 av. J.-C., les chênes irlandais commencèrent à ralentir fortement leur croissance. Après le tournant du siècle, ils ne poussèrent plus du tout, les conditions climatiques étant devenues trop sévères.

1159 avant J.-C.

Au XIIe siècle avant notre ère, les datations obtenues avec les anneaux des arbres et les carottes glaciaires correspondent encore. La glace du Groenland révèle un taux d'acidité très élevé et les arbres ont des anneaux de croissance anormaux. Les chênes des marécages irlandais montrent leurs plus minces anneaux, ce qui prouve bien que le temps fut extraordinairement froid. Mais curieusement, en

1. D'un point de vue scientifique, un *météoroïde* est un objet interplanétaire, dont la masse se situe entre le grain de poussière et l'astéroïde. En entrant dans l'atmosphère, il devient incandescent par frottement avec les molécules d'air ; il est alors appelé *météore* ou *étoile filante*. Dans le langage courant, toutefois, on utilise le terme de météore pour désigner à la fois les étoiles filantes et les météoroïdes solides. Une *météorite* est une partie d'un météore ou d'un météoroïde qui vient s'écraser sur la Terre.

Turquie, les chênes poussèrent beaucoup plus vite à cette même époque. Apparemment, le climat qui, d'ordinaire, est sec dans ce pays, a dû être très humide, à l'inverse de celui régnant en Irlande. C'était le monde à l'envers, dans les deux pays.

L'histoire politique et culturelle de cette époque était également perturbée. Comme nous l'avons vu, le Mandat des Cieux fut retiré à la dynastie Shang lorsque la famine et le chaos régnèrent, et 250 000 personnes se réfugièrent sur le Pacifique – et arrivèrent probablement dans le Nouveau Monde, où ils ont pu introduire le concept de la pyramide en tant que symbole culturel et religieux. C'est à cette époque aussi que les civilisations situées à l'est de la Méditerranée sombrèrent dans la violence et s'éteignirent, ce qui allait marquer le début du recul qui fut appelé « Moyen Âge hellénique ». L'histoire de Troie, qui tomba entre les mains des Grecs, est racontée dans de merveilleux hexamètres par Homère ; la ville fut détruite, puis reconstruite, et encore détruite. Entre environ 1200 av. J.-C. et 1150 av. J.-C., pratiquement toutes les villes grecques importantes subirent le même sort, tout comme celles du Moyen-Orient, excepté l'Égypte et la Mésopotamie. Ce fut la fin de l'âge du Bronze dans cette région. Aucune ville en Anatolie (en Turquie moderne) n'échappa à la destruction, et les trois principales villes de Chypre, ainsi qu'Ougarit, qui se trouvait dans ce qui est aujourd'hui la Syrie occidentale, furent brûlées. La côte du Levant, depuis le Liban jusqu'à l'actuel Israël, fut sévèrement touchée. Tous les palais de la première civilisation hellénique, comme Mycènes, furent détruits. Et bien que l'Égypte échappât à ce type d'holocauste qui s'abattit sur de nombreux pays voisins, des vagues de réfugiés armés tentèrent d'envahir le pays et fragilisèrent ses défenses au point que le Nouvel Empire arriva à sa fin. La fin de l'âge du Bronze en Méditerranée fut une catastrophe (en considérant ses répercussions sur les civilisations), qui fut bien pire que toutes les guerres réunies du XXe siècle. De notre temps, les civilisations se ressaisissent et repartent, mais le relèvement des pays après l'âge du Bronze demanda des siècles.

Certains des psaumes les plus anciens dans les Écritures datent de cette période, et ils racontent, en langage poétique, des événements qui font penser à des averses de météores. Prenons, par exemple, ces lignes du Psaume 18 :

Et la terre s'ébranla et chancela,
les assises des montagnes frémirent [...]
une fumée monta à ses narines
et de sa bouche un feu dévorait,
[des braises en furent enflammées] [...]
Il fit des ténèbres son voile,
sa tente, ténèbre d'eau, nuée sur nuée ;
un éclat devant lui enflammait
grêle et braises de feu.
Yahvé tonna des cieux,
le Très-Haut fit entendre sa voix ;
il décocha ses flèches et mit en fuite,
lança l'éclair et mit en déroute.
Et le lit des mers apparut,
les assises du monde se découvrirent.

1628 avant J.-C.

Comme nous l'avons déjà vu, c'est la date à laquelle les données des anneaux de croissance des arbres et des carottes des glaciers correspondent avec la perte du Mandat des Cieux de la dynastie Xia, et qui incita Baillie à chercher une explication du côté du ciel. Un autre événement, en relation avec un nuage de poussière ayant fait suite à des impacts de comète, figure sur les tablettes de Vénus, un ensemble de données astronomiques enregistrées par les Babyloniens durant le règne du roi Ammizaduga, au milieu du IIe millénaire avant notre ère. Selon ces tablettes, la planète Vénus disparut de la carte du ciel pendant neuf mois et quatre jours durant la neuvième année du règne d'Ammizaduga. Cette observation est très pertinente car, d'une part, Vénus est une des planètes célestes les plus brillantes et, d'autre part, le ciel au-dessus de la Mésopotamie au climat désertique est plus souvent dégagé que couvert. Mais un épais voile de poussière aurait en effet pu obscurcir la planète pendant plusieurs mois. Le problème est de situer la neuvième année de règne d'Ammizaduga, parce que les tablettes sont tellement endommagées qu'il devient difficile d'en extrapoler des dates exactes. L'archéo-astronome P. J. Huber, qui a soigneusement étudié ce sujet, a retenu quatre inscriptions sur les tablettes, susceptibles d'indiquer des dates pouvant correspondre à la montée sur le trône d'Ammizaduga. Il s'agit de 1701 av. J.-C., 1645 av. J.-C.,

1637 av. J.-C. ou 1581 av. J.-C. Si son règne commença effectivement en 1637 av. J.-C., cela signifie que Vénus était voilée en 1628, l'année où eut lieu un événement climatique majeur, d'après les données des anneaux de croissance des arbres et des carottes des glaciers. Dans ce cas, les astronomes de Babylone avaient observé le même événement, enregistré dans les glaces du Groenland et les chênes des marécages en Irlande, plus au nord.

Cette date appartient, en Égypte, à la Deuxième Période Intermédiaire (1640-1532 av. J.-C.), qui sépare le Moyen Empire du Nouvel Empire ; ce fut une période d'agitation, de conflits et d'invasions. L'Égypte, autrefois unie, fut à nouveau divisée en un certain nombre de fiefs. Les Hyksos, des envahisseurs venus peut-être d'Asie, gouvernaient le nord du pays ; des souverains établis à et autour de Thèbes s'étaient rendus maîtres de la Moyenne-Égypte, et la partie sud était entre les mains des adversaires nubiens qui réussirent à s'imposer face à ceux qui les avaient gouvernés.

La catastrophe de 1628 av. J.-C. pourrait aussi expliquer les antécédents historiques d'un autre événement de l'histoire antique, un événement qui a changé la face du monde : j'entends par là l'exode des Hébreux, fuyant l'esclavage des Égyptiens.

Les spécialistes de la Bible ont ardemment débattu pendant des décennies pour essayer de situer la date de l'Exode. L'Ancien Testament ne cite pas le nom du pharaon oppresseur. En remontant à partir des dates connues, certains scientifiques ont situé la fuite des Hébreux au cours du règne de Merenptah (1224-1214 av. J.-C.), d'autres sous celui de son prédécesseur, Ramsès II (env. 1290-1224 av. J.-C.) et d'autres encore approximativement deux siècles auparavant, sous le règne de Thoutmosis III (1479-1425 av. J.-C.). Mais toutes ces dates ne sont que des suppositions, et rien ne les justifie. On peut tout aussi bien prétendre que l'Exode eut lieu presque deux siècles avant le règne de Thoutmosis III, en 1628 av. J.-C., au moment même où, en Mésopotamie, Vénus était devenue invisible.

Cette supposition, énoncée par Mike Baillie, expliquerait les fléaux infligés par Yahvé à l'Égypte et au pharaon, pour le convaincre de laisser partir son peuple. Moïse démontra une première fois son pouvoir divin en changeant l'eau du Nil en sang :

Il [Moïse] leva son bâton et, aux yeux du Pharaon et de ses courtisans, il frappa les eaux du Fleuve. Et toute l'eau du Fleuve se changea en sang. Les poissons du Fleuve crevèrent et le Fleuve en fut empuanti au point que les Égyptiens ne pouvaient plus en boire l'eau. Il y eut du sang partout en Égypte [...]. Cependant, les Égyptiens firent des sondages aux abords du Fleuve, en quête d'eau potable [...]. Sept jours s'écoulèrent après que Yahvé eut frappé le Fleuve.

Cet extrait de l'Exode, rédigé par un compilateur biblique anonyme, est étrangement semblable à la description de Roger of Wendover de l'apparition de comètes en 541 ap. J.-C., qui disait: « La même année, les nuages dégoulinaient de sang [...] et une terrible mortalité s'ensuivit. » On retrouve une image similaire dans le grand poème épique hindou, le *Mahabharata*, qui décrit des boules de feu tombant du ciel, créées par un horrible oiseau borgne à une seule aile et une seule patte, qui planait dans l'air et vomissait du sang. Le sang dans la pluie et le Nil pourrait s'expliquer par la présence de poussière riche en fer, envoyée dans les cieux lors de l'explosion qui suivit un impact, ou d'une explosion dans l'atmosphère; cette poussière se serait ensuite mélangée à de la vapeur d'eau et précipita sous forme de pluie drue et rouge. Pour ce qui est du Nil, la pluie couleur sang serait tombée sur les hauts plateaux de l'Afrique orientale, où les deux bras du fleuve prennent naissance, et se serait propagée en aval. Cela expliquerait pourquoi l'eau des nappes phréatiques en Égypte – que le peuple trouva en creusant des puits peu profonds le long de la berge du fleuve – n'avait pas changé de couleur et n'était pas polluée. En outre, cela expliquerait pourquoi l'effet n'a duré que sept jours. Une fois que le flux d'eau rouge avait passé, le fleuve retrouva sa couleur normale.

Puis il y eut une autre plaie qui détruisit tout le bétail des Égyptiens, et une épidémie de furoncles dont furent victimes tous les hommes et femmes – causée probablement par des retombées de particules chimiques réactives – qui « s'étendit, en poussière impalpable, sur toute l'Égypte »; la pluie de grêle qui s'ensuivit est probablement imputable à un refroidissement hors saison: « Il y eut de la grêle avec, au milieu d'elle, des éclairs jaillissants, grêle d'une violence inconnue du pays des Égyptiens [...]. La grêle hacha toutes les herbes des champs et en brisa tous les arbres, et elle frappa les hommes et les bêtes. » La plaie des ténèbres suggère une poussière provoquée par un proche impact : « Yahvé dit à Moïse : "Étends ta main vers le ciel et que des ténèbres, épaisses à se pouvoir palper, recouvrent le pays d'Égypte." [...] Une obscurité profonde couvrit l'Égypte entière pendant trois jours. Les Égyptiens ne se purent apercevoir l'un l'autre, ni bouger de leur place durant trois jours. » Moïse fit descendre les ténèbres des cieux. Le fait qu'ils aient pu les toucher porterait à croire qu'il avait voulu qu'ils s'en souviennent longtemps : l'air était épaissi par la poussière et il n'effleurait plus la peau comme une brise, mais comme une étoffe épaisse et aveuglante.

Toutes ces métaphores signifiant l'étendue de la catastrophe, la mort des nouveau-nés en Égypte, la plaie qui finalement résolut le pharaon à laisser partir le peuple qui demandait qu'il prenne enfin la responsabilité de ces événements, soulignent le terrible nombre de victimes humaines et animales tombées lors de cette catastrophe. L'ouverture de la mer Rouge, associée à la noyade de l'armée du pharaon dans le reflux des eaux, décrit le phénomène des tsunamis déclenchés par un impact de comète. L'eau d'abord se retire – un phénomène bien décrit dans le psaume 18 : « et le lit des mers apparut » –, puis revient dans une terrible déferlante qui balaie tout sur son passage.

2345 avant J.-C.

Durant les cinq siècles entre 2500 et 2000 av. J.-C., plusieurs civilisations très importantes déclinèrent soudainement, sans raisons apparentes : celles de l'âge du Bronze ancien en Israël, en Anatolie et en Grèce, l'Ancien Empire en Égypte, l'empire akkadien en Mésopotamie, la civilisation Helmand en Afghanistan et la civilisation Harappa de la vallée de l'Indus, dans l'actuel Pakistan. Tout comme lors de l'effondrement marquant la fin de l'âge du Bronze, une sombre période s'ensuivit. Prenons comme exemple l'Égypte. Les quelques pyramides construites durant le Moyen Empire, qui émergea des vestiges de l'Ancien Empire, ne sont que de pâles reflets des monuments de Gizeh. Les constructions étaient négligées, l'exécution laissait fort à désirer et le style était banal. La culture égyptienne était en pleine déchéance, comme si elle avait été victime d'une lobotomie. Quelles que fussent les causes de cette décadence de l'Égypte, elles furent radicales.

Les chronologies des chênes des marécages irlandais montrent qu'entre 2354 et 2345 avant notre ère, les anneaux de croissance devinrent de plus en plus minces. Ce même type de changement apparaît dans les anneaux des arbres du Lancashire, en Angleterre. Certains indices suggèrent que le lac de Lough Neagh en Irlande, un des plus grands lacs d'eau douce en Europe, ait débordé à cette époque, alors que d'autres lacs en Europe et en Afrique virent leur niveau baisser. Les inondations sont caractéristiques du règne du roi Yao, le premier personnage historique en Chine, que l'on dit être monté sur le trône en 2357 avant notre ère. Des régions autrefois fertiles comme les limites du Sahara, la plaine autour de la mer Morte et le nord de l'Inde se transformèrent en déserts. L'Afrique au sud du Sahara devint plus humide et recueillit les immigrés fuyant les nouveaux déserts vers le sud. L'Amérique du Nord connut, elle aussi, un climat plus humide et plus frais, alors que le Mexique devint plus sec, tout comme le sud de l'Europe. Les grands courants dans les océans auraient aussi été perturbés, probablement du fait de bouleversements atmosphériques. La surface de la terre elle-même fut secouée durant cette période. Tous les continents connurent divers types de soulèvements, d'affaissements, de renversements, de plissements, de tremblements de terre, et des cours d'eau furent déplacés.

Tous ces événements correspondent à l'époque où la planète s'est soudainement refroidie, de 2,2 °C jusqu'à 3,3 °C, ce qui est très significatif. Avant cela, le niveau de la mer et des fleuves avait monté, de par la fonte des glaciers et des calottes polaires. Puis la montée de l'eau a cessé, à mesure que l'Arctique se refroidissait, et de plus en plus d'eau se retransforma en glace, tant et si bien que la masse glaciaire fit encore baisser les températures, car elle renvoyait la lumière du soleil dans l'espace. Comme elle pesait de plus en plus sur la croûte terrestre, la soudaine glaciation pourrait être responsable des tremblements de terre, des changements des niveaux d'eau dans les lacs, des soulèvements, et d'autres phénomènes géologiques de l'époque. Le refroidissement explique aussi les changements de climat. Le couloir emprunté par l'air des tropiques vers les pôles (appelé la discontinuité intertropicale) se déplaça vers le sud, altérant le régime des vents qui transportent les pluies torrentielles. À la suite de ce refroidissement et de ces modifications dans la direction des vents, des régions qui étaient sèches devinrent humides et inversement.

La seule explication de ce refroidissement soudain est un événement tout aussi soudain, capable d'affecter entièrement le globe. Il est vrai qu'à l'époque, le volcan Hekla 4 en Islande entra en éruption, mais on peut se demander si ce seul volcan aurait pu avoir un effet planétaire. Ou son éruption ne fut-elle qu'un effet géologique supplémentaire de l'impact de météores ou de fragments d'une comète ?

Cette dernière hypothèse s'appuie sur la découverte récente d'un cratère météorique de plus de 3 km de large, dans la région d'Al 'Amarah en Irak du Sud. Il fut initialement remarqué sur des images satellites par le Dr Sharad Master, géologue à l'Université de Witwatersrand de Johannesburg, en Afrique du Sud ; le cratère s'était formé dans de jeunes sédiments géologiques entre 2400 et 2300 avant notre ère. Des études ultérieures seront nécessaires pour justifier cette datation. Selon le Dr Benny Peiser, de l'Université John Moores à Liverpool, d'autres cratères datant de la même période ont été trouvés en Argentine. Tous ces témoignages correspondent à un bombardement de fragments de météores et de comètes durant la seconde moitié du IIIe millénaire avant notre ère.

3150 avant J.-C.

Cette date remonte à plus de cinq millénaires ; il devient plus difficile de faire la corrélation entre les anneaux de croissance des chênes des marécages irlandais et les carottes de glace du Groenland d'une part, et les preuves archéologiques de l'autre, tout simplement parce que ces dernières sont insuffisantes. Selon la méthode de datation utilisée, plusieurs dates, variant entre 3195 et 3150 av. J.-C., ont été avancées pour cet événement en particulier. Pourtant quelques indices sont surprenants et pourraient expliquer la raison d'être fondamentale des pyramides.

Le premier est la découverte récente qu'une météorite a été associée à la mort de Huang Ti, appelé aussi l'Empereur Jaune, qui aurait été le premier ancêtre chinois. Huang Ti signifie « seigneur redoutable », et c'était devenu l'appellation chinoise usuelle de l'empereur. Huang Ti est considéré comme un héros fondateur, au même titre que Moïse en Israël et le roi Scorpion (Ménès) en Égypte, selon la mythologie. On lui attribue tellement d'actions munificentes de réalisations progressistes qu'il est certainement un amalgame de plusieurs personnages historiques. Selon les légendes chinoises, Huang Ti aurait inventé la charrette et le bateau ; la transcription de ses entretiens avec le médecin Qi Bo fut en outre à l'origine des premiers textes de médecine chinoise. La femme de Huang Ti, Lei Zu, apprit aux Chinois à tisser la soie à partir des cocons des vers à soie, et son ministre, Can Jie, inventa les premiers caractères chinois. L'histoire dit que Huang Ti gouverna jusqu'à l'âge de 110 ans. Il fut emporté au ciel par un dragon à une époque où des événements cataclysmiques, comme la destruction de la ville de Huangling par neuf autres dragons, bouleversèrent le pays et mirent fin au règne bienfaisant du premier empereur.

Comme nous allons le voir plus loin, les dragons sont associés à des événements célestes, et plus particulièrement aux comètes. Lors de leurs fouilles près du mausolée où Huang Ti est censé être enterré, des archéologues ont découvert une météorite datant d'environ 3000 avant notre ère, une date proche de celle de la dendrochronologie (3150 av. J.-C.). Il semblerait que la météorite se soit écrasée sur terre, au sommet de la montagne même où fut enterré Huang Ti. Il pourrait être tentant de faire le rapprochement entre la mort légendaire de Huang Ti, l'événement survenu en 3150 av. J.-C. et la météorite associée au tombeau de Huang Ti, et d'échafauder le scénario d'une ancienne civilisation dont la fin cataclysmique aurait été provoquée par des événements célestes. Mais il y a une ombre au tableau : c'est la datation traditionnelle du règne de Huang Ti, qui aurait duré de 2697 à 2597 avant notre ère, c'est-à-dire 550 ans plus tard. Cependant, les dates du règne de Huang Ti sont fondées sur des extrapolations calendaires et sont tout autant le fruit de légendes que le personnage lui-même. Les archéologues chinois sont beaucoup moins catégoriques, quand ils datent le règne de Huang Ti ; ils situent la civilisation sur laquelle il régna à une époque entre la seconde moitié du IVe millénaire et la première moitié du IIIe millénaire avant notre ère. Il est possible que l'histoire de son avènement, de son règne et de sa mort soit la chronique de l'essor et de la fin inattendue de la première civilisation qui s'épanouit en Chine, autour de 3150 avant notre ère.

La découverte, en 1991, de l'Homme des neiges, baptisé Ötzi (d'après le site de la trouvaille dans le massif alpin de l'Ötztal) est plus facile à dater. C'était un homme congelé, trouvé dans un col montagneux à plus de 3 050 m d'altitude, à la frontière entre l'Italie et l'Autriche. Le corps, qui était très bien conservé, fut daté entre 3200 et 3300 avant notre ère. Au moment de sa mort, l'homme des neiges portait une hache dont la lame était en cuivre, un arc et des flèches, ainsi qu'un poignard en silex ; ses chaussures et ses vêtements étaient faits de cuir, de fourrure et d'herbes. Environ huit heures avant de mourir, cet homme avait consommé son dernier repas, constitué de pain azyme fait de farine de froment, d'une sorte de plante qui n'a pas encore été identifiée et d'un peu de viande. Comme on a retrouvé du pollen de charme à bois dur dans son estomac, il a dû mourir lorsque l'arbre était en fleurs, entre mars et juin – étrangement, à l'époque où la pluie météorique des Taurides illuminait le ciel. Mais ce qui est encore plus frappant, ce sont les causes de la mort de l'Homme des neiges, car il décéda des suites d'une blessure de flèche. Le projectile entra sous sa cage thoracique à gauche, déchira plusieurs nerfs et vaisseaux sanguins, paralysa le bras gauche, puis fit éclater l'omoplate gauche avant de se ficher sous la jointure de l'omoplate. La blessure entraîna une violente hémorragie interne, et conduisit l'homme à souffrir le martyre pendant plusieurs heures avant de mourir. Mais comment cet Homme des neiges est-il arrivé si haut dans la montagne ? Il est manifeste qu'il n'a pas pu escalader le col après sa blessure. Soit il a été transporté par quelqu'un jusque-là, soit il a été blessé près de l'endroit où il mourut. Était-il accompagné d'amis ? Les choses ont-elles mal tourné et une bagarre est-elle à l'origine de cette mort ? Aurait-il gravi la montagne pour d'autres raisons, volontairement ou non ? L'aurait-on jeté à terre, violenté et abandonné comme la victime d'un sacrifice ? Peut-être l'agonie de l'homme blessé a-t-elle été voulue par ses accompagnateurs qui recherchaient une réponse divinatoire à la crise qu'ils traversaient – car ce type de rituel macabre fut attribué aux Celtes quelques millénaires plus tard. L'Homme des neiges aurait-il annoncé quelque prophétie avant d'expirer et son corps fut-il abandonné dans la montagne comme offrande aux dieux ? Ou l'homme fut peut-être abattu au cours d'une échauffourée entre tribus voisines. Ne vivait-il pas dans un climat social agité à cause des événements inquiétants et dangereux dans le ciel, où une tribu aurait pu chercher à tirer profit de la situation en attaquant une autre ?

Cette hypothèse de conflit armé très haut dans la montagne, à une époque de grande détresse culturelle provoquée par des événements célestes dramatiques, est étayée par une coïncidence troublante : la fin du IVe millénaire marque les tout débuts des constructions des pyramides. Les premières pyramides s'élevèrent à l'époque à Aspero, au Pérou, et furent terminées précisément autour de 3150 avant notre ère. Curieusement, le Temple blanc originel d'Uruk, en Mésopotamie, fut aussi construit à cette époque. Une structure de type pyramidal dans la région autonome de la Mongolie-Intérieure, dans la Chine du Nord, fut construite approximativement à cette date ; elle aurait des significations astrologiques et astronomiques. Les habitants préceltiques de l'Irlande construisirent Brugh na Bóinne à ce moment-là, et la première phase de Stonehenge fut également érigée. Les Égyptiens, qui allaient bientôt être unifiés sous le règne de l'ambitieux Ménès, commencèrent à édifier des tumulus funéraires au-dessus des mastabas dans lesquelles ils enterraient leurs morts, et posèrent ainsi les premières fondations culturelles de ce qui allait devenir les grandes pyramides de Gizeh de la IVe dynastie, quelques siècles plus tard. Les Mayas, qui ne devaient construire leurs pyramides qu'au cours des siècles suivants, décidèrent de faire commencer leur calendrier entre le 11 et le 13 août, en 3114 av. J.-C., pour marquer ce qu'ils appelaient la naissance de Vénus.

Tous ces faits ont peut-être l'air de pures coïncidences, mais ne vous y trompez pas. La construction des pyramides à Aspero a eu lieu à une époque où le climat avait beaucoup changé au Pérou. Le climat côtier, d'habitude chaud, humide et tropical, était devenu plus frais, plus sec et moins tropical. C'est à cette époque, entre 3500 et 3000 av. J.-C., que l'astéroïde appelée Olijato a maintes fois approché la Terre de très près. Clube et Napier pensent qu'Olijato ne fut qu'un fragment d'une comète plus grande, expulsé quatre mille ans plus tôt. Si ce fait est avéré, alors d'autres fragments, voyageant approximativement sur la même orbite qu'Olijato, auraient pu frapper la Terre. Ces collisions cataclysmiques effrayantes auraient pu être l'aiguillon qui a incité les anciens Péruviens à construire leurs tumulus à temples, les Sumériens à ériger le Temple blanc, les anciens Chinois à chercher à atteindre le ciel avec leurs plates-formes de pierre, les Irlandais à construire Brugh na Bóinne, les Britanniques à ériger Stonehenge et les Égyptiens à entasser des tumulus au-dessus de leurs morts.

Les pyramides furent-elles des inventions indépendantes de nombreuses cultures différentes, comme réponses aux mêmes événements célestes ? Il semblerait que ce soit le cas. Toutefois, comme nous allons le voir plus en détail au prochain chapitre, toutes les civilisations bâtisseuses de pyramides semblent partager les traditions et ont leurs racines dans une culture commune, très ancienne, dont personne ne se souvient, qui elle-même aurait pu associer ses pyramides aux catastrophes naturelles entraînées par la chute d'objets venus de l'espace. Les pyramides étaient devenues un moyen traditionnel de s'adresser aux cieux dans l'espoir qu'ils s'apaisent et elles résultent des échanges culturels entre les continents, qui eurent lieu bien plus tôt qu'on ne le pense généralement

4400 avant J.-C.

Si nous bravons sans peine les préjugés de la préhistoire conventionnelle, il nous est plus difficile de faire la corrélation entre les indices biologiques, matériels et culturels il y a 6000 ans. Toutefois, j'aimerais indiquer trois aspects de l'événement survenu en 4400 avant notre ère, à un ou deux siècles près, qui a été enregistré dans les anneaux de croissance des arbres et les carottes des glaciers.

Premièrement, 4400 av. J.-C. est une date qui ne diffère que très légèrement de ma dernière estimation de la construction originelle du Grand Sphinx en Égypte, comme je l'ai exposé au chapitre 1. Est-ce significatif ? Est-il possible que l'événement qui eut lieu autour de 4400 av. J.-C. marqua la fin de la civilisation de l'« Ère du Sphinx », celle des premiers constructeurs du Grand Sphinx et édifices associés ? Nous ne nous permettrons pas d'être formels, car les données à ce jour sont insuffisantes, mais il est tentant d'établir une corrélation entre les deux.

Deuxièmement, tout comme le dit John Anthony West dans son livre *Serpent in the Sky*, il existe des éléments de preuves suggérant que l'ancien calendrier égyptien ait été établi autour de 4240 av. J.-C. Peut-être les Égyptiens ont-ils démarré leur chronologie à partir de la date d'un événement dramatique, celle-là même qui est enregistrée dans les données de la dendrochronologie et des carottes glaciaires.

Troisièmement, un autre indice émane de l'hypothèse avancée par Stephen Blaha, un physicien des particules et expert en électronique, passionné par l'Égypte antique. Blaha dit que le fameux hiéroglyphe de la croix *ânkh* ou croix de vie représente la forme d'une comète apparue dans le ciel durant l'Égypte prédynastique, entre 8000 et 4000 avant notre ère. Si Blaha dit vrai, la comète, immortalisée dans cette croix, pourrait avoir été à l'origine du grand refroidissement de 4400 av. J.-C.

Associations mythologiques colorées et lumineuses

La chute des comètes et les pyramides sont en relation entre elles. Et si nous fouillons plus profondément dans les associations mythologiques concernant les pyramides, il devient encore plus manifeste que ces superbes monuments, dans l'Ancien comme dans le Nouveau Monde, doivent leurs origines à cette époque où le ciel vint frapper la Terre de ses feux. Il y a très longtemps, une civilisation aujourd'hui tombée dans l'oubli bâtit des pyramides en réaction contre des cieux devenus menaçants. À partir de ce moment-là, le concept associant la pyramide aux comètes se répandit à travers toute la terre, de civilisation en civilisation.

La première des correspondances mythologiques entre les comètes et les pyramides, suggérant cette origine commune, est la couleur blanche. Celle-ci était caractéristique de nombreuses pyramides : le Temple blanc d'Uruk, Newgrange à Brugh na Bóinne, en Irlande, qui fut originellement recouvert de quartz blanc brillant, Silbury Hill en Angleterre, une colline qui avait été construite en craie blanche ; par ailleurs, ce monument fut dédié au dieu celte Lugh, le dieu de la lumière, dont le nom tire son origine de la même racine indo-européenne latine *lux* et allemande *Licht*, les deux signifiant « lumière ». La Grande Pyramide de Kheops, revêtue originellement de calcaire blanc, avait le même aspect brillant et éclatant que celui d'un corps céleste.

Duncan Steel, un astronome qui étudia sérieusement les influences culturelles des comètes sur la Terre, est d'avis que la couleur blanche est associée volontairement au ciel, et qu'elle justifie les faces admirablement planes des pyramides de Gizeh. Il s'agit, en l'occurrence, d'un phénomène appelé lumière zodiacale, une lueur diffuse dans le ciel, engendrée par des grains de poussière dans l'espace. La lumière zodiacale s'étend en forme de triangle, partant de l'horizon et pointant jusqu'à plus de la moitié de la distance du zénith ; elle est très visible à des latitudes tropicales immédiatement après le coucher du soleil et juste avant l'aube. Lorsqu'une grande comète explose près de l'orbite de la Terre, le nuage de poussière spatiale devient plus épais et plus lourd, et la lumière zodiacale se transforme en un voile lumineux traversant le ciel. En fait, il pourrait beaucoup ressembler à ce fleuve de lumière, sur lequel naviguait le dieu du soleil Râ dans sa barque solaire, au bout duquel apparaissait la lumière zodiacale habituelle, en forme de pyramide, que le pharaon défunt devait escalader avant d'entamer son propre voyage à travers les cieux. Donc, les pyramides de Gizeh, dans leur forme et leur couleur, recréent sur Terre le royaume éternel du ciel, un ciel qui doit sa couleur et sa forme à l'arrivée d'une comète et à son explosion.

Le serpent multicolore

Ignorant tout de la mécanique des orbites et des nuages de Oort, les Chinois de l'Antiquité et du Moyen Âge décrivaient les comètes comme des dragons luttant dans des bassins d'eau. Voici la description d'une comète, datée de la fin du XIIIe siècle de notre ère : « [...] Tout d'un coup apparurent deux dragons entrelacés, qui se battaient, et qui finirent par tomber dans le lac. [...] Peu de temps après, un vent très fort se mit à souffler au-dessus de l'eau, qui monta à plus de trois mètres. Puis, plus de dix boules de feu tombèrent du ciel, de la taille de maisons longues de dix travées. » Les dragons, tout comme les comètes, se déplacent dans les airs. Et ils tuent de leur haleine brûlante, tout comme les comètes.

Ce n'est pas seulement en Chine que les comètes furent identifiées aux dragons et à l'eau. Le prophète hébreu Isaïe (env. 750 av. J.-C.) décrivit la manière dont son dieu triompha de cette terrible puissance :

> *Ce jour-là, Yahvé, de son glaive redoutable,*
> *massif et dur, punira*
> *Léviathan, le serpent fuyant,*
> *Léviathan, le serpent tordu :*
> *il tuera le dragon de l'océan.*

Dans le panthéon des saints chrétiens, saint Michel combattit Satan qui avait la forme d'un dragon. Un des noms donnés à Satan est Lucifer, qui signifie en latin « celui qui apporte la lumière ». Cette lumière fait penser à la lumière zodiacale qui brille durant l'intermède joué par les comètes. Curieusement, le culte de saint Michel fut à son apogée au milieu du VIe siècle de notre ère ; or les anneaux de croissance des arbres indiquent qu'à cette époque la Terre fut frappée par des roches et de la glace venues de l'espace.

Moïse joua un rôle similaire à celui de saint Michel, mais son histoire a une nuance subtile et intéressante. Lorsque Moïse rencontra Yahvé pour la première fois, il avait besoin d'être assuré que les Égyptiens l'écouteraient. Partant, son dieu lui accorda le pouvoir de faire des miracles : « Yahvé lui demanda : "Que tiens-tu dans ta main ?" "Un bâton", répondit Moïse. "Jette-le par terre", dit Yahvé. Moïse jeta le bâton à terre, qui se transforma en serpent et le fit reculer. "Tends ta main et saisis le serpent par la queue", lui dit Yahvé. Il tendit la main et saisit le serpent par la queue qui, dans sa main, redevint un bâton. »

Convaincu alors que son pouvoir de persuasion était à la hauteur de sa tâche, Moïse se rendit chez le pharaon et lui montra qu'il savait transformer son bâton en serpent. Lui et son frère Aaron jetèrent leurs bâtons à terre, et les bâtons se changèrent en serpents. Selon le livre de l'Exode, les magiciens de la cour égyptienne accomplirent alors le même prodige, mais les serpents de Moïse et d'Aaron engloutirent ceux des magiciens, prouvant par là que leur dieu était plus puissant.

En hébreu, une comète s'appelle *kokbade-shabbit*, ou « étoile à tige », à cause de sa queue. Cela indique bien que, dans l'histoire de Moïse, il s'agit plus que d'une simple prouesse de magicien ou d'un dieu capable de transformer la nature des choses. Le bâton relie le serpent au dragon-comète des Chinois. Moïse démontre que son dieu est à l'origine des catastrophes tombées du ciel en Égypte, et que Yahvé utilise ce grand pouvoir pour sauver son peuple élu. Saint Michel vainquit le pouvoir de la comète, mais Moïse s'en servit pour arriver aux fins de Yahvé.

Cette association perdura apparemment pendant des siècles. La pierre de Bat Creek, dont nous avons parlé au chapitre 5, se réfère aux révolutionnaires juifs qui combattirent contre Rome aux Ier et IIe siècles de notre ère, en tant que « Comète [= Messie] des Juifs ». Une première comète avait libéré les Hébreux des Égyptiens, et une deuxième allait les débarrasser des Romains.

La relation entre un grand serpent et une comète apparaît également dans l'histoire égyptienne, comme le rapporte *Le Conte du naufragé*, qui fut écrit sous la XIIe dynastie (1991-1783 av. J.-C.). Comme nous l'avons vu au chapitre 5, cette histoire est celle d'un serpent barbu, portant des bijoux, qui se lie d'amitié avec un marin échoué sur une île inconnue, et qui le couvre de cadeaux. Le serpent raconta au marin comment lui-même était arrivé sur cette île : « Je vivais [...] avec mes frères et mes enfants ; nous étions en tout, frères et enfants, soixante-treize serpents [...] Puis, une étoile tomba et ils [ces serpents] avancèrent dans les flammes qui jaillirent. J'eus la chance de ne pas être avec eux lorsqu'ils furent brûlés vifs. »

Cette histoire relie le serpent au feu du ciel, et semble même rapporter en termes poétiques le processus de l'explosion de la comète. Les frères, ou serpents adultes, représentent les fragments les plus grands, tandis que les enfants, ou petits serpents, sont les morceaux plus petits. Chacun périt dans les flammes de sa propre chute, comme la boule de feu qui jaillit de l'explosion à Toungouska.

Une autre facette de cette histoire est l'explication des effets produits dans l'atmosphère au passage d'une comète. Le serpent dans *Le Conte du naufragé* rayonne des couleurs du lapis-lazuli et autres pierres précieuses. Comme nous l'avons vu au chapitre 5, cette histoire semble avoir les mêmes origines mythologiques anciennes que celles de Quetzalcóatl, le magnifique Serpent à plumes de la Méso-Amérique et un dieu associé à nombre de pyramides dans cette région. Bien que ce détail fût intéressant en soi, on peut se demander pourquoi le serpent égyptien et le dieu méso-américain ont toutes ces couleurs.

La réponse pourrait se trouver dans le spectacle qu'offre une comète passant dans les couches supérieures de l'atmosphère, ou magnétosphère. Comme son nom l'indique, le champ magnétique terrestre est confiné dans la magnétosphère ; elle piège et retient les particules chargées. Si une comète passait par là, elle traînerait derrière elle une quantité astronomique de particules chargées, donnant au ciel une couleur pourpre ou verte, zébrée de traits de couleurs qui éclateraient comme la plus merveilleuse aurore boréale à la puissance dix. L'image mythique de Quetzalcóatl naviguant vers le lever du soleil sur un radeau fait de serpents est la combinaison de toutes ces images – l'eau, les serpents-dragons, les superbes flammes colorées de son enveloppe, tous en route vers l'est, vers la source de la lumière zodiacale avant l'aube. C'est dans ce mélange de crainte et de respect des cieux, que se situe l'origine des pyramides.

La lutte contre le taureau dans les étoiles

Pourtant, un autre tremplin mythologique sur cette voie belle et terrible à la fois nous projette encore plus près de l'origine de ces grands monuments. Au chapitre 1, nous avons dit que les ossements d'un taureau reposaient dans un sarcophage dans la pyramide de Khephren. Il ne fait nul doute que la signification religieuse du taureau vient, en partie, de l'ancienne religion de Nabta Playa, où du bétail était sacrifié puis enterré ; peut-être les éleveurs de bétail entendaient-ils par là le vénérer, puisqu'il leur permettait de vivre. Mais cet ancien héritage des pâtres est une explication insuffisante.

La présence de ce taureau à Gizeh n'est sûrement pas unique ; ce ne sont pas les représentations de taureaux sacrés qui manquent dans l'Ancien Monde. Il semble qu'un taureau et une vache furent enterrés simultanément avec le roi, sa reine et leur suite au cours de rituels funéraires sous la Ire dynastie à Ur (env. 2500-2350 av. J.-C.). D'immenses taureaux, des mâles notables, dominent dans les superbes fresques des Minoens, et plus particulièrement dans le palais de Cnossos en Crète, qui date de la première moitié du IIe millénaire avant notre ère. Les taureaux reviennent en nombre dans l'imagerie religieuse naturaliste de Çatal Hüyük, une ville qui prospérait au VIIe millénaire avant notre ère, dans l'Anatolie, dans l'actuelle Turquie. Ils remontent même à beaucoup plus loin, puisque autour de 15000 avant notre ère, des artistes du paléolithique créèrent la Salle des Taureaux dans une grotte à Lascaux, en France. La Salle des Taureaux met aussi en évidence que ces animaux, aux cornes impressionnantes, symbolisaient autre chose que leur seule puissance physique.

Les peintures murales de Lascaux furent découvertes en 1940 et ont été considérées, en général, comme un art purement suggestif. Les chasseurs auraient peint l'animal qu'ils voulaient tuer avant de partir à sa chasse. Mais curieusement, le peuple de Lascaux consommait surtout des rennes. Si ces dessins sont des rites de chasse superstitieux, pourquoi auraient-ils peint tant d'animaux, comme ces petits chevaux laineux, taureaux et bisons, qu'ils chassaient rarement ?

L'explication la plus sensée fut avancée par Frank Edge, un professeur de mathématiques et de cosmologie au Mitchell Community College de Statesville, en Caroline du Nord, qui pense que la Salle des Taureaux est une reproduction de la carte du ciel en été, en raison des sept points dessinés au-dessus de l'épaule de l'un des taureaux, qui représenteraient l'amas d'étoiles composant les Pléiades. Les Pléiades font partie de la constellation du Taureau, et le fait qu'elles figurent sur un dessin de taureau tellement ancien montre que la constellation dite du Taureau avait déjà été repérée alors. Notre perception d'un taureau parmi les étoiles fait partie de notre héritage culturel préhistorique.

Le peuple de Lascaux ne fut pas le seul à s'intéresser aux Pléiades. Celui de Teotihuacán accordait une grande signification religieuse à cet amas d'étoiles, et il aligna sa pyramide du Soleil sur lui. L'alignement de la pyramide aztèque de Tenayuca est identique. L'auteur hébreu du Livre de Job dit que les Pléiades méritaient qu'on s'y attarde. Ce poète dit que la puissance de Yahvé est tellement grande que c'est lui qui plaça les étoiles dans le ciel : « C'est Lui qui créa l'Ourse, ainsi qu'Orion, les Pléiades et les Maisons du Sud. » Lorsque Yahvé défie Job de connaître les lois des cieux, il lui dit sur un ton railleur : « Peux-tu nouer les liens des Pléiades, desserrer les cordes d'Orion ? » Selon un mythe grec, les Pléiades sont les sept filles d'Atlas. Le chasseur Orion les désirait toutes et il les poursuivit en vain, jusqu'au jour où Zeus, pour les soustraire au géant, les changea en étoiles. Mais Orion n'abandonne toujours pas sa chasse, car la constellation d'Orion se lève derrière les Pléiades et elle les suit à travers le ciel. Orion relie également les Pléiades aux pyramides de Gizeh car, comme nous l'avons vu au chapitre 3, le plan d'ensemble de Gizeh représente la carte d'Orion, le lieu de résidence d'Osiris dans la Voie Lactée. Par ailleurs, Orion avait également de l'importance aux yeux de la Méso-Amérique. Le bâtiment J, sur l'ancien site zapotèque de Monte Albán, était aligné sur le point dans l'ouest du ciel où Alnilam, l'étoile au milieu de la ceinture d'Orion, se couche. Trois points représentant les trois étoiles de la ceinture d'Orion symbolisaient deux dieux mexicains de la pluie, Cocijo et Tláloc.

Les Pléiades fascinent toujours de nos jours. Les fermiers dans les Andes fixent la date de leurs plantations de maïs une semaine après que cet amas d'étoiles eut apparu pendant sept nuits dans le ciel, à la fin de l'hiver. Les membres de la secte Heaven's Gate (« la Porte du Paradis »), qui se sont suicidés en masse à San Diego en 1997, pensaient qu'ils étaient attendus au ciel dans les Pléiades. Et jadis, les Témoins de Jéhovah pensaient que Jéhovah habitait dans les Pléiades et que Jésus, après sa résurrection, y monta également.

C'est dans le Livre de Job que se trouve un élément explicatif de cet intérêt pluriculturel de longue date pour les Pléiades. Prenons la description de la puissance de Yahvé :

> *Qui comprendra encore les déploiements de sa nuée,*
> *le grondement menaçant de sa tente ?*
> *Il étend la nuée dont il s'enveloppe,*
> *couvre les sommets des montagnes.*
> *À pleines mains, il soulève l'éclair*
> *et lui fixe le but à atteindre...*
> *Écoutez, écoutez le fracas de sa voix,*
> *le grondement qui sort de sa bouche !*
> *Son éclair est lâché sous l'étendue des cieux,*
> *il atteint les extrémités de la Terre.*

Ce passage pourrait être une description biblique d'une averse de météores, flambant dans le ciel et explosant dans les airs ou sur le sol. Rappelez-vous que les Pléiades font partie de la constellation du Taureau, et qu'une pluie de météores, appelée l'averse des Taurides, tombe deux fois par an de la région du ciel où se situe le Taureau. Le taureau trouvé dans la pyramide de Khephren prend donc un tout nouveau sens : le taureau fut offert à son dieu et préservé, au même titre qu'un pharaon, pour apaiser sa colère qu'il crachait depuis le ciel.

Cette relation du sacrifice du taureau avec les cieux en colère est très explicite dans un des rituels entourant la déesse Cybèle, qui fut adorée sous forme de météorite. Lors de la cérémonie du *taurobolium* (« taurobole »), qui fut très populaire au cours du IIe siècle de notre ère, la personne qui consacrait un taureau aux dieux se tenait debout dans un trou profond, couvert de planches perforées. On conduisait le taureau sur ces planches et on le sacrifiait en lui plantant une lance dans le poitrail ou un couteau dans la nuque ; tout le sang écoulé tombait sur la personne en dessous. À première vue, cela peut ressembler à un affreux baptême païen, mais compte tenu de la description de Roger of Wendover, où du sang tombait des cieux alors que les pluies de météores illuminaient le ciel, et étant donné que des objets flamboyants venaient de la constellation du Taureau, le *taurobolium* devient une reconstitution sacrée de la pluie de sang provoquée par la déesse, adorée sous forme de météorite. La pluie de sang de la déesse, qui était une explication poétique de la chute de comètes et de météorites, a non seulement été commémorée par des rituels anciens – souvent mal interprétés aujourd'hui – mais c'est également elle qui chassa des peuples hors de leur patrie pour se réfugier sur d'autres terres. Des événements très réels, à l'origine de rituels comme celui du *taurobolium*, peuvent donc avoir influencé directement la construction des formes architecturales les plus grandes et les plus solides, les pyramides.

Relation entre les comètes et les pyramides

Ces rencontres cataclysmiques périodiques de la Terre avec des débris de comètes en explosion sont donc directement reliées aux pyramides de deux manières. Les premières pyramides que nous connaissons furent bâties pour atteindre les cieux et pénétrer le mystère de cette puissance impressionnante, à la fois destructrice dans ses effets et admirable par sa perfection cosmique. Au même titre qu'un météore plongeant vers la terre reliait le ciel à la Terre, la pyramide symbolisait la relation entre la Terre et le ciel. Lorsque quelqu'un escaladait une pyramide – que ce fût physiquement comme en Mésopotamie, en Méso-Amérique ou au Cambodge, ou que ce fût métaphoriquement, comme l'ascension mythique de l'esprit du pharaon depuis une pyramide égyptienne –, cette personne montait, en fait, vers un royaume de puissance tellement redoutable et grandiose qu'il devait être de nature divine. Le culte pour les dieux du ciel, christianisme et judaïsme inclus, tout comme les anciennes théologies égyptiennes et mésopotamiennes, ont certainement leurs racines dans les événements qui ont eu lieu autour de 3150, 2345, 1628 et 1159 avant notre ère.

Par ailleurs, ces explosions catastrophiques périodiques firent voler en éclats les us et coutumes des peuples de la Terre. Comme les villes étaient en feu, que les terres arables se transformaient en déserts, les peuples et les tribus furent obligés de fuir. L'exode de l'élite des Shang à travers le Pacifique ne fut pas un événement unique. Je suppose que des exodes comparables ont dû se produire moult fois, lorsque les cieux en colère contraignirent des civilisations bâtisseurs de pyramides à partir, emportant leurs procédés de l'architectonique des pyramides vers un nouveau pays inconnu.

Chapitre 9

À LA RECHERCHE DES ORIGINES

Comme nous venons de le voir au chapitre précédent, les catastrophes cométaires peuvent changer le cours de l'histoire d'une civilisation, détruire ses traditions et même la faire plonger dans une période de récession. Si ces événements figurent dans les annales de notre Histoire – qui commence plus ou moins avec les premières civilisations, autour de 3500 avant notre ère –, ils ont certainement eu lieu auparavant. Se pourrait-il qu'une catastrophe cométaire ait détruit des civilisations dont nous ignorons tout ? Les pyramides seraient-elles les réminiscences d'un passé lointain, profondément enfoui ?

Les toutes premières pyramides du Pérou, de la Chine, de la Mésopotamie et de l'Égypte sont-elles à l'origine des autres pyramides qui devaient suivre ? Sont-elles le moyeu à partir duquel rayonnèrent les civilisations constructrices de pyramides dans l'Ancien comme dans le Nouveau Monde, ou ne sont-elles elles-mêmes que les rayons d'un moyeu situé au fin fond des âges ?

Ces questions n'ont rien d'original. Dans le monde occidental, le concept d'un passé antédiluvien est monnaie courante et relève de l'héritage mythologique. Dans le livre de la Genèse de l'Ancien Testament, le Jardin d'Éden représente le continent perdu, un lieu où régnaient l'abondance et l'immortalité, jusqu'au jour où la colère divine les retira, pour punir Ève de son péché originel. Les Égyptiens de l'Antiquité parlaient des Premiers Temps *(Zep Tepi)*, une époque ancienne où régnaient l'ordre et l'harmonie, mais qui, malheureusement, n'allait pas durer. Comme le dit (autour du VIIIe siècle avant notre ère) le poète grec Hésiode dans sa *Théogonie*, les Grecs voyaient leur passé comme une succession d'âges où la perfection initiale fut remplacée, petit à petit, par le chaos et le désordre.

Le continent perdu le plus célèbre, celui qui a certainement fait le plus couler d'encre, est l'Atlantide, que l'on trouve pour la première fois dans la littérature grecque. Le récit de Platon sur l'Atlantide, dans ses dialogues de *Timée* et *Critias* datant du IVe siècle avant notre ère, est moins long que la plupart de nos contes ; pourtant, il est à l'origine d'une pléthore de livres, de programmes de télévision, de vidéos et de cycles de conférences, où chacun prétendait avoir découvert la « vraie » Atlantide. À ce jour, des dizaines d'endroits en Europe et en Afrique du Nord ont été répertoriés comme emplacement hypothétique de cette civilisation perdue, ainsi que des endroits plus éloignés comme le Groenland, l'Islande, la Scandinavie, l'Amérique du Nord orientale, les Bermudes, les Açores, les Canaries, les îles du Cap-Vert, la dorsale médio-atlantique, la péninsule du Yucatán, la mer des Caraïbes, Cuba, l'Amérique du Sud, le Ghana, le Zimbabwe, la Mésopotamie, et même un Antarctique sans banquise, ce qui est inimaginable.

Toutefois, le sujet de l'Atlantide ne se limite pas à une simple spéculation. Il indique que l'homme a des aspirations inavouées, un désir de trouver un monde meilleur que le nôtre. Les disciples du médium Edgar Cayce prétendent que des documents rapportant l'histoire de l'Atlantide sont enterrés près du Sphinx et que, si nous étions capables de les retrouver, son ancienne sagesse transformerait radicalement nos vies, à notre avantage. Certains récits populaires affirment avec force que les Atlantes avaient le pouvoir de lévitation, le don de soulever des pierres immenses avec des ondes sonores (c'est donc ainsi qu'ils construisirent les pyramides !) et qu'ils possédaient des engins volants quelque douze mille ans avant les frères Wright.

Le même type d'aura « new age » entoure la légende de la Lémurie, un autre continent perdu qui, parfois, est confondu avec Mû. À en croire certains auteurs du XXe siècle, comme James Churchward et Javier Cabrera, la Lémurie ou Mû aurait été un continent de la taille de l'Atlantide, large de plusieurs milliers de kilomètres, comptant des millions d'habitants, qui sombra dans le Pacifique du Sud il y a plus de dix mille ans. Tout ce qu'il en reste aujourd'hui, ce sont les sommets de ses montagnes qui émergent de l'océan et constituent les îles Hawaii, Fidji et Tahiti. Selon la légende, la Lémurie fut un paradis tropical où la population vivait exempte de tout conflit ou maladie, dans des maisons aux toits transparents, apparemment sans complexes et sans craindre de faire étalage de ses biens. Doués de perceptions extra-sensorielles et de télépathie, les Lémuriens étaient des végétariens qui pratiquaient des cultures uniquement biologiques et qui vivaient en harmonie avec la nature. La légende veut aussi que lorsque la Lémurie sombra, une partie de sa grande sagesse fut sauvée ; des cartes du continent auraient été conservées par les pré-Incas au Pérou, où Javier Cabrera, un des auteurs qui propagèrent la légende, les découvrit. Les anciens Lémuriens feraient aujourd'hui part de leur sagesse lors de séances de *channelling*. Les survivants de la Lémurie se seraient dispersés sur toute la planète, pour devenir les Tibétains, les Mayas, les Américains indigènes et les Esquimaux, des peuples qui conservèrent une tradition orale issue de la très haute Antiquité.

En fait, la Lémurie est une légende moderne, née d'une science du XIXe siècle dont le texte fut altéré dans un premier temps, puis embrouillé et entortillé pour qu'on ne puisse pas la reconnaître. Quant à l'Atlantide, je reste convaincu que le récit de Platon est, du moins partiellement, la fiction d'une guerre importante en Méditerranée, qui éclata lors d'un changement climatique drastique, entre 10000 et 8000 avant notre ère ; cette idée fut déjà avancée et bien documentée par Mary Settegast dans son *Plato Prehistorian.*

Il n'en reste pas moins que, du point de vue mythologique aussi, la Lémurie, l'Atlantide, tout comme le Jardin d'Éden, les Premiers Temps et l'épique poème d'Hésiode nous conduisent à cette question sous-jacente fondamentale : aurions-nous perdu toute notion d'une ancienne civilisation originelle ? Si nous pouvions résoudre cette énigme, nous en saurions plus sur les pyramides et sur les peuples qui les construisirent.

Tournons-nous vers l'orient

Lorsqu'on écrit « ancienne civilisation », presque tout le monde pense à l'Égypte pharaonique ou à la Mésopotamie. Le Moyen-Orient est réputé être siège des civilisations, au même titre que l'Afrique serait le berceau de l'humanité. Les premiers hominidés à fabriquer des outils apparurent en Afrique. La tradition veut que, de là, ils aient émigré en Asie du Sud-Ouest et en Europe, évoluant lentement vers de nouvelles races, dont vous et moi sommes issus. Ce n'est que plus tard qu'ils arrivèrent en Extrême-Orient. Comme les hominidés d'Afrique, d'Europe et du Moyen-Orient évoluèrent sur une période plus longue, on dit qu'ils avaient une culture plus développée que leurs cousins en Orient. La fameuse ligne de Movius, nommée d'après Hallam Movius (1907-1987), le scientifique qui fut le premier à la décrire, fait la distinction entre les techniques primitives de l'Eurasie occidentale et de l'Afrique, et celles de la Chine et de l'Asie du Sud-Est. Pendant que les hominidés en Afrique et en Eurasie occidentale fabriquaient des haches et des merlins relativement bien travaillés, leurs contemporains en Orient utilisaient des outils beaucoup plus primitifs. C'est pourquoi des savants comme Movius pensèrent que les hominidés asiatiques étaient coupés des Occidentaux d'un point de vue culturel et génétique, et qu'ils étaient inférieurs à eux en termes de technologie et, pourquoi pas, d'intelligence.

Des recherches récentes discréditent cette idée et effacent la ligne de Movius. Une équipe d'archéologues chinois et américains a découvert une profusion d'outils lithiques bien travaillés, dont des haches, dans le bassin de Bose, dans la Chine du Sud, vieux de 803 000 ans (± 3000). Les outils prouvent que les hominidés en Orient étaient tout aussi doués que leurs contemporains en Occident. Par ailleurs, ils savaient exploiter certaines situations. Les outils provenaient d'une couche de pierres d'une carrière, mise à nu par un météore qui a explosé soit dans le ciel, soit dans un cratère peu profond, aujourd'hui disparu, et qui a brûlé toute la forêt à cet endroit. Les chercheurs furent en mesure de dater l'explosion après avoir analysé la composition chimique de petites perles de verre appelées tectites, des projections de roche en fusion au moment de l'impact.

On peut reprocher à la ligne de Movius de limiter géographiquement les possibilités de localiser la protocivilisation. La plupart des préhistoriens se contentèrent de chercher la civilisation originelle en Afrique du Nord et en Asie du Sud-Ouest. D'après eux, la civilisation aurait alors émigré dans le sous-continent indien puis en Chine, qui transmit son nouveau savoir-faire technologique à l'Asie du Sud-Est. Toutefois, il est nécessaire de réexaminer les derniers travaux de recherches.

L'alliage du cuivre et de l'étain permettant d'obtenir du bronze fut un des développements technologiques clés qui constituaient les fondements de la civilisation dans l'Ancien Monde. Ce métal plus résistant servait à fabriquer des outils plus adaptés et des armes plus perfectionnées, ce qui permit de développer les techniques de construction et d'exploration. On suppose que la fabrication du bronze fut découverte au Moyen-Orient, au IVe millénaire avant notre ère, et la même technologie apparut plus tard, mais indépendamment, en Orient. Lors des fouilles archéologiques récentes, menées à Ban Chiang en Thaïlande du Sud et à Phung Nguyen au nord du Vietnam, la datation du bronze du IIIe et IVe millénaire avant notre ère fut très controversée. Il semblerait que les Asiatiques du Sud-Est aient commencé à fondre le bronze bien avant les Chinois, et à peu près à la même époque que les premiers peuples civilisés du Moyen-Orient ; c'est une coïncidence bien curieuse pour un développement technologique qui a fait date.

Il en aurait été de même pour l'agriculture. Entre 15000 et 10000 avant notre ère, le peuple de l'actuelle Indonésie cultivait déjà l'igname sauvage et le taro ; les débuts de l'agriculture au Moyen-Orient auraient été simultanés, voire postérieurs. L'archéologue Surin Pookajorn a trouvé des éléments de preuve que le riz était déjà cultivé en Thaïlande quelque part entre 7260 et 5620 avant notre ère, bien avant qu'il ne le fût en Chine. En outre, une communauté paysanne très avancée aurait vécu à Ban Chiang entre le VIIe et le VIe millénaire avant notre ère.

Ces indices singuliers montrent que l'Asie du Sud-Est avait le potentiel pour développer une civilisation avant ou à la même époque que l'Occident. Alors pourquoi ne l'a-t-elle pas fait ?

Les trois vagues déferlantes

Dans l'Antiquité, les premières civilisations du Moyen-Orient prospérèrent entre 3200 et 2500 avant notre ère. Comme nous l'avons vu au chapitre 8, les grandes migrations eurent lieu quand les cieux se sont mis à bombarder la Terre de débris de comètes brûlants. Un autre phénomène géophysique très important marqua cette époque : le niveau des mers ne cessait de monter depuis la fin de la dernière

ère glaciaire et, vers la fin du IVe millénaire avant notre ère, les océans de la planète atteignirent leur plus haut niveau depuis vingt mille ans, qui ne devait plus se modifier. Selon les lieux où fut mesuré le niveau, les océans avaient, en moyenne, monté de 3 à 5 m, entre 5000 et 3000 avant notre ère, lors de la dernière des trois montées spectaculaires du niveau des mers, qui eurent lieu sur une période de près de quinze mille ans.

En abordant les migrations des peuples d'Asie vers les Amériques, au chapitre 4, nous avons vu que cette partie située entre la Sibérie et l'Alaska, appelée la Béringie, était une bande de terre sèche il y a quelque 20 000 ans, parce que le niveau de l'océan était plus bas qu'aujourd'hui d'environ 106 m à 122 m. Le climat alors se réchauffa lentement, les glaciers continentaux et les calottes polaires fondirent petit à petit. Partant, le niveau des océans monta graduellement de quelques millimètres par an. Puis, autour de 13000 avant notre ère, le climat oscilla ; il se refroidit, puis se réchauffa, et se refroidit encore à une époque appelée le Dryas ancien. À la fin de cette deuxième période de froid, autour de 12000 av. J.-C., le climat se réchauffa brusquement. La banquise et les glaciers fondirent beaucoup plus vite qu'auparavant. Le mur de glace européen s'effondra sous cette brusque montée des températures et le grand lac glaciaire en Amérique du Nord, appelé lac Livingston, se vida brusquement, envoyant une immense quantité d'eau froide dans l'océan. Le niveau de la mer monta jusqu'à 76 m au-dessus de son niveau habituel, en moins de trois cents ans.

Cette brusque montée des eaux s'arrêta lorsque le climat se refroidit une deuxième fois, autour de 11000 avant notre ère, à une époque dite du Dryas récent. Cette période fut même plus froide que l'ère glaciaire précédente ; on estime qu'au Groenland il faisait pratiquement 20 °C de moins qu'aujourd'hui – et la température au Groenland est pourtant très basse. Puis, autour de 10500 jusqu'en 9500 avant notre ère, le climat se réchauffa à nouveau, encore plus vite qu'à la fin du Dryas ancien. À nouveau les glaciers et la banquise fondirent et les lacs glaciaires se vidèrent, et à nouveau le niveau de la mer monta très vite. On estime qu'en l'espace de cent soixante ans, il monta de près de 9 m. Puis, le réchauffement se stabilisa ainsi que le niveau des océans. Autour de 6500 avant notre ère, le niveau des mers avait augmenté de quelque 18 m.

Pourtant, le cycle du refroidissement suivi d'un réchauffement brusque se répéta une troisième fois. Durant la période de refroidissement, le niveau océanique baissa de 4,5 à 7 m. À mesure que la température augmentait, la couverture de glace des Laurentides à l'est du Canada céda et un nouveau déferlement d'eau froide se jeta dans les océans autour de 6000 avant notre ère. Par ailleurs, les deux lacs immenses d'Agassiz et d'Ojibway, ainsi que quelques autres lacs plus petits qui se trouvaient derrière la couche de glace, à quelque 1 457 m d'altitude, se vidèrent à la suite de l'effondrement de la glace, et l'eau se précipita d'abord dans ce qui est aujourd'hui la baie d'Hudson, puis dans l'Atlantique Nord à travers le détroit de Davis. Cette brusque arrivée d'eau fut estimée entre 74,8 et 144,8 millions de mètres cubes ; elle fit monter le niveau océanique de plus de 10 cm quasi instantanément. La plate-forme glaciaire, qui était alors soudée à la terre canadienne, se déporta dans l'océan, avant de fondre et d'accentuer la montée des eaux. D'autres glaces le long des côtes se déportèrent également en mer, tels d'immenses icebergs, et fondirent lentement. Le niveau des océans monta de 4 cm par an, jusqu'à atteindre 23 m de plus ; ce fut l'inondation la plus catastrophique des trois cycles de changements climatiques et environnementaux de l'ère postglaciaire. La montée des eaux ralentit pour se stabiliser entre 4000 et 3000 avant notre ère. Après cette date, le climat se refroidit à nouveau et la glaciation reprit ; le niveau marin tomba à son niveau actuel.

Chacune de ces trois montées soudaines du niveau des océans a fait bien plus de dégâts qu'une baignoire qui déborde. À mesure que la glace fondait lors des réchauffements brusques, la terre située au pied des glaciers se mit à vibrer sous le poids des masses qui tombaient, déclenchant des secousses sismiques, des tremblements de terre, des soulèvements et des tassements de terrain – des événements dignes d'un musée des horreurs sismiques. La chute soudaine d'épaisses couches de glace dans les océans déclencha des raz de marée, développant des murs d'eau qui s'étendirent sur des milliers de kilomètres et qui vinrent brusquement balayer les basses côtes. Le long de ces côtes, le niveau d'eau ne cessa de monter année après année, grignotant la terre et obligeant les habitants à fuir vers les montagnes.

Ces inondations provoquées à la fois par les raz de marée et les montées d'eaux plus lentes, ont eu leurs effets les plus dévastateurs sur un continent qui, dans nos atlas actuels, a la couleur bleue de la mer. En 18000 avant notre ère, lorsque le niveau océanique était beaucoup plus bas, il y avait dans le Sud-Est asiatique un continent qui allait du sud de la mer de Chine méridionale, jusqu'à la mer de Java, en passant par le golfe de Thaïlande. Lors de la montée des eaux, un pays de la taille du sous-continent indien fut lentement submergé par les vagues et, aujourd'hui, il ne reste plus que ses hauts plateaux, soit la péninsule malaise, l'Indochine et Bornéo, et ses sommets, soit les nombreuses îles d'Indonésie. Les géologues appellent ce pays inondé la plate-forme de la Sonde (ou Sunda). En outre, une large bande de terre le long des côtes du Pacifique en Asie orientale et en Asie du Sud-Est fut également engloutie. Les ports actuels, comme celui de Hong Kong, qui étaient originellement à des centaines de kilomètres à l'intérieur des terres, virent la mer pour la toute première fois.

Aujourd'hui, la mer qui recouvre la plate-forme de la Sonde est relativement peu profonde, ne dépassant pas une centaine de mètres. En naviguant sur ces eaux, on a du mal à imaginer que jadis des gens habitaient au fond de cette mer, qu'ils élevaient leurs enfants et cultivaient des céréales, qu'ils construisirent des villages et des villes, conformément à une culture perdue. Où se réfugia ce peuple lorsque les eaux le menacèrent ? Nous savons qu'il emporta ses outils, ses attributs religieux, culturels et idéologiques. Y avait-il, parmi leurs bagages, les concepts religieux et culturels qui évoquent les pyramides ?

L'Éden est à l'est

Il y a quelques années, Arysio Nunes dos Santos, professeur de physique nucléaire à l'école d'ingénierie de l'Université fédérale de Minas Gerais, au Brésil, prétendait que l'Indonésie était non seulement le lieu où était jadis l'Atlantide, mais aussi le Jardin d'Éden, le paradis, la péninsule d'Avalon, et la scène de pratiquement tous les autres endroits utopiques que l'on pensait exister à la surface de la Terre. Récemment, un autre auteur, William Lauritzen, avança la même idée, prétendant que la Sonde était l'endroit qui correspondait le mieux à la description de l'Atlantide par Platon. Je pensais que tout

Carte de la Sonde, à l'époque où elle couvrait une large partie de ce qui est aujourd'hui la mer de Chine méridionale, le golfe de Thaïlande et la mer de Java. En sombre, ses vestiges actuels et, en clair, la plate-forme de la Sonde et autres terres côtières qui se trouvaient au-dessus du niveau de la mer à la fin de la dernière ère glaciaire, soit autour de 18000 avant notre ère ; elles furent inondées lorsque, ensuite, le climat se réchauffa et que le niveau des eaux monta.

cela n'était que des ragots, jusqu'au jour où je suis tombé sur le livre captivant de Stephen Oppenheimer, intitulé *Eden in the East*. Oppenheimer est un médecin spécialisé en pédiatrie tropicale qui a passé une grande partie de sa carrière en Asie du Sud-Est, où il fit des recherches sur les origines des peuples indigènes. *Eden in the East* est le résumé de ses études exhaustives sur les relations entre l'est et l'ouest.

Selon la croyance traditionnelle, la civilisation naquit en Occident – en Égypte et en Mésopotamie –, puis avança vers l'est, touchant d'abord l'Inde, puis la Chine, et finalement l'Asie de Sud-Est. À première vue, cela paraît logique. Quiconque voyage en Asie du Sud-Est peut voir que les cultures indienne et chinoise ont exercé une grande influence dans toute la région. Mais Oppenheimer affirme que, si l'on soulève le voile du passé, on découvre d'autres ascendants. Il prétend que la civilisation vit le jour en Occident à la suite de l'émigration vers l'ouest des habitants de la Sonde, fuyant la troisième et la plus terrible des inondations de l'ère postglaciaire. Ce peuple aurait apporté les techniques clés qui permirent le développement des civilisations sumérienne et égyptienne, ainsi que celles de l'Inde et de la Chine. L'actuel paysage culturel de l'Asie du Sud-Est serait la dernière version d'une culture originelle qui fut très souvent remodelée au fil du temps.

Prenons, par exemple, la fabrication quasi simultanée du bronze en Thaïlande et au Moyen-Orient. Selon la théorie d'Oppenheimer, ce ne fut pas une coïncidence, car le peuple de la Sonde avait déjà réussi à fabriquer le bronze et il emporta sa technologie dans sa fuite. Une fois installés dans leur pays d'accueil – certains en Thaïlande et d'autres en Mésopotamie –, ces hommes renouèrent avec la fabrication du bronze. La Thaïlande et la Mésopotamie sont donc les rayons d'un moyeu qui est la Sonde.

Un certain nombre d'éléments témoignant de l'importance de la montée du niveau des mers dans l'histoire du Moyen-Orient, et qui donnent force probante aux idées d'Oppenheimer, viennent des travaux de Sir Charles Leonard Woolley, cet archéologue britannique qui découvrit les tombes de la Ire dynastie d'Ur, dont nous avons parlé au chapitre 3. Lors de ses fouilles, il atteignit une couche datée d'environ 3500 avant notre ère, qui contenait du bronze. Lorsque Woolley creusa encore plus loin dans le temps, il ne trouva aucune trace d'habitations humaines dans une couche d'alluvions de plusieurs mètres, qui correspondait à une période de deux mille ans ; nous savons aujourd'hui que cette couche de sédiments témoigne de la montée des eaux qui allaient atteindre leur niveau maximal au

IVe millénaire avant notre ère. Ce n'est que lorsqu'il atteignit les couches référant à 5500 av. J.-C., une époque où le niveau de la mer était comparable à celui d'aujourd'hui, que Woolley retrouva des marques d'habitations humaines, mais pas de métal. Cela signifie donc que ce pays fut inhabitable pendant deux mille ans ; en outre, c'est durant cette même période que le peuple apprit à utiliser le cuivre et d'autres techniques qui devaient conduire à la période dynastique d'Ur. La question est de savoir si le peuple d'Ur a inventé lui-même la fabrication du bronze et développé les autres attributs de la civilisation ou s'ils furent importés par d'autres lors de la période des inondations. Selon Oppenheimer, des réfugiés du Sud-Est asiatique naviguèrent jusqu'au Moyen-Orient sur les eaux montantes et transmirent leur savoir-faire aux autochtones, à l'image des Chinois Shang qui débarquèrent en Méso-Amérique plus de deux mille ans plus tard.

Il est difficile d'évaluer précisément les arguments d'Oppenheimer, car il manque des preuves archéologiques patentes en Asie du Sud-Est. Hormis les régions d'altitude qui échappèrent aux trois inondations au cours des derniers vingt mille ans, les habitations du peuple de la Sonde, et plus particulièrement celles qui existaient dans ce qui fut des vallées fertiles, des deltas et des basses plaines, sont enterrées à plusieurs mètres de fond, sous l'eau salée. À défaut de savoir où la culture du peuple de la Sonde est née, nous pouvons suivre son itinéraire, car lorsque les gens perdent leurs maisons, ils emportent avec eux leur langue, leur patrimoine génétique et leur histoire. Chacun de ces fils nous ramène au continent de la Sonde englouti par l'océan.

D'un point de vue linguistique, il y a de bonnes raisons de croire que l'Asie du Sud-Est est la source originelle de nombreuses langues dans le monde. L'austronésien, une des plus importantes familles linguistiques asiatiques, fut la plus répandue sur terre avant que les langues européennes ne fussent diffusées lors des périodes de colonisation modernes. L'austronésien inclut les langues vernaculaires parlées depuis Madagascar jusqu'aux îles Hawaii et l'île de Pâques en Polynésie, en passant par la péninsule et l'archipel malais, à l'exception des langues de l'Australie, de la Papouasie et des négros. Cette expansion des langues austronésiennes sur cette grande partie de la Terre largement recouverte par les eaux prouve les aptitudes maritimes des Austronésiens. Par ailleurs, l'autre famille linguistique importante en Asie du Sud-Est, dite des langues austro-asiatiques, qui sont essentiellement parlées dans le nord-est de l'Inde et dans l'Indochine continentale, ont probablement d'abord été parlées sur les côtes avant de se répandre à l'intérieur des terres, le long des vallées fluviales, sans doute lorsque le niveau de la mer monta et que les gens fuirent dans les montagnes.

Se fondant sur ces preuves linguistiques, Oppenheimer dit que, lorsque les eaux montèrent, la population de la Sonde émigra en deux vagues ; l'une d'elles partit vers l'est, en Nouvelle-Guinée et plus tard en Polynésie, et l'autre vers l'ouest. Cette dernière est importante dans le contexte des pyramides. Autour de 6000 avant notre ère, lorsque la mer envahit ce qui est aujourd'hui le détroit de Malacca et créa un nouveau passage maritime d'est en ouest, les peuples riziculteurs parlant l'austro-asiatique partirent pour l'Inde avec leurs langues et leur agriculture. Certains auraient pu aller jusqu'en Mésopotamie. Le linguiste Paul Manansala affirme que le sanscrit et le sumérien sont reliés aux langues austro-asiatiques et austronésiennes, ce qui n'a cependant pas encore été confirmé par d'autres linguistes ; en supposant que Manansala ait raison, cette connexion attesterait que le peuple de la Sonde a bien émigré vers l'ouest, dans la région que nous estimons source de la civilisation, avant que naisse cette civilisation.

Les gènes humains, au même titre que les langues, se propagèrent à partir d'une région de la Sonde. Un certain nombre de caractéristiques héréditaires, dont les plus anciennes formes se trouvent en Asie du Sud-Est et plus spécifiquement dans les forêts humides de la péninsule malaise et dans la région de Sabah à Bornéo, se retrouvent beaucoup plus loin, en Indochine, en Chine, en Corée, à Taïwan, en Inde, au Sri Lanka, en Iran, dans le golfe Persique, la péninsule arabe, en Turquie et en Europe centrale, comme autant de rayons d'un même moyeu ancestral. La particularité la plus frappante et la plus éloquente est la thalassémie, une maladie génétique caractérisée par une anormalité de l'hémoglobine du sang, qui entraîne l'anémie mais qui, parallèlement, renforce la résistance à la malaria. Cette maladie se présente sous deux formes, alpha et bêta, qui se rencontrent dans une bande de terres partant de la Polynésie occidentale, traversant l'Indonésie, les Philippines, l'Indochine et l'Inde, l'Iran, l'Arabie et la Mésopotamie, puis contournant la Méditerranée et s'enfonçant profondément en Afrique du Nord : ce tracé révèle une ancienne migration partie de l'Asie du Sud-Est vers l'est et l'ouest, sans doute après la troisième inondation, autour de 6000-5500 avant notre ère.

Le Noé d'avant Noé et autres histoires

Dans le contexte des pyramides, les éléments de preuve les plus curieux de l'exode d'un peuple très civilisé hors de la Sonde sont ses traditions mythologiques. Nous avons vu que tout ce qui se rattache aux pyramides est enraciné dans nos mentalités et cultures sous forme de mythes. Si nous comprenons d'où viennent ces histoires mythologiques et ce qu'elles symbolisent, nous comprendrons plus facilement la signification des pyramides, d'Uruk à Uxmal.

Le premier type d'informations vient des histoires de déluges, comme celle mondialement connue de Noé dans l'histoire de la Genèse de l'Ancien Testament. Le monde recèle pas moins de cinq cents mythes de déluge ; ce sont les plus répandus de tous les anciens mythes, ils font donc partie des plus vieux. On trouve des histoires de grands déluges sur chaque continent peuplé, et parmi un grand nombre de communautés qui diffèrent par leurs cultures et langues. Il y a une exception à cette omniprésence du mythe du déluge, c'est l'Afrique, en dehors de l'Égypte. Dans son *Folklore in the Old Testament*, un classique du genre, James Frazer écrit qu'il « n'est pas sûr que l'on puisse trouver dans les traditions, sur ce vaste continent, ne serait-ce qu'une histoire de déluge purement indigène [et non inspirée par les missionnaires] ». Cela s'explique facilement d'un point de vue géologique. L'Afrique, dans son ensemble, a une plate-forme continentale très étroite et escarpée. Quelle que soit la montée du niveau des eaux océaniques, elle aura moins d'emprise sur ce continent et moins d'effets visibles que sur tout autre. Comme les côtes sont très abruptes dans la majeure partie du continent africain, l'effet des énormes vagues, déclenchées par les murs de glace tombés dans l'eau, qui balayèrent tout l'océan, fut faible. Les hausses du niveau de l'océan furent donc beaucoup moins perceptibles en Afrique que sur les autres continents.

L'histoire de Noé dérive d'une tradition de récits de déluges que l'on trouve parmi les peuples sémites du Moyen-Orient et parmi les Grecs. Par exemple, l'*Épopée de Gilgamesh* mésopotamienne raconte la légende d'Utnapishtim qui, comme Noé, échappa au déluge avec sa femme, dans un bateau rempli d'animaux. Les Grecs ont un conte du même type dont le héros est Deucalion. Tout comme Noé, le roi Deucalion fut prévenu du déluge bien à l'avance ; il construisit, tout comme Noé, une embarcation insubmersible et il y monta avec la reine Pyrrha, juste avant que Zeus n'ouvrît les vannes. À la fin du déluge, Deucalion accosta sur une montagne et fit une offrande à Zeus, tout comme Noé qui, après avoir accosté sur le mont Ararat, fit une offrande à Yahvé. Tous ces points communs dans les histoires grecque et sémite montrent bien que leur source était la même.

Cette source pourrait fort bien être l'Inde. Le héros du déluge indien est appelé Manu et son histoire remonte à une époque antérieure à l'arrivée des Indo-Européens en Inde. Elle fut très certainement introduite en Mésopotamie et dans les pays méditerranéens orientaux, où l'on parlait le grec, par les routes commerciales maritimes. La légende de Manu est antérieure aux histoires de déluges grecque et sémite et a de nombreux points communs avec elles, ce qui indique qu'elle est vraisemblablement à leur origine.

Tout comme Noé et Deucalion, Manu fut prévenu d'un prochain déluge et il lui fut demandé de construire une arche ; après les événements, il accosta sur une montagne. Mais il y a dans ce conte un soupçon d'inceste. Manu échappa seul au déluge. Comme il n'avait pas de femme ni de suite, l'humanité était condamnée à périr avec lui. Manu fit une offrande aux eaux qui lui présentèrent alors une femme ; elle disait être sa fille et lui offrit son entremise dans la restauration des règnes humain et animal afin de repeupler la Terre. Le subterfuge fut habile et efficace, et des hommes, des femmes et des animaux partirent à travers le pays qui commençait à sécher pour s'y établir. L'inceste entre Manu et sa « fille » n'est pas énoncé de manière explicite, mais la légende implique un rapport sexuel insolite sous-jacent à cette régénération à la surface de la Terre.

Ce même thème revient dans l'histoire de Noé. À la fin du déluge, Noé planta des vignes, fabriqua du vin et en but beaucoup trop. Il s'évanouit dans une position peu élégante, dévoilant ses parties honteuses. Son fils Cham surprit cet étalage et raconta la chose à ses frères Sem et Japhet, visiblement amusé par l'indécence de son père. Lorsque Noé se réveilla de son ivresse, il injuria Cham pour l'avoir observé dans sa nudité. Cette allusion à la sexualité entre parent et enfant, dans le récit biblique, est une autre indication que l'Inde est à l'origine de l'histoire de Noé.

Des recherches archéologiques préliminaires indiquent que ce déluge a bien eu lieu et que cette histoire n'a donc pas été inventée. Dans le golfe de Cambay, au large de l'État de Gujarât, sur la côte occidentale de l'Inde, on a découvert, par 40 m de fond, des éléments qui pourraient signifier que de très nombreuses habitations humaines jalonnaient ce qui fut un jour un fleuve. Les premières datations radiocarbone d'un seul morceau de bois sculpté trouvé sur le site en Gujarât le font remonter à quelque 7500 ans avant notre ère, c'est-à-dire trois mille cinq cents ans avant l'apparition des villes Harappa dans la vallée de l'Indus ; jusque-là, la civilisation Harappa était considérée comme la première civilisation de l'Asie du Sud. Toutefois, un seul échantillon ne suffit pas pour avancer que ce site remonterait à un passé aussi lointain. Mais si les travaux futurs devaient abonder dans le même sens, cela signifierait que les habitants de cette côte indienne furent obligés de quitter villes et villages, en raison de la montée du niveau de la mer.

L'analyse de la légende de Manu montre qu'elle découle d'un ensemble de plusieurs mythes de déluges apparaissant dans l'Inde de l'Est et du Nord, et dans diverses contrées en Birmanie et au Vietnam. Mais son origine se situe plus au sud-est, dans la Sonde.

Les peuples de l'Asie du Sud-Est et de Polynésie qui parlent l'austronésien ont plus d'histoires de déluge que tout autre groupe culturel ou linguistique. Cela est très significatif, car biologistes, linguistes et anthropologues évolutionnistes qui tentent d'identifier l'origine d'une espèce, d'une famille linguistique ou d'un phénomène culturel recherchent le lieu où cet élément apparaît sous des formes nombreuses et diverses. Admettons, par exemple, que vous cherchiez à déterminer l'origine des langues germaniques. Vous verrez qu'en Europe, des gens parlent non seulement l'allemand, mais aussi des langues qui lui sont apparentées comme le danois, le frison, le norvégien, le suédois, l'islandais et le néerlandais. En outre, l'allemand parlé en Europe centrale compte un certain nombre de dialectes bien spécifiques comme le yiddish, le suisse alémanique et le souabe. Par ailleurs, vous découvrirez que l'allemand est encore parlé dans d'autres endroits isolés du monde comme le long de la Volga en Russie, au nord du Chili et dans le haut Midwest des États-Unis. Étant donné que dans ces autres endroits il y a ni dialectes régionaux, ni autres langues apparentées, vous en conclurez que la famille linguistique germanique a ses origines en Europe centrale où elle apparaît sous des formes nombreuses et diverses, et qu'elle fut exportée en Europe orientale et aux Amériques par des immigrés parlant l'allemand. Et vous aurez raison.

Le grand nombre d'histoires de déluge très variées des traditions austronésiennes indique pareillement que cette région du monde est à l'origine de tous les mythes de déluges, qu'ils soient grecs, sémites ou indiens. En outre, des détails des histoires grecques et sémites proviennent également des Austronésiens. Prenons, par exemple, l'histoire du déluge du peuple Iban de Sarawak. Son héros, Trow, flottait sur les eaux avec sa femme et de nombreux animaux domestiques dans une arche de fortune. Lorsque le déluge cessa et que l'arche accosta sur la terre ferme, il réalisa qu'une seule femme était incapable de repeupler la Terre. Il créa donc des femmes de substitution avec des morceaux de bois et des pierres, et les féconda. Cette fiction extraordinaire fait penser au mythe de Deucalion. Pour repeupler le monde, Deucalion jeta des pierres en arrière, par-dessus sa tête, que Zeus transforma en hommes. Et lorsque sa femme, Pyrrha, fit de même, les pierres furent transformées en femmes. Des incestes comme celui qui transpire à travers les légendes de Noé et de Manu apparaissent aussi dans les histoires du sud-est de l'Asie et de Polynésie. Un oiseau, envoyé en éclaireur par le héros pour voir si le déluge avait cessé, à l'image de Noé qui, dans le même but, s'était servi d'un corbeau, puis d'une colombe, revient dans de nombreuses traditions austronésiennes

Dans la Genèse, il est question de déluge non seulement dans l'histoire de Noé, mais aussi dans les premiers versets de la création biblique de la Terre. La création ne se fit pas à partir du néant, mais de l'élément eau : « Or la terre était vague et vide, les ténèbres recouvraient l'abîme, l'esprit de Dieu planait sur les eaux. » Ensuite Dieu créa la lumière – avant le soleil –, puis il sépara les eaux d'avec les eaux ; il y eut les eaux sous la voûte du ciel et celles au-dessus. Et le troisième jour, Dieu dit : « "Que les eaux qui sont sous le ciel s'amassent en une seule masse et qu'apparaisse le continent" et il en fut ainsi. Dieu appela le continent "terre" et la masse des eaux "mers". » Ce récit ressemble moins à une réelle création du monde qu'à sa remise en état, à la fin d'un déluge océanique dévastateur.

Dans les livres ultérieurs de l'Ancien Testament, le chaos des eaux des premiers jours est en relation avec un terrible serpent qui habite les océans. Ce dragon des mers, souvent appelé Léviathan, comme dans les livres d'Isaïe et les Psaumes, est une créature horriblement dangereuse, dont seul le pouvoir divin peut venir à bout. Cet animal marin est un véritable leitmotiv dans les traditions du Moyen-Orient et en Occident. Dans les mythes égyptiens de la création du monde, un monstre des mers apparaît au sein du chaos des premiers jours et joue le rôle de gardien du monde des ténèbres. Dans le mythe de la création babylonien, le héros Mardouk assassine le monstre des mers Tiamat avant de créer l'humanité. Une histoire de ce type revient dans la saga de Persée qui, mandaté pour rapporter la tête de Méduse, sauve la vierge Andromède enchaînée à un rocher sur la côte, en tuant le monstre marin qui devait la dévorer. Poséidon, le dieu de la mer, avait envoyé le monstre ravager le pays ; seul le sacrifice d'une jeune vierge de haut rang pouvait empêcher son agression. Quant à Hercule, il tua l'Hydre, un serpent d'eau géant, progéniture de l'odieux Typhon à moitié-reptilien. Et pour finir, nous avons le merveilleux poème anglo-saxon sur Beowulf, qui assassine le monstre Grendel en lui arrachant le bras ; puis il part à la recherche de la mère anonyme de Grendel et la tue, car elle était la mère terrifiante de tous les monstres, et habitait dans une grotte au fond d'un lac noir et nauséabond.

En Inde, le dragon des mers paraît dans l'histoire de Krishna, le héros incarnant le grand dieu Vishnou. Ce monstre, appelé Kaliya, vivait dans le profond bassin d'un fleuve et empoisonnait les animaux et les récoltes, mais finalement il se laissa amadouer par la musique de Krishna. Dans l'histoire de la création de la caste sacerdotale des brahmanes, le monde commence dans un vaste chaos aquatique, un peu comme dans les premiers versets de la Genèse, sur lequel flotte un serpent de mer géant, portant Vishnou, endormi et rêveur, dans ses anneaux. Comme nous l'avons vu au chapitre 8, la Chine associe les dragons au survol de comètes et aux variations du niveau de l'eau, comme les inondations et les grosses vagues. À un moment de la création, des inondations sont provoquées par un dieu des fleuves ayant l'apparence d'un dragon, qui exige que lui soient sacrifiées deux jeunes vierges chaque année ; cet épisode est comparable à l'histoire d'Andromède, sacrifiée au monstre envoyé par Poséidon. Le héros de l'histoire chinoise est Li Bing ; il sauve les jeunes filles et réussit à maîtriser le dragon sans avoir à le tuer.

Ces monstres marins, dont beaucoup jouent un rôle dans les mythes de la création, surviennent partout en Asie du Sud-Est, en Océanie, parmi les peuples sino-tibétains autres que chinois. Le crocodile Dyak est le gardien du monde des ténèbres et de l'arbre de vie qui porte un faucon sur son faîte. Le peuple de Fidji parle d'un serpent créateur qui vivait dans les mers. Dans une région de la Micronésie, le dieu créateur, pour séparer la terre des eaux, est assisté d'un congre géant, un poisson ressemblant à un serpent ; n'est-ce pas un pendant de la division des eaux dans les cieux de Yahvé ? Les tribus koukis du Tibet disent que le monde fut créé à partir d'une masse d'eau énorme (encore une analogie avec la Genèse), habitée par un reptile géant. En Australie du Nord, les indigènes disent qu'une déesse se transforma en serpent géant aux couleurs de l'arc-en-ciel (que l'on pourrait confondre avec Quetzalcóatl) et créa les fleuves, les montagnes et les lacs au cours d'une dispute avec son fils.

Il est frappant que de nombreux mythes indigènes américains commencent comme la Genèse, avec un chaos aquatique, mais les dragons y apparaissent peu. La mythologie africaine ne comporte pas non plus de dragons de mer. Cela signifie donc que les légendes des dragons de mer, depuis l'Australie et Fidji jusque dans l'Angleterre anglo-saxonne, font partie d'une tradition unique.

La datation des histoires de dragons de mer correspond au type de migration vers l'ouest depuis la Sonde, déjà indiquée par la génétique et la linguistique. À son départ, nous avons le serpent multicolore australien, dont certains scientifiques disent qu'il appartient à une tradition datée quelque part entre 7000 et 5000 avant notre ère, et à l'arrivée nous avons la légende anglo-saxonne de Beowulf, qui raconte des événements ayant eu lieu au début ou vers le milieu du VIe siècle de notre ère. Il est logique que l'Asie du Sud-Est et ses nombreuses îles soient l'épicentre d'une tradition de dragons marins souvent associés à la création – ou, pour être plus précis, à une recréation, après un déluge. Les auteurs grecs des histoires d'Hercule et de Persée, et les scribes de la Bible qui parlaient de Léviathan, n'avaient certainement jamais vu de crocodile vivant dans l'eau salée. Cet animal n'existe pas en Méditerranée ; son parent le plus proche est le crocodile du Nil, qui habite dans les rivières. Mais dans l'Antiquité, il existait un grand nombre de crocodiles de mer en Asie du Sud-Est ; c'étaient des animaux beaucoup plus grands que leurs cousins des rivières, qui n'hésitaient pas à attaquer l'homme pour le dévorer. On peut facilement imaginer que, lorsque les eaux commencèrent à monter graduellement et à inonder le pays, ces animaux féroces faisaient régner la terreur, se rapprochant de jour en jour de la population. Ils étaient effectivement les gardiens du chaos, des monstres aux dents acérées et aux queues redoutables, qui prenaient en charge tout ce qui avait été abandonné. Personne d'autre que les dieux ne pouvait les arrêter.

Rivalité entre frères et conflit culturel

La célèbre histoire de la Genèse où Caïn tue Abel est reliée au contexte mythologique sous-jacent à la construction des pyramides de Gizeh. Dans la version biblique de cette histoire, Abel, le berger, et Caïn, le cultivateur, firent des offrandes à Yahvé ; Abel offrit des agneaux et Caïn des fruits et des céréales. Malheureusement pour Abel, Dieu préféra son sacrifice à celui de Caïn. Fou de rage et jaloux de cette préférence que manifesta le divin pour son frère, Caïn tua Abel. Il renia son meurtre devant Yahvé, mais le dieu biblique, conscient de son mensonge, le maudit et le chassa.

Une histoire égyptienne, beaucoup plus ancienne, parle de la rivalité entre deux dieux frères, Osiris et Seth. Seth fut également en proie à une vive jalousie et tua son frère. Pour dissimuler son acte, il découpa le corps en morceaux qu'il dissémina à travers tout le pays d'Égypte. Isis, la femme d'Osiris, rassembla méthodiquement les morceaux. La reconstitution du corps d'Osiris lui conféra une puissance sexuelle passagère. Il eut une érection, Isis s'unit à lui et tomba enceinte d'Horus, le dieu à tête de faucon. Plus tard, Horus vengea Osiris en arrachant les testicules de Seth et le vainquit après un féroce combat.

Ces deux histoires racontent un ancien conflit entre cultures. Dans l'histoire biblique, le différend éclate entre bergers et paysans ; dans la version égyptienne, la lutte fait sans doute référence aux deux cultures différentes de la Haute et de la Basse-Égypte – la première plutôt africaine, la deuxième plutôt asiatique et européenne – qui furent soumises par le premier pharaon Ménès, tout comme Horus soumit Seth. Durant sa vie, le pharaon était l'incarnation d'Horus ; à sa mort, il devenait Osiris, destiné à retourner au paradis dans les cieux, représenté par la constellation d'Orion, comme nous l'avons vu au chapitre 3. La disposition des pyramides de Gizeh qui reflète celle des étoiles de la ceinture d'Orion est une commémoration de cette métamorphose divine.

Mais l'histoire d'Osiris, de Seth et d'Horus n'est pas originaire d'Égypte, bien qu'elle soit très importante dans la mythologie sous-jacente aux pyramides de Gizeh. Trois histoires de ce type viennent de Sumer. Un récit poétique narre comment des dieux et des déesses, représentant des cultures antagonistes, se mesurent les uns aux autres. La fécondité est une autre caractéristique de ces histoires, tout comme elle le fut dans la version égyptienne où Isis tombe miraculeusement enceinte. D'autres versions nous sont apportées par l'Inde et le peuple lapon-saami de l'Europe arctique, qui a de forts liens génétiques avec l'Asie centrale et du Sud.

Mais là encore, les histoires les plus nombreuses et les plus variées de frères rivaux qui se font la guerre viennent de cette région qui s'étend de l'Indonésie orientale jusqu'à la Polynésie et la Micronésie, le siège des peuples parlant l'austronésien. La légende imagée de Kulabob et Manup, par exemple, qui vient des Moluques et de la Micronésie, rapporte les conflits culturels et les guerres inexorables qui accompagnèrent l'émigration des Austronésiens du la Sonde à travers le Pacifique. Des variantes de cette légende apparaissent dans le bassin de Sépik et en Polynésie. La version qui vient de Tonga ressemble tellement à celle de la Bible que le premier Européen qui en prit connaissance se demanda si des missionnaires n'avaient pas déjà divulgué l'histoire au peuple de Tonga ; ses recherches démontrèrent toutefois qu'il était impossible qu'ils aient influencé leur culture. L'histoire de Tonga est celle de deux frères, dont l'un est paresseux et l'autre très travailleur. Le paresseux tua son frère et essaya de nier son péché face à son père ; mais celui-ci comprit très bien ce qui s'était passé, il injuria son fils et l'exila. Tout comme ce fut le cas pour les histoires de chaos et de dragons marins, le nombre et la diversité des histoires de frères batailleurs indiquent qu'elles ont leur origine en Asie du Sud-Est, et plus particulièrement dans la Sonde.

Cet héritage de mythes clés, ainsi que la diffusion des langues et la piste des caractéristiques génétiques crédibilisent la thèse d'Oppenheimer. Il affirme que le peuple de la Sonde, pour échapper à la montée des eaux lors des inondations de l'ère postglaciaire, embarqua sur des bateaux, certains mettant le cap vers l'est, pour finalement traverser le Pacifique, d'autres partant vers l'ouest, en remontant les grands fleuves d'Asie jusque dans l'Himalaya et en Chine. D'autres encore accostèrent sur le sous-continent indien et en Mésopotamie, très certainement au début de l'époque sumérienne.

L'arrivée du peuple de la Sonde en Inde pourrait avoir été le catalyseur qui explique un certain nombre d'aspects mystérieux de l'ancienne culture indienne. Dans son étude des hymnes védiques, le scientifique David Frawley montre que ces anciens documents sanscrits sont emplis du symbolisme de la mer. Les Indo-Européens qui firent la conquête de l'Inde et apportèrent le sanscrit seraient arrivés dans le sous-continent à cheval, depuis le nord. Il paraît étrange que des guerriers à cheval aient eu une telle compréhension de la mer, et il est tout aussi curieux qu'ils aient eu autant de connaissances en astronomie, comme l'ont relevé par ailleurs Georg Feuerstein, Subhash Kak et David Frawley. L'astronomie pour des guerriers basés au sol relève plus de la curiosité que de la nécessité, tandis que pour les marins, elle est vitale, car ils s'orientent en fonction des étoiles. Par ailleurs, pour Frawley, Feuerstein et Kak, la datation des hymnes védiques est bien antérieure à 2000 ou 1500 av. J.-C., comme l'affirme la thèse officielle. Se fondant sur des preuves astronomiques intrinsèques, Frawley les date vers 4000 avant notre ère. Feuerstein avance une date encore plus reculée, car certains éléments de la culture védique dateraient de 7000 av. J.-C. Les deux datations correspondent, en gros, à l'inondation de la Sonde. En outre, la date de Feuerstein correspond – et ce n'est peut-être pas un hasard – à celle que j'avance dans l'annexe pour la construction du Grand Sphinx de Gizeh.

L'émigration du peuple de la Sonde vers l'est, vers les prétendus centres de civilisation occidentaux, concorde avec la mythologie de ces lieux de culture avancée. Selon la Genèse, le Jardin d'Éden qui marque le début de la race humaine est situé quelque part à l'est. Les Sumériens attribuaient leur civilisation aux Sept Sages, des hommes poissons étranges qui, venus de l'est, émergèrent de la mer et leur apprirent les règles de la civilisation. Quant au *Livre des Morts* égyptien, qui révèle beaucoup de choses sur l'époque prédynastique, il cite très souvent l'est comme un endroit redoutable où règne la mort et dont il faut préserver l'âme. Ce même livre parle du « domaine de Manu au-delà des eaux », qui pourrait être en relation avec le Manu de la légende hindoue qui, comme Noé, recréa la race humaine après une grande catastrophe.

Des échos en Méso-Amérique

Le peuple de la Sonde a émigré dans la plupart des régions de l'Ancien Monde où l'on trouve des pyramides, soit l'Égypte, la Mésopotamie, l'Inde, le Cambodge, la Java indonésienne et la Chine. Mais il est impossible que ces immigrants aient bâti les pyramides. Manifestement, la première pierre d'un stûpa à Sanchi, en Inde, fut posée bien après la fin de l'émigration du continent immergé en Asie du Sud-Est. Néanmoins, ces sinistrés apportèrent leur culture et leur mythologie comme contribution aux civilisations dans leurs terres d'accueil et ce nouveau mélange culturel allait conduire à la construction des pyramides.

La connexion entre le legs du peuple de la Sonde et les civilisations bâtisseuses de pyramides devient encore plus nette lorsque nous élargissons l'horizon pour y inclure le Nouveau Monde, et plus particulièrement la Méso-Amérique. La relation entre la Sonde et la Méso-Amérique est certainement indirecte ; l'héritage du continent perdu arriva aux Amériques via la Chine et le bassin méditerranéen. Mais les concepts et légendes importés firent leur voyage jusqu'au noyau culturel de la civilisation constructrice de pyramides dans le Nouveau Monde. De nombreuses mythologies typiques de la Méso-Amérique tirent leurs origines de l'Asie du Sud-Est.

Prenons par exemple le crocodile, que symbolise probablement le Léviathan dans la Genèse, et le dragon du chaos marin chez les Austronésiens. Le dieu Cipact aztèque est unique, car c'est la seule divinité alligator en Méso-Amérique. Dans certaines histoires sur la création de l'humanité de l'Asie du Sud-Est, une divinité fabrique le premier homme en mélangeant son propre sang avec de l'argile. Un vestige de ce type d'histoire apparaît dans la Genèse. Le nom d'Adam, qui est fait de poussières dans un des récits bibliques sur la création, signifie « terre rouge » ou « terre couleur sang ». Comme nous l'avons vu au chapitre 5, les Aztèques fabriquaient des statues de leur dieu en mélangeant leur propre sang avec de la farine de maïs.

Nous avons vu également que les Aztèques faisaient remonter leurs origines à la déesse Ciocoatl, qui apporta le péché, la souffrance et la mort sur Terre. Elle est généralement associée à un serpent, tout comme Ève dans la Genèse qui fut créée par Yahvé à partir d'une côte d'Adam. Et bien avant que le christianisme ne fût importé dans les îles, les Polynésiens disaient déjà que la première femme, Ivi – qui signifie « os » –, fut créée par le divin à partir d'un os retiré du corps du premier homme durant son sommeil.

Le serpent figure sur un autre dessin trouvé en Méso-Amérique, au Moyen-Orient et dans le Sud-Est asiatique, qui est l'arbre de vie. Un ensemble de mythes du Sud-Est asiatique relient l'arbre de vie ou d'immortalité à un serpent-gardien et à un oiseau perché dans ses branches. Les lecteurs qui connaissent l'Ancien Testament feront immédiatement la connexion avec l'histoire d'Ève dans le Jardin d'Éden, où elle s'est laissé tenter par un serpent en mordant dans le fruit défendu. Des histoires semblables apparaissent dans le Sud-Est asiatique et leurs versions, nombreuses et différentes, indiquent que cette région est bien à l'origine de ces mythes, que nous retrouvons aussi en Méso-Amérique. Parfois, le serpent et l'oiseau apparaissent ensemble, comme dans la représentation de Quetzalcóatl, le Serpent à plumes, où un cactus remplace l'arbre. Ou alors ils apparaissent séparément, comme dans le symbole de l'aigle qui tient un serpent entre ses serres, et qui figure au centre du drapeau mexicain d'aujourd'hui.

Dans l'histoire d'Éden de la Genèse, le serpent offre à Ève l'immortalité. Ce cadeau venant d'un serpent était tout à fait crédible dans la mythologie du Moyen-Orient ; dans la mesure où les serpents muent, ils incarnaient l'immortalité. Dans l'*Épopée de Gilgamesh*, le héros Gilgamesh part à la recherche du secret de la vie éternelle. Après bien des tentatives et moult détours, il le découvre dans une plante qui pousse dans le fond d'une rivière. Gilgamesh cueille l'herbe sacrée, dans l'intention de la rapporter chez lui et de l'offrir en cadeau à ses sujets. Surgit alors un serpent dans cette scène, qui avale la plante et change immédiatement de peau. Le serpent s'est donc approprié le secret de l'immortalité, et le roi Gilgamesh retourne chez lui bredouille et aussi mortel que tous les autres hommes.

L'exuvie, ou dépouille, comme signe d'immortalité, est un autre de ces nombreux concepts mythologiques ayant leur origine en Asie du Sud-Est. Elle explique un aspect d'un rite sacrificiel aztèque particulièrement bizarre et macabre, lors duquel certaines victimes étaient décapitées, puis écorchées. À la dernière étape de ce rituel qui durait parfois plusieurs jours, un prêtre enfilait cette peau humaine par-dessus la sienne ; vêtu de cette dépouille sanglante, le prêtre s'appropriait ainsi l'immortalité reçue par la victime sacrifiée. Il exprimait ainsi un attribut culturel qui remontait à des milliers d'années, au continent perdu du Sud-Est asiatique.

Et puis il y a les Pléiades, cet ensemble de sept étoiles dans la constellation du Taureau, sur lesquelles sont alignées la pyramide du Soleil de Teotihuacán et la pyramide aztèque de Tenayuca. Les Pléiades servaient comme repères de navigation à de nombreuses civilisations ancestrales, comme celles des Grecs et des Austronésiens. Les aborigènes d'Australie racontent une histoire sur l'origine des Pléiades, où sept sœurs sont poursuivies par un terrible chasseur qui les convoitait ; cette légende reflète le mythe grec où Orion poursuivit vainement les jeunes filles d'Atlas. Curieusement, le dieu hindou Varuna, le grec Ouranos et l'Osiris égyptien sont tous associés à Orion. Étant donné la connexion entre Osiris et les pharaons, on se retrouve à nouveau dans les fondements mythologiques sous-jacents aux pyramides de Gizeh.

Climat changeant, chutes de comètes dans l'eau et sur terre

La théorie d'Oppenheimer est pour le moins suggestive : les inondations de la Sonde, lors des deuxième et troisième cycles postglaciaires de montée du niveau océanique, auraient déclenché des émigrations culturelles vers l'ouest, qui allèrent donner naissance à la civilisation au IVe millénaire avant notre ère.

Néanmoins, il manque toujours un élément très important. Si Oppenheimer énonce tous les détails pour prouver que ces inondations postglaciaires ont bien eu lieu, il ne sait pas vraiment pourquoi le climat oscilla entre le refroidissement et le réchauffement, pendant lequel les glaciers polaires et continentaux fondirent. Ce sujet dépasse le cadre de son livre, mais il mérite qu'on s'y attarde maintenant.

La climatologie des derniers vingt mille ans comporte deux schémas distincts. Après que la glaciation fut à son paroxysme en 18000 avant notre ère, le climat se réchauffa sur toute la planète. Dans l'ensemble, cette tendance au réchauffement perdure de nos jours. Toutefois, à mi-parcours de la montée lente et graduelle des températures, le climat se refroidit brusquement, puis se réchauffa tout aussi soudainement, et plus vite que d'habitude. Ce phénomène eut lieu trois fois – en 11500, en 9500 et en 6000 av. J.-C. – et chacun entraîna de graves et brusques inondations. Pour comprendre ce qui s'est passé, nous devons analyser deux mécanismes : le premier est le réchauffement postglaciaire plutôt lent, le deuxième étant celui d'un refroidissement brutal suivi d'un réchauffement précipité.

Le cycle lent est le plus facile à expliquer, grâce aux travaux de pionnier du mathématicien serbe Milutin Milankovitch datant des années 1920 et 1930. Selon Milankovitch, les ères glaciaires vont et viennent à cause de l'interaction complexe d'un certain nombre de cycles orbitaux particuliers qui, à leur tour, sont modifiés et influencés par des fluctuations mineures dépassant le cadre de ce sujet, et qui sont synchrones. Le premier de ces cycles orbitaux est appelé excentricité ou désaxage. Il faut savoir que la Terre tourne autour du soleil sur une orbite qui n'est pas un cercle, mais une ellipse, ce qui veut dire que l'orbite est légèrement ovale. Par ailleurs, l'ellipse s'allonge très lentement, puis se rétrécit, variant autour de 2 % tous les 100 000 ans. Lorsque la Terre est plus éloignée du soleil sur son orbite allongée, elle reçoit moins d'énergie solaire et refroidit, tandis que lorsqu'elle en est plus proche, elle en reçoit plus et se réchauffe.

Cette excentricité est modifiée par un deuxième cycle : l'orbite légèrement elliptique de la Terre, non seulement s'allonge et se rétracte, mais elle tourne aussi lentement autour du soleil par rapport aux étoiles ; une rotation complète nécessite environ 111 000 ans.

Le troisième cycle que Milankovitch identifia concerne l'inclinaison de la Terre. L'axe de rotation de la Terre n'est pas perpendiculaire au plan de l'orbite, mais il penche, et aujourd'hui il atteint quelque 23,5 degrés. Cette inclinaison, appelée obliquité, varie entre 21,6 et 24,5 degrés pendant un cycle de 41 000 à 44 000 ans. Autour des latitudes basses qui sont plus proches de l'équateur, cette inclinaison affecte peu le climat. Mais aux latitudes élevées, et plus particulièrement près des pôles, son influence devient très importante. Lorsque la Terre atteint son obliquité maximale de 24,5 degrés, l'obscurité hivernale s'étend jusque dans les latitudes inférieures, et le froid s'intensifie. Lorsque son obliquité atteint son minimum de 21,6 degrés, l'obscurité hivernale ne concerne que les latitudes les plus élevées, et l'hiver est plus tempéré.

L'obliquité interagit avec le quatrième cycle de Milankovitch, la précession. La Terre, en réalité, n'est pas vraiment sphérique ; la planète est aplatie aux pôles et est plus gonflée à l'équateur ; le rayon de la terre mesure près de 22 km de plus à l'équateur qu'aux pôles. Cette masse supplémentaire au centre fait de la Terre un sphéroïde aplati. En outre, l'axe de rotation de la Terre penche par rapport au plan de son orbite autour du soleil (ou écliptique). Le Soleil tout comme la Lune et, dans une moindre mesure, les autres planètes, agissent par gravitation sur l'enflure équatoriale de la Terre inclinée et, à cause de cette légère attraction déséquilibrée de la planète, ils déplacent lentement son axe de rotation. Ce qui fait que la Terre ne tournoie pas comme une roue autour de son axe, toujours en rond sur le même plan, mais plutôt comme une toupie qui oscille sur une table. Cette oscillation lente, appelée précession, influe sur l'équilibre saisonnier du rayonnement, parce qu'elle modifie le positionnement du cycle orbital annuel, quand la Terre est le plus proche ou le plus loin du soleil. Une oscillation de précession complète demande quelque 26 000 ans, mais comme elle interagit avec la rotation de l'orbite terrestre, elle modifie la durée du cycle qui passe à 21 000 ou 22 000 ans. À elles deux, l'inclinaison et la précession peuvent influer sur la quantité du rayonnement solaire dans les hautes latitudes, qui peut varier de quelque 15 %.

Des études approfondies de carottes glaciaires et des analyses de sédiments recueillis au fond de la mer indiquent que la Terre connaissait un climat tempéré il y a 103 000, 82 000, 60 000, 35 000, et 10 000 ans. Ces dates correspondent relativement bien au cycle de précession de 21 000 à 22 000 ans calculé par Milankovitch, et au cycle d'inclinaison de 41 000 à 44 000 ans, ainsi qu'à l'excentricité changeante de l'orbite terrestre ; tout cela explique donc bien la tendance au long réchauffement graduel de l'ère postglaciaire, mais non les refroidissements soudains, suivis de vagues de chaleur tout aussi subites, qui précédèrent les trois grandes montées du niveau océanique.

L'explication la plus plausible ne se trouve pas dans un schéma progressif comme les cycles de Milankovitch, mais dans celui plus aléatoire du catastrophisme cohérent de Clube et Napier. L'explosion périodique d'une comète et l'arrivée de ses fragments à la surface de la Terre sont à l'origine des fortes hausses du niveau océanique.

La disparition soudaine des dinosaures à la fin du crétacé prouve qu'une grande comète [1] tombant sur terre ou dans une eau peu profonde peut provoquer un voile de poussière suffisamment important pour refroidir subitement la planète et exterminer plusieurs formes de vie terrestres ou aquatiques. Un refroidissement similaire, quoique moins étendu, se produisit apparemment il y a quelque 2,5 millions d'années, lorsque le petit astéroïde Eltanin, dont le diamètre fut estimé entre 965 m et 3,2 km, vint s'écraser dans les eaux alors relativement basses, au large des côtes de l'Antarctique, dans la mer de Bellmingshausen. Le lourd voile de poussière atmosphérique causé par un impact continental ne cache pas seulement la lumière du soleil, il entraîne aussi un effet de serre, qui empêche la chaleur de la Terre de se diffuser dans l'espace. Avec le temps, la température à la surface de la Terre a tendance à se stabiliser, même si dans l'ensemble elle baisse. Et comme la chaleur en surface se trouve surtout sur l'eau, la température des océans aux latitudes faibles va baisser tandis que ceux aux latitudes élevées vont se réchauffer. Ce processus d'inversion de température entraîne alors de nombreux orages violents, qui peuvent aussi être provoqués par le refroidissement rapide de l'atmosphère au-dessus des continents venant heurter

1. Ou astéroïde ou météorite, puisque certains astéroïdes et météorites semblent être le noyau de comètes.

celle des océans dont la température tombe beaucoup plus lentement. De fortes pluies soutenues vont alors remplir les dépressions sur les continents, comme ce fut le cas des lacs immenses derrière la plaque de glace des Laurentides, dans le Canada oriental. Aux latitudes plus élevées, de terribles tempêtes vont déposer de très grosses couches de neige qui se compresseront lentement et viendront grossir les glaciers existants. Lorsque le voile de poussière sera retombé sur Terre après quelque trois années, le climat aura été complètement transformé : les glaciers se seront étendus aux latitudes élevées, la température des océans sera devenue plus froide, le niveau des eaux plus bas et l'évaporation plus faible. Ce refroidissement est susceptible de durer, à cause de la réflexion de la lumière solaire par les plus grandes régions couvertes de neige et de glace, ainsi que des poussières provenant d'activités volcaniques, ou peut-être d'autres impacts, qui continuent de polluer l'atmosphère.

Mais si une comète, ou tout autre débris venant de l'espace, tombait dans les profondeurs océaniques, l'effet serait totalement différent. Étant donné la vitesse du bolide, il pourrait descendre jusqu'au fond de l'océan, même dans les profondeurs abyssales, et heurter violemment le fond marin. L'impact déplacerait une immense quantité d'eau qui s'élèvera telle une colonne très élevée, puis retombera, entraînant un processus de formation de tsunamis, dont l'amplitude déclinera au fil des kilomètres, mais qui se reformeront aux abords des plates-formes continentales à faible pente. En fonction de la taille du débris tombé, les vagues pourraient atteindre plusieurs centaines de mètres et venir frapper les continents en balayant les villes côtières et en noyant de vastes étendues de terres de très basses altitudes.

Toutefois, après le passage des tsunamis et lorsque les océans se seront stabilisés à leur nouveau niveau, le climat ne reviendra pas à la normale. Même un impact modéré peut briser le fond marin qui est relativement mince, libérant le magma brûlant du manteau, que ce soit par une violente explosion ou par un déversement lent mais soutenu. N'importe comment, une grande quantité d'eau de mer s'évaporera et s'échappera dans l'atmosphère pour former des nuages de pluie torrentielle qui voyageront tout autour du globe. Lors d'un impact océanique, il n'y a pas formation de voile atmosphérique susceptible de refroidir la planète, mais la libération de la chaleur du manteau et l'évaporation de l'océan rendent le climat chaud et humide.

La compréhension de cette différence entre les conséquences d'un impact sur terre et sur mer permet d'avancer l'hypothèse suivante. Les refroidissements brusques qui eurent lieu au cours des vingt derniers millénaires furent certainement dus à des impacts de gros fragments de comètes sur terre ou sur les plates-formes continentales peu profondes. Finalement, le climat recommença à se réchauffer doucement, répondant aux cycles décrits par Milankovitch ; ce réchauffement fut accéléré de temps à autre par la chute dans les océans de grands débris de comètes. L'impact de débris plus petits est bien moins dramatique, mais il contribue à faire monter la température et le niveau océanique, faisant fondre les glaciers. Comme la Terre est essentiellement constituée d'eau, un bombardement continu de débris légers aura plus tendance à entraîner un réchauffement qu'un refroidissement, ou à modérer les effets de refroidissement de courte durée d'impacts simultanés sur terre.

Alexander et Edith Tollmann, géologues à l'Université de Vienne, prétendirent qu'au milieu du VIIIe millénaire avant notre ère, une succession de gros impacts océaniques, associés à des collisions plus faibles sur le continent, furent à l'origine du déluge que vécut Noé. Les traditions populaires aidant, ils se sont permis de dater l'impact avec précision, soit à 3 heures du matin (temps légal autrichien) du jour qui correspondrait au 23 septembre 7553 de cette époque précalendaire.

Les datations des carottes glaciaires du Groenland indiquent qu'un événement important a eu lieu autour de la date qu'avancent les Tollmann. Une très grosse couche d'acide située en 7630 avant notre ère (± 170 ans) pourrait indiquer une activité volcanique ou des chutes de comètes très importantes. Par ailleurs, la teneur en radiocarbone des anneaux d'arbres datant de 7553 av. J.-C. prouve qu'un événement majeur a eu lieu. S'appuyant sur des documents ethnologiques, les Tollmann prétendent qu'une comète et sept très gros fragments sont tombés dans les océans quasi simultanément : dans la mer de Tasman au sud-est de l'Australie, dans la mer de Chine méridionale, à l'ouest du bassin indien central dans l'océan Indien, dans l'Atlantique Nord, dans l'Atlantique central au sud des Açores, dans le Pacifique au large de l'Amérique centrale, et plus au sud, dans le Pacifique, à l'ouest de la pointe de Tierra del Fuego en Amérique du Sud. Les impacts déclenchèrent de gigantesques tsunamis, des éruptions volcaniques et des tremblements de terre, expulsèrent des chaleurs infernales, envoyèrent des nuages de poussières et de vapeur d'eau dans l'atmosphère supérieure, remplissant l'air d'acide nitrique, qui, en partie, précipita en neige et pluie sur la banquise du Groenland, qui enregistra l'événement.

Il est pratiquement impossible de retrouver, au fond des océans, les cratères creusés par la pluie de feu et de glaces venue de l'espace, mais les Tollmann affirment avoir identifié un cratère plus petit sur un continent, datant de cette même époque. C'est le cratère de Köfels, situé dans la vallée d'Ötz dans le Tyrol autrichien – qui est curieusement, et sans doute par pure coïncidence, la même région où fut découvert, en 1991, l'Homme des neiges dont nous avons parlé au chapitre 8 – qui a été situé par les Tollmann en 7440 avant notre ère (± 150 ans), une date qui correspond en gros aux datations radiocarbone des carottes glaciaires du Groenland et des anneaux de croissance des arbres.

La prétention des Tollmann à donner le jour et l'heure exacts de la chute de la comète est franchement intolérable. Prenons l'exemple de la comète P/Shoemaker-Levy 9. Les impacts ont dû s'échelonner sur plusieurs jours, voire sur plusieurs mois ou plusieurs années. Néanmoins, l'affirmation des Tollmann donne à réfléchir, car cet impact qu'ils évoquent pourrait être en rapport avec l'explosion d'une grosse comète à l'époque avancée par Clube et Napier, et dont les restes ont été identifiés à l'astéroïde Olijato. Même si l'événement de 7553 av. J.-C. n'a pas été à l'origine de l'inondation finale de la Sonde, il aurait toutefois pu déclencher le réchauffement qui conduisit, quelque mille cinq cents ans plus tard, à l'effondrement catastrophique du mur de glaces des Laurentides et à l'arrivée de plusieurs milliers de kilomètres cubes d'eau dans les océans de la planète.

Panser les plaies des jours anciens

Nous savons que le peuple de la Sonde a été obligé de fuir, à la suite de la montée des eaux de l'océan, et nous connaissons probablement la cause de cette inondation. Mais nous ne savons toujours pas quel type de culture ces gens emportèrent dans leurs pays d'accueil. Était-ce un peuple de l'âge de la Pierre, se distinguant seulement par ses techniques de navigation ? Ou était-ce un peuple très évolué, possédant les arts et technologies que lui prêta Platon des siècles plus tard, lorsqu'il décrivit l'Atlantide ? Ce récit fut-il rédigé à la mémoire de leurs accomplissements ?

Pour répondre à ces questions, nous aurions besoin d'informations archéologiques qui, aujourd'hui, font encore défaut. La mer a recouvert la Sonde et immergé tous les vestiges de la civilisation. Toutefois, il y a quelques années, je pensais que le voile serait levé, lorsque fut annoncée la découverte de ce qui paraissait être des terrasses et des marches mégalithiques construites par l'homme, dans les bas-fonds au large de Yonaguni, une île appartenant au Japon, proche de Taïwan, sur la large plate-forme continentale peu profonde de l'Asie orientale. Masaaki Kimura, un sismologue marin de l'Université des îles Ryukyu à Okinawa, était, et est toujours convaincu que les terrasses sont des éléments de preuve d'une civilisation perdue, qui occupait l'île avant que la troisième inondation ne vienne engloutir le reste de la Sonde et inonder toute la région. Mais comme je l'ai dit au chapitre 2, et de manière plus détaillée dans mon livre *Voices of the Rocks*, j'ai moi-même fait des plongées autour de ce que l'on appelle le monument de Yonaguni au cours de voyages successifs sur l'île, et je suis certain que les terrasses ont été formées par un processus peu commun de dégradation et d'érosion de l'argile et du grès qui composent le monument.

Étant donné l'absence d'informations d'ordre archéologique, que pouvons-nous dire du peuple de la Sonde ? Il est parfaitement légitime de penser que ces gens avaient une culture bien développée, voire avancée. Ils ont certainement fondu le cuivre et peut-être fabriqué du bronze bien avant que leur continent ne fût envahi par les eaux. Ce sont eux qui auraient pu importer le travail des métaux à Sumer et aider à franchir le passage délicat entre l'âge de la Pierre et l'âge du Bronze. Ils étaient également des cultivateurs accomplis, car il semblerait que la culture du riz remonte à une date très reculée dans la Thaïlande ancienne. Les villes ne peuvent se développer que lorsque les céréales sont assez abondantes et toutes les civilisations ont besoin d'une classe de paysans experts. Le peuple de la Sonde aurait pu importer ce savoir-faire agricole indispensable, contribuant ainsi largement au développement de la civilisation en Mésopotamie.

En outre, Oppenheimer prétend que le peuple de la Sonde aurait importé un système parfait de hiérarchie et de stratification sociales en Inde et en Mésopotamie, et de là en Égypte. Il fait remarquer que, chez les Austronésiens, la distinction sociale fait partie des mœurs et qu'ils utilisent habilement leurs méthodes religieuses, politiques et économiques pour préserver une structure de classes. Il ne fait aucun doute qu'une société organisée hiérarchiquement autour d'un roi était essentielle dans les anciennes civilisations bâtisseuses de pyramides. Il est effectivement possible que le modèle d'organisation sociale de ces cultures ne soit pas un phénomène né en Mésopotamie et en Égypte, mais qu'il ait été plutôt importé de la Sonde engloutie.

À un autre niveau, le plus bel héritage laissé par le peuple de la Sonde pourrait être une mythologie née du chaos et des catastrophes. Comme nous l'avons vu au chapitre 3, les pyramides avaient souvent un rôle rituel pour guérir d'anciennes divisions, comme cette scission qui sépara les eaux des cieux et la terre du ciel. Il est frappant que les mythologies des constructeurs de pyramides aient pour origine tant de légendes de séparations, de dispersions et de divisions. Prenons l'exemple classique de la légende d'Osiris et de Seth ; après avoir tué Osiris, Seth découpe le corps en plusieurs morceaux et les éparpille dans de nombreuses cachettes en Égypte. Les stûpas bouddhiques sont des monuments commémoratifs d'une dispersion semblable du corps du Bouddha, puisqu'il est dit que chaque stûpa contient un peu des restes du saint homme. Lorsque le héros de Babylone, Mardouk, vainc le terrible monstre Tiamat, il coupe son corps en deux et recrée le monde avec les deux moitiés. Quant à l'histoire de la Tour de Babel dans la Bible, c'est encore une autre légende de division où une unique langue originelle vient mourir dans un chaos de multiples langues.

Alan Alford est un chercheur indépendant en mythologies et civilisations ancestrales et l'auteur du livre *The Phoenix Solution : Secrets of a Lost Civilisation*, paru en 1988. Il a ajouté des catastrophes à ces divisions et séparations mythologiques, pour établir les fondements de la religion de l'Égypte ancienne ; cette idée lui fut inspirée par les recherches de l'astronome Tom van Flandern, et Alford la définit comme l'hypothèse de la planète éclatée. Selon la théorie d'Alford, les anciens collectionnaient et vénéraient les météorites. Les Romains adoraient la déesse mère Cybèle qui était, en fait, une grosse météorite noire ; mais ce n'est qu'un exemple d'une longue tradition, dans laquelle les hommes considéraient les objets tombés du ciel comme étant sacrés. Aujourd'hui encore, et c'est un autre exemple, une grosse météorite noire est scellée dans la Ka'ba de la Grande Mosquée de La Mecque, le lieu le plus sacré de l'islam. Selon l'histoire musulmane, c'est l'archange Gabriel qui l'offrit au patriarche Abraham. Dans l'Égypte ancienne, le fer était très rare et ne se trouvait que dans les météorites. Comme les météorites tombaient du ciel, les Égyptiens pensaient que leurs dieux avaient des os en fer. Mais comme les météorites contenaient aussi de la roche et d'autres substances terrestres, ils en conclurent qu'il devait exister une autre « Terre » dans les cieux, qui avait explosé et dont les morceaux furent projetés violemment sur le double pays d'Égypte.

La théorie d'Alford est intéressante dans la mesure où elle est une métaphore religieuse complexe, mais elle ne relève pas de l'astronomie au sens propre du terme. Les gens qui partirent de la Sonde savaient pertinemment ce que séparation veut dire. Ils furent obligés de quitter leurs modes de vie, obligés de s'embarquer et de faire voile vers un autre lieu inconnu, par-delà l'horizon. Tout comme la planète que les Égyptiens disaient avoir éclaté et dispersé ses roches sur la surface de la Terre, leur peuple aussi éclata dans toutes les directions. Son exode forcé était lié aux feux dans le ciel. Il ne savait certainement pas que l'impact des comètes sur terre ou dans les mers pouvait avoir différents effets sur le climat, mais encore une fois, ce n'était pas nécessaire. Lorsque le ciel fut traversé de lumières ardentes et que les étoiles foncèrent à travers le ciel comme des serpents grouillants, les vagues immenses ne tardèrent pas à arriver, la terre gronda et trembla, et les eaux montèrent.

C'est à partir de ce type d'expériences que sont sans doute nées les idées mythologiques qui conduisirent à la construction des pyramides. Ces édifices immenses recréaient un ordre ancien, à l'image de celui de temps immémoriaux, lorsque l'unité et l'harmonie prévalaient. Ils pansaient les plaies laissées par ces jours terribles et catastrophiques, dont on se souvient à peine aujourd'hui. Les pyramides permettaient, grâce à leurs plates-formes, d'accéder à l'antichambre des dieux du ciel, et les bâtisseurs de pyramides avaient toutes les raisons de craindre leur colère et leurs caprices violents. Ces dieux pouvaient, à tout moment, recommencer à charger le ciel de lumières menaçantes et faire monter le niveau des océans. Les constructeurs de pyramides s'adressaient à leurs divinités capricieuses par le langage de leurs offrandes. Ils leur envoyaient des prières baignées de sang, pour les supplier de rétablir la paix, celle qui régnait à une époque antédiluvienne, tombée dans l'oubli.

Chapitre 10

LES DÉBUTS DE LA CIVILISATION ET LA FIN DE L'ISOLEMENT

Laissons à présent de côté les détails pour dégager la trame de l'histoire sous-jacente aux pyramides.

La civilisation initiale s'est sans doute développée dans la Sonde qui disparut sous une mer montante, quelque part entre 6000 et 4000 avant notre ère, désertée par ses habitants. Il y a de bonnes raisons de croire que cette hausse du niveau de l'océan qui engloutit la Sonde est en connexion avec des apparitions de comètes dans le ciel. Comme les pyramides sont, symboliquement, en relation avec les comètes, et comme les comètes décidèrent du sort de la Sonde, il est possible que ses habitants aient été les fondateurs de la tradition ancestrale des pyramides. Fuyant principalement vers le nord-ouest et l'est, ils emportèrent leur culture et cette tradition des pyramides. Ceux qui partirent vers le nord-ouest contribuèrent au mélange culturel qui allait d'abord construire les pyramides à Sumer, en Égypte et en Mésopotamie, et ultérieurement en Inde, en Asie du Sud-Est et en Chine. Il est probable que les habitants de la Sonde partis vers l'est atteignirent finalement les côtes du Pérou, où les pyramides d'Aspero furent érigées vers la fin du IVe millénaire avant notre ère. Apparemment, la tradition américaine des pyramides s'arrêta alors jusqu'à la fin du XIIe siècle avant notre ère, époque où débarquèrent des marins des pays de la ceinture pacifique de l'Ancien Monde, et notamment les Chinois. C'est chez les Olmèques, au Mexique, que commença une nouvelle vague de construction de pyramides dans le Nouveau Monde, qui déferla sur toute la Méso-Amérique, puis revint finalement sur le Pérou et la Bolivie.

Et pourtant, il y a des trous énormes dans cette histoire, il manque des chapitres entiers. Nous en saurions plus si nous avions la chance de découvrir des traces de l'arrivée des émigrants de l'Ancien Monde dans le Nouveau, et de leur influence parmi les indigènes. Le meilleur élément de preuve dont nous disposions se trouve en Amérique du Sud : ce sont les traditions orales qui parlent de l'arrivée de dieux blancs et barbus. Il est peu probable que l'on puisse découvrir autre chose, car les invasions européennes de la fin du XVe et du XVIe siècle ont pratiquement détruit tout l'héritage de manuscrits et autres documents des Américains indigènes. En outre, mis à part l'arrivée en masse des Chinois de la dynastie Shang au XIIe siècle avant notre ère, les marins de l'Ancien Monde sont certainement venus progressivement – un bateau de-ci de-là –, et leur influence sur le long développement d'une culture complexe fut très discrète.

L'absence d'informations de ce type n'est pas la seule dans notre reconstruction de l'histoire. Par exemple, nos connaissances sur les civilisations archaïques du bassin méditerranéen sont tout aussi incomplètes, malgré une grande abondance de légendes et de documents venant de cette région, et malgré une étude minutieuse de ses sites archéologiques. Prenons les Hébreux d'avant le Ier millénaire avant notre ère. S'il n'y avait pas la Bible, nous n'en saurions pas grand-chose. L'Ancien Testament cite environ quarante rois d'Israël et de Judée (le royaume hébreu fut divisé pendant deux siècles), et pourtant douze d'entre eux seulement sont cités dans des documents autres que les Écritures hébraïques, qui presque tous datent d'après Salomon. Quant aux documents égyptiens, ils ne parlent ni de personnages aussi éminents que Saül, David et Salomon, ni d'événements aussi mémorables que l'arrivée des Hébreux en Égypte, leur asservissement et leur exode. Cette omission peut surprendre, quand on sait que les Égyptiens sont réputés pour leur société hautement cultivée, leurs scribes soigneux et leurs documents exhaustifs. Ces événements, très importants dans la mythologie hébraïque, avaient peut-être mis les Égyptiens en émoi. Peut-être aussi, les documents établis par les Égyptiens ont-ils été détruits ou sont-ils impossibles à retrouver. Parallèlement, il nous manque des données écrites dans l'Ancien Monde sur l'arrivée des marins dans le Nouveau, mais ce n'est pas très étonnant.

Si les archives historiques de ces temps archaïques nous font défaut, nous avons par contre les pyramides. Ces monuments nous parlent à travers leur singulier langage de pierres et de lumière. Pour entendre ce qu'ils disent, nous devons nous défaire de nos préjugés et de nos concepts traditionnels. Il nous faut ouvrir tout grands nos yeux et notre cœur, nous pencher vers eux avec humilité, circonspection et vigilance.

Le premier point du message des pyramides dit que les hommes partagent un profond sentiment d'unité. L'unité psychique avancée par les inventionnistes indépendants – puisque la formulation classique de Frazer n'arrive pas à expliquer la diffusion des pyramides –, dans le fond, est juste : tous les hommes partout dans le monde ont les mêmes préoccupations. Nous partageons tous une histoire commune, dans laquelle la civilisation naquit à un seul endroit de la planète, pour ensuite se diffuser à la surface du globe. La Sonde fut sans doute ce point d'origine. Lorsque les eaux montèrent à l'époque postglaciaire, son peuple fut obligé de fuir. Ceux qui partirent vers l'ouest, en Inde et en Mésopotamie, se mélangèrent avec les indigènes – qui étaient bien plus évolués que nous ne voulons généralement l'admettre – et complétèrent leurs richesses culturelles, qui allaient donner naissance aux civilisations au IVe millénaire avant notre ère. C'est alors que surgirent les civilisations bâtisseuses de pyramides de l'Ancien Monde. Ces constructeurs de pyramides devaient donner plus tard au Nouveau Monde ce que le peuple émigré de la Sonde leur avait apporté. Ils allèrent offrir aux cultures indigènes avancées – elles aussi bien plus évoluées que nous ne le pensons – leurs technologies et leurs concepts, et contribuèrent au développement des civilisations grandioses de la Méso-Amérique et des Andes.

Il existe vraisemblablement une unité de culture beaucoup plus ancienne parmi les hommes de cette planète, qui date de bien avant l'engloutissement de la Sonde. Douglas C. Wallace et ses collègues de l'Université d'Emory ont dessiné un arbre généalogique maternel mondial, qui remonte la piste de l'ADN mitochondrial, et qui montre que la race humaine est née de dix-huit femmes, quelque part en Afrique, il y a environ 144 000 ans. Au fil du temps, leurs descendants se dispersèrent à travers toute l'Afrique, puis en Europe, en Asie et finalement aux Amériques, en laissant leurs empreintes génétiques tout le long de leurs voyages. Peter A. Underhill et Peter J. Œfner, de l'Université de Stanford, ont engagé des travaux similaires sur les lignées paternelles, relatifs au chromosome Y, qui indiquent qu'un groupe de dix hommes furent les aïeux de tous les hommes d'aujourd'hui. En suivant ce même type d'analyse, Bryan Sykes, un chercheur à l'Université d'Oxford, a démontré à partir des traces de l'ADN mitochondrial que tous les Européens se rattachent à sept familles maternelles. Sykes les appelle les Sept Filles d'Ève et il leur a même donné des prénoms : Héléna, Yasmine, Katrine, Tara, Ursula, Valda et Xenia.

Quant à Luca Cavalli-Sforza, de l'Université de Padoue, il pense que les lignées chromosomiques paternelles sont en relation avec l'évolution des langues. Il prétend que, il y a 150 000 ans, le petit nombre d'hommes qui vivaient alors parlaient tous la même langue. À mesure que des groupes variés émigrèrent dans de nouveaux pays et perdirent de ce fait le contact entre eux, les langues se transformèrent et évoluèrent. Mais bien que l'arbre généalogique des langues des lignées paternelles de Cavalli-Sforza ne soit toujours qu'une hypothèse, des scientifiques très sérieux étudient toutes les marques linguistiques pour essayer de trouver quelle fut la langue originelle des hommes, bien avant que ne commençât le processus des émigrations, au fin fond du passé.

Il y a un peu plus de deux cents ans, Sir William Jones fut le premier à avancer que les langues apparemment si différentes que sont le sanscrit, le latin, le grec, les langues germaniques, perses et celtes avaient toutes une racine commune. Son analyse a permis à des linguistes de faire des études comparatives et de déterminer des familles linguistiques, comme celle des langues indo-européennes définie par Jones. Des familles linguistiques comme l'indo-européen, le sino-tibétain et l'austronésien peuvent aujourd'hui être amalgamées en macrogroupes et reliées historiquement, à l'instar de cet ancêtre commun que l'on peut trouver à des races d'animaux ou des familles de plantes contemporains. Certains des scientifiques qui s'occupent de cette question prétendent que la plupart des peuples d'Europe, beaucoup de ceux de l'Asie occidentale et ceux de certaines régions africaines parlaient des langues appelées nostratiques, bien avant le développement de l'agriculture. Si l'on applique ce raisonnement aux temps plus reculés, on peut supposer l'existence d'une langue originelle, appelée indifféremment proto-universelle, protohumaine ou protomondiale.

Merritt Ruhlen et son collègue John D. Bengston ont trouvé plus de quarante mots racines ; ils sont sûrs qu'ils sont tous reliés à toutes les langues du monde, ce qui prouve bien qu'il y eut une seule langue originelle. Prenons comme exemple le terme anglais *hole* (trou), qui peut être traduit en français par *cul* (de *cul-de-sac*, par exemple, terme qui a été repris en anglais) et le terme allemand *Hölle* (enfer). On peut leur associer des mots comme *koro* (trou) de la langue des Kung[1], *kolo* (trou) des Finlandais, *kul* (grotte) des Coréens, *kur-* (creux) des Japonais, *akkul* (aisselle) des Tamouls, *kor* (trou, fosse) des Tibétains et *kur* (fosse) des Caucasiens. Cette même racine trouvée dans des langues aussi différentes que l'anglais et le coréen indique que leur origine est la même.

Ce qui nous semble différent au sein des langues ou des cultures, ce sont, en fait, des éléments distinctifs dérivés d'une unité centrale. L'unité est le fond de tarte, les différences sont les fruits sur la tarte.

L'unité culturelle de l'humanité est plus qu'un concept ou une histoire de statistiques. Son acceptation pourrait changer nos modes de vie. Lorsque les hommes s'entre-tuent à cause de prétendues différences entre eux – comme les Juifs et les Arabes, les Serbes et les Kosovars, les catholiques et les protestants, les Hutus et les Tutsis, les Blancs et les Noirs –, l'unité qui les caractérise pourtant est le dernier de leurs soucis. Ils n'ont rien compris. Si chacun de nous prenait conscience de la réalité de notre unité culturelle et en tenait compte dans sa vie, nous serions à même de construire un monde plus juste, dans lequel l'humanité pure de tous les habitants de la planète serait honorée et respectée.

Par ailleurs, les pyramides nous renseignent sur l'influence des activités cométaires sur l'histoire et la préhistoire de l'humanité. Dans la mesure où nous vivons à une époque où les cieux sont cléments, nous ne pouvons pas comprendre à quel point nos ancêtres furent marqués par la pluie de feu et de glace cosmiques. Il n'y a pas tellement longtemps, les peuples de la Terre considéraient les cieux comme une source de grands dangers ; les pyramides remémorent ce fait. Chaque étape dans la construction des pyramides peut être reliée à des événements dans les cieux. L'immersion de la Sonde et la dispersion de sa population, qui fit suite à la montée du niveau des océans après des impacts de comètes, furent décisives pour le développement des cultures et civilisations au Moyen-Orient. C'est à

1. Habitants du bush dans le désert du Kalahari, en Afrique du Sud.

cause du passage très proche de comètes ou de véritables collisions avec un torrent de fragments de comètes – dont l'astéroïde Olijato est le principal survivant extraterrestre –, que démarra la construction des pyramides en Mésopotamie, en Chine et sur la côte du Pérou, et un peu plus tard en Égypte, sous l'Ancien Empire. Au XIIe siècle avant notre ère, lorsque les Shang perdirent le Mandat des Cieux au cours d'une période de grande activité cométaire, les réfugiés de cette dynastie décidèrent de fuir en Méso-Amérique. Les signes d'une influence égyptienne et africaine à La Venta présupposent l'arrivée d'immigrés venus du bassin méditerranéen via l'Atlantique, durant la même période de chaos dans les cieux. Une autre vague partie de Chine, sous la dynastie Chin, apporta sa contribution à Teotihuacán, et de là aux nombreuses pyramides mayas. D'autres peuples de l'Asie de l'Est, du bassin méditerranéen et d'Afrique jouèrent sans doute un rôle déterminant dans la construction des monuments grandioses des Andes. À chaque fois, ces voyages transcontinentaux des bâtisseurs de pyramides furent déclenchés par la dislocation des sociétés dans l'Ancien Monde, elle-même due à des événements dans les cieux.

Ces comètes n'ont pas seulement permis aux immigrés et réfugiés d'influencer le développement des cultures constructrices de pyramides. En fait, les menaces célestes avaient pour contrecoup une révolution artistique qui engendra les pyramides. Duncan Steel a prétendu que la première étape de la construction de Stonehenge, qui eut lieu entre 3200 et 3100 avant notre ère, lorsque Olijato devint très menaçante, était à la fois un observatoire astronomique qui devait prévenir des moments les plus dangereux et un abri pour se protéger du déluge et des foudres du ciel. Quant à Newgrange, constitué de consoles surmontées d'un toit de gazon épais, c'était également un excellent type de refuge. Mais ces monuments et les pyramides qui allaient suivre n'étaient pas seulement des lieux sûrs ou des abris sophistiqués pour se protéger des retombées célestes. Leurs nombreux alignements astronomiques liés à une mythologie très riche sont des tentatives pour comprendre la mécanique cosmique et pour ramener les cieux à une stabilité sécurisante. Tout comme vous et moi cherchons aujourd'hui à comprendre scientifiquement ce qui anime l'univers, nos ancêtres cherchaient à expliquer leurs origines à travers le langage de leurs monuments sacrés.

Cette soif de contrôler et d'expliquer l'univers met en évidence le troisième point capital du message des pyramides : les cultures de la haute Antiquité étaient beaucoup plus avancées qu'on n'a bien voulu nous le faire croire. Mais comme notre civilisation se concentre essentiellement sur les avancées technologiques, nous pensons que ce sont elles qui définissent le degré d'évolution d'une culture. Si un peuple ne dispose pas d'ordinateurs PC, de rasoirs de sûreté et de 1,2 voiture par foyer, nous disons qu'il est arriéré d'un point de vue culturel et, a priori, dépourvu d'intelligence. Mais la culture qui a sculpté le Grand Sphinx de Gizeh entre 7000 et 5000 avant notre ère n'était ni arriérée ni sotte. Ces gens disposaient de dons artistiques très développés, des aptitudes technologiques nécessaires pour transposer une idée géniale en un monument tout aussi grandiose, et un très bon sens de l'organisation qui leur a permis d'employer leurs ressources humaines et économiques à de grands projets.

Il faut arrêter de penser que la civilisation de l'âge de la Pierre était arriérée mentalement, parce que toutes les cultures dites barbares nous ont laissé de nombreux exemples de leurs grandes connaissances, de leurs recherches de perfectionnement et de leur perspicacité. De nombreuses sociétés de l'Antiquité avaient des connaissances approfondies et pointues en astronomie ; c'est ce qu'exposent en détail Giorgio de Santillana et Hertha von Dechend dans leur *Hamlet's Mill*. Prenons, comme autre exemple, la ville de Çatal Hüyük, située dans ce qui est aujourd'hui la Turquie. Cette ville très animée, qui comptait quelque 7 000 habitants au VIIe millénaire avant notre ère, était un melting-pot cosmopolite d'immigrés asiatiques, européens et africains, ayant comme fondement une religion à mystères qui se consacrait à l'évolution et à la métamorphose de la personne ; elle fut un précurseur du culte dans la Grèce antique et contenait des éléments clés du christianisme. Çatal Hüyük n'est qu'un exemple des cultures avancées de ce que feue Marija Gimbutas appelait la Vieille Europe.

Si nous pouvions comprendre le degré d'évolution très avancé de ces cultures de la fin de l'âge de la Pierre, la naissance de la civilisation nous paraîtrait moins brusque et moins révolutionnaire. La pensée académique et populaire veut que la civilisation soit apparue soudainement, comme si midi pouvait jaillir de minuit. Bien des idées les plus saugrenues sur le développement de la civilisation ne reposent que sur des hypothèses à la puissance trois (comme celle de Zechariah Sitchin, qui dit que des extraterrestres, par croisement avec les premiers hominidés, créèrent des hommes capables de construire des villes et d'écrire). Je pense que la transformation fut beaucoup moins brutale, et qu'elle s'est même faite par petites étapes. Une fois que les éléments clés furent en place, la naissance de la civilisation prit certes beaucoup de temps, mais elle était prévisible.

Il y a encore une dernière information dans le message des pyramides. Les cultures se rencontrèrent selon des schémas spécifiques et uniques, qui conduisirent à la civilisation, aux pyramides et au monde tel que nous le connaissons aujourd'hui. Il n'y avait rien de prédestiné dans cette évolution. La civilisation est une création tout aussi exceptionnelle que les plantes et animaux en voie de disparition sur cette planète. Si nous devions détruire ce monde culturel par quelque folie, comme une guerre nucléaire mondiale ou la destruction irréversible de notre environnement, la civilisation s'éteindrait, et les conditions qui étaient à l'origine de sa naissance pourraient ne jamais plus se représenter. Les pyramides nous le disent : « La civilisation est le cadeau des âges. Construisez votre futur de manière que l'héritage précieux et très ancien que nous représentons soit à jamais reconnu, préservé et respecté. »

Annexe

UNE NOUVELLE DATATION DU SPHINX DE GIZEH

Les académiciens frileux ne penseraient pas une seconde à chercher à déterminer la date exacte de la construction du Grand Sphinx de Gizeh. En fait, c'est une nécessité si l'on veut comprendre où et quand la civilisation est née.

Les recherches que j'ai entreprises en Égypte pour déterminer la datation de l'origine du Sphinx marquèrent un tournant décisif dans ma vie intellectuelle et professionnelle. Jusque-là, je suivais l'opinion conventionnelle, selon laquelle la civilisation était née autour de 3500 av. J.-C., et le Sphinx, que l'on dit avoir été construit vers 2500 av. J.-C., fut l'un des monuments phares datant de l'apogée de la première civilisation, sous la IVe dynastie égyptienne (env. 2575-2465 av. J.-C.). Je me suis alors rendu compte que les signes de dégradation et d'érosion sur le Sphinx et les roches alentour signifiaient que le monument avait été construit, en fait, à une époque antérieure, plus humide, de l'Égypte préhistorique. À mesure que je réalisai que le Sphinx était deux fois plus ancien que ne le dit la date officielle, je sus que je devais trouver qui avait bien pu le construire. Il m'était devenu clair qu'un peuple très évolué, bien structuré, ayant le goût de l'esthétique – donc civilisé – avait sculpté ce monument, bien avant l'époque où ces aptitudes étaient censées s'être développées le long du Nil.

Malgré toute sa splendeur et son rayonnement, le Sphinx est plus qu'une sculpture. C'est la preuve la plus frappante de l'existence d'une civilisation bien antérieure à ce qui est considéré comme première civilisation. L'âge du Sphinx est la clé qui va ouvrir la porte du mystère de la protocivilisation, et les preuves scientifiques étayant la datation de ce monument grandiose vont nous aider à comprendre d'où nous venons.

Un argument de circonstance

Le Grand Sphinx de Gizeh est énorme : son corps fait près de 20 m de haut et 72 m de long ; il est surmonté d'une tête humaine dont la face mesure près de 4 mètres de large ; il est entièrement sculpté dans la dure roche calcaire. Il est aussi précieux qu'irremplaçable. À l'ombre de la Grande Pyramide de Kheops, qui est le seul survivant des sept merveilles de l'Ancien Monde, le Grand Sphinx fait figure de messager de temps immémoriaux.

Les égyptologues ont longtemps cru que les principaux édifices de Gizeh avaient été construits durant la IVe dynastie, et ils ont considéré de nombreux monuments comme les legs de pharaons bien précis. Autour de 1950, ils ont convenu que le Grand Sphinx avait été sculpté sous Khephren, et il est vrai qu'un certain nombre d'éléments abondent dans ce sens.

D'une part, le Grand Sphinx fait partie du plan d'ensemble constitué du temple du Sphinx, du temple de la Vallée, de la chaussée de Khephren et de la deuxième pyramide, ou pyramide de Khephren. Comme cette partie du site présente une belle unité artistique, tout le complexe fut attribué à un seul bâtisseur. D'autre part, une superbe sculpture de Khephren fut trouvée dans la vallée du Temple en 1860. De ce fait, l'hypothèse que Khephren ait été le pharaon à l'origine de la construction du temple, et partant du Grand Sphinx, se trouva renforcée.

Un autre élément de preuve serait la stèle du Songe, une colonne de granit gravée qui fut sculptée et placée entre les pattes du Sphinx par le pharaon du Nouvel Empire Thoutmès IV (ou Thoutmosis IV), autour de 1400 avant notre ère. Une légende révélatrice entoure cette stèle.

Le corps du Grand Sphinx est situé en dessous du niveau du plateau de Gizeh, dans une dépression appelée l'enceinte du Sphinx, d'où fut extrait du calcaire pour la construction d'autres édifices. Les vents du désert soufflent sans cesse du sable dans l'enceinte, qui se remplirait rapidement si elle n'était pas nettoyée régulièrement. Ce fut précisément le cas pendant le déclin social et politique qui résulta de la chute de l'Ancien Empire, autour de 2150 avant notre ère. Au bout de quelques décennies, seule la tête du Sphinx, toujours aussi énigmatique, sortait du sable.

La légende dit qu'un jeune prince d'Égypte, qui chevauchait dans le désert, s'arrêta pour faire la sieste à l'ombre du Sphinx enterré. Pendant son sommeil, Khépri, un aspect du dieu du soleil, Râ, et la divinité incarnée dans le Sphinx, lui apparurent en songe et lui dirent que s'il dessablait le Sphinx, il monterait sur le trône d'Égypte. Il s'acquitta de cette mission ordonnée par le Sphinx et, bien que n'étant pas l'héritier légitime du trône, il fut effectivement nommé pharaon. Pour honorer la vision qui lui permit d'accéder au pouvoir, Thoutmosis IV fit graver la stèle du Songe et la plaça devant le Sphinx.

La stèle du Songe fut déterrée au XIXe siècle, et l'on dit qu'elle portait la première syllabe du nom de Khephren. Malheureusement, cette partie de l'inscription est devenue illisible et ne peut plus être analysée ; la seule chose qui subsiste sont les rapports établis à l'époque de sa découverte. Mais même si le nom de Khephren figurait sur la stèle, ce ne serait pas une preuve suffisante pour avancer que c'est lui le constructeur originel du Sphinx. Son nom aurait très bien pu être associé au Sphinx qui existait déjà, tout comme ce fut le cas pour Thoutmosis IV plus de mille ans plus tard.

Le troisième type d'argument vient de Mark Lehner et de quelques autres égyptologues, qui affirment que la face du Sphinx est le portrait sculpté de Khephren. À l'aide d'un programme informatique, Lehner a reconstitué la face endommagée du Sphinx et prétendu que l'image « devint vivante » lorsqu'il lui attribua les traits de Khephren.

Cette prétendue ressemblance avec Khephren est l'argument le plus faible des trois. Tout d'abord, il se réduit à un raisonnement qui tourne en rond : lorsque Lehner transforma le visage pour qu'il ressemble à ce à quoi il croyait qu'il devait ressembler, il partit de l'image qu'il pensait être la bonne. Par ailleurs, l'idée de Lehner a été réfutée par Frank Domingo, qui était alors officier au service médico-légal de la Police de New York ; il se rendit en Égypte en octobre 1991 pour faire son travail d'expert, c'est-à-dire reconstituer une image du visage du Sphinx endommagé ; mais l'entreprise fut délicate : c'était comme si on lui avait demandé de faire le portrait d'un criminel à partir de la mémoire défaillante de la victime. Néanmoins, Domingo en arriva à conclure que Khephren et le Sphinx avaient deux identités différentes, et qu'elles n'étaient pas de la même race. Khephren était de type nettement européen, alors que le Sphinx est de type africain ; son visage est prognathe et son nez plus large.

Si les deux autres éléments de preuve qui attribuent le Sphinx à Khephren sont déjà plus plausibles, il n'en reste pas moins qu'il n'y a aucune preuve directe, irréfutable ou matérielle qui démontre que ce pharaon en particulier fut le bâtisseur de ce monument. Toutefois, la sagesse populaire veut qu'il serait logique d'attribuer le Sphinx à la IVe dynastie ou à une époque légèrement antérieure. À première vue, le Grand Sphinx semble bien intégré dans l'organisation générale des structures de l'Ancien Empire sur le plateau de Gizeh. Si les preuves scientifiques tangibles soutenant que le Sphinx date d'une époque antérieure n'existaient pas, nous n'aurions aucune raison de douter qu'il puisse être attribué à l'Ancien Empire. Par ailleurs, avant cette période, les Égyptiens n'étaient pas assez civilisés, incapables d'exécuter un projet d'une telle envergure et de sculpter un monument d'une beauté aussi subtile. C'est tout simplement inconcevable, ou plutôt, c'est ce que l'on nous a raconté.

Quand les conventions s'écroulent

En réalité, c'est concevable, donc gênant pour certains. Mes recherches sur le Sphinx m'ont permis de le situer à une époque supposée antérieure à toute civilisation et, partant, l'histoire classique des civilisations perd de sa crédibilité. D'aucuns sont du même avis que moi. Récemment, deux autres scientifiques ont fait des recherches indépendantes, dont je vais parler un peu plus loin, qui ont confirmé mon hypothèse. L'idée que le Sphinx est bien plus ancien qu'il n'est généralement admis commence à être partagée par de plus en plus de scientifiques.

Les personnes qui auront lu mon premier livre, *Voices of the Rocks*, savent que je me suis rendu en Égypte une première fois sur l'invitation de John Anthony West, qui est un égyptologue indépendant très engagé (ce qui est parfaitement anti-académique). West était d'avis que le Sphinx datait de bien avant le règne de Khephren, mais il n'avait pas la formation scientifique qui lui aurait permis de faire les tests nécessaires. En tant que géologue, je disposais des antécédents et du savoir-faire qui m'ont permis d'analyser l'idée de West et de montrer que le type d'altération minéralogique du Sphinx le situait à une époque bien antérieure au règne de Khephren.

Mon intérêt personnel dans cette histoire était plus que d'ordre technique. Je suis très attiré, depuis toujours, par l'histoire de l'art, l'anthropologie physique et l'évolution humaine ; j'avais choisi la géologie comme spécialité à l'université, car elle aiguillonne sans cesse le mental, qui est obligé d'aborder toute une panoplie de sujets intriqués. En géologie, il s'agit moins de trouver des réponses que de poser les bonnes questions. Elle m'a permis d'étudier à fond des sujets qui m'intriguent et me fascinent.

Un de ces sujets concerne l'origine de l'espèce humaine et de la civilisation. Depuis que j'ai découvert une pièce romaine vieille de seize cents ans dans un marché aux puces alors que j'avais douze ans – et il m'a fallu des heures de recherches à la bibliothèque avant d'arriver à dater cette pièce de monnaie avec précision –, mes recherches sur les mondes apparemment perdus m'ont totalement captivé. Ma thèse de doctorat à l'Université de Yale portait sur une famille de mammifères éteinte depuis fort longtemps, et je fus passionné par mes recherches qui permirent de reconstituer une image très détaillée de ces créatures, à partir de leurs seuls fossiles. L'occasion d'aller en Égypte avec West me procura la même fascination. Je me disais que si j'arrivais à dater le Grand Sphinx avec précision à partir d'éléments de preuve physiques ou matériels, toute l'appréhension des premiers âges de la civilisation en serait entièrement bouleversée.

Pourtant, lorsque j'arrivai en Égypte pour la première fois, j'étais persuadé que la date arrêtée conventionnellement était exacte. Je fus donc très surpris et même épaté de réaliser que l'histoire classique ne correspondait pas du tout aux données réelles.

La curiosité de West fut piquée au vif par une observation d'un mathématicien versé dans l'ésotérisme, René Aor Schwaller de Lubicz, il y a des dizaines d'années. Lubicz, un rabat-joie pour les égyptologues tout comme West, avait remarqué que le Grand Sphinx portait des signes de dégradation différents de ceux des autres monuments de Gizeh. Schwaller de Lubicz ne connaissait pas grand-chose aux mécanismes de dégradation des roches mais, pour moi qui suis géologue, l'interprétation de ces signes fut simple.

Les édifices sur le plateau de Gizeh sont sujets à deux types de dégradation. En Égypte, le vent souffle continuellement à certaines époques de l'année, et les monuments sont fouettés par le sable qui les décape et les ronge. Le sable porté par le vent dégrade et érode les roches de manière inégale ; il abrase la pierre plus tendre en faisant apparaître celle qui est plus dure, ce qui donne parfois un profil en escalier très net. L'eau dégrade et érode la roche différemment : elle crée une surface typiquement sinusoïdale et ondulée, qui donne à la roche un aspect crevassé ; des fissures verticales souvent prononcées, plus larges au sommet qu'à la base, suivent les jointures naturelles ou les lignes de moindre résistance dans la roche.

Les divers monuments de Gizeh présentent différents types de dégradation[1]. Par exemple, les édifices datant sans équivoque d'environ 2600 à 2300 av. J.-C., soit du début et du milieu de l'Ancien Empire, et qui sont construits avec le même calcaire que le Sphinx, montrent une forte érosion éolienne mais une très faible érosion due à l'eau. Ce modèle correspond au climat actuel de l'Égypte, où les périodes de vents arides sont entrecoupées d'averses rares et peu abondantes.

En outre, le Sphinx laisse aussi apparaître une érosion éolienne, en particulier sur sa tête qui dépasse le niveau du plateau. Sous ce niveau, sur le corps du Sphinx, il y a très peu d'érosion due au vent. Toutefois, les murs de l'enceinte du Sphinx, surtout celui situé à l'ouest, ont manifestement été érodés par les eaux de pluie : ils portent des fissures verticales profondes et des crevasses.

Si nous partons du principe que le Sphinx et son enceinte furent sculptés à la même époque que les édifices appartenant indubitablement à l'époque de l'Ancien Empire, il faut reconnaître qu'il s'est passé quelque chose d'anormal à Gizeh. Certaines structures se dégradèrent sous l'action du sable, et les autres sous l'action de l'eau, et tout cela simultanément. Cela n'a franchement aucun sens. Et pourquoi ne pas envisager que ces divers édifices auraient été bâtis à des époques différentes, aux conditions climatiques différentes, et donc sujets à des types de dégradation différents ?

D'autres éléments, susceptibles d'étayer cette hypothèse, furent trouvés dans le temple de la Vallée et le temple du Sphinx. Ces

1. Ici et dans les paragraphes suivants, le terme « dégradation » signifie également « érosion » et indique donc l'ensemble des dommages subis par la roche.

deux édifices, situés devant le Sphinx, furent construits avec des blocs de calcaire similaires, extraits de l'enceinte, alors que le corps du Sphinx était en train d'être sculpté. Il est absolument certain que les blocs de calcaire qui composent le temple du Sphinx furent extraits de l'enceinte. Et bien que certains chercheurs aient prétendu que les blocs de calcaire du temple de la Vallée provenaient de carrières qui n'ont pas encore été localisées, il est fort probable que ces blocs venaient également de l'enceinte du Sphinx. Ils furent ultérieurement recouverts d'une couche de granit sur laquelle furent gravées des inscriptions de l'Ancien Empire, qui datent approximativement de l'époque du règne de Khephren. Il est important de relever que le revêtement se dégrada très différemment des blocs de calcaire sous-jacents. Le granit a été légèrement érodé par le vent, mais le calcaire en dessous révèle une surface inégale, comme s'il avait été exposé à la pluie pendant très longtemps. En fait, les maçons égyptiens recouvrirent la surface ondulée du calcaire, pour donner à l'ensemble une apparence lisse, plus esthétique. Il est manifeste que le calcaire a été érodé par la pluie tout comme le Sphinx, et qu'il fut réparé ultérieurement avec un revêtement de granit ; il est possible que cette réfection ait eu lieu sous le règne de Khephren.

On trouve rarement les termes « Égypte » et « pluie » dans la même phrase ; pourtant, l'Égypte n'a pas toujours été un désert comme aujourd'hui. Vers la fin de la dernière ère glaciaire, soit autour de 13000 avant notre ère, le climat méditerranéen était caractérisé par des pluies fortes et soutenues. La partie désertique de l'actuelle Égypte était alors verdoyante ; c'était une prairie bien irriguée, parsemée de massifs d'arbres. Puis il y eut une succession de périodes plus sèches et à nouveau plus humides ; la dernière période de pluies eut lieu entre 3000 et 2350 avant notre ère, date à laquelle s'installa un climat plus aride, plus ou moins semblable à celui d'aujourd'hui ; la dégradation des roches ne se fit alors plus sous l'action de l'eau, mais sous celle du vent.

Cet historique du climat, en association avec les marques de dégradation et d'érosion relevées sur les pierres, indique que le Grand Sphinx, tout comme les temples de la Vallée et du Sphinx, furent originellement construits à une époque où le climat en Égypte était humide et pluvieux. Au vu de leur importante dégradation due à l'eau, ils ont visiblement été construits il y a très longtemps, au cours de cette période de pluies.

Des tests sismologiques, conduits par l'expert en sismologie Thomas L. Dobecki sur l'enceinte du Sphinx, permirent de dater sa construction. Les données nous ont permis d'examiner une section transversale de la structure en dessous du Sphinx, qui révéla curieusement un type de dégradation de sous-sol[1] inégal. Le Sphinx fait face à l'est. Les couches nord, sud et est sous la surface de l'enceinte du Sphinx sont dégradées sur une profondeur qui varie entre 1,80 m et 2,50 m. Toutefois, la profondeur de la dégradation de la couche ouest est au maximum de 1,20 m. La différence n'est pas due à une variation des roches ; la couche de l'enceinte mise à nu sur les quatre côtés appartient à la même strate de calcaire. En fait, la couche à l'ouest a subi une dégradation pendant une période de temps plus courte que les autres. Elle a, manifestement, été excavée à une date bien ultérieure.

La partie ouest de l'enceinte présente d'autres éléments de preuve que l'ensemble fut construit en deux temps. Deux murs ont été excavés de ce côté de l'enceinte. Le mur le plus élevé, situé le plus à l'ouest, présente des crevasses et des fissures dues à la pluie et à des eaux de ruissellement. Il a manifestement été déterré lorsque le climat en Égypte était humide et pluvieux, donc bien avant l'Ancien Empire. Le deuxième mur, plus bas et plus proche de la croupe du Sphinx, présente beaucoup moins de dégradations dues à des précipitations. La ligne sismique ouest, que nous avons analysée et qui montrait une dégradation de seulement 1,20 m de profondeur, se trouve le long de la base de ce mur. Il semble que ce mur fût déterré après le mur plus élevé. À coup sûr, le sol à l'ouest dans l'enceinte, qui a fait l'objet de notre prospection sismique, a été excavé après les autres, à une époque où le climat égyptien était devenu plus sec, peut-être sous l'Ancien Empire.

Cette construction en deux temps de l'enceinte du Sphinx et des temples de la Vallée et du Sphinx est flagrante et permet d'avancer

1. Par dégradation du sous-sol, il faut entendre altération de la formation géologique de la roche, du fait de son exposition à l'atmosphère. Pour un œil non averti, la roche peut ne pas sembler dégradée. Au fil du temps, cette dégradation progresse en profondeur. Elle peut être détectée par les données de vitesse des ondes sismiques.

un scénario vraisemblable : les trois édifices furent construits bien avant le règne de Khephren, lorsque l'Égypte était balayée régulièrement par de fortes pluies. Ultérieurement, Khephren s'attribua le site en restaurant les temples et modifiant le Sphinx. Je suppose qu'à l'origine le corps de la sculpture émergeait de la roche de fond, comme s'il faisait partie intégrante du plateau. En sculptant la croupe et en déterrant le deuxième mur plus bas de l'enceinte ouest, Khephren détacha le monument de la roche, et lui donna un nouveau caractère esthétique, bien spécifique. Par ailleurs, il est possible que le mur le plus bas ait été découpé à une époque antérieure à Khephren, et que les ouvriers de Khephren, en réparant le monument, aient tout simplement élargi le passage préexistant derrière la croupe du Sphinx ; c'est cet élargissement qui fut l'objet de notre prospection sismique.

La théorie de cette construction en deux temps permet également d'expliquer une autre anomalie du Sphinx, notamment la taille étrange de sa tête. Vue de profil, la tête est disproportionnée par rapport à l'ensemble de l'édifice ; elle est trop petite. Cela n'est pas conforme à l'art égyptien ; tous les monuments que je connais ont un rapport tête-buste très équilibré, excepté justement le Grand Sphinx à Gizeh. En l'inspectant de plus près, j'ai relevé des traces de burin et d'autres outils, ce qui, de concert avec l'aspect de la roche elle-même, m'a fait penser que la tête actuelle, représentant la coiffe dynastique d'un pharaon de l'Ancien Empire, fut sculptée dans une tête antérieure plus grande, peut-être celle d'un lion étant donné la forme léonine du reste de la sculpture. Ce remodelage date probablement de la même époque où la croupe fut excavée, voire antérieurement.

Il est évident que le Sphinx et les temples ont été construits bien avant Khephren ; dans l'intervalle, les pluies les avaient tellement abîmés qu'il fallut les réparer en 2500 avant notre ère. Mais combien de temps faut-il pour causer de tels dommages ? En d'autres termes, quel est l'âge du Sphinx ?

Les données sismiques vinrent au secours des égyptologues. Mon analyse de la nature et de la profondeur de la dégradation du sous-sol sur le plateau de Gizeh révèle qu'il a fallu 4500 ans pour que la dégradation du sous-sol de l'aire ouest, la plus récente de l'enceinte du Sphinx, atteigne une profondeur de 1,20 m. Comme la dégradation sur les trois autres côtés est plus profonde de 50 à 100 %, il serait donc légitime de penser que ces parties auraient entre 50 et

100 % d'années de plus que le côté ouest, soit approximativement entre 2200 et 4500 ans de plus. Si nous partons du principe que l'enceinte ouest date du règne de Khephren (autour de 2500 av. J.-C.), ce calcul fait remonter la date de la construction originelle du Grand Sphinx à quelque 4700 à 7000 ans avant notre ère ; il aurait donc, aujourd'hui, entre 6700 et 9000 ans.

Cette estimation concorde bien avec l'historique climatique du plateau de Gizeh et correspond avec le type et le degré de dégradation et les marques de l'érosion en surface. Toutefois, il se pourrait que cette date ne soit pas définitive.

Le rythme des dégradations ne se fait pas de manière linéaire – plus l'altération progresse en profondeur, plus elle ralentit, les couches supérieures faisant obstacle. En supposant que ce fut le cas, la date que j'ai avancée est minorée. Une dégradation non linéaire ferait remonter la date des tout premiers travaux sur le Sphinx antérieurement à 7000 avant notre ère. Cependant, le changement du climat pose problème. Comme le climat sur le plateau de Gizeh était plus humide jusqu'au milieu du IIIe millénaire avant notre ère et qu'il devint plus aride ultérieurement, on pourrait suggérer que les premières altérations du sous-sol se soient probablement – mais pas obligatoirement – produites plus rapidement que les altérations ultérieures, ce qui pourrait contrebalancer tout effet non linéaire. En d'autres termes, les conditions climatiques humides du début ont pu entraîner des altérations en profondeur, ce qui indiquerait une date plus « ancienne » ; mais cet effet est contrecarré par la nature non linéaire de la dégradation, ce qui indiquerait une date plus « récente ». Finalement, après plusieurs heures d'analyse et de réflexion, je suis certain que les deux facteurs antagonistes s'annulent l'un l'autre, et qu'une interprétation des données quasi linéaire est cohérente. C'est pourquoi je reviens sur mon estimation de 5000 à 7000 avant notre ère, pour la partie la plus âgée du Sphinx.

Des avis contraires

Nous pensons que seul un peuple civilisé – aux technologies et aux arts évolués, bien organisé, possédant un potentiel ouvrier et artisanal capable de mener à bien les travaux – a pu sculpter le Grand Sphinx.

Mais selon l'histoire officielle sur l'origine des civilisations, un tel peuple n'existait pas lorsque le Sphinx fut sculpté et que les temples furent construits, entre environ 7000 et 5000 av. J.-C.. Ce n'est que mille cinq cents ans plus tard que naquit la civilisation des Sumériens. Si le Sphinx suggère l'existence d'un peuple civilisé avant toute civilisation, la chronologie conventionnelle est complètement bancale.

Un certain nombre de scientifiques ont osé dire que l'erreur se trouve dans mes recherches. Selon eux, j'aurais mal interprété les éléments de preuve et l'histoire de la civilisation n'a nul besoin d'être révisée.

Mark Lehner, attaché à l'Université de Chicago et souvent cité comme le personnage le plus éminent parmi les experts sur les pyramides, a dit que les conditions climatiques actuelles pouvaient expliquer les altérations du Sphinx. Le développement industriel du pays s'est fait très rapidement et la population du Caire est de plus en plus dense ; son taux de natalité est élevé et les campagnes se vident petit à petit au profit de cette grande agglomération. L'air est très pollué et, partant, les faibles ondées durant l'hiver égyptien sont très acides. Les conséquences de la pollution de l'air ont été étudiées dans d'autres pays, et nous savons que le calcaire a du mal à résister aux pluies acides. Donc, Lehner prétend que je prends les dommages causés actuellement pour ceux du passé, bref que je confonds le présent et le passé.

Le raisonnement de Lehner est faux pour deux raisons fondamentales. D'une part, des pluies acides ne peuvent pas provoquer les marques de ruissellement qui sont manifestes sur les murs de l'enceinte du Sphinx. D'autre part, comment se fait-il que le Sphinx soit le seul à avoir souffert des pluies acides ? Car, indiscutablement, les autres structures de l'Ancien Empire construites avec les mêmes roches calcaires résistent beaucoup mieux à cette attaque chimique.

Quant à K. Lal Gauri, un géologue de l'Université de Louisville, il prétend que les altérations sur le Sphinx ne sont pas imputables à la pluie, mais à divers effets d'altération chimique, et notamment à un processus appelé « exfoliation », soit l'effritement de la surface calcaire. Selon Gauri, la nuit, la rosée qui se dépose sur les roches dissout des sels en surface et ce liquide s'infiltre dans les minuscules pores de la pierre par capillarité. Le jour, sous l'effet de la chaleur, la solution s'évapore, et des cristaux de sel précipitent dans les pores.

La formation de ces cristaux exerce une pression qui va entraîner l'effritement de la surface calcaire.

En fait, ce processus est un facteur d'altération actuel très important sur le plateau de Gizeh. Toutefois, il n'est pas le seul responsable de tous les signes de dégradation observés sur l'enceinte du Sphinx et, surtout, de la distribution spécifique de ces signes sur l'enceinte, comme ces dégradations, érosion et désagrégation plus prononcées sur le côté ouest. En outre, le processus décrit par Gauri aurait surtout des conséquences dramatiques sous des conditions climatiques extrêmement arides, si le Sphinx était livré aux éléments, par exemple. Mais le Sphinx et l'enceinte du Sphinx ont été enterrés sous une couche de sable pendant la majeure partie de leur existence et donc globalement bien protégés de ce processus. Il faut quand même remarquer que cette exfoliation, dont parle Gauri, aurait dû s'opérer sur tous les calcaires du plateau de Gizeh ; or aucun des autres monuments ne présente le type d'altération et le profil d'érosion trouvés sur l'enceinte du Sphinx. Colin Reader, dont je parlerai plus loin, fait judicieusement remarquer que les tombes de la XXVIe dynastie (autour de 600 avant notre ère), qui furent creusées le long du mur ouest de l'enceinte du Sphinx, ont été sujettes au processus décrit par Gauri pendant plus de deux mille cinq cents ans, et pourtant on y trouve toujours des marques très nettes de burin, et aucun signe de dégradation ou d'érosion comme ceux rencontrés sur le Sphinx et les murs de son enceinte.

Il faut savoir tirer les conclusions qui s'imposent. S'il est vrai que, aujourd'hui, la formation de cristaux de sel endommage le Sphinx et les autres édifices, ce processus n'explique pas les schémas de dégradation ancienne trouvés sur le corps du Sphinx et son enceinte qui, je le répète, n'apparaissent nulle part ailleurs sur tout le plateau de Gizeh.

James Harrell, un autre géologue, propose une variante de la théorie de Gauri. Selon lui, le coupable serait le sable, qui s'est amassé pendant des siècles contre le Sphinx, et qui fut mouillé par les pluies, les crues du Nil et par capillarité. Pourtant, les inondations auraient dû miner la base du Sphinx et l'enceinte, or rien ne l'indique. Par ailleurs, du sable mouillé à la base du Sphinx n'explique pas les dommages manifestes et très prononcés relevés sur les parties supérieures des murs de l'enceinte et sur le corps du monument. En effet, il n'existe aucun mécanisme éprouvé qui permettrait à du sable mouillé, entassé contre une surface de calcaire, de produire le type de dégradation et d'érosion relevé sur le corps du Sphinx et sur les murs de l'enceinte. En fait, le sable, même mouillé, aurait contribué à préserver le Sphinx. En outre, la capillarité n'est pas un processus capable d'humidifier pendant des siècles des mètres de sable entassé, et elle est très négligeable dans le sable meuble des régions arides. Par ailleurs, selon la théorie de Harrell, on devrait retrouver le même type de dégradation sur les tombes de la XXVIe dynastie, creusées le long du mur arrière de l'enceinte du Sphinx, que celui rencontré sur la sculpture et son enceinte. Or il n'en est rien. La théorie du sable mouillé de Harrell ne tient tout simplement pas la route.

Un autre point pose problème dans les explications de Harrell, tout comme dans celles de Gauri, du reste. Ni l'exfoliation ni du sable mouillé n'ont pu créer ces crevasses dans la roche et ces fissures verticales, ou rigoles, plus larges au sommet qu'à la base, qui sont des attributs prononcés du côté ouest de l'enceinte du Sphinx. Les rigoles ont été créées par de l'eau courante. Harrell ferait bien de reconnaître ce maillon faible dans sa théorie. Dernièrement, Harrell, dans un commentaire adressé à un journaliste de l'*U.S. News & World Report*, a dit au sujet des assertions contradictoires sur l'âge du Sphinx : « Aucun d'entre nous n'est capable d'apporter des preuves » ; il admet donc, de façon indirecte, que son raisonnement ne tient pas debout.

Harrell a également prétendu que la prospection sismique ne révèle pas les dégradations du sous-sol, mais qu'elle détecte seulement la dépression dans la couche rocheuse des formations sous-jacentes. C'est faux. La couche dégradée trouvée sous l'enceinte du Sphinx ne correspond pas à la disposition des strates, qui sont nettement visibles sur les côtés de l'enceinte du Sphinx. Le schéma des variations de la dégradation du sous-sol, que Thomas Dobecki et moi-même avons relevées, traverse la dépression des strates et court en parallèle à la base de l'enceinte ; c'est un schéma de dégradation logique. Si les données sismiques n'avaient enregistré que la disposition des couches, alors la profondeur de la « couche dégradée » le long du flanc sud du Sphinx devrait être plus grande que celle du flanc nord, puisque la structure des couches est en dépression vers l'est et le sud. Pourtant, ce n'est pas le cas. Les profils du terrain sur les côtés nord et sud du Sphinx montrent pratiquement le même degré de dégradation en profondeur. Par ailleurs, la couche endommagée immédiatement derrière la croupe du Sphinx est beaucoup moins profonde, ce qui exclut que les données sismiques auraient seulement enregistré la structure originelle du calcaire. Toutefois, cela correspond à mon scénario qui veut que le Sphinx fût excavé en deux temps.

Harrell se demande aussi comment j'ai fait pour savoir que la couche de faible vitesse sismique, que j'ai détectée sous le sol de l'enceinte du Sphinx, est du calcaire dégradé. En fait, les choses sont simples. Premièrement, la roche actuellement exposée à la surface du sol de l'enceinte du Sphinx est du calcaire dégradé. Il est quand même bizarre de prétendre que la surface est dégradée tandis que le sous-sol ne l'est pas, alors que les données sismiques n'indiquent aucune différence entre eux. Deuxièmement, Dobecki et moi-même avons conduit une prospection sismique au nord du Grand Sphinx, sur de la roche exposée et dégradée, la même roche calcaire que celle dans laquelle furent sculptés les membres du Sphinx et fut découpé le sol de l'enceinte. Les données que nous obtînmes correspondaient avec celles trouvées dans les couches autour et sous le Sphinx. Il n'y a aucune raison de penser que nos données n'indiquent pas les dégradations du sous-sol.

Lors de nos études sismiques de 1991, nous avions fait une autre découverte intéressante : le sol du temple du Sphinx, qui est situé à l'est du Sphinx mais en contrebas, est uniformément dégradé sur une profondeur n'atteignant que 1,20 m à 1,50 m. Si la construction du temple du Sphinx et la sculpture du corps originel du Sphinx avaient été simultanées, on pourrait s'attendre à trouver une dégradation du sous-sol profonde de 1,80 m à 2,40 m, comme celle qui se trouve sous les parties les plus anciennes du sol de l'enceinte. Toutefois, nous avons examiné en détail le sol du temple du Sphinx et ses murs originaux, et avons découvert des éléments de preuve – sous la forme de traces d'entailles autour des piliers sur les socles de roche et sur les murs originaux – montrant que le sol actuel du temple du Sphinx fut abaissé d'environ 0,50 m à 0,75 m durant des restaurations anciennes, probablement sous l'Ancien Empire, autour de 2500 avant notre ère. Si l'on ajoute cette épaisseur de matériau qui a été dégagée, à la profondeur actuelle des dégradations du sous-sol, il devient clair que le sol originel du temple du Sphinx a effectivement subi des dégradations du sous-sol tout à fait normales pour une construction qui date de bien avant le règne de Khephren.

Ian Lawton et Chris Ogilvie-Herald ont également critiqué mon analyse des données sismiques dans leur livre, *Giza : The Truth*. Malheureusement, ils ont fait un certain nombre de suppositions erronées et ont perpétué des malentendus. Par exemple, Lawton et Ogilvie-Herald annoncent que j'aurais prétendu que « les dégradations du sous-sol ont été créées par des infiltrations de pluie dans le sol rocheux de l'enceinte », alors qu'en fait, je n'ai jamais dit cela. Ils soutiennent ensuite que dans la mesure où l'enceinte du Sphinx était remplie de sable pendant une grande partie de son existence, ce sable a protégé la roche sous-jacente, empêchant le sous-sol de s'altérer. Toutefois, les altérations du sous-sol sont essentiellement un changement de la structure rocheuse, qui ne peut se faire que lorsque celle-ci est exposée à l'air ou à l'atmosphère, comme ce fut le cas lorsque le corps du Sphinx fut excavé. La pluie joue un rôle minime, voire nul, dans ce processus. En outre, du sable meuble et poreux, entassé dans l'enceinte du Sphinx ne protège pas suffisamment la roche de ce type d'érosion. Lawton et Ogilvie-Herald n'ont malheureusement pas saisi ce point.

Ces deux auteurs annoncent plus loin qu'« il est presque sûr que l'érosion du sous-sol a été causée plus par action hydraulique et capillarité au fil des millénaires, depuis la formation rocheuse, que par des pluies et des expositions relativement récentes ». Ils ont tout faux. D'abord, il s'agit de dégradations du sous-sol, pas d'érosion – un processus lent qui ronge la roche –, et puis le fait d'avancer une hypothèse de mécanismes incompris et non éprouvés comme « une action hydraulique et de capillarité » pour expliquer les données est surtout vide de sens. En outre, leur théorie d'une action hydraulique et de capillarité n'explique pas les différences dans les dégradations du sous-sol dans l'enceinte du Sphinx.

Lawton et Ogilvie-Herald continuent en écrivant : « Il est clair que le mur ouest [de l'enceinte du Sphinx] derrière la croupe [du Sphinx] – qui, selon la théorie de Schoch, a dû être sculpté seulement vers 2500 avant notre ère – montre exactement les mêmes profils verticaux et arrondis que le mur sud [sans doute plus ancien]. » Ils concluent en disant que cette contradiction évidente réfute mon analyse. En fait, il n'en est rien. Lawton et Ogilvie-Herald oublient de dire qu'il y a deux murs derrière la croupe du Sphinx. Le mur le plus élevé qui se situe plus à l'ouest, montre effectivement des dégradations dues à la pluie (leurs « profils verticaux et arrondis ») et date d'une époque antérieure à l'Ancien Empire. La prospection sismique indique que le mur bas, édifié directement derrière la croupe du Sphinx ne présentant pas de dégradations dues à la pluie, aurait pu être excavé plus tard, probablement durant le règne de Khephren (autour de 2500 avant notre ère). À cette époque, je le répète, la croupe du Sphinx a été retravaillée et fut probablement découpée jusqu'au niveau du sol des trois autres côtés de l'enceinte du Sphinx.

Les mêmes auteurs plaident contre la construction en deux temps des temples de la Vallée et du Sphinx, en disant que des blocs de granit ont été utilisés lors de la construction du temple de la Vallée et qu'ils sont sous-jacents à une couche de blocs de calcaire supérieure. Par ailleurs, des outils datant de l'Ancien Empire ont été trouvés autour et sous des blocs de calcaire provenant du temple du Sphinx. Ils avancent ces arguments pour « prouver » que les temples, et partant le Sphinx, doivent dater de l'époque de Khephren. Toutefois, il est normal que l'on puisse trouver des outils de l'Ancien Empire autour des temples et que des blocs de granit récents aient été incorporés aux temples pendant les phases de reconstruction et de restauration du temps de Khephren. Beaucoup de constructions ont été réalisées sous la IVe dynastie sur le plateau de Gizeh, et il est compréhensible que l'on en trouve des preuves.

Un autre géologue, Farouk El-Baz, qui dirige le Centre de détection à distance à l'Université de Boston, prétend que le Sphinx fut sculpté dans de la roche déjà dégradée. Il affirme que le Grand Sphinx est ce que nous, géologues, appelons un yardang, une colline rocheuse plus dure que les roches avoisinantes, et qu'il fut sculpté par l'érosion pendant des siècles, comme les mésas en Amérique du Sud-Ouest. Pourtant, cette idée nie l'évidence que le Grand Sphinx, hormis sa tête, est à un niveau inférieur à celui du plateau de Gizeh et qu'il a forcément dû être excavé de la roche calcaire. Il est vrai que la tête pourrait être un yardang resculpté sur place par des maçons égyptiens de l'Antiquité. Le reste de la sculpture a d'abord dû être dégagé avant d'être travaillé.

Pour finir, nous avons les arguments contraires de Zahi Hawass, l'archéologue égyptien qui est le directeur du site sur le plateau de Gizeh. Hawass affirme que le Sphinx fut construit à partir de calcaire de si mauvaise qualité qu'il dut être réparé dès la fin des travaux. Il est vrai que le Sphinx a souvent été restauré, mais il s'agirait de savoir quand ces réfections ont eu lieu et ce qu'elles signifient.

Des blocs de calcaire furent utilisés pour les premières restaurations du Grand Sphinx, conformément à la maçonnerie de pierres de taille de l'Ancien Empire. Hawass affirme que les réparations furent effectuées sous l'Ancien Empire, sans doute après que Khephren eut fait sculpter le Sphinx dans la roche calcaire. Lehner n'est pas du même avis. Il dit que les maçons du Nouvel Empire ramassèrent des blocs de l'Ancien Empire sur d'autres sites de Gizeh, et qu'ils les utilisèrent pour les réfections. Le problème, avec la théorie de Lehner, c'est que ce n'est pas logique. Comme il fallait façonner chaque pierre de remplacement à la taille voulue, le fait d'utiliser des matériaux existants leur aurait demandé juste un peu moins de travail que s'ils en avaient pris de nouveaux, mais aurait détruit beaucoup des signes distinctifs qui permettent d'assimiler les blocs à l'Ancien Empire. Il est donc légitime de penser que Hawass a raison et que les premières réfections eurent lieu sous l'Ancien Empire.

Cependant, Hawass a toujours un problème sur les bras. Comment se fait-il que le Sphinx se soit dégradé tellement vite qu'il fallut le réparer dès son achèvement ? Tout d'abord, le Sphinx a été sculpté dans du calcaire que nous, géologues, appelons « de valeur », c'est-à-dire qui résiste suffisamment bien aux dégradations, donc un matériau de construction adéquat. En outre, les tombes adjacentes au Sphinx, qui ont été creusées dans le même type de calcaire sous l'Ancien Empire, n'ont pas eu besoin d'être réparées immédiatement, contrairement au Sphinx. Comment un même matériau peut-il se dégrader de manières aussi différentes sur un même site ?

Le problème n'est pas le calcaire ; je dirais plutôt que le Sphinx existait déjà depuis tellement longtemps qu'à l'époque de l'Ancien Empire il présentait de graves dommages et qu'il fallut le restaurer. Lorsque Khephren entreprit les travaux, le Sphinx était déjà très vieux.

Comme l'a si bien fait remarquer John Anthony West, ceux qui émettent des arguments contraires ont un gros problème, car ils sont tous contradictoires. La dégradation du Sphinx n'est pas imputable à la capillarité, aux pluies acides d'aujourd'hui, à du sable mouillé, à des processus anciens de formation de yardang *et* à du calcaire de très mauvaise qualité. Chacun de ces arguments, déjà faible en soi, est contredit par un ou plusieurs autres arguments. Ce sont tous des tentatives pour défendre l'idée que Khephren a construit le Sphinx. Laisser dire que le Sphinx date d'avant Khephren serait admettre l'inadmissible : mais le scénario classique qui veut que la civilisation naquit avec les Sumériens en 3500 av. J.-C., et émigra de la Mésopotamie en Égypte à la fin du IVe millénaire avant notre ère, est faux.

Quelques corroborations

Les esprits scolastiques, qui soutiennent l'idée que Khephren fut le constructeur du Sphinx, oublient ou ne tiennent pas compte d'éléments de preuve importants, indépendants des miens. Prenons, par exemple, la stèle de l'Inventaire, qui est aussi connue sous le nom de stèle de la fille de Khéops. L'inscription sur la stèle, qui date du VIe ou VIIe siècle avant notre ère et qui, paraît-il, est une copie d'un texte de l'Ancien Empire, dit que le Sphinx existait déjà du temps de Khéops, qui monta sur le trône trente et un ans avant Khephren. Selim Hassan est un archéologue qui, à la fin de ses travaux sur le site dans les années 1930, a dit, dans un premier temps, que Khephren construisit le Sphinx ; mais, selon lui, l'inscription dit aussi que Khéops fit réparer la coiffe du Sphinx après qu'elle fut frappée par la foudre, ce qui corrobore les restaurations manifestes du Sphinx et des temples de la Vallée et du Sphinx, faites sous l'Ancien Empire.

Les égyptologues contemporains discréditent la stèle de l'Inventaire en disant que c'est un faux. Admettre son authenticité serait, évidemment, renier la thèse conventionnelle.

En outre, n'oublions pas les témoignages des Anciens. Selim Hassan examina tous les écrits relatifs au monument, depuis les plus anciens jusqu'à l'époque romaine incluse. Chacun disait que le Sphinx était plus vieux que les pyramides de Gizeh. D'ailleurs, les traditions orales de quelques villages proches de Gizeh disent, elles aussi, que le Sphinx a au moins cinq mille ans de plus que Khephren.

La stèle de l'Inventaire, la révision de la littérature classique de Hassan et les traditions villageoises ne sont que des éléments de preuve circonstanciels. Cependant, ils sont non seulement compatibles avec mes recherches, mais aussi avec deux autres études plus récentes du plateau de Gizeh, qui indiquent que le Grand Sphinx est bien antérieur à Khephren.

Le géologue David Coxill a écrit un article dans *InScription: Journal of Ancient Egypt*, dans lequel il confirme mes observations concernant les types de dégradation des roches à Gizeh, évalue les arguments contraires et soutient ma théorie que le Sphinx date d'une époque très humide et pluvieuse, bien antérieure à l'Ancien Empire. Coxill hésite à le situer entre 5000 et 7000 ans avant notre ère, comme le suggèrent les données de mes prospections sismiques, mais il est d'accord avec moi pour dire que le Sphinx « est nettement plus ancien que ne l'affirme la date officielle ».

Colin Reader, un ingénieur en géologie, qui a fait ses études à l'Université de Londres, a soigneusement étudié les types de dégradation des roches à Gizeh et l'hydrologie du plateau ; il apporte, lui aussi, un élément de preuve matériel important. Reader est d'accord avec mon analyse des signes de dégradation ; il observe, à juste titre, que l'enceinte a subi plus de dommages et d'érosion dus à des précipitations à l'extrême ouest, dans la partie derrière le mur le plus bas (c'est-à-dire à l'ouest de ce mur), qui fut sans doute sculpté à l'époque où Khephren excava totalement la croupe du Sphinx et répara la statue. Il explique que ces dégradations et cette érosion particulièrement sévères sont dues à des eaux de ruissellement en surface, après à des pluies torrentielles. Comme le plateau de Gizeh est en déclivité nord-ouest/sud-est, les eaux de ruissellement s'écoulèrent directement vers et à travers l'enceinte du Sphinx pour descendre jusque dans la vallée du Nil – ou du moins, c'est ce qui s'est passé jusqu'au règne de Kheops (env. 2551-2528 av. J.-C.). Ce pharaon a déplacé de grandes quantités de pierre des carrières, au-dessus de l'enceinte du Sphinx. À la fin des travaux dans les carrières, les vents les remplirent de sable qui absorba les eaux de ruissellement descendant vers l'enceinte du Sphinx. C'est pourquoi je maintiens que les dégradations et désagrégations de la partie ouest de l'enceinte du Sphinx se sont produites à une époque antérieure à l'exploitation des carrières menée par Kheops.

Par ailleurs, Reader dit que le Sphinx n'est pas le seul monument à Gizeh à dater d'avant Kheops. Au vu de ses analyses, la chaussée de Khephren (qui part du Sphinx et qui monte vers le Temple mortuaire, à l'est de la pyramide de Khephren), une partie du Temple mortuaire et le temple du Sphinx dateraient tous d'avant Khephren, alors que l'égyptologie classique les lui attribue. Curieusement, John Anthony West et moi-même étions déjà arrivés à la conclusion qu'une partie du Temple mortuaire était plus ancienne que Khephren, mais je n'en avais pas encore parlé publiquement et je n'avais rien publié sur le sujet, parce que je voulais d'abord rassembler d'autres éléments de preuve. Reader est arrivé, personnellement, à la même conclusion, et ce type de confirmation indépendante fait chaud au cœur d'un scientifique.

Toutefois, Reader ne veut pas faire remonter la date de la construction du Sphinx au-delà de la deuxième moitié de la première période dynastique, soit autour de 2800 à 2600 avant notre ère. Il dit qu'avant cette date, les anciens Égyptiens n'utilisaient pas la maçonnerie de pierres de taille comme celle observée dans les temples du Sphinx et de la Vallée et les autres édifices associés au Sphinx. En l'occurrence, je pense que Reader a tort et que le Sphinx est bien plus ancien qu'il ne veut l'admettre, malgré ses propres éléments de preuve qui sont remarquables.

Si le Sphinx avait été construit entre 2800 et 2600 av. J.-C., il aurait fallu qu'il pleuve suffisamment durant cette époque pour pouvoir endommager si sérieusement le monument et son enceinte. Mais le climat pluvieux s'était déjà arrêté en 3000 av. J.-C., et l'Égypte était en train de devenir un désert en 2800 av. J.-C. Les tombes, ou mastabas, construites avec des briques de terre sur le plateau de Saqqarah, à seulement 16 km de Gizeh, en amont du Nil, datent indiscutablement d'environ 2800 av. J.-C. ; elles montrent peu de dégradations dues à la pluie, bien qu'elles fussent construites à partir de matériaux plus tendres et plus vulnérables, et sujettes au même type de climat. Il est impossible que le Sphinx ait été sculpté aussi tardivement que 2800 à 2600 av. J.-C., et que des pluies éparses aient suffi à l'endommager à un point tel qu'il fallut le réparer à l'époque où Kheops faisait construire sa pyramide, soit autour de 2550 à 2530 avant notre ère.

En outre, la pierre avait déjà été utilisée en architecture au Moyen-Orient et en Égypte bien avant 2800 avant notre ère. L'ancienne ville de Jéricho, située sur la rive ouest du Jourdain, à quelque 320 km à l'est du delta du Nil et datée de 8300 av. J.-C., était entourée d'un mur de pierres large de 2 m et d'au moins 6 m de haut, et d'un fossé de 8 m de large et profond de 2,75 m, découpé dans une dure formation rocheuse. Un complexe en ruine à Nabta Playa, dans le désert occidental de l'Égypte du Sud, affiche un ensemble de grandes dalles de pierre, ou mégalithes, alignées astronomiquement, qui datent de 4000 à 4500 avant notre ère, voire d'avant. Un objet égyptien prédynastique, appelé la Palette libyenne (env. 3100-3000 av. J.-C.), et qui se trouve aujourd'hui au musée du Caire, montre des villes fortifiées, sans doute de murs de pierres, sur la rive ouest du delta du Nil. Étant donné ce type de preuves, il est légitime de penser que les Égyptiens avaient déjà une grande expérience en maçonnerie de pierres de taille et qu'ils étaient pertinemment capables d'édifier des monuments à Gizeh bien avant 2800 av. J.-C.

Malgré notre désaccord sur la date de sa construction, Reader, tout comme Coxill, corrobore mes observations fondamentales sur le Sphinx. Cet édifice appartient à une époque bien antérieure au règne de Khephren.

REMERCIEMENTS

Je dois reconnaître que de nombreuses personnes ont contribué à mon développement intellectuel et m'ont encouragé dans mes études. Le milieu universitaire, cette institution où l'on finit par se découvrir soi-même, peut parfois décider de tout un avenir. J'acquis de solides bases intellectuelles lors de mes études à l'Université George Washington (Washington, D.C.), et celles à l'Université de Yale (New Haven, Connecticut), où j'obtins mon doctorat en géologie et géophysique, en 1983 ; elles stimulèrent et aiguisèrent ma curiosité. Je me souviens du plaisir que m'ont donné ces longues heures de lecture dans les bibliothèques de Yale, et mes travaux au sous-sol du musée d'Histoire naturelle Peabody. En 1984, j'ai accepté un poste de professeur à plein temps au College of General Studies, à l'Université de Boston, où je fus titularisé en 1990. Depuis 1989, John Anthony West, un casse-pieds pour les égyptologues et académiciens, n'a eu de cesse de m'aiguillonner dans mes études d'histoire ancienne, lesquelles, parfois, font injure aux théories officielles. Il m'a talonné sans relâche pour que je continue mes travaux et je lui en suis reconnaissant, même si nous ne sommes pas toujours d'accord sur l'interprétation des données (même de celles dites légitimes). En outre, c'est West qui m'a fait entrer dans la polémique sur l'âge du Sphinx. Parfois, je me demande si je dois le remercier ou le maudire de m'avoir entraîné dans cette galère. Aujourd'hui, je veux le remercier. Je remercie aussi sincèrement Graham Hancock et Robert Bauval, qui m'ont toujours encouragé et qui ont montré un réel d'intérêt pour mes travaux. Par ailleurs, je remercie Colin Wilson pour les informations qu'il a bien voulu me transmettre et pour son soutien dans cette aventure.

Mes recherches en Égypte n'ont pu se faire que grâce à la collaboration de nombreuses personnes. Je remercie surtout Mohamed I. Bakr, Ali Hassan, Zahi Hawass, Elsayed Hegazy et Abdul-Fattah El-Sabbahy qui m'ont permis de continuer mes études sur le plateau de Gizeh. C'est grâce à la générosité de Yasuo Watanabe (Japan Medical Dynamic Marketing MDM, Inc., Tokyo) que j'ai pu visiter une première fois l'île de Yonaguni et explorer le monument de Yonaguni, en septembre 1997. Je suis retourné au Japon, fin juillet 1998, pour faire de plus amples recherches sur l'édifice de Yonaguni et les structures associées, en tant que membre d'Atlantis Team, un groupe de plongeurs pluridisciplinaires qui préparait un documentaire. Je remercie Michael Arbuthnot pour m'avoir transmis son manuscrit non publié *Diffusion Revisited* et qui, avec Iris DeMauro, a tout arrangé en m'invitant à participer aux travaux. C'est en juin 2001 que j'ai visité Teotihuacán au Mexique, avec E. Stratton Horres Jr. et Jennifer et Mark Young. Je les remercie tous les trois, pour leur aimable hospitalité, qui a rendu ce voyage inoubliable.

Je suis reconnaissant au professeur Emilio Spedicato de l'Université de Bergame en Italie, qui m'a si généreusement invité à participer au congrès de juin 1999, intitulé « Nouveaux scénarios de l'évolution du système solaire, et leurs conséquences pour l'Histoire de la Terre et de l'Humanité », qui se tint à Milan et Bergame. Ce congrès fut, pour moi, une véritable révélation. Cette assemblée de scientifiques et chercheurs, représentant différents courants de pensée « alternatifs », hérétiques et « catastrophistes », m'a fait, d'un point de vue intellectuel, passer les trois jours les plus intenses et les plus excitants de toute ma carrière. Les conférenciers exposèrent leurs idées à la fois avec sérieux et originalité, et nous avons échangé librement nos points de vue lors des discussions intermittentes, lorsque nous faisions un peu de tourisme et pendant les repas ; tout cela me donna confiance et me poussa à continuer les études que j'avais entreprises, comme je l'ai dit dans ce livre et dans mon livre précédent *Voices of the Rocks*. Je voudrais remercier en particulier les assistants et intervenants suivants, pour leurs présentations et débats passionnants, lors de ce congrès sur les nouveaux scénarios : Alan Alford, Flavio Barbiero, Mike Baillie, Victor Clube, David Eccott, Charles Ginenthal, John Michael (du Morien Institute), Emilio Spedicato, Alexander Tollmann et Tom van Flandern.

Je remercie les personnes suivantes pour m'avoir envoyé des articles et références qui me furent d'un grand secours : Alan Alford, Michael Arbuthnot, David Billington Jr., Thomas J. Brown, David Eccott, James Erjavec, Charles Ginenthal, James L. Guthrie, Graham Hancock, Stratton Horres, Linda Moulton Howe, William Jacobs, Francesca Jourdan, Masaaki Kimura, Jürgen Krönig, Ralph Lyman, John Michael, Richard W. Noone, Colin Reader, Emilio Spedicato, Neil Steede, John Anthony West et Colin Wilson. Je remercie également Michael Arbuthnot, David Billington Jr., Michael Brass, Francesca Jourdan, John Michael, Matthew Sapero et John Anthony West pour avoir diffusé des informations variées, faisant référence à mes travaux, sur leurs sites Internet. Par ailleurs, j'apprécie sincèrement l'intérêt toujours très vif pour mes recherches manifesté par Robert et Zoh Hieronimus et Laura Cortner (21st Century Radio), Erskine Payton (dans son émission nocturne *Erskine Overnight*), Douglas Kenyon (du magazine *Atlantis Rising*), Laura Lee (dans l'émission radio *Laura Lee*), Hilly Rose (de l'émission *Art Bell*), Mike Siegel (du programme radio matinal *Coast to Coast*), Emad Hammoude (Radio EOF) et Paul Garson (Productions Cyberradio).

Je tiens à remercier les nombreuses personnes très généreuses qui m'ont remis des photographies et autorisé à les publier dans ce livre, notamment : Klaus Aarsleff, Janis Beaudette, Doris Dumont et Jay Constant, Colette M. Dowell, Ray Grasse, Angie Grenke, Hartwig Hausdorf, Stratton Horres, William R. Iseminger (du site historique classé Cahokia Mounds), Douglas Kenyon (du magazine *Atlantis Rising*), Jürgen Krönig, Gordon Landis, Helen Landis, James Parker, Bianca Portela et Javier Sierra (du magazine *Más Allá de la Cienca*). Toutes les photographies furent très appropriées, mais malheureusement, je n'ai pas pu les insérer toutes dans ce livre. Je suis infiniment reconnaissant à tous ceux qui ont répondu présent dans cette étape de mon travail, et je les remercie.

D'innombrables autres personnes se sont intéressées à mes recherches d'une manière plus générale, et m'ont aidé de diverses manières. Il m'est virtuellement impossible de citer toutes celles avec lesquelles j'ai eu des contacts au cours de mes recherches, mais je voudrais remercier quelques autres personnes en particulier, pour leurs aides, soutien et participation : L. Abdel-Khalek, Alessandro Abdo, Sean Adair, John Adderley, Takao Aharen, Alicia Alexander,

Ahmed Ali Mohammed, Bodhi Annan, Kayoe Aoki, Kihachiro Aratake, Janet Arbuthnot, Mary Bailey, Gaber Barakat, Cheryl Baxa, Paul Bierman, Tom Campbell, Sita Chaney, John Cheshire, Molly Cheshire, Dennis Coffman, Rita Corriel, Bill et Carol Cote, Barbara Crane, Anh Crutcher, Shun Daichi, Nelson Dale, Peter Daniell, Caroline Davies, Christopher DeFelice, Kate Dickie, Lloyd Dickie, Thomas L. Dobecki, Frank Domingo, Jonathan Eagle, Robert Eddy, M. M. El Aref, Ashraf El Trabishy, Hanny M. El Zeini, Michael Eldredge, Santha Faiia, Vera Fanuzzi, Adriano Forgione (chef de la rédaction du magazine *Hera*), Dennis C. Forbes, Brenda Franey, Tim Friend, Nehad Gamal, Alison et Gilbert Gjersvik, Ian Goh, Linda Goldstein, Diane Graszik, Jim Green, Joan Griffith, Terence Guardino, Eileen P. Gurly, Foxy Gwyne, Mary Habib, Khadija S. Hammond, Mohamed Heimeida, Romany Helmy, John Hipsley, Debbie et Stratton Horres, Sandy et Chuck Houghton, Steve Hubbard, James J. Hurtak, Natalia Ignatieff, Nicholas Ignatieff, Sandra Irby, Akiko Ito, Joseph Jahoda, LaNette Kardokus, Jorjana Kellaway, Dale Kimsey, Sarah Kingston, Megumi Kondo, Hiroshi-Kubota, Devendra Lal, Mary Lomando, Yoshimi Matsumura, Michele Matthews, Sarah McDermott, Peter McDougall, Robert G. McKinney, Edmund S. Meltzer, Chie Mikami, Scott Milburn, John E. Miller, Atsushi Mori, Mohamed Nazmy (*Quest Travel,* Gizeh, Égypte), Masha Nordbye (qui organisa un merveilleux voyage à Yonaguni en juillet-août 2000), Ahmed Nour-el-Din, T.C. Onstott, Vince Pace, Marshall Payn, Michala Perreault (qui, en collaboration avec Stratton Horres, m'a permis de faire une conférence à Dallas en juin 2000), Michael Pill, Cheryl Poppaw, Andris et Margaret Priede, Eglal Refai, Peyton E. Richter, Paul William Roberts, D.J. Roller, Helen Sage, feu Boris Said, Sarite Sanders (qui accompagna John Anthony West et moi-même lors de notre voyage en Égypte, en juin-juillet 2000, et dont l'assistance fut précieuse), Matthew Sapero, Akihiko Sato, Joseph Schor, Barabara Scott, Stephen Seufer, Emil Shaker, Tamer Shawsky, Jeff Shepherd, Diana Shields, C. Simonds, Lydia Smithers, David Solomon, Richard Speir, Christopher Swayne, Shunji Takahashi, Midori Uema, Gigi van Deckter, Kieth Vonderohe, Robert M. Watts, Celesta West, Joanne Wright, Noelle Wright, Sandy Wright, Ken Yamada et Stan Zippan. Que ceux que j'aurais oubliés, par inadvertance, veuillent bien m'excuser.

Et comme toujours, je me dois de remercier ma famille proche pour son soutien dans mes travaux (qui m'entraînèrent parfois loin de chez moi pendant plusieurs semaines). Mon épouse, Cynthia Pettit Schoch, et mes deux fils, Nicholas Robert Schoch et Edward Robert Schoch, ont toujours été là quand j'avais besoin d'eux. En outre, mes parents, Milton et Alicia Schoch, ma sœur, Marguerita C. Schoch, feue ma grand-mère, Adriana M. Goetz, et mes beaux-parents, Robert et Anne Pettit, m'ont toujours soutenu dans mes efforts.

Je rédigeai ce livre alors que j'étais membre du conseil municipal de ma ville natale (qui, en fait, est une grande ville), Attleboro, dans le Massachusetts. Je remercie mes concitoyens et électeurs, les autres élus, les fonctionnaires nommés et les employés municipaux pour leur grande patience, leur compréhension et leur appui dans tous mes travaux.

Ce livre n'aurait jamais vu le jour sans le talent, l'énergie, l'intelligence et l'enthousiasme de mon coauteur, Robert Aquinas McNally. Je le répète, je n'aurais pas pu trouver meilleur collaborateur. Je lui suis profondément redevable de son aide.

Robert et moi-même avons bénéficié, une fois de plus, de l'aide précieuse de nos deux conseillères littéraires, Sarah Jane Freymann et Judith Riven. Mitch Horowitz, éditeur en chef chez Jeremy P. Tarcher/Putnam, accepta ce livre dès qu'il posa les yeux sur le manuscrit. Avec son enthousiasme et son sens aigu de la rédaction, il le mena à sa révision finale et à travers tout le processus de la production, pour en faire ce livre que vous tenez entre vos mains. Katherine L. Scott fit un travail remarquable en corrigeant les épreuves. J'ai le privilège et l'honneur de voir mon livre traduit en plusieurs langues. À cet égard, l'enthousiasme, l'aide et le soutien d'Ignacio (Nacho) Ares et de Patricia Romero Perez furent extraordinaires, et ils ont fait paraître ce livre en Espagne. L'enthousiasme de Lutz Kroth à le faire publier en langue allemande a été sans limites, Heike Rosbach l'a traduit et Klaus Gabbert, Ekkehard Kunze et Christine Behrens ont contribué à son édition. Les observations faites par Liliane Roth, alors qu'elle travaillait à la traduction du livre en français, se sont révélées très utiles. C'est merveilleux d'avoir des amis et des collaborateurs tout autour du monde.

Bien que je n'aie jamais eu l'occasion de le rencontrer, je voudrais ici remercier feu Thor Heyerdahl, dont l'œuvre et la vie m'ont largement inspiré et influencé. Le Dr Heyerdahl (1914-2002) décéda après la rédaction de ce livre, mais avant sa publication. J'avais l'intention de lui en envoyer un exemplaire. J'ai laissé les passages qui parlent de lui tels qu'ils ont été écrits à l'origine, plutôt que de le nommer « feu Thor Heyerdahl ».

Une dernière chose : tout ce qui est dit, et toutes les interprétations contenues dans ce livre n'engagent que moi. Les personnes citées dans ces remerciements ne partagent pas forcément mes opinions et ne sont pas implicitement d'accord avec mes idées et mes commentaires. Ce livre présente des idées et des suggestions sur un sujet sur lequel de nombreux historiens et archéologues traditionnels jettent l'anathème. Mon but essentiel est de piquer et de stimuler la curiosité intellectuelle des lecteurs. J'admets que les thèmes abordés dans ce livre sont sujets à de houleuses controverses, mais c'est précisément cela qui marque leur intérêt.

Robert M. Schoch,
Attleboro, Massachusetts,
août 2002.

BIBLIOGRAPHIE

La liste ci-dessous fait référence aux articles et ouvrages consultés lors de la rédaction de ce livre. La date indiquée après les adresses Internet correspond à celle du jour où les auteurs ont consulté ces sites. Certains de ces sites ou pages ne sont peut-être plus disponibles aujourd'hui, ou les adresses ont peut-être changé. Quoi qu'il en soit, si vous avez du mal à accéder à un site dont l'adresse figure ci-dessous, lancez un de ses mots clés dans votre moteur de recherche : vous devriez trouver, si ce n'est la page en question, du moins des informations en rapport.

Les extraits bibliques proviennent de *La Sainte Bible*, traduite en français sous la direction de l'École Publique de Jérusalem, parue aux Éditions du Cerf, Paris, en 1956.

Référence pour les noms propres : *Petit Robert* 2, dictionnaire universel des noms propres, édité par les Dictionnaires Le Robert, Paris, 1988. Et pour les noms géographiques : *Atlas du Monde*, Sélection du Reader's Digest, Paris, 1993.

Agatucci, Cora, « China Timeline »,
http ://www.cocc.edu/cagatucci/classes/hum210/tml/ChinaTML/chinatml1.htm
http ://www.cocc.edu/cagatucci/classes/hum210/tml/ChinaTML/chinatml2.htm
http ://www.cocc.edu/cagatucci/classes/hum210/tml/ChinaTML/chinatml3.htm
http ://www.cocc.edu/cagatucci/classes/hum210/tml/ChinaTML/chinatml4.htm
http ://www.cocc.edu/cagatucci/classes/hum210/tml/ChinaTML/chinatml5.htm
(7/07/2001).

Ahuja, Anjana, « How Seven Women Founded Europe : All Europeans Descend from Just Seven Women, the Founders of Seven Clans »
http ://www.foxnews.com/science/041900/times_7women.sml (8/072001).

Alford, Alan F., « The Phoenix Solution »
http ://www.eridu.co.uk/PhoenixSolution.htm (12/06/1999).

Alford, Alan F. *The Phoenix Solution : Secrets of a Lost Civilization*, Londres, Hodder and Stoughton, 1998.

Ancient Egypt Research Associates, « Radiocarbon Project »
http ://www.fas.harvard.edu/~aera/Giza_Pages/Aeragram_Pages/Aeragram.htm (11/12/1999).

Anomyme, « 5000-Year-Old "Pyramid" Discovered in North China »
http ://english.peopledaily.com.cn/200107/09/eng20010709_74490.html (16/07/2001).
Également publié dans *People's Daily*, le 9 juillet 2001
Anonyme, « California Bones May Complicate Theory on Settlement of Americas »
http ://www.sfgate.com/cgi-bin/article.cgi ?file=/news/archive/1999/04/12/ state 0246EDT0143.DTL (12/04/1999).
Anonyme, « China Meteor May Solve Death of Mythic Emperor »
http ://asia.cnn.com/2002/WORLD/asiapcf/east/04/09/china.emperor.reut/ (10/04/2002).
Anonyme, « Explorers to Return to Ocean Floor »
http//:www.lasvegassun.com/sunbin/stories/w-sa/2002/may/ 19/051907529.html (21/05/2002).
Anonyme, « Heaven's Gate Tragedy Is Behind Us But Second Sect's Leader Is Still at Large – with Rising Death Toll »
http ://www.webshowplace.com/HeavensGate/home.htm (2/11/1999).
Anonyme, « Jehovah's Witnesses and the Pleiades Star Cluster »
http ://www.webshowplace.com/HeavensGate/Reconciliation P14.html (2/11/1999).
Anonyme, « Lemurian Paradise »
http ://www.crystalinks.com/lemeura.html (19/06/1998).
Anonyme, « Looking for Lost Riches in Cuba's Seas : Underwater Surveyors Say They May Have Found Sunken City »
http ://www.msnbc.com/news/573489.asp ?cp1=1 (18/05/2001).
Anonyme, « Lost City Found off Indian Coast »
http ://news.bbc.co.uk/hi/english/uk/england/newsid_1923000/ 1923794.stm (13/04/2002).
Anonyme, « Machu Picchu, Peru »
http ://www.sacredsites.com/2nd56/21422.html (1/04/2000).
Anonyme, « Oldest City in the Americas Discovered »
http ://www.discoveringarchaeology.com/articles/042601-oldestperucity.htm (28/04/2001).
Anonyme, « Proto-World Language »
http ://members.aol.com/yahyam/page24/protoworld.htm (19/10/1999).
Anonyme, « Rock Chemistry Traces Ancient Traders », *Science*, n° 274 (20/12/1996).
http ://www.trends.ca/~yuku/tran/xpacif.htm (24/12/1998).
Anonyme, « Scientists Describe Asteroid's Ancient Ocean Plunge »
http ://abob.libs.uga.edu/bobk/ccc/cc120497.html (13/06/2002).
Anonyme, « The Chinese Calendar »
http ://webexhibits.org/calendars/calendar-chinese.html (7/07/ 2001).
Anonyme, « The First Seafarers »
http ://www.bric.postech.ac.kr/science/97now/98_3now/980311b.html (16/10/1999).
Anonyme, « The India-Atlantis Expedition »
http ://www.india-atlantis.org/ (13/04/2002).

Anonyme, « The Legend of Lemuria and Sunken Sundaland »
http ://asiapacificuniverse.com/features/lemuria.htm (5/05/2002).
Anonyme., « The Man in the Ice »
http ://www.treesonthemove.com/Media/IonSci/features/maninice/ index.html (16/01/1998).
Anonyme, « The Mayan Calendar »
http ://webexhibits.org/calendars/calendar-mayan.html (8/07/2001).
Anonyme, « The Mystery of the Cocaine Mummies »
Émission *Equinox* sur la chaîne 4 de la BBC, le 8/09/1996.
http ://lime.weeg.uiowa.edu/~anthro/webcourse/lost/coctrans.htm (6/11/1998).
Anonyme, « The Pyramids of Guimar, Canary Islands, Spain »
http ://www.ferco.org/ferco_pyramids.html (4/01/ 2000).
Arbuthnot, Michael A., « Diffusion Revisited : A Look at the Principles Behind Meggers, Evans and Estrada's Valdivia-Jomon Hypothesis », non publié, 15 décembre 1999.
Ashe, Geoffrey, Thor Heyerdahl, Helge Ingstad, J.V. Luce, Betty J. Meggers et Birgitta L. Wallace, *The Quest for America*, New York, Praeger Publishers, 1971.
Ashe, Geoffrey, *Dawn Behind the Dawn : A Search for the Earthly Paradise*, New York, Henry Holt, 1992.
Ashe, Geoffrey, *Land to the West : St Brendan's Voyage to America*, Londres, Collins, 1962.
Associated Press, « Who Passed on the Genes ? Key DNA May Be from Dad After All »
http ://www.abcnews.go.com/sections/science/DailyNews/dna_ evolution991223. html (8/07/2000).
Bailey, Jim, *Sailing to Paradise : The Discovery of the Americas by 7000 B.C.*, New York, Simon & Schuster, 1994.
Baillie, Mike, *Exodus to Arthur : Catastrophic Encounters with Comets*, Londres, B.T. Batsford Ltd, 1999.
Baines, John et Jaromír Málek, *Atlas of Ancient Egypt*, New York, Facts on File, 1980.
Barber, Elizabeth Wayland, *The Mummies of Ürümchi*, New York, W.W. Norton & Co, 1999.
Bauval, Robert et Adrian, Gilbert, *The Orion Mystery : A Revolutionary New Interpretation of the Ancient Enigma*, New York, Crown Trade Paperbacks, 1994. Traduction française : *Le Mystère d'Orion : l'histoire des pyramides réécrite*, Paris, Pygmalion, 1996.
Begley, Sharon, « New World Pyramids : Scientists Have Unearthed the Oldest Known City in the Americas, Showing That Urban Civilization Began Here 1500 Years Earlier Than They Thought », *Newsweek*, 7 mai 2001, pp. 60-61.
Behrne, Daniel Randall, « Cultural Patterning as Revealed by a Study of Pre-Columbian Ax and Adz Hafting in the Old and New Worlds », in *Man Across the Sea : Problems of Pre-Columbian Contacts*, édité par Carroll L. Riley, J. Charles Kelley, Campbell W. Pennington et Robert L. Rands, Austin, University of Texas Press, 1971, pp. 139-177.

Bellos, Alex., « Archaeologists Dig at Each Other over Findings in Brazil », *San Francisco Examiner*, 20 février 2000.

Bellwood, Peter, « Ancient Seafarers »
http ://www.he.net/~archaeol/9703/etc/specialreport.html (16/10/1999).

Billington, David, « A Response to *Giza : The Truth* »
http ://members.aol.com/davidpb4/lawton.html (3/03/2000).

Billington, David, « Redating the Sphinx »
http ://members.aol.com/davidpb4/sphinx1.html (23/12/1999).
[dernière version d'un article publié originellement dans *World History Bulletin*, 11, n° 1, 1-4 (printemps-été 1994).]

Billington, David., « Redating the Sphinx : The Debate »
http ://members.aol.com/davidpb4/sphinx2.html (23/12/1999).

Billington, David, « The Giza Radiocarbon Studies »
http ://www.leonardo.net/davidpb/sphinx3.html (8/12/1999).

Birnbaum, Edwin, *Sacred Mountains of the World*, San Francisco, Sierra Club Books, 1992.

Blaha, Stephen. *Cosmos and Consciousness : Quantum Computers, SuperStrings, Mysticism, C++Programming, Egypt, Quarks, Mind-Body Problem, Aliens, Linguistics and Turing Machines*, Bloomington (Indiana), 1stBooks Library, 2000.

Boslough, Mark et David Crawford, « Frequently Asked Questions About the Collision of Comet Shoemaker-Levy9 with Jupiter : Post-Impact Questions and Answers »
http ://www/isc.tamu.edu/~astro/sl9/cometfaq2.html (11/04/1998).

Bowdan, Scott, « A Comet's Fiery Dance at Jupiter », *The Galileo Messenger*, mai 1995. Figure aussi sur le site suivant :
http ://www.jpl.nasa.gov/sl9g1129.htm (11/04/1998).

Bradley, Michael, *The Black Discovery of America : Amazing Evidence of Daring Voyages by Ancient West African Mariners*, Toronto, Personal Library, 1981.

Britt, Robert Roy., « Comets, Meteors, and Myth : New Evidence for Toppled Civilizations and Biblical Tales »
http ://dailynews.yahoo.com/htx/space/20011113/sc/comets_meteors_myth_new_evidence_for_toppled_civilizations_and_ biblical_tales_1.html
http ://www.space.com/scienceastronomy/planetearth/comet_bronzeage_011113-1.html (21/11/2001).

Budge, E.A. Wallis, *The Book of the Dead*, New York, Bell Publishing Company, 1960 (réimpression de l'édition de Londres, 1900).

Campbell, Joseph, *The Masks of God : Oriental Mythology*, New York, Penguin Books, 1962. Trad. fr. : *Les Philosophies de l'Inde*, Paris, Payot, 1997.

Campbell, Joseph, *The Mythic Image*, Bollingen Series C, Princeton University Press, 1974. Trad. fr. : *La Puissance du Mythe*, Paris, J'ai Lu, 1999.

Campbell, Joseph, *The Sacrifice* et *Mythologies of the Primitive Planters : The Northern Americas*, in *Historical Atlas of World Mythology*, vol. II, New York,

Harper & Row, 1989. Trad. fr. : *Mythes à travers les âges*, Québec (Canada), Éditions Le Jour, 1994.

Carter, George W., « Pre-Columbian Chickens in America », in *Man Across the Sea : Problems of Pre-Columbian Contacts*, édité par Carroll L. Riley, J. Charles Kelley, Campbell W. Pennington et Robert L. Rands, Austin, University of Texas Press, 1971, pp. 178-218.

Carter, George W., « The Chicken in America : Spanish Introduction or Pre-Spanish ? » in *Across Before Columbus ? : Evidence for Transoceanic Contact with the Americas Prior to 1492*, édité par Donald Y. Gilmore et Linda S. McElroy, Edgecomb (Maine), NEARA Publications, 1998, pp. 150-160.

Caste, Tim, « Historian Presses Claim China Beat out Columbus » http ://sg.news.yahoo.com/reuters/asia-95228.html (16/03/2002).

Cawthorne, Andrew, « Explorers Comb Cuban Seas for Treasure, Mysteries » http ://dailynews.yahoo.com/h/nm/20010514/lf/cuba_treasure_dc_1.html (18/05/2001).

Cawthorne, Andrew, « Explorers View "Lost City" Ruins Under Caribbean » http ://abcnews.go.com/wire/SciTech/reuters20011206_346.html (8/12/2001).

Chandler, David L., « Peru Find Called Oldest City in Americas », *Boston Globe*, 27 avril 2001. Figure aussi sur le site suivant : http ://www.boston.com/dailyglobe2/117/nation/Peru_find_called_oldest_city_in_Americas+.shtml (28/04/2001)

Chang, Kwang-chih, *The Archaeology of Ancient China*, New Haven, Yale University Press, 1963. Édition revue et complétée, 1968.

Chapman, Paul H., *The Man Who Led Columbus to America*, Atlanta, Judson Press, 1973.

Chapman, Paul H., *The Norse Discovery of America*, Atlanta, One Candle Press, 1981.

Clancy, Flora Simmons, *Pyramids*, Montreal, St Remy Press/Washington, Smithsonian Books, 1994.

Clube, Victor et Napier, Bill, *The Cosmic Winter*, Oxford, Grande-Bretagne, Basil Blackwell, 1990.

Coe, Michael D., *America's First Civilization : Discovering the Olmecs*, New York, American Heritage Publishing Co., 1968.

Coe, Michael D., *The Maya*, Londres, Thames & Hudson, 5e édition, 1993.

Cohane, John Philip, *The Key*, New York, Crown, 1969.

Cook, Gary J. et Brown, Thomas J., *The Secret Land : People Before*, Castle Hill Village, Christchurch (Nouvelle-Zélande), StonePrint Press, 1999.

Coxill, David, « The Riddle of the Sphinx », *InScription : Journal of Ancient Egypt*, printemps 1998, pp. 13-19.

Däniken Erich von, *Chariots of the Gods ? Unsolved Mysteries of the Past*, traduit par Michael Heron, New York, Putnam, 1970. Trad. fr. : *Monde Fabuleux des Grandes Énigmes*, Paris, Robert Laffont, 1974.

Deem, James M., sans titre (sur les momies d'Urumtsi) http ://www.jamesmdeem.com/urumchi.htm (8/07/ 2000).

Dixon, E. James, « Coastal Navigators : The First Americans May Have Come by Water »
http ://www.discoveringarchaeology.com/0799toc/7special2-navigate.shtml (27/01/2000).

Dobecki, Thomas et Schoch, Robert M., « Seismic Investigations in the Vicinity of the Great Sphinx of Giza, Egypt », *Geoarchaeology*, vol. 7, n° 6, 1992, pp. 527-644.

Doran, Edward, Jr., « The Sailing Raft as a Great Tradition », in *Man Across the Sea : Problems of Pre-Columbian Contacts*, édité par Carroll L. Riley, J. Charles Kelley, Campbell W. Pennington et Robert L. Rands, Austin, University of Texas Press, 1971, pp. 115-138.

Doutré, Martin. *Ancient Celtic New Zealand*, Albany (Nouvelle-Zélande), Dé Danann Publishers, 1999.

Duerinck, Kevin F., « Genetics And Human Migration Patterns (Genetic Anthropology) »
http ://redshift.stanford.edu/P12/human_origins/050200sci-genetics-evolution.html (8/07/ 2000).

Eccott, David J., « Comalcalco : A Case for Early Pre-Columbian Contact and Influence ? », *Chronology & Catastrophism Review*, 1999, n° 1, pp. 21-30.

Eccott, David, « Evidence of Contact between America and the Old World before Columbus »
http ://www.unibg.it/convegni/NEW_SCENARIOS/Abstracts/Eccott.htm (16/04/2000).

Edge, Frank, « A Celestial Interpretation of the Hall of Bulls from the Cave of Lascaux »
http ://www.jse.com/absource.html (19/12/1997).

Edge, Frank, « Aurochs in the Sky : Dancing with the Summer Moon. A Celestial Interpretation of the Hall of Bulls from the Cave of Lascaux », non publié, décembre 1995.

Edge, Frank, « Les Aurochs de Lascaux dansant avec la Lune d'Été », *Kadath : chroniques des civilisations disparues*, n° 90, printemps-été 1998, pp. 20-34.

Egan, Timothy, « Expert Panel Recasts Origin of Fossil Man in Northwest »
http ://search.nytimes.com/search/daily/bin/fastweb ?getdoc+site+iib-site+99+0+wAAA+Kennewick%7Eman (16/10/1999).

Ekholm, Gordon F., « Transpacific Contacts », in *Prehistoric Man in the New World*, édité par Jesse D. Jennings et Edward Norbeck, Chicago, The University of Chicago Press, 1964, pp. 489-510.

Eliade, Mircea, *Patterns in Comparative Religion*, traduit par Rosemary Sheed, New York, New American Library, 1974 (copyright originel : 1958). Édition française : *Traité d'histoire des religions*, Paris, Payot, 1989.

Eliade, Mircea. *The Sacred and the Profane : The Nature of Religion*, traduit par Willard R. Trask, New York, Harcourt, Brace & World, 1959. Édition française : *Le Sacré et le Profane*, Paris, Gallimard, 1988.

Fagan, Brian M., *Quest for the Past ; Great Discoveries in Archaeology*, Reading (Mass.), Addison-Wesley, 1978. Trad. fr. : *L'Aventure archéologique en*

Égypte : grandes découvertes, pionniers célèbres, chasseurs de trésors et premiers voyageurs, Paris, Pygmalion, 1991.

Farley, Gloria, *In Plain Sight : Old World Records in Ancient America*, Columbus (Georgie), ISAC Press, 1994. Chapitres choisis sur le site : http ://www2.privatei.com/~bartjean/mainpage.htm (30/01/1999).

Fell, Barry, *America B.C. : Ancient Settlers in the New World*, New York, Pocket Books, 1976. Révisé et mis à jour en 1989.

Fell, Barry, *Bronze Age America*, Boston, Little, Brown and Company, 1982.

Fell, Barry, *Saga America*, New York, Times Books, 1980.

Feuerstein, Georg, Kak, Subhash et Frawley, David, *In Search of the Cradle of Cicilization : New Light on Ancient India*, Wheaton (Ill.), Quest Books, 1995.

Fingerhut, Eugene R., *Explorers of Pre-Columbian America ? The Diffusionist-Inventionist Controversy*, Claremont (Californie), Regina Books, 1994.

Foster, Mary LeCron, « Old World Languages in the Americas : I », article présenté lors de la session honoraire de George F. Carter, Transferts transocéaniques précolombiens ; réunion annuelle de l'Association des géographes américains, San Diego, Californie, 20 avril 1992.

Foster, Mary LeCron, « Old World Languages in the Americas : II » Article présenté à la Société des origines des langues, Cambridge University, septembre 1992.

Fountain, Henry, « Now the Ancient Ways Are Less Mysterious », *New York Times*, 20 janvier 2000.

Fowler, Brenda, *Iceman : Uncovering the Life and Times of a Prehistoric Man Found in an Alpine Glacier*, New York, Random House, 2000.

Fowler, Brenda, « The Iceman's Last Meal » http ://www.pbs.org/wgbh/nova/icemummies/iceman.html (31/07/2001).

Frawley, David, *Gods, Sages and Kings*, Salt Lake City (Utah), Passage Press, 1991.

Frazer, James G., *The Golden Bough : The Roots of Religion and Folklore* (1890), New York, Avenel Books, 1981. Trad. fr. : *Le Rameau d'or*, Paris, Robert Laffont, 1983.

Gallant, Roy A., « The Sky has Split Apart ! : The Cosmic Mystery of the Century » http ://www.galisteo.com/tunguska/docs/splitsky.html (10/04/1998).

Gauri, K. Lal, Sinai, J. et Bandyopadhyay, J. A., « Geologic Weathering and Its Implications on the Age of the Sphinx », *Geoarchaeology* 10, n° 2, 1995, pp. 119-133.

Gibbons, Ann, « Chinese Stone Tools Reveal High-Tech *Homo erectus* », *Science* 287, 1566 (3 mars 2000).

Gilmore, Don, « The First Americans – Hot on the Trail », *The NEARA Journal* 31, n° 1, été 1997, pp. 1-3. Figure aussi sur le site suivant : http ://www.neara.org/gillmore.htm (5/02/1999).

Gilmore, Donald Y. et McElroy, Linda S. (éditeurs), *Across Before Columbus ? : Evidence for Transoceanic Contact with the Americas prior to 1492*, Edgecomb (Maine), The New England Antiquities Research Association Publications, 1998.

Gimbutas, Marija, *The Civilization of the Goddess : The World of Old Europe*, San Francisco, Harper San Francisco, 1991.

Gimbutas, Marija, *The Language of the Goddess*, San Francisco, Harper & Row, 1989.

Giza Plateau Mapping Project. Rapport annuel 1995-96 http ://www-oi.uchicago.edu/OI/AR/95-96/95-96_Giza.html (8/12/1999).

Goetz, Delia et Morley, Sylvanus G. (traducteurs), *Popol Vuh : The Sacred Book of the Ancient Quiché Maya*, Norman, University of Oklahoma Press, 1950.

Gordon, Cyrus H., *Before Columbus : Links Between the Old World and Ancient America*, New York, Crown Publishers, 1971.

Graves, Robert et Patai, Raphael, *Hebrew Myths : The Book of Genesis*, New York, McGraw Hill, 1963. Trad. fr. : *Les Mythes hébreux*, Paris, Fayard, 1987.

Grice, Elizabeth., « Explorer from China Who "Beat Columbus to America"» http ://www.telegraph.co.uk/news/main.jhtml ?xml=%2Fnews%2F2002 %2F0 3 %2F04 %2Fnexp04.xml (16/03/2002).

Gruhn, Ruth, « The South American Twist : Clovis First Doesn't Fit the Rich Prehistory of the Southern Continent » http ://www.discoveringarchaeology.com/0799toc/7special11-twist.shtml (29/01/2000).

Guthrie, James L., « Great Lakes Copper – Still Missing », *NEARA Journal* 30, n° 3-4, 1996, pp. 57-70.

Guthrie, James L., « The Newberry Inscription », *NEARA Journal* 33, n° 1, été 1999, pp. 21-30.

Haas, Herbert, Devine, James, Wenke, Robert, Lehner, Mark, Wölfli, Willy et Bonani, Georg, « Chronologie par radiocarbone et calendrier historique égyptien », in *Chronologies du Proche-Orient*, édité par Olivier Aurenche, Jacques Evin et Francis Hours, BAR International Series 379 (ii), 1987, pp. 585-606.

Hancock, Graham et Bauval, Robert, *The Message of the Sphinx : A Quest for the Hidden Legacy of Mankind*, New York, Three Rivers Press, 1996. Trad. fr. : *Le Mystère du Grand Sphinx : À la recherche du patrimoine caché de l'humanité*, Monaco, Éditions du Rocher, 1999.

Hancock, Graham, « Position Statement by Graham Hancock on the Antiquity and Meaning of the Giza Monuments » (22 juillet 1998). http ://martins.castlelink.co.uk/pyramid/forging/hancockps.html (14/12/1999).

Hancock, Graham, *Underworld : Flooded Kingdoms of the Ice Age*, Londres, Michael Joseph/Penguin, 2002. Trad. fr. : *Civilisations englouties. Découvertes et mystères*, Pygmalion, 2002.

Handwerk, Brian, « New Finds Worldwide Support Flood Myths », *National Geographic News*, 28 mai 2002. Figure aussi sur le site suivant : http ://news.nationalgeographic.com/news/2002/05/0528_020528_sunkencities.html (29/05/2002)

Harrell, J. A., « Comments on the Geological Evidence for the Sphinx's Age » http :// www.users.globalnet.co.uk/~lawtoni/as3.htm (13/03/2000). Voir aussi : http ://www.ianlawton.com/gttindex.htm (24/08/2000).

Harrell, J. A., «The Sphinx Controversy: Another Look at the Geological Evidence», *KMT, A Modern Journal of Ancient Egypt*, 5, n° 2, été 1994, pp. 70-74.
Harris, A., «"Tunguska 96", Bologne, Italie, 15-17 juillet 1996: compte rendu d'une réunion»
http ://ccf.arc.nasa.gov/sst/10-11-96.html (15/12/1997).
Hassan, Selim, *The Sphinx : Its History in the Light of Recent Excavations*, Le Caire, Government Press, 1949.
Hathaway, James, «Discoveries at Teotiuacán's Pyramid of the Moon Help Unlock Mysteries of Western Hemisphere's First Major Metropolis».
http ://clasdean.la.asu.edu/news/teomoon.htm (15/10/1999).
Hausdorf, Hartwig, *The Chinese Roswell : UFO Encounters in the Far East from Ancient Times to the Present*, Boca Raton (Floride), New Paradigm Books, 1998.
Hawass, Zahi, *The Secrets of the Sphinx : Restoration Past and Present*, Le Caire, The American University in Cairo Press, 1998.
Hedrick, B.C., «Quetzalcoatl : European or Indigene ?», in *Man Across the Sea : Problems of Pre-Columbian Contacts,* édité par Carroll L. Riley, J. Charles Kelley, Campbell W. Pennington et Robert L. Rands, Austin, University of Texas Press, 1971, pp. 255-265.
Heinrich, Paul V., «Lemuria, a Scientific Frankenstein»
http ://www.mm.org/jz/sphinxcc.html (19/06/1998).
Heyerdahl, Thor, Sandweiss, Daniel H. et Narváez, Alfredo, *Pyramids of Túcume : The Quest for Peru's Forgotten City*, Londres, Thames & Hudson, 1995.
Heyerdahl, Thor, «The Bearded Gods Speak», in *The Quest for America*, de Geoffrey Ashe, Thor Heyerdahl, Helge Ingstad, J.V. Luce, Betty J. Meggers et Birgitta L. Wallace, New York, Praeger, 1971, pp. 199-238.
Heyerdahl, Thor, *Kon-Tiki : Across the Pacific by Raft*, traduit par F.H. Lyon, Chicago, Rand McNally, 1950. Trad. fr. : *L'Expédition du Kon Tiki*, Paris, Phébus, 2002.
Heyerdahl, Thor, *The Ra Expeditions*, traduit par Patricia Crampton, Garden City (N.Y.), Doubleday, 1971.
Hirst, K. Kris, «Kennewick Man, Or How I Learned to Hate 60 Minutes, Part IV : Don't We Already Know How the Americas Were Populated ?»
http ://archaeology.miningco.com/library/weekly/aa120698.htm (13/04/1999).
Hoffman, Michael A., *Egypt Before the Pharaohs : The Prehistoric Foundations of Egyptian Civilization*, New York, Dorset Press, 1979.
Housden, Tom, «Lost City "Could Rewrite History". The City Is Believed to Predate Harappan Civilization»
http ://news.bbc.co.uk/hi/english/world/south_asia/newsid_1768000/1768109.stm (13/04/2002).
Hristov, Romeo H. et Santiago Genovés, «The Roman Head from Tecaxic-Calixtlahuaca, Mexico : A Review of the Evidence», article présenté lors de la 66e réunion annuelle de la Société d'archéologie américaine, à New Orleans, Louisiane (18 au 22 avril 2001).
http ://www.unm.edu/~rhistov/Romanhead.html (21/01/2001).

Hristov, Romeo H. et Santiago Genovés, « Por una cabeza », *National Geographic* 3 (édition espagnole), n° 5, novembre 1998, p. 12.

Hristov, Romeo H. et Santiago Genovés, « Viajes transatlánticos antes de Colón », *Arqueología Mexicana* 6, n° 33, 1998, pp. 48-53.

Hristov, Romeo H. et Santiago Genovés, « Mesoamerican Evidence of Pre-Columbian Transoceanic Contacts », *Ancient Mesoamerica* 10, n° 2, 1999, pp. 207-213.

Ingstad, Helge, « Norse Explorers » in *The Quest for America*, de Geoffrey Ashe, Thor Heyerdahl, Helge Ingstad, J. V. Luce, Betty J. Meggers et Birgitta L. Wallace, New York, Praeger, 1971, pp. 96-112.

Jacobs, James Q., « Reflections on Prehistory »
http ://www.geocities.com/Athens/Olympus/4844/prehisty.html#5 (7/01/2000).

Jacobs, William, « Toke Like an Egyptian », *Fortian Times*, n° 117, décembre 1998, pp. 34-38.

Jairazbhoy, Rafique Ali, *Ancient Egyptians and Chinese in America*, Totowa (New Jersey), Rowman and Littlefield, 1974.

Jeffreys, M. D. W., « Pre-Columbian Maize in Asia », in *Man Across the Sea : Problems of Pre-Columbian Contacts,* édité par Carroll L. Riley, J. Charles Kelley, Campbell W. Pennington et Robert L. Rands, Austin, University of Texas Press, 1971, pp. 376-400.

Jett, Stephen C., « Diffusion Versus Independent Development : The Bases of Controversy », in *Man Across the Sea : Problems of Pre-Columbian Contacts,* édité par Carroll L. Riley, J. Charles Kelley, Campbell W. Pennington et Robert L. Rands, Austin, University of Texas Press, 1971, pp. 5-53.

Jett, Stephen C., « Introduction : Early Watercraft and Navigation in the Pacific », *Pre-Columbiana* 1, n° 1-2, juin et décembre 1998, pp. 3-8.

Jett, Stephen, « Dyestuffs and Possible Early Contacts Between Southwestern Asia and Nuclear America », in *Across Before Columbus ? : Evidence for Transoceanic Contact with the Americas prior to 1492*, édité par Donald Y. Gilmore et Linda S. McElroy, Edgecomb (Maine), The New England Antiquities Research Association (NEARA) Publications, 1998, pp. 141-150.

Jett, Stephen, « Precolumbian Transoceanic Contacts », in *Ancient South Americans*, édité par Jesse D. Jennings, San Francisco, W. H. Freeman and Company, 1978 et 1983, pp. 337-384.

Jochmans, Joseph, « How Old Are the Pyramids ? », *Atlantis Rising*, été 1996. Figure aussi sur le site suivant :
http ://atlantisrising.com/issue8/ar8pyramids.html (27/11/1999).

Johannessen, Carl L., « Maize Diffused to India Before Columbus Came to America », in *Across Before Columbus ? : Evidence for Transoceanic Contact with the Americas prior to 1492,* édité par Donald Y. Gilmore et Linda S. McElroy, Edgecomb (Maine), The New England Antiquities Research Association (NEARA) Publications, 1998, pp. 110-124.

Johannessen, Carl L. et Fogg, May Chen, « Melanotic Chicken Use and Chinese Traits in Guatemala », *Revista de Historía de América* n° 93, 1982, pp. 427-434.

Johannessen, Carl L., avec Wang Siming, « American Crop Plants in Asia Before A.D. 1500 », *Pre-Columbiana* 1, n° 1-2, juin et décembre 1998, pp. 9-36.

Jojin, Alexandra M., « Biography of a Pioneer : Dr Betty J. Meggers »
http ://www.utexas.edu/courses/wilson/ant304 :biography/arybios97/jojinbio.html (12/12/1998).

Kaplan, Lawrence, « *Phaseolus :* Diffusion and Centers of Origin », in *Man Across the Sea : Problems of Pre-Columbian Contacts,* édité par Carroll L. Riley, J. Charles Kelley, Campbell W. Pennington et Robert L. Rands, Austin, University of Texas Press, 1971, pp. 416-427.

Kehoe, Alice Beck, *The Land of Prehistory : A Critical History of Archaeology*, New York et Londres, Routledge, 1998.

Kelley, David B., « (On Chinese Pyramids) »
http ://hawk.hamamed.ac.jp/dbk/chnpyramid.html (7/07/2001).

Kelley, David H., « The Identification of the Proto-Tifinagh Script at Peterborough, Ontario », *NEARA Journal* 28, n° 3-4, 1994, pp. 86-98.

Kennedy, Robert A., « A Transatlantic Stimulus Hypothesis for Mesoamerica and the Caribbean, circa 3500 to 2000 B.C. », in *Man Across the Sea : Problems of Pre-Columbian Contacts,* édité par Carroll L. Riley, J. Charles Kelley, Campbell W. Pennington et Robert L. Rands, Austin, University of Texas Press, 1971, pp. 266-274.

Kenyon, J. Douglas, « Atlantis in Antarctica ? »
http ://members.aa.net/~mwm/atlantis/issue7ar7antarctica1.html (13/03/1998).

Keys, David, *Catastrophe : An Investigation into the Origins of the Modern World*, New York, Ballantine Books, 2000.

Kienast, M., Pelejero, C., Grimalt, J. O. et Wang., L., « The Flooding of Sundaland During the Last Deglaciation : Imprints in Hemipelagic Sediments from the Southern South China Sea », *Eos, Transactions, American Geophysical Union 80*, n° 46, réunion à l'automne 1999, suppl. F531.
http ://www.eos.ubc.ca/geochem/peolpe/mkienast/tfosd2.html (5/05/2002).

Kimura, Masaaki, « Paleogeography of the Ryukyu Islands », *Tropics*, 10, n° 1, 2000, pp. 5-24.

Kimura, Masaaki, *Riddle of Submarine Ruins in Okinawa : Are They Oldest Constructions of Megalithic Civilization in the World ?* Tokyo, Daisanbunmeisha, 2000 (en japonais).

Kimura, Masaaki, *Submarine Ruins off Yonaguni, Japan*, Japon, 2000 (en japonais avec résumé en anglais).

Kornbacher, Kimberley D., « Prehistoric Caostal Peru as an Example of Evolution in a Temporally Fluctuating Environment : A Preliminary Inquiry »
http ://www.yannoehl.com/archy/saa98/waste/kkornbach/kornbach.html (7/01/2000).

Kroeber, A.L., *Anthropology*, New York, Harcourt, Brace & Co., 1923.

Kukal, Zdeněk, *Atlantis : In the Light of Modern Research*, traduit par Zborilek et C. Emiliani, Amsterdam, Elsevier, 1984. Extrait de *Earth Science Review*, vol. 21 (1984).

Lauritzen, William, « Atlantis : Continent Lost »
http ://www.earth360.com/his-atlantis.html (10/05/2001).

Lawton, Ian et Ogilvie-Herald, Chris, *Giza : The Truth : The People, Politics and History Behind the World's Most Famous Archaeological Site*, Londres, Virgin Publishing, 1999.

Lehner, Mark, *The Complete Pyramids*, Londres, Thames & Hudson, 1997.

Lehner, Mark, *The Development of the Giza Necropolis : The Khufu Project*, communiqué de l'Institut d'Archéologie allemand au Caire, vol. 41, 1985, pp. 109-143.

Lehner, Mark, interviewé par A.R. Smith, « The Search for Ra Ta », *Venture Inward* (magazine de l'Association for Research and Enlightenment et de la Fondation Edgar Cayce), janvier/février 1985, pp. 6-11, 47 ; mars-avril 1985, pp. 6-11.

Leonard, Jonathan Norton et les éditeurs de Time-Life Books, *Ancient America*, New York, Time Incorporated, 1967.

Lewis, John S., *Rain of Iron and Ice : The Very Real Threat of Comet and Asteroid Bombardment*, Reading (Mass.), Addison-Wesley Publishing Company, 1996.

Liu, Claire, « A Link Between Chinese and American Cultures ? – The Olmec and the Shang » (traduit par Robert Taylor, avec Liu ; photos de Vincent Chang), *SINORAMA Magazine* 22, n° 5, mai 1997. Figure aussi sur le site suivant :
http ://hawk.hama-med.ac.jp/dbk/605006e1.html (7/07/2001).

Lorenzi, Rossella, « Rock Art Reveals Egypt Prehistory »
http ://www.discovery.com/news/briefs/20001229/hi_hu_rockart. html (3/01/2001).

Luce, J.V., « Ancient Explorers », in *The Quest for America*, de Geoffrey Ashe, Thor Heyerdahl, Helge Ingstad, J. V. Luce, Betty J. Meggers et Birgitta L. Wallace, New York, Praeger, 1971, pp. 53-95.

Mackenzie, Donald A., *Pre-Columbian America : Myths and Legends*, Senate Books, Londres, Random House, 1996 (publié à l'origine sous le titre *Myths of Pre-Columbian America*, Londres, Gresham Publishing Company, 1923).

Mallery, Arlington H., *Lost America : The Story of Iron-Age Civilization Prior to Columbus*, Washington, D.C., The Overlook Company, 1951.

Mandelkehr, Moe, « The Causal Source for Climatic Changes at 2300 B.C. », *Chronology & Catastrophism Review* 1999, n° 1, pp. 3-10.

Mandelkehr, Moe, « The Causal Source for the Geological Transients at 2300 B.C. », *Chronology & Catastrophism Review* 1999, n° 1, pp. 11-16.

Markham, Sir Clements R., *The Travels of Pedro de Cieza de Leon*, Londres, The Hakluyt Society, 1864.

Marx, Robert R., « Romans in Rio », *Oceans* 17, n° 4, 1984, pp. 18-21.

Marx, Robert, avec Jenifer G. Marx, *In Quest of the Great White Gods : Contact between the Old and New World from the Dawn of History*, New York, Crown Publishers, 1992.

Matthews, Robert, « Meteor Clue to End of Middle East Civilizations »
http ://news.telegraph.co.uk/news/main.jhtml ?xml=%2Fnews%2F2001 %2F1 1 %2F04 %2Fwmet04.xml (4/11/2001).

McCaffrey, Kevin, « Ancient Coins May Map New Understandings of Antiquity » http ://www.mtholyoke.edu/offices/comm/profile/mcmenpub.html (24/12/1998).

McCarter, P. Kyle, Jr., « Let's Be Serious About the Bat Creek Stone », *Biblical Archaeology Review*, juillet-août 1993, pp. 54-55.

McCulloch, J. Huston, « The Bat Creek Inscription : Did Judean Refugees Escape to Tennessee ? », *Biblical Archaeology Review*, juillet/août 1993, pp. 47-53.

McCulloch, J. Huston, « The Bat Creek Stone »
http ://www.econ.ohio-state.edu/jhm/arch/batcrk.html (24/12/1998).

McGlone, William R., Leonard, Phillip M., Guthrie, James L., Gillespie, Rollin W., et Whittall Jr., James P., *Ancient American Inscriptions : Plow Marks or History ?*, Sutton (Mass.), Early Sites Research Society, 1993.

McMenamin, Mark A., « Cartography on Carthaginian Gold Staters », *The Numismatist*, novembre 1996, pp. 1315-1317.

McMenamin, Mark A., « Phoenician Coins and Phoenician Exploration », *Migration & Diffusion* 1, n° 1, 2000, pp. 67-82.

Meggers, Betty J., « La dynastie chinoise des Shang et l'énigme des origines olmèques », *Kadath : Chroniques des civilisations disparues*, n° 92, 1999, pp. 23-96.

Meggers, Betty J., « Contacts from Asia », in *The Quest for America*, de Geoffrey Ashe, Thor Heyerdahl, Helge Ingstad, J.V. Luce, Betty J. Meggers et Birgitta L. Wallace, New York, Praeger, 1971, pp. 239-259.

Mendelssohn, Kurt, *The Riddle of the Pyramids*, New York, Praeger, 1974.

Menzies, Gavin, *1421 : The Year China Discovered America*, New York, William Morrow, 2003.

Nakhla, Shawki, Hawass, Zahi, Bonani, Georg, Wölfli, Willy, Haas, Herbert, Lehner, Mark, Wenke, Robert, Nolan, John, Wetterstrom Wilma et les membres du David H. Koch Pyramids Radiocarbon Project, « Dating the Pyramids », *Archaeology* 52, n° 5, septembre-octobre 1999, pp. 26-33.

National Aeronautics and Space Administration, « Comet Shoemaker-Levy Background »
http ://www.jpl.nasa.gov/sl9/background.html (11/04/1998).

[National Palace Museum, Taipei, Taïwan], « Hou-chia-chuang Tomb N° 1001 [Objets manufacturés d'un tumulus funéraire de la dynastie Shang] »
http ://www.npm.gov.tw/exhbition/ctom2000/english/etom2000. htm (7/07/2001).

Needham, Joseph et Gwei-Djen, Lu, *Trans-Pacific Echoes and Resonances ; Listening Once Again*, Singapore & Philadelphia, World Scientific, 1985.

Needham, Joseph avec Wang Ling et Lu Gwei-Djen, *Science and Civilizations in China*, volume IV : *Physics and Physical Technology.* 3e partie : *Civil Engineering and Nautics*, Cambridge, Cambridge University Press, 1971.

Neihardt, John G., *Black Elk Speaks : Being the Life Story of a Holy Man of the Oglala Sioux*, New York, Pocket Books, 1972 (copyright originel : 1932). Trad. fr. : *Élan-Noir parle ou la vie d'un saint homme des Sioux oglala*, Monaco, Le Mail-Éditions du Rocher, 1993.

Nemecek, Sasha, « Who were the First Americans ? », *Scientific American*, 283, n° 3, septembre 2000, pp. 80-87.
http ://www.sciam.com/2000/0900issue/0900nemecek.html (23/08/2000).

Ó Ríordáin, Sean P., *Antiquities of the Irish Countryside*, 5e édition révisée par Ruaidhrí de Valera, Londres et New York, Methuen, 1979.

Oppenheimer, Stephen, *Eden in the East : The Drowned Continent of Southeast Asia*, Londres, Phoenix, 1998.

Pelejero, Carles, Kienanst, Markus, Wang, Luejiang et Grimalt, Joan O., « The Flooding of Sundaland During the Last Deglaciation : Imprints in Hemipelagic Sediments from the Southern China Sea », *Earth and Planetary Science Letters*, n° 177, 1999, pp. 661-671.

Pellech, Christine, *Die Argonauten : Eine Weltkulturgeschichte des Altertums*, Francfort, Peter Lang, 1992.

Pethokoukis, James M., « So How Old Do I Look ? The Great Sphinx Stumps the Experts Again », *U.S. News & World Report*, 24-31 juillet 2000, p. 38. Figure aussi sur le site suivant :
http ://www.usnews.com/usnews/issue/000724/mysteries/sphinx.htm (18/07/2000).

Platner, Samuel Ball, *A Topographic Dictionary of Ancient Rome*, complété et révisé par Thomas Ashby, Londres, Oxford University Press, 1929.

Platon, *Timaeus* et *Critias*. Trad. fr. : *Timée – Critias* Paris, Flammarion, 1993 ; *Critias (L'Atlantide)*, Paris, Les Belles Lettres, 1997.
http ://www.activemind.com/Mysterious/Topics/Atlantis/timaeus_and_critias.html. Benjamin Jowett, trad. 1er janvier 1998.

Polynesian Voyaging Society, « 1976 : Hawaï to Tahiti and Back »
http ://leahi.kcc.hawaii.edu/org/pvs/1976.html (13/12/1998).

Polynesian Voyaging Society, « Non-Instrument Navigation »
http ://leahi.kcc.hawaii.edu/org/pvs/navigate/navigate.html (12/12/1998).

Popescu, Roxana M., « Scientists Say Bronze Age Hunter Known As the Iceman Was Killed by Arrow 5300 Years Ago »
http ://www.sfgate.com/cgi-bin/article.cgi ?file=/news/archive/2001/07/25/international1534EDT0685.DTL (26/07/2001).

Pratt, David, « The Great Pyramid »
http ://ourworld.compuserve.com/homepages/dp5/pyramid.htm (14/12/1999).

Prescott, William H., *The World of the Aztecs*, Genève (Suisse), Minerva, 1970. Trad. fr. : *Les Aztèques*, Genève (Suisse), Minerva, 1970.

Procuta, Egle, « Canadians May Have Found Lost City. Theory of Sunken Town off Cuba to Get Support from Geologist's Findings »
http ://www.canoe.ca/CNEWSScience0203/27_city-cp.htm (29/03/2002).

Reader, C.D., « A Geomorphological Study of the Giza Necropolis, with Implications for the Development of the Site », *Archaeometry*, 43, n° 1, 2001, pp. 149-159.

Reader, C.D., « A Response to Comments an "A Geomorphological Study of the Giza Necropolis, with Implications for the Development of the Site" », *Archaeometry*, 43, n° 1, 2001, pp. 163-165.

Reader, Colin, « Further Considerations on the Age of the Sphinx »
http ://www.users.globalnet.co.uk/~lawtoni/as4htm (14/06/2000)
[voir aussi :
http ://www.ianlawton.com/gttindex.htm (24/08/2000)].

Reader, Colin, « Khufu Knew the Sphinx : A Reconciliation of the Geological and Archaeological Evidence for the Age of the Sphinx and a Revised Sequence of Development for the Giza Necropolis », non publié, juillet 1998. Version révisée disponible sur le site suivant :
http ://www.users.globalnet.co.uk/~lawtoni/as1.htm (24/01/2000)
[voir aussi :
http :// www.ianlawton.com/gttindex.htm (24/08/2000)].

Reader's Digest éditeurs, *The World's Last Mysteries*, Pleasantville (New York), The Reader's Digest Association, 1976/1978.

Riley, Carroll L., Kelley, J. Charles, Pennington, Campbell W. et Rands, Robert L. éditeurs, *Man Across the Sea : Problems of Pre-Columbian Contacts*, Austin, University of Texas Press, 1971.

Rudgley, Richard, *The Lost Civilizations of the Stone Age*, New York, Free Press, 1999.

Ruhlen, Merritt, *The Origin of Language : Tracing the Evolution of the Mother Tongue*, Stanford (Californie), Stanford University Press, 1994. Trad. fr. : *L'Origine des langues : sur les traces de la langue mère – Débats*, Paris, Belin, 1997.

Saleh, Mohamed et Sourouzian, Hourig, *Official Catalogue : The Egyptian Museum*, J. Liepe, photographe, Mayence, Éditions Philipp von Zabern, 1987.

Santillana, Giorgio de, et Dechend, Herta von, *Hamlet's Mill : An Essay on Myth and the Frame of Time*, Boston, Gambit, 1969.

Santos, Arysio Nunes dos, « A Novel Theory on Atlantis »
http ://www.atlan.org/index.html (14/03/1998).

Schoch, Robert M., « An Enigmatic Ancient Underwater Structure off the Coast of Yonaguni Island, Japan »
http ://RobertSchoch.homestead.com/files/YonaguniArticle.htm (24/08/2000).

Schoch, Robert M., « Comments on the "Comments on the Geological Evidence for the Sphinx's Age, by J.A. Harrell" »
http ://RobertSchoch.homestead.com/files/CommentsOnHarrell. htm (24/08/2000).

Schoch, Robert M., « Erosion Processes on the Great Sphinx and its Dating », *Society for Interdisciplinary Studies*, Internet Digest, n° 2, 1999, pp. 8-9. Disponible aussi sur les sites suivants :
http ://www.unibg.it/convegni/NEW_SCENARIOS/Abstracts/ Schoch.htm
http ://teamatlantis.com/schoch/sphinx_abstract_text.html (2/01/2000).
http ://RobertSchoch.homestead.com/files/BergamoAbstract.htm (24/08/2000).

Articles connexes disponibles sur le site :
http ://morien-institute.org/sphinx.html (24/08/2000).

Schoch, Robert M., « L'Âge du Sphinx de Gizeh : vers une révision déchirante ? », *Kadath : Chroniques des civilisations disparues*, n° 81, hiver 1993-1994, pp. 13-53.

Schoch, Robert M., « New Studies Confirm very Old Sphinx : Orthodox Protests Notwithstanding, Evidence for the Schoch/West Thesis is Growing », *Atlantis Rising*, n° 23, mai 2000, pp. 39, 41, 68-69. Paru sur le site suivant : http ://RobertSchoch.homestead.com/files/AtlantisRising Article.htm (24/08/2000).

Schoch, Robert M., interviewé par A.R. Smith, « The Sphinx : Older by Half ? », *Venture Inward* (magazine de l'Association for Research and Enlightenment et de la Fondation Edgar Cayce), janvier-février 1992, pp. 14-17, 48-49.

Schoch, Robert M., « [More Sphinx Debate] », *KMT, A Modern Journal of Ancient Egypt*, 5, n° 3, automne 1994, pp. 4-5. Cf. site suivant : http ://users.iafrica.com/m/mi/mikeyb/Schoch_harrell.html (2/01/2000).

Schoch, Robert M., « A Modern Riddle of the Sphinx », *OMNI*, 14, n° 11, août 1992, pp. 46-48, 68-69.

Schoch, Robert M., « Comments by Robert M. Schoch on the Geological Analysis of Ian Lawton and Chris Ogilvie-Herald Found in Chapter 7 (The Age of the Sphinx) of *Giza : The Truth* (1999, Virgin, London) ».
http ://members.aol.com/davidpb4/schoch.html
http ://users.iafrica.com/m/mi/mikeyb/Schoch_GizaTheTruth.html (3/03/2000).
http ://RobertSchoch.homestead.com/files/CommentsOnLawton.htm (24/08/2000).

Schoch, Robert M., « Dating the Sphinx », *Condé Nast Traveler*, 28, n° 2, février 1993, p. 103.

Schoch Robert M., « On the Geological Evidence for an Older Sphinx », *KMT, A Modern Journal of Ancient Egypt*, 5, n° 2, été 1994, pp. 6-7.

Schoch, Robert M., « Reconsidering the Sphinx », *OMNI*, 15, n° 6, avril 1993, p. 31.

Schoch Robert M., « Redating the Great Sphinx of Giza », *KMT, A Modern Journal of Ancient Egypt*, 3, n° 2, été 1992, pp. 52-59, 66-70. Cf. site suivant : http ://users.iafrica.com/m/mi/mikeyb/Schoch_redating.html (2/01/2000).

Schoch, Robert M., « Scholars Debate Age of the Great Sphinx » (lettre), *The Chronicle of Higher Education,* 15 janvier 1992, B5. Cf. site suivant : http ://users.iafrica.com/m/mi/mikeyb/Schoch_Yurco.html (2/01/2000).

Schoch, Robert M., « Sphinx Links », *Archaeology*, 48, n° 1, janvier-février 1995, pp. 10-12. Cf. site suivant : http ://users.iafrica.com/m/mi/mikeyb/Schoch_Hawass_Lehner. html (2/01/2000).

Schoch, Robert M., « The Great Sphinx Controversy », *Fortean Times*, n° 79, février-mars 1995, pp. 34-39.

Schoch, Robert M. et West, John Anthony, « Further Evidence Supporting a Pre-2500 B.C. Date for the Great Sphinx of Giza, Egypt », présenté le 15 novembre 2000 lors de l'assemblée générale de la Société géologique d'Amérique, à Reno, Nevada. Résumé publié dans *Geological Society of America Abstracts with Programs*, 32, n° 7, 2000, p. A276.

Schoch, Robert M. avec Robert Aquinas McNally, « Epilogue : An Update to the Redating of the Sphinx, and Other Pertinent Matters », in *Voices of the Rocks : Lost Civilizations and the Catastrophes That Destroyed Them*, de Robert

M. Schoch avec Robert Aquinas McNally (dans l'édition de *Voices of the Rocks* parue au Royaume-Uni), Londres, Thorsons, 2000, pp. 243-249.

Schoch, Robert M. avec Robert Aquinas McNally, *Voices of the Rocks : A Scientist Looks at Catastrophes & Ancient Civilizations*, New York, Harmony Books, 1999.

Schurr, Theodore G., « The Story in the Genes : Genetic Research Finds More, Older Options for First Americans » http ://www.discoveringarchaeology.com/0799toc/7special14-genes.shtml (29/01/2000).

Schwaller de Lubicz, René Aor, *Sacred Science : The King of Pharaonic Theocracy*, traduit par A. et G. VandenBroeck, New York, Inner Traditions International, 1982. Édition française : *Le Roi de la théocratie pharaonique*, Paris, Flammarion, 1982.

Settegast, Mary, *Plato Prehistorian : 10000 to 5000 BC in Myth and Archaeology*, Cambridge (Mass.), The Rotenberg Press, 1986-1987.

Severin, Tim, *The Brendan Voyage : A Leather Boat Tracks the Discovery of America by the Irish Sailor Saints*, New York, McGraw Hill, 1978. Trad. fr. : *Le Voyage du Brendan : l'extraordinaire traversée de l'Atlantique sur un bateau de cuir*, Paris, Albin Michel, 1989.

Shao, Paul, « China and Pacific Basin Art and Architectural Styles », *Pre-Columbiana*, 1, n° 1-2, juin-décembre 1998, pp. 37-51.

Shortland, A. J. et Doherty, C. J., « Comments on "A Geomorphological Study of the Giza Necropolis, with Implications for the Development of the Site"», *Archaeometry*, 43, n° 1, 2001, pp. 159-161.

Sitchin, Zechariah. *The Stairway to Heaven*, New York, Avon Books, 1983. Trad. fr. : *L'Escalier céleste*, Villeselve, Éditions Ramuel, 2002.

Sitchin, Zechariah, *The Twelfth Planet*, New York, Avon Books, 1976. *La Douzième Planète*, Québec (Canada), Louise Courteau éd., 2000.

Sorenson, John L., « Bibliographia Pre-Columbiana », *Pre-Columbiana*, 1, n° 1-2, juin-décembre 1998, pp. 143-154.

Sorenson, John L., « The Significance of an Apparent Relationship Between the Ancient Near East and Mesoamerica », in *Man Across the Sea : Problems of Pre-Columbian Contacts*, édité par Carroll L. Riley, J. Charles Kelley, Campbell W. Pennington et Robert L. Rands, Austin, University of Texas Press, 1971, pp. 219-241.

Sorenson, John L. et Raish, Martin H., *Pre-Columbian Contact with the Americas across the Oceans : An Annotated Bibliography*, 2e édition révisée, Provo, Utah, Research Press, 1996.

Spangenberg, Lisa L., « Did the Celts and Druids Perform Human Sacrifice ? » http ://www.digitalmedievalist.com/faqs/sacrific.html (28/07/2001).

Spedicato, Emilio, « Apollo Objects, Atlantis and Other Tales : A Catastrophical Scenario for Discontinuities in Human History » http ://www.unibg.it/dmsia/dynamics/apollo.html (15/12/1997).

Spedicato, Emilio, « Evidence of Tunguska-Type Impacts over the Pacific Basin Around the Year 1178 A.D » http ://www.unibg.it/dmsia/dynamics/year.html (13/03/1998).

Spindler, Konrad et une équipe de scientifiques internationaux, *The Man in the Ice : The Discovery of a 5000-Year-Old Body Reveals the Secrets of the Stone Age*, traduit par Ewald Osers, New York, Harmony Books, 1994.

Spotts, Peter N., « New Players in Race to the New World », *Christian Science Monitor*, 21 octobre 1996.

Stanford, Dennis et Bradley, Bruce, « The Solutrean Solution : Did Some Ancient Americans Come From Europe ? » http ://www.discoveringarchaeology.com/0799toc/7special12-solutrean.shtml (29/01/2000).

Steede, Neil, « Comalcalco : An Early Classic Maya Site », in *Across Before Columbus ? : Evidence for Transoceanic Contact with the Americas prior to 1492*, édité par Donald Y. Gilmore et Linda S. McElroy, Edgecomb (Maine), The New England Antiquities Research Association Publications, 1998, pp. 35-40.

Steel, Duncan, *Rogue Asteroids and Doomsday Comets : The Search for the Million Megaton Menace that Threatens Life on Earth*, New York, John Wiley & Sons, 1995.

Stengel, Marc K., « The Diffusionists Have Landed », *The Atlantic Monthly* 285, n° 1, janvier 2000, pp. 35-48.

Stephens, S.G., « Some Problems of Interpreting Transoceanic Dispersal of the New World Cottons », in *Man Across the Sea : Problems of Pre-Columbian Contacts*, édité par Carroll L. Riley, J. Charles Kelley, Campbell W. Pennington et Robert L. Rands, Austin, University of Texas Press, 1971, pp. 401-415.

Stower, Martin, « Forging the Pharaoh's Name ? » http ://martins.castlelink.co.uk/pyramid/forging/ (14/12/1999).

Sykes, Bryan, *The Seven Daughters of Eve*, New York, W.W. Norton & Company, 2001. Trad. fr. : *Les Sept Filles d'Ève : La génétique sur la piste de nos ancêtres. Histoire d'une stupéfiante découverte scientifique*, Paris, Albin Michel, 2001.

Tankersley, Kenneth B., « The Puzzle of the First Americans » http ://www.discoveringarchaeology.com/0799toc/7special1-puzzle.shtml (27/01/2000).

Thompson, Gunnar, *American Discovery : The Real Story*, Seattle, Argonauts Misty Isles Press, 1992.

Thwaites, Tim, « Ancient Mariners », *New Scientist*, n° 14, mars 1998. Figure aussi sur le site suivant : http ://www.newscientist.com/ns/980314/npeople.html (16/10/1999).

Todt, Ron, « Earliest American Site Dated : Western Hemisphere Inhabited at Least 15 000 Years Ago » http ://abcnews.go.com/sections/science/DailyNews/first_americans000407.html (9/04/2000).

Tollmann, Alexander, « The Deluge in the People's Traditions and Geological Evidence » http ://www.unibg.it/convegni/NEW_SCENARIOS/Abstracts/ Tollmann.htm (1/03/2000).

Tollmann, Edith et Alexander, « The Flood Came at 3 O'clock in the Morning », *Austria Today*, avril 1992, pp. 40-47.
Uceda, Santiago, Elías Mujica et Ricardo Morales, « Las Huacas del Sol y de la Luna »
http ://webf0164.nxt.net/huacasol.com/index.html (4/01/2000).
Van Flandern, Tom, *Dark Matter, Missing Planets and New Comets : Paradoxes Resolved, Origins Illuminated*, Berkeley (Californie), North Atlantic Books, 1993.
Van Sertima, Ivan, *They Came Before Columbus*, New York, Random House, 1976. Trad. fr. : *Ils y étaient avant Christophe Colomb*, Paris, Flammarion, 1992.
Veber, May, « Pyramids in the Americas », in *The World's Last Mysteries*, Pleasantville (New York), The Reader's Digest Association, 1976-1978, pp. 180-187.
Vermaseren, Maarten J., *Cybele and Attis : The Myth and the Cult*, traduit par A. M. H. Lemmers, Londres, Thames & Hudson, 1977.
Verschuur, Gerrit, *Impact ! The Threat of Comets and Asteroids*, Oxford, Oxford University Press, 1996.
Viegas, Jennifer, « Geneticist : All Europeans Descended From Seven Matriarchal Clans »
http ://www.abcnews.go.com/sections/science/DailyNews/daughters000420.html (8/07/2000).
Vlahos, Olivia, *African Beginnings*, New York, Viking Press, 1967.
Waddell, Edward J., « Justinian I, 527-565 A.D. AE Follis. Antioch. Year 16 »
http ://www.coin.com/cgi-local/findCoins.cgi ?grp=12&page=3 (11/02/2000).
Wade, Nicholas, « DNA Backs a Tribe's Tradition of Early Descent from the Jews »
http ://archives.nytimes.com/archives/search/fast-web ?getdoc+allyears2+db365+330986+0+wAAA+Lemba (10/05/1999).
Wagner, Thomas, « Scientists Say Vast Asteroid Narrowly Missed Hitting Earth »
http ://www.boston.com/dailyglobe2/172/naion/Scientists-say_ vast-asteroid_narrowly_missed_hitting_Earth+.shtml (21/06/2002).
Waters, Michael R., « Proving Pre-Clovis : Criteria for Confirming Human Antiquity in the New World »
http ://www.discoveringarchaeology.com/0799toc/7special9- preclovis.shtml (29/01/2000).
Watkins, Calvert, « Indo-European and the Indo-Europeans », in *The American Heritage Dictionary of the English Language*, édité par William Morris, New York, American Heritage Publishing Company, 1970, pp. 1496-1502.
Wendorf, Fred et Schild, Romuald, « Late Neolithic Megalithic Structures at Nabta Playa (Sahara), Southwestern Egypt »
http ://rampages.onramp.net/~mobaldia/WendorfSAA98.html (11/12/1998).
West, John Anthony, « Update to the German Edition of *The Traveler's Key* »
http ://users.iafrica.com/m/mi/mikeyb/Sphinx_JAW.html (27/11/1999).
West, John Anthony, *Serpent in the Sky : The High Wisdom of Ancient Egypt*, Wheaton (Ill.), Quest Books/The Theosophical Publishing House, 1993.
West, John Anthony, *The Traveler's Key to Ancient Egypt : A Guide to the Sacred Places of Ancient Egypt*, New York, Alfred A. Knopf, 1989.

White, Paul, « The Oz-Egyptian Enigma », *Exposure Magazine*, 2, n° 6, 1996. Disponible aussi sur le site suivant : http ://www.ozemail.com.au/~classblu/egypt/egypt.htm (14/07/2000).

Whitehouse, David, « Space Rock's Close Approach » http ://news.bbc.co.uk/hi/english/sci/tech/newsid_2056000/2056403.stm (21/06/2002).

Wilkinson, T.A.H., « Comments on C.D. Reader, "A Geomorphological Study of the Giza Necropolis, with Implications for the Development of the Site" », *Archaeometry*, 43, n° 1, 2001, pp. 161-163.

Wilford, John Noble, « Chinese Outdid Columbus, Briton Says » http ://www.nytimes.com/2002/03/17/science/social/17SHIP.html?ex=1017503294&ei=1&en=82c1ad7085e23997 (18/03/2002).

Wilson, Colin, *From Atlantis to the Sphinx : Recovering the Lost Wisdom of the Ancient World*, New York, International Publishing Corporation, 1996. Trad. fr. : *L'Archéologie interdite : de l'Atlantide au Sphinx*, Monaco, Éditions du Rocher, 2001.

Winter, Marcus, *Oaxaca : The Archaeological Record*, Mexico City, Editorial Minutiae Mexicana, 1992.

Wirth, Diane E., *Parallels : Mesoamerican and Ancient Middle Eastern Traditions*, St. George (Utah), Stonecliff Publishing, 2003.

Witcombe, Chris, « Silbury Hill » http ://witcombe.sbc.edu/earthmysteries/EMSilbury.html (7/03/2000).

Woolley, Sir Charles Leonard, *Ur of the Chaldees*, Londres, Ernest Benn, Ltd., 1929.

Woolley, Sir Charles Leonard, *Ur : The First Phases*, Londres et New York, Penguin, 1946.

Wuthenau, Alexander von, *Unexpected Faces in Ancient America, 1500 B.C. – A.D. 1500*, New York, Crown Publishers, 1975.

Xu, H. Mike, « La Venta Offering N° 4 : A Revelation of Olmec Writing ? », *Pre-Columbiana*, 1, n° 1-2, juin-décembre 1998, pp. 31-134.

Xu, H. Mike, *The Origin of the Olmec Civilization*, Edmond (Oklahoma), University of Central Oklahoma Press, 1996.

Yamei, Hou, Potts, Richard, Baoyin, Yuan, Zhengtang, Guo, Deino, Alan, Wei, Wang, Clark, Jennifer, Guangmao, Xie, et Weiwen, Huang, « Mid-Pleistocene Acheulean-like Stone Technology of the Bose Basin, South China », *Science*, n° 287, 3 mars 2000, pp. 1622-1626.

Young, Emma, « Drowned Indian City Could Be World's Oldest » http ://www.newscientist.com/news/news.jsp?id=ns99991808 (27/01/2002).

Zabarenko, Deborah, « Largest Asteroid in Years Misses Earth » http ://story.news.yahoo.com/news?tmpl=story&cid=585&ncid=753&e=1&u=/nm/20020621/sc_nm/s pace_asteroid_dc (21/06/2002).

Zapp, Ivar et Erikson, George, *Atlantis in America : Navigators of the Ancient World*, Kempton (Ill.), Adventures Unlimited Press, 1998.

INDEX

TABLE

Mis en pages par DV Arts Graphiques à Chartres

CET OUVRAGE
A ÉTÉ ACHEVÉ D'IMPRIMER SUR ROTO-PAGE
PAR L'IMPRIMERIE FLOCH À MAYENNE
EN JANVIER 2004

Éditions du Rocher
28, rue Comte-Félix-Gastaldi
Monaco

Dépôt légal : janvier 2004.
N° d'édition : CNE section commerce et industrie
Monaco : 19023.
N° d'impression : 59152.
Imprimé en France